제3판

기초수학의 이해

김도상 · 김태화 · 박진한 · 서종진 · 송현종 · 신준용 · 심효섭
이규명 · 이완석 · 정진문 · 조낙은 · 조성진 · 표용수

KM 경문사

머리말

고등학교 학생들의 이공계열 기피현상과 각 대학에서 시행하고 있는 다양한 입학전형 제도 및 교차지원 허용 등으로 학생간의 학력 차는 더욱 심화되고 있다. 그럼에도 불구하고, 공학인증제 시행 등에 따른 수학교과의 기초학력 향상의 필요성은 더욱 증대되고 있으므로, 이를 극복하기 위한 노력이 절실히 요청되고 있다.

이 책은 고등학교 과정에서 수학교과를 깊이 있게 공부하지 못하였거나, 소홀하게 취급하여 기초수학에 대한 이해가 부족한 학생들을 위해 대학 교양수학의 선수과목으로 사용할 수 있도록 저술하였다. 이를 위해 집합과 명제, 수열의 극한과 급수의 수렴, 함수에 대한 기초 내용과 지수·로그함수 및 삼각함수 등을 소개하고, 함수의 극한과 연속, 평면벡터와 공간벡터 및 그 응용은 물론, 비교적 간단한 미분적분법과 그 응용에 대해 다루었다. 아울러, 절제된 이론의 전개와 연습으로 독자들이 교과내용을 쉽게 이해하고 이용할 수 있도록 다양한 문제를 수록하였다.

이 책의 특징은 다음과 같다.

① 일반계 고등학교 수학과 교과내용 수준의 학습을 통하여, 기초학력 향상과 수학에 대한 흥미와 관심을 갖도록 하여 수학교과에 대한 기피현상과 수강학생 간의 학력차를 최소화하고자 하였다.

② 수준별 학습이 가능하도록 예제, 문제, 연습문제 및 종합문제 등의 다양한 문제를 수록하였으며, 종합문제는 기본문제와 심화문제로 구분하였다.

③ 학생들의 문제해결 능력 향상을 위하여 본문 내용에서 제시한 문제는 해답만, 나머지 연습문제와 종합문제에 대해서는 대략적인 문제풀이 과정을 수록하여 학생 스스로 학습이 가능하도록 하였다.

④ 스스로 배우는 코너를 두어 수업시간에 충분히 다루지 못한 내용을 보충하고, 수학에 대한 흥미와 관심을 갖도록 하였다.

⑤ 또한, 부록에는 로그와 삼각함수에 대한 수표, 교재 내용과 관련된 수학공식, 초월함수와 흥미로운 매개변수함수 등의 그래프와 함께, 과제부여 및 연습문제로 이용할 수 있도록 단원별 보충문제를 수록하였다.

특히, 제3판에서는 2009 개정 교육과정에 따라 제2판에서의 많은 내용을 삭제하거나 새로이 추가하였으며, 개정된 중등학교 수학과 교육과정에서 변경된 수학용어를 정비하고, 일부 정리에 대해서는 증명법도 바꾸었다. 예로, 행렬과 연립일차방정식 관련 내용은 모두 삭제하고 집합과 명제 및 벡터에 대한 기초 내용을 새로이 추가하였으며, 삼각함수 등에 대한 일부 내용을 축소하고 덧셈정리와 미분법에 대한 증명도 바꾸었다. 또한, 계산이 복잡하거나 어려운 문제는 보다 유용하고 이해하기 쉬운 문제로 대체하였으며, 현실감 있는 내용으로 보완하고자 노력하였다.

마지막으로, 이 책이 독자들의 기초수학 학습에 많은 도움이 되길 바라며, 출판을 맡아주신 경문사 조경희 사장님을 비롯한 임직원 여러분과 초판에서 제3판에 이르기까지 이 책에 대한 각별한 사랑으로 격려해 주시고 다양한 고견을 주신 분들께 진심어린 감사를 드린다. 또한, 원고의 수정과 보완을 위해 수고를 아끼지 않은 수학카페 최태영 조교선생님을 비롯한 수업지원인턴 여러분께도 깊은 감사를 드린다.

2017년 2월
저자 씀

차례

1 집합과 수열

2 함수와 극한

3 도형과 벡터

4 미분법과 응용

5 적분법과 응용

부록

제 1 장

집합과 수열

이 장에서는 대학수학을 학습하는데 필요한 기초과정의 집합과 명제, 수열과 그 극한 및 급수의 수렴·발산 등에 대해 알아본다.

1.1 집합

이 절에서는 복잡한 공리적 방법으로 집합의 개념을 접근하기보다는 '객관적 기준에 의해 포함관계를 판정할 수 있는 대상의 모임'을 집합(set)이라 하고, 집합에 속하는 각 대상을 그 집합의 원소(element)라 정의한다. 집합론은 1895년에 칸토어(Georg Cantor, 1845~1918)에 의하여 주창되었다.

만약, A가 집합이고 a가 그 원소이면 $a \in A$, a가 A의 원소가 아니면 $a \notin A$로 나타낸다. 그리고 두 집합 A, B에 대하여, A의 모든 원소가 B의 원소가 되면, 즉

$$x \in A \Rightarrow x \in B$$

일 때, A를 B의 부분집합(subset), B는 A의 초집합(superset)이라 하고, $A \subset B$ 또는 $B \supset A$로 나타낸다. 특히, $A \subset B$이고 $A \neq B$이면, A를 B의 진부분집합(proper subset)이라 한다. 또한, 두 집합 A, B에 대하여 A의 원소와 B의 원소가 같으면, "A와 B는 같다"고 하고, $A = B$로 쓴다. 즉, $A = B$는

$$x \in A \Leftrightarrow x \in B$$

임을 뜻한다.

예제 1.1.1 집합 $\{a, b\}$, $\{b, a\}$, $\{x \mid (x-a)(x-b)=0\}$는 모두 같은 집합이다.

원소를 전혀 갖지 않는 집합을 생각할 수 있는데, 이 집합을 공집합(empty set)이라 하고 $\varnothing$로 나타낸다. 따라서 공집합은 모든 집합의 부분집합이다. 또한, $\varnothing$와 원소의 개수가 유한인 집합을 유한집합(finite set), 원소의 개수가 무한인 집합을 무한집합(infinite set)이라 한다.

그리고 집합을 원소로 갖는 집합을 집합족(family of sets)이라 하고, 집합 A의 모든 부분 집합을 원소로 갖는 집합을 A의 멱집합(power set)이라 하며, $P(A)$ 또는 2^A으로 나타낸다. 즉

$$P(A) = \{B \mid B \subset A\}$$

예제 1.1.2 두 집합 $A = \{a\}$와 $B = \{a, b\}$의 멱집합 $P(A)$와 $P(B)$를 구하여라.

풀이 $P(A) = \{\varnothing, \{a\}\}$이고, $P(B) = \{\varnothing, \{a\}, \{b\}, \{a, b\}\}$이다.

정리 1.1.1

집합 A의 원소가 n개이면, $P(A)$의 원소는 2^n개이다.

| 증명 | $m(\le n)$개의 원소를 갖는 부분집합의 개수가 ${}_nC_m$이므로, A의 모든 부분집합의 개수는 나음과 같다.

$$ {}_nC_0 + {}_nC_1 + \cdots + {}_nC_n = (1+1)^n = 2^n $$ ■

참고 정리 1.1.1의 증명에 대한 이해를 돕기 위하여, 이 절의 마지막에 보충학습으로 고등학교 <확률과 통계>교과에서의 순열과 조합에 대해 간단히 소개한다.

주어진 집합들로부터 새로운 집합을 만드는 결합규칙을 집합연산(set operation)이라고 한다. 집합연산에는 $\cup$, $\cap$, $\times$, $-$ 등이 있으며, 이들의 정의는 다음과 같다.

$$A \cup B = \{x \mid x \in A \text{ 또는 } x \in B\}$$
$$A \cap B = \{x \mid x \in A \text{ 그리고 } x \in B\}$$
$$A \times B = \{(x, y) \mid x \in A, y \in B\}$$
$$A - B = \{x \mid x \in A, x \notin B\}$$

여기서, $A \cup B$는 A와 B의 합집합(union), $A \cap B$는 교집합(intersection), $A \times B$는 데카르트 곱(Cartesian product), $A - B$는 A의 B에 관한 차집합(difference set)이라 한다. 또한, $A \times B$의 원소 (x, y)를 순서쌍(ordered pair)이라 하고, $A \cap B = \varnothing$이면 A와 B는 서로소(mutually disjoint)라고 정의한다.

정리 1.1.2

다음의 집합의 연산법칙이 성립한다.

(1) $A \cup B = B \cup A, \quad A \cap B = B \cap A$

(2) $A \cup (B \cup C) = (A \cup B) \cup C$

$A \cap (B \cap C) = (A \cap B) \cap C$

(3) $A \cap (B \cup C) = (A \cap B) \cup (A \cap C)$

$A \cup (B \cap C) = (A \cup B) \cap (A \cup C)$

| 증명 | (1)과 (2)는 자명하므로, (3)에 대해서만 증명해보자.

$$\begin{aligned} x \in A \cap (B \cup C) &\Leftrightarrow x \in A \text{이고 } x \in B \cup C \\ &\Leftrightarrow [x \in A \text{이고 } x \in B] \text{ 또는 } [x \in A \text{이고 } x \in C] \\ &\Leftrightarrow x \in (A \cap B) \cup (A \cap C) \end{aligned}$$

이므로, 다음을 만족한다.

$$A \cap (B \cup C) = (A \cap B) \cup (A \cap C)$$

같은 방법으로, $A \cup (B \cap C) = (A \cup B) \cap (A \cup C)$도 증명할 수 있다. ■

정리 1.1.3

흡수법칙

(1) $(A \cap B) \cup A = A$ (2) $A \cap (A \cup B) = A$

그리고 우리가 고찰하는 모든 집합들을 한 고정된 집합의 부분집합으로 간주하면 여러 면에서 편리하다. 예로, 평면이나 실수 전체의 집합 등이 그것이다. 이와 같은 영역을 전체집합(universal set)이라 하고, 종종 U로 나타낸다. 이때

$$A^c = \{x \in U \mid x \notin A\}$$

를 A의 여집합(complement)이라 한다.

다음의 드모르간 법칙(De Morgan's law)은 집합의 연산에서 자주 이용되는 중요한 내용이다. 증명은 정리 1.1.3과 함께 문제로 남긴다.

정리 1.1.4

드모르간 법칙

(1) $(A \cap B)^c = A^c \cup B^c$　　(2) $(A \cup B)^c = A^c \cap B^c$

예제 1.1.3 전체집합 $U = \{1, 2, 3, \ldots, 11\}$의 두 부분집합 $A = \{2, 4, 6, 8, 10\}$와 $B = \{1, 2, 4, 7, 9, 10\}$에 대하여, $A - B$, $B - A$, $A \cap B^c$ 및 $A^c \cap B$를 구하여 서로 비교해 보아라.

풀이 $A - B = A \cap B^c = \{6, 8\}$

$B - A = A^c \cap B = \{1, 7, 9\}$

일반적으로, 집합 I의 각 원소 $i \in I$에 대하여 집합 A_i가 하나씩 대응될 때, 모든 A_i들로 이루어진 집합을 I에 의하여 첨수된 **첨수족**(indexed family)이라 하고 이를 $\{A_i \mid i \in I\}$ 또는 $\{A_i\}_{i \in I}$와 같이 나타낸다. 첨수족들의 합집합과 교집합은 다음과 같이 주어진다.

$$\bigcup_{i \in I} A_i = \{x \mid \exists\, i \in I : x \in A_i\}$$

$$\bigcap_{i \in I} A_i = \{x \mid \forall\, i \in I,\ x \in A_i\}$$

문제 1.1.1

1. 흡수법칙(정리 1.1.3)을 증명하여라.

2. 드모르간 법칙(정리 1.1.4)을 증명하여라.

3. 전체집합 U의 두 부분집합 A와 B에 대하여, 다음을 간단히 나타내어라.

(1) $(A \cap B^c) \cup B$　　(2) $A \cap (A \cap B)^c$

4. $A \triangle B = (A - B) \cup (B - A)$로 정의할 때, 다음을 증명하여라.

(1) $A \triangle (B \triangle C) = (A \triangle B) \triangle C$

(2) $A \cap (B \triangle C) = (A \cap B) \triangle (A \cap C)$

(3) $A \cup C = B \cup C \ \Rightarrow\ A \triangle B \subset C$

보충학습 | 순열과 조합

일반적으로 서로 다른 n개에서 r개 $(r \le n)$를 택하여 일렬로 배열하는 것을 순열(permutation)이라 하고, 이 순열의 수를 기호로 ${}_nP_r$로 나타낸다. 또한, n개에서 r개를 택하는 것을 조합(combination)이라 하고, 이 조합의 수를 기호로 ${}_nC_r$로 나타낸다.

서로 다른 n개에서 r개를 택하는 순열의 수는

$$ {}_nP_r = n(n-1)(n-2)\cdots(n-r+1) \quad (\text{단, } 0 < r \le n) $$

로 나타난다. 여기서, $0! = 1$, ${}_nP_0 = 1$로 정하면

$$ {}_nP_r = \frac{n!}{(n-r)!} \quad (\text{단, } 0 \le r \le n) $$

이다. 한편, r개를 일렬로 배열하는 경우의 수는 $r!$이므로, 서로 다른 n개에서 r개를 택하는 조합의 수 ${}_nC_r$은

$$ {}_nC_r \times r! = {}_nP_r $$

이고, 따라서 다음이 성립한다.

$$ {}_nC_r = \frac{{}_nP_r}{r!} = \frac{n!}{r!(n-r)!} $$

예제 1.1.4 10명의 후보 중에서 다음을 선출하는 모든 방법의 수를 구하여라.

(1) 회장, 부회장, 총무 각 1명

(2) 임원 3명

풀이 (1)은 10명에서 3명을 택하는 순열이므로, 구하려는 방법의 수는

$$ {}_{10}P_3 = 10 \cdot 9 \cdot 8 = 720 $$

이고, (2)는 10명에서 3명의 임원을 뽑는 조합이므로, 그 방법의 수는

$$ {}_{10}C_3 = \frac{10 \cdot 9 \cdot 8}{3!} = 120 $$

이다.

조합을 이용하여, $(a+b)^n$을 전개해 보자.

예로, $n=3$인 경우

$$\begin{aligned}(a+b)^3 &= (a+b)(a^2+2ab+b^2) = a^3+3a^2b+3ab^2+b^3\\ &= {}_3C_0\,a^3 + {}_3C_1\,a^2b + {}_nC_2\,ab^2 + {}_3C_3\,b^3\end{aligned}$$

로 나낼 수 있다. 이를 일반화하여 $(a+b)^n$의 전개식을 다음과 같이 나타낼 수 있고, 이를 이항정리(binomial theorem)라고 한다. 이 정리는 수학적 귀납법으로 증명할 수 있다.

정리 1.1.5

이항정리

임의의 자연수 n에 대하여, 다음이 성립한다.

$$\begin{aligned}(a+b)^n &= {}_nC_0\,a^n + {}_nC_1\,a^{n-1}b + \cdots + {}_nC_r\,a^{n-r}b^r + \cdots + {}_nC_n\,b^n\\ &= \sum_{r=0}^{n} {}_nC_r\,a^{n-r}b^r\end{aligned}$$

참고 파스칼(Pascal, 1623∼1662)은 $(a+b)^n$의 전개식에서 나오는 계수를 삼각형 모양으로 배열(파스칼의 삼각형이라 함)하여, 조합과 관련된 흥미로운 성질들을 발견하였다. 그러나 중국의 양휘(楊輝, 1238∼1298)는 파스칼보다 4세기나 앞서 이 삼각형을 발견하였기 때문에 중국에서는 양휘의 삼각형이라 부른다.

1.1 연습문제

1. 다음을 증명하여라.

(1) $A \cup B = \varnothing \Leftrightarrow A = B = \varnothing$

(2) $A \cap B = U \Leftrightarrow A = B = U$

(3) $A - B = B^c - A^c = A \cap B^c$

2. 다음을 증명하여라.

(1) $A \times (B \cap C) = (A \times B) \cap (A \times C)$

(2) $A \times (B \cup C) = (A \times B) \cup (A \times C)$

3. 집합들의 첨수족 $\{A_i\}_{i \in I}$와 $\{B_j\}_{j \in J}$에 대하여, 다음을 증명하여라.

(1) $\left(\bigcap_{i \in I} A_i \right) \times \left(\bigcap_{j \in J} B_j \right) = \bigcap_{(i,\, j) \in I \times J} (A_i \times B_j)$

(2) $\left(\bigcup_{i \in I} A_i \right) \times \left(\bigcup_{j \in J} B_j \right) - \bigcup_{(i,\, j) \in I \times J} (A_i \times B_j)$

1.2 명제

말을 하거나 글을 쓰는 경우, 앞뒤가 맞지 않는 모순된 경우가 종종 있다. 우리가 사용하는 문장이나 식 중에서 참 또는 거짓을 명확하게 판별할 수 있는 것을 명제(proposition)라고 하는데, 이 절에서는 명제와 관련된 내용들을 알아보자.

예제 1.2.1 다음 중에서 명제인 것을 모두 찾아보아라.

(1) 3의 배수는 6의 배수이다.

(2) 두 정수의 합은 정수이다.

(3) 우리나라에서는 한라산이 가장 아름다운 산이다.

(4) $3+6=10$이다.

풀이 (1)과 (3)은 참 또는 거짓을 판별할 수 없으므로, 명제가 아니다. (2)는 참이고 (4)는 거짓이므로, (2)와 (4)는 명제이다.

일반적으로 변수를 포함하는 문장이나 식이 변수의 값에 따라 참 또는 거짓이 결정되면, 이러한 문장이나 식을 조건(condition)이라 하고, 전체집합에서 조건을 만족하는 모든 원소의 집합을 진리집합(truth set)이라 한다.

예제 1.2.2 전체집합 $U=\{1, 2, 3, \dots, 15\}$에 대하여, 다음 각 조건에 대한 진리집합을 구하여라.

(1) p: x는 3의 배수이다.

(2) q: x는 15의 약수이다.

(3) r: x는 소수이다.

(4) r: x는 $x^2-7x+12=0$의 해이다.

풀이 (1) $P=\{3, 6, 9, 12, 15\}$

(2) $Q=\{1, 3, 5, 15\}$

(3) $R=\{2, 3, 5, 7, 11, 13\}$

(4) $S=\{3, 4\}$

이제, 두 조건 p, q로 이루어진 명제 'p이면 q이다.'를 생각해 보자. 이는 기호로 $p \to q$

로 나타낸다. 이 명제는 조건 p를 만족하는 모든 경우에 조건 q를 만족하면 참이고, 조건 p는 만족하지만 조건 q를 만족하지 않는 경우가 있으면 거짓임을 의미한다. 즉, 명제 $p \to q$의 참, 거짓은 다음과 같이 판별할 수 있다.

정리 1.2.1

조건 p의 진리집합을 P, 조건 q의 진리집합을 Q라고 할 때
(1) $P \subset Q$이면 명제 $p \to q$는 참이고,
(2) $P \not\subset Q$이면 명제 $p \to q$는 거짓이다.

예제 1.2.3 다음 명제의 참 또는 거짓을 판별하여라.

(1) 모든 실수 x에 대해서 $x^2 - 8x + 12 \geq 0$이다.
(2) 어떤 실수 x에 대해서는 $x^2 - 7x + 12 \leq 0$이다.
(3) 모든 실수 x에 대해서 $x^2 + 1 > 0$이다.
(4) 어떤 실수 x에 대해서는 $x^2 < -1$이다.

풀이 명제 (1)과 (4)는 거짓이고, (2)와 (3)은 참이다.

문제 1.2.1

1. 다음 중에서 명제인 것을 모두 찾아보아라.
(1) 3은 12의 약수이다.
(2) 실수 x에 대해서, $x + 2 = 4$이다.
(3) 5는 12의 약수이다.
(4) 실수 x에 대해서, $x^2 > 0$이다.

2. 전체집합 $U = \{1, 2, 3, \ldots, 12\}$에 대하여, 다음 각 조건에 대한 진리집합을 구하여라.
(1) p: x는 3의 배수이다.
(2) q: $x^2 - 8x + 12 = 0$
(3) r: x는 소수이다.

3. 다음 명제의 참 또는 거짓을 판별하여라.
(1) 모든 실수 x에 대해서 $x^2 - 7x + 12 \leq 0$이다.
(2) 어떤 실수 x에 대해서는 $x^2 + 1 < 0$이다.

(3) 모든 실수 x에 대해서 $x^2 - 2x + 6 = 0$이다.

(4) 어떤 실수 x에 대해서는 $x^2 - 8x + 12 \geq 0$이다.

이제부터는, 명제의 역과 대우, 필요조건과 충분조건 삼단논법 등에 대하여 알아보자.

명제 $p \rightarrow q$에 대하여, 가정과 결론의 위치를 서로 바꾸거나 명제를 부정하는 등으로 새로운 명제를 만들 수 있다. 예로, 가정과 결론의 위치를 바꾼 $q \rightarrow p$를 명제 $p \rightarrow q$의 역(inverse), 가정과 결론을 각각 부정하여 서로 위치를 바꾸어 놓은 $\sim q \rightarrow \sim p$를 명제 $p \rightarrow q$의 대우(contraposition)라고 한다. 다음 정리는 어떤 명제가 참, 거짓인가를 증명하는데 자주 이용된다. 여기서, 조건 $\sim p$는 p의 부정을 의미한다.

정리 1.2.2

명제 $p \rightarrow q$에 대하여

(1) $p \rightarrow q$가 참이면, 그 대우 $\sim q \rightarrow \sim p$도 참이고,

(2) $p \rightarrow q$가 거짓이면, 그 대우도 거짓이다.

| 증명 | 전체집합 U에 대하여 조건 p의 진리집합을 P, 조건 q의 진리집합을 Q라 하면, $\sim p$의 진리집합은 P^c이고 $\sim q$의 진리집합은 Q^c이다.

(1) $p \rightarrow q$가 참이면 $P \subset Q$이므로, $Q^c \subset P^c$로부터 $\sim q \rightarrow \sim p$도 참이다.

(2) $p \rightarrow q$가 거짓이면 $P \not\subset Q$이고, 따라서 $Q^c \not\subset P^c$로부터 $\sim q \rightarrow \sim p$도 거짓이다.■

예제 1.2.4 다음 물음에 답하여라.

1. 명제 $p \rightarrow \sim q$가 참일 때, 다음 중에서 항상 참인 명제는 무엇인가?

① $p \rightarrow q$　② $\sim p \rightarrow q$　③ $\sim q \rightarrow p$　④ $q \rightarrow \sim p$

2. 다음 명제의 역과 대우를 말하고, 참과 거짓을 판별하여라.

(1) 실수 x에 대하여, $0 < x < 3$이면 $0 \leq x \leq 3$이다.

(2) 자연수 n이 3의 배수이면, n^2도 3의 배수이다.

(3) 정삼각형은 이등변삼각형이다.

풀이 1. 주어진 명제의 대우는 $q \rightarrow \sim p$이므로, 항상 참인 명제는 ④이다.

2. (1) 역: $0 \leq x \leq 3$이면 $0 < x < 3$이다. (거짓)

대우: $0 \leq x \leq 3$이 아니면 $0 < x < 3$이 아니다. (참)

(2) 역: n^2이 3의 배수이면, n은 3의 배수이다. (거짓)

대우: n^2이 3의 배수가 아니면, n도 3의 배수가 아니다. (참)

(3) 역: 이등변삼각형은 정삼각형이다. (거짓)

대우: 이등변삼각형이 아니면, 정삼각형도 아니다. (참)

예제 1.2.5 명제의 대우를 이용하여, 다음이 성립함을 증명하여라.

(1) 자연수 n에 대하여, n^2이 짝수이면 n도 짝수이다.

(2) 실수 x, y에 대하여, $xy=0$이면 $x=0$이거나 $y=0$이다.

(3) 자연수 m, n에 대하여, mn이 홀수이면 m과 n은 모두 홀수이다.

풀이 (1) n이 홀수이면, $n=2k+1$로 나타낼 수 있고 $n^2=(2k+1)^2=4k^2+4k+1$은 홀수이므로, 주어진 명제의 대우가 참이고, 따라서 (1)이 증명된다.

(2) $x \neq 0$이고 $y \neq 0$이면 $xy \neq 0$이므로, 주어진 명제의 대우가 참이고, 따라서 (2)가 증명된다.

(3) m 또는 n이 짝수이면 mn은 짝수이므로, 주어진 명제의 대우가 참이고, 따라서 (3)이 증명된다.

간혹, 명제 또는 명제의 결론을 부정한 다음, 주어진 가정에 모순됨을 보임으로, 명제가 참임을 증명하기도 한다. 이러한 증명 방법을 귀류법(reduction to absurdity)이라 한다.

예제 1.2.6 귀류법을 이용하여, $\sqrt{2}$는 무리수임을 증명하여라.

풀이 $\sqrt{2}$가 유리수라고 가정하여 모순임을 보이자. 서로소인 두 자연수 m, n에 대하여 $\sqrt{2}=\frac{n}{m}$으로 나타내고 양변을 제곱하여 정리하면, $n^2=2m^2$에서 n은 짝수이다. 여기서, $n=2k$라 두면, $2k^2=m^2$에서 m도 역시 짝수이다. 이는 m, n이 서로소라는 가정에 모순된다.

다음으로, 필요조건과 충분조건에 대해 알아보자.

명제 $p \to q$가 참일 때, 이를 기호로 $p \Rightarrow q$와 같이 나타낸다. 이때, p는 q이기 위한 충분조건(sufficient condition), q는 p이기 위한 필요조건(necessary condition)이라 한다. 또한, $p \Rightarrow q$이면서 동시에 $q \Rightarrow p$이면, 이를 기호로 $p \Leftrightarrow q$로 나타내고, p는 q이기 위한 필요충분조건(necessary and sufficient condition)이라 한다.

기존에 잘 알려진 두 사실로부터, 새로운 사실을 이끌어내는 기본적 추론의 형태로 삼단논법(syllogism)이 있다. 다음 정리에서 설명하는 삼단논법은 고대 그리스의 철학자인 아리스토텔레스(Aristoteles, B.C. 384~322)가 제시한 것으로, 대전제, 소전제 및 결론의 세

단계를 거치는 추론 방법이다. 이는 정리 1.2.1을 이용하면, 쉽게 증명할 수 있다.

정리 1.2.3

삼단논법

명제 $p \to q$가 참이고 $q \to r$이 참이면, $p \to r$도 참이다.

예제 1.2.7 다음 물음에 답하여라.

1. 전체집합 U의 두 부분집합 A, B에 대하여, $A \subset B$이기 위한 필요충분조건을 다음 중에서 어느 것인가?

   ① $A \cap B = \varnothing$ ② $A \cap B = A$ ③ $A \cup B = A$ ④ $B \subset A^c$

2. 세 조건 p, q, r에서 두 명제 $p \to \sim q$와 $r \to q$가 참이라면, 명제 $p \to \sim r$도 참임을 증명하여라.

풀이

1. $A \subset B$일 필요충분조건은 $A \cap B = A$이므로, 답은 ②이다.
2. $p \to \sim q$이고 $\sim q \to \sim r$이므로, 삼단논법에 의해 $p \to \sim r$이 증명된다.

문제 1.2.2

1. 다음 명제의 역과 대우를 말하고, 참과 거짓을 판별하여라.

(1) 실수 x에 대하여, $-2 \le x < 3$이면 $-2 < x \le 5$이다.

(2) 실수 x에 대하여, $x - 4 = 0$이면 $x(x-4) = 0$이다.

(3) 모든 삼각형은 이등변삼각형이다.

2. 귀류법을 이용하여, 두 자연수 m, n이 서로소이면 m, n이 모두 짝수가 아님을 증명하여라.

3. 다음 두 조건 p, q에 대하여, 명제 $\sim p \to q$가 참이 되도록 실수 a의 값의 범위를 정하여라.

p: $x < 0$ 또는 $x \ge 5$인 실수, q: $a - 6 < x \le 3a$인 실수

4. 삼단논법(정리 1.2.3)을 증명하여라.

1.2 연습문제

1. 전체집합 $U=\{1, 2, 3, \ldots, 16\}$ 에 대하여, 다음 조건에 대한 진리집합을 구하여라.

(1) p: x 는 3 의 배수이다.

(2) q: $x^2-7x+12 \le 0$

(3) r: x 는 16 의 약수이다.

2. 다음 명제의 참 또는 거짓을 판별하여라.

(1) 모든 실수 x 에 대해서 $x^2-8x+12=0$ 이다.

(2) 어떤 실수 x 에 대해서는 $x^2-2x+6=0$ 이다.

(3) 어떤 실수 x 에 대해서는 $x^2-8x+12=0$ 이다.

3. 다음 명제의 역과 대우를 말하고, 참과 거짓을 판별하여라.

(1) 실수 x 에 대하여, $0<x<3$ 이면 $-1<x<4$ 이다.

(2) 실수 x 에 대하여, $x^2=16$ 이면 $x^2-5x=11$ 이다.

(3) 자연수 n 이 4 의 배수이면, n 은 2 의 배수이다.

4. 명제 $\sim p \to q$ 가 참일 때, 다음 중에서 항상 참인 명제는 무엇인가?

① $p \to q$　　② $\sim p \to q$　　③ $\sim q \to p$　　④ $q \to \sim p$

5. 명제의 대우를 이용하여, 실수 x, y 에 대하여 $xy \neq 0$ 이면 $x \neq 0$ 이고 $y \neq 0$ 임을 증명하여라.

6. 귀류법을 이용하여, $\sqrt{3}$ 은 무리수임을 증명하여라.

7. 전체집합 U 의 두 부분집합 A, B 에 대하여, $B \subset A$ 이기 위한 필요충분조건을 다음 중에서 어느 것인가?

① $A \cap B = \varnothing$　　② $A \cap B = A$　　③ $A \cup B = A$　　④ $B \subset A^c$

일상생활에서 자주 쓰이는 수

수를 나타내는 우리말에는 골, 드먼, 온 등이 있다. '골백번 죽더라도'라고 할 때, 골은 10^{16}으로 경을 나타낸다. 드먼은 10^{4}으로 만을 뜻하는데 두만강에는 만개의 지류가 있다고 해서 '드먼'에서 두만강으로 바뀌었다고 하며, '온'은 백을 나타낸다. 그리고 자릿수를 나타내는 단위는 일, 십, 백, 천, 만, 억, 조, 경, 해, 자, 양 등으로 수 없이 많다. 그 외에도 항하사는 갠지스 강의 모래의 개수, 아승기는 항아사의 1만 배, 나유타는 아승기의 1만 배로 10^{60}, 불가사의는 10^{64}, 무량대수는 10^{68}을 의미한다. 또한, 애매하다는 뜻의 모호는 10^{-13}을, 아주 짧은 순간을 나타내는 찰나는 10^{-18}이다. 이러한 수에 대한 명칭은 주로 불교의 영향을 받은 것으로, 화엄경에서 따온 것들이다.

논어의 위정편에서 공자는 '나는 15세에 학문에 뜻을 두었고, 30세에 자립하였으며, 40세에 사리에 혹하지 않고, 50세에 하늘의 명을 알고, 60세에는 귀로 들으면 그대로 이해되었고, 70세에는 마음에 하고자 하는 바를 처신하여도 법도에 어긋남이 없었다'라고 하였다. 다음 표는 연령에 따른 호칭을 설명한 것인데, 공자의 말씀에 근거한 호칭들이 많이 있다.

호 칭	연 령	의미 또는 유래
지학(志學)	15세	15세가 되어 학문에 뜻을 둔다는 뜻
약관(弱冠)	20세	남자는 스무 살에 관례를 치러 성인이 된다는 뜻
이립(而立)	30세	30세에 가정과 사회에 모든 기반을 닦는다는 뜻
불혹(不惑)	40세	40세가 되어 세상일에 미혹함이 없다는 뜻
지천명(知天命)	50세	50세에 천명을 알게 되었다는 뜻
이순(耳順)	60세	60세에는 무엇이든 들으면 곧 이해된다는 뜻
미수(美壽)	66세	모든 사회활동을 이루고 은퇴하였어도 여력이 있으니 참으로 아름다운 나이라는 뜻
고희(古稀)	70세	두보의 시에서 고희라는 단어가 만들어 짐
희수(喜壽)	77세	오래 살아 기쁘다는 뜻

호 칭	연 령	의미 또는 유래
산수(傘壽)	80세	산(傘)의 약자를 팔(八)밑에 십(十)을 쓰는 것에서 유래
미수(米壽)	88세	미(米)를 풀면 팔십팔(八十八)이 되는 것에서 유래
졸수(卒壽)	90세	졸(卒)의 속자(俗字)를 구(九)밑에 십(十)을 쓰는 것에서 유래
백수(白壽)	99세	백(白)자는 백(百)에서 일(一)을 뺀 것이라는 뜻

다음 표는 결혼생활의 년수에 따른 결혼기념일의 호칭을 나열한 것이다. 가정파탄이 심한 이 시대에 이 책을 읽는 여러분은 금혼식, 회혼식은 물론 금강석혼식까지 맞이하길 바란다.

주년	호칭	주년	호칭	주년	호칭
5주년	목혼식	10주년	석혼식	15주년	동혼식
20주년	도혼식	25주년	은혼식	30주년	진주혼식(상아혼식)
50주년	금혼식	60주년	회혼식	75주년	금강석혼식

1.3 수열의 정의

수열은 우리의 일상생활에서 자주 접하는 것 중 하나이다. 이 장에서는 수열을 정의하고, 여러 가지 형태의 수열과 수열의 극한 및 급수 등에 대해 알아본다.

예를 들어, "원금이 P이고 연이율이 r일 때, 복리로 10년을 예치한다면 10년 후에는 얼마를 받을까?" 하는 문제나 "$1+\frac{1}{2}+\left(\frac{1}{2}\right)^2+\left(\frac{1}{2}\right)^3+\cdots$을 어떻게 구하면 될까?" 하는 등의 문제에 의문을 가질 수 있다. 그런가 하면, 1부터 1,000까지 숫자가 적힌 구슬들을 담은 통에서 한 번에 하나씩 꺼내고 그 꺼낸 구슬을 다시 통에 담은 뒤, 또 꺼낸다면 우리는 꺼내어진 구슬의 숫자들의 규칙성을 발견할 수 없을 것이다.

위의 세 가지 예에서 처음 두 가지는 규칙성이 있는 수들을 나열한 결과에 대한 답을 얻는 것이지만, 세 번째 예의 경우는 그렇지 않다. 특히, 첫 번째 예의 경우는 구하고자 하는 항들이 유한개인 경우이다. 이와 같이 수들을 나열한 것을 수열이라 한다. 수열에 대한 명확한 정의는 다음과 같다.

자연수 전체의 집합 $\mathbb{N}$을 정의역으로 하는 함수 f를 수열(sequence)이라 한다. 즉, 수열 f는 자연수 전체의 집합 $\mathbb{N}$의 임의의 원소 x에 대응하는 실수 $f(x)$가 오직 하나로 결정되게 하는 규칙을 말한다. 함수에 대해서는 2.1절에서 자세히 다룬다.

편의상 $f(n)$을 a_n으로, 수열 f를 $\{a_n \mid n\in\mathbb{N}\}$ 또는 간단히 $\{a_n\}$으로 나타낸다. 여기서는 실수열 $f:\mathbb{N}\to\mathbb{R}$에 대해서만 다룬다.

지금부터 여러 가지 형태의 수열에 대하여 알아보자.

등차수열

예로, 수열 $2, 5, 8, 11, 14, \cdots$은 첫째항이 2에서 시작하여 차례로 일정한 수 3을 더하여 얻어진 수열임을 알 수 있다. 이와 같이 수열 $a_1, a_2, \ldots, a_n, \ldots$이 첫째항 a_1에서 시작하여 차례로 일정한 수 d를 더한 형태의 수열일 때, 이 수열을 등차수열(arithmetic sequence), d를 공차(common difference)라고 한다. 따라서 등차수열은 모든 자연수 n에 대하여 다음을 만족한다.

$$a_{n+1} = a_n + d$$

그러므로 첫째항이 a이고 공차가 d인 등차수열의 일반항 a_n은 다음과 같다.

$$a_n = a + (n-1)d \quad (n = 1, 2, 3, \ldots)$$

그렇다면 이 등차수열의 첫째항부터 제n항까지의 합 S_n은 어떻게 구할지에 대하여 생각해 보자.

$$S_n = a + (a+d) + (a+2d) + \cdots + a + (n-1)d$$

의 우변의 각 항을 역순으로 나열하면

$$S_n = a + (n-1)d + a + (n-2)d + \cdots + (a+d) + a$$

이므로, 이들을 각 변끼리 더하면 다음을 얻는다.

$$2S_n = n\{2a + (n-1)d\}$$

따라서 첫째항이 a이고 공차가 d인 등차수열의 제n항까지의 합은 다음과 같다.

$$S_n = \frac{n\{2a + (n-1)d\}}{2}$$

예제 1.3.1 수열 1, 3, 5, ... 의 제5항까지의 합을 구하여라.

풀이 첫째항이 1이고 공차가 2인 등차수열이므로, 제5항까지의 합 S_5는

$$S_5 = \frac{5(2 \cdot 1 + 4 \cdot 2)}{2} = 25$$

예제 1.3.2 등차수열 $\{a_n\}$의 첫째항부터 제n항까지의 합이 $S_n = 2n^2 + 4n$일 때, 일반항 a_n을 구하여라.

풀이 $a_1 = S_1$이고 $n \geq 2$일 때, $a_n = S_n - S_{n-1}$이므로

$$a_n = S_n - S_{n-1} = 2n^2 + 4n - \{2(n-1)^2 + 4(n-1)\} = 4\mathrm{n} + 2$$

이다. 한편, $a_1 = S_1 = 6$이므로 모든 $n = 1, 2, 3, \ldots$에 대하여 $a_n = 4n + 2$이다.

등비수열

수열 1, 2, 4, 8, ⋯은 첫째항 1부터 시작하여 차례로 일정한 수 2를 곱하여 얻어진 수열이다. 이와 같이 수열 $a_1, a_2, \ldots$이 첫째항 a_1에서 시작하여 차례로 일정한 수 r을 곱하여 얻어진 수열일 때, 이 수열을 등비수열(geometric sequence)이라 하고, r을 공비(common ratio)라고 한다. 이 수열은 모든 자연수 n에 대하여

$$a_{n+1} = r \cdot a_n$$

을 만족한다. 따라서 첫째항이 a이고, 공비가 r인 등비수열의 일반항 a_n은

$$a_n = a\,r^{n-1} \quad (n = 1, 2, 3, \ldots)$$

이다.

예제 1.3.3 등비수열 $\{a_n\}$이 다음과 같을 때, 이 수열의 일반항을 구하여라.

$$3, -6, 12, -24, \ldots$$

풀이 첫째항이 3이고 공비가 −2인 등비수열이므로, 일반항 a_n은

$$a_n = 3(-2)^{n-1} \quad (n = 1, 2, 3, \ldots)$$

첫째항이 a, 공비가 r인 등비수열의 첫째항부터 제n항까지의 합 S_n에 대하여 생각해보자.

$$S_n = a + ar + ar^2 + \cdots + ar^{n-1}$$

이므로, 이 식의 양변에 r을 곱하면

$$r\,S_n = ar + ar^2 + ar^3 + \cdots + ar^n$$

이들 식을 각 변끼리 빼면

$$(1-r)S_n = a - ar^n = a(1-r^n)$$

이다. 그러므로 S_n은 다음과 같다.

$$S_n = \begin{cases} \dfrac{a(r^n-1)}{r-1} & (r \neq 1) \\ na & (r = 1) \end{cases}$$

예제 1.3.4 연이율 r의 복리로 매년 초에 a원씩 저금한다면, n년 후 연말까지의 적립금의 원리합계를 구하여라.

풀이 첫해에 적립한 a원의 n년 후의 원리합계는 $a(1+r)^n$원이 된다. 또, 다음 해에 적립한 a원의 n년 후의 원리합계는 $a(1+r)^{n-1}$이 된다. 이와 같이, n년 동안 매년 a원씩 적립한 금액의 원리합계를 역순으로 나열하면

$$a(1+r),\ a(1+r)^2,\ \ldots,\ a(1+r)^{n-1},\ a(1+r)^n$$

따라서 이들 금액의 총합을 S_n원이라 하면

$$\begin{aligned} S_n &= a(1+r)+a(1+r)^2+a(1+r)^3+\cdots+a(1+r)^n \\ &= \frac{a(1+r)\{(1+r)^n-1\}}{r} \end{aligned}$$

다음으로, 여러 가지 수열의 제n항까지의 합을 구하는 문제를 풀기 위하여, 몇 가지 유한수열의 합을 살펴보자.

$$\sum_{k=1}^{n} k = 1+2+3+\cdots+n$$

은 첫째항이 1이고 공차가 1인 등차수열의 제n항까지의 합이므로

$$\sum_{k=1}^{n} k = \frac{n(n+1)}{2}$$

이제, $\sum_{k=1}^{n} k^2$과 $\sum_{k=1}^{n} k^3$를 구하여 보자.

항등식 $(k+1)^3-k^3=3k^2+3k+1$에서

$$\begin{aligned} 2^3-1^3 &= 3\cdot 1^2+3\cdot 1+1 \\ 3^3-2^3 &= 3\cdot 2^2+3\cdot 2+1 \\ &\ \vdots \\ (n+1)^3-n^3 &= 3\cdot n^2+3\cdot n+1 \end{aligned}$$

이므로, 이 n개의 식을 변끼리 더하면

$$(n+1)^3-1^3 = 3\sum_{k=1}^{n} k^2 + 3\sum_{k=1}^{n} k + \sum_{k=1}^{n} 1$$

따라서 $\sum_{k=1}^{n} 1 = n$과 $\sum_{k=1}^{n} k = \frac{n(n+1)}{2}$을 이용하여 다음을 얻는다.

$$\sum_{k=1}^{n} k^2 = \frac{n(n+1)(2n+1)}{6}$$

$\sum_{k=1}^{n} k^3$을 구하기 위하여, 항등식 $(k+1)^4 - k^4 = 4k^3 + 6k^2 + 4k + 1$을 이용하자.

$$\begin{aligned} 2^4 - 1^4 &= 4 \cdot 1^3 + 6 \cdot 1^2 + 4 \cdot 1 + 1 \\ 3^4 - 2^4 &= 4 \cdot 2^3 + 6 \cdot 2^2 + 4 \cdot 2 + 1 \\ &\vdots \\ (n+1)^4 - n^4 &= 4 \cdot n^3 + 6 \cdot n^2 + 4 \cdot n + 1 \end{aligned}$$

이 n개의 식을 변끼리 더하면

$$(n+1)^4 - 1^4 = 4\sum_{k=1}^{n} k^3 + 6\sum_{k=1}^{n} k^2 + 4\sum_{k=1}^{n} k + \sum_{k=1}^{n} 1$$

이므로, 다음을 얻는다.

$$\sum_{k=1}^{n} k^3 = \left\{\frac{n(n+1)}{2}\right\}^2$$

이상을 정리하면, 다음과 같다.

(1) $\sum_{k=1}^{n} k = \frac{n(n+1)}{2}$ (2) $\sum_{k=1}^{n} k^2 = \frac{n(n+1)(2n+1)}{6}$ (3) $\sum_{k=1}^{n} k^3 = \left\{\frac{n(n+1)}{2}\right\}^2$

계차수열

수열 1, 2, 4, 7, 11, ...은 등차수열도 아니고 등비수열도 아니다. 하지만 자세히 살펴보면 뒤의 항에서 앞의 항을 빼면

$$a_2 - a_1 = 1,\ a_3 - a_2 = 2,\ a_4 - a_3 = 3,\ a_5 - a_4 = 4$$

가 되어, 차이들로 이루어진 수열이 등차수열임을 알 수 있다. 이와 같이, 수열 $\{a_n\}$에서 $b_n = a_{n+1} - a_n$ $(n = 1, 2, 3, \ldots)$을 항으로 하는 새로운 수열 $\{b_n\}$을 수열 $\{a_n\}$의 계차수열

(progression of differences)이라고 한다. 수열 $\{a_n\}$의 계차수열을 $\{b_n\}$이라 하면, $n \geq 2$인 모든 자연수 n에 대하여

$$\begin{aligned} a_n &= (a_n - a_{n-1}) + (a_{n-1} - a_{n-2}) + \cdots + (a_2 - a_1) + a_1 \\ &= b_{n-1} + \cdots + b_1 + a_1 \\ &= a_1 + \sum_{k=1}^{n-1} b_k \end{aligned}$$

이므로, 수열 $\{a_n\}$의 일반항은 다음과 같이 나타낼 수 있다.

$$a_n = \begin{cases} a_1 & (n=1) \\ a_1 + \sum_{k=1}^{n-1} b_k & (n \geq 2) \end{cases}$$

예제 1.3.5 수열 3, 4, 7, 12, 19, ... 의 일반항을 구하여라.

풀이 주어진 수열을 $\{a_n\}$이라 하면, $\{a_n\}$의 계차수열 $\{b_n\}$은 1, 3, 5, 7, ... 이므로 $b_n = 2n-1$이다. 따라서 $n \geq 2$일 때, 주어진 수열의 일반항 a_n은

$$a_n = a_1 + \sum_{k=1}^{n-1} b_k = 3 + \sum_{k=1}^{n-1}(2k-1) = n^2 - 2n + 4$$

이다. $a_1 = 3$은 위 식을 만족하므로, 모든 $n \geq 1$에 대하여 $a_n = n^2 - 2n + 4$이다.

예제 1.3.6 모든 자연수 $n \geq 1$에 대하여, 다음과 같이 정의된 수열 $\{a_n\}$의 일반항을 구하여라.

$$a_1 = 2, \quad a_2 = 3, \quad a_{n+2} - 3a_{n+1} + 2a_n = 0$$

풀이 $a_{n+2} - a_{n+1} = 2(a_{n+1} - a_n)$, $a_2 - a_1 = 1$이므로, 수열 $\{a_n\}$의 계차수열을 $\{b_n\}$이라 하면 $\{b_n\}$은 첫째항이 1이고 공비가 2인 등비수열이다. 따라서 $n \geq 2$이면

$$a_n = a_1 + \sum_{k=1}^{n-1} b_k = 2 + \sum_{k=1}^{n-1} 2^{k-1} = 2^{n-1} + 1$$

이고 $a_1 = 2$이므로, 모든 $n \geq 1$에 대하여 $a_n = 2^{n-1} + 1$이다.

조화수열

$1, \frac{1}{2}, \frac{1}{3}, \ldots, \frac{1}{n}, \ldots$와 같이 역수들로 이루어진 수열이 등차수열이 되는 수열을 조화수열(harmonic sequence)이라 한다.

예제 1.3.7 다음 수열이 조화수열임을 설명하여라.

$$1, \frac{1}{3}, \frac{1}{5}, \frac{1}{7}, \ldots, \frac{1}{2n-1}, \ldots$$

풀이 $1, 3, 5, 7, \ldots, 2n-1, \ldots$는 첫째항이 1이고 공차가 2인 등차수열이므로, 주어진 수열은 조화수열이다.

문제 1.3.1

※ 다음 물음에 답하여라.

(1) 수열 $2, 4, 6, \ldots$의 제7항까지의 합을 구하여라.

(2) 등차수열 $\{a_n\}$의 첫째항부터 제n항까지의 합이 $S_n = n^2 + 3n$일 때, 일반항 a_n을 구하여라.

(3) 등비수열 $2, -4, 8, -16, \ldots$의 일반항 a_n을 구하여라.

(4) $1 + 4 + 9 + 16 + \cdots + 49$를 구하여라.

(5) 수열 $2, 3, 6, 11, 18, \ldots$의 일반항 a_n을 구하여라.

(6) $\frac{1}{3}, \frac{1}{6}, \frac{1}{9}, \frac{1}{12}, \ldots$은 조화수열인가?

1.3 연습문제

1. 수열 $1, -\frac{1}{5}, \frac{1}{25}, -\frac{1}{125}, \ldots$의 일반항을 구하여라.

2. 수열 $3, 3^3, 3^5, 3^7, \ldots$의 일반항을 구하여라.

3. 등차수열 $\{a_n\}$의 첫째항부터 제 n항까지의 합이 $S_n = n^2 - 5n$일 때, 일반항 a_n을 구하여라.

4. $0.1, 0.01, 0.001, \ldots$의 일반항을 구하여라.

5. 수열 $1, 2, 4, 7, 11, \ldots$의 일반항을 구하여라.

6. 수열 $\frac{1}{3}, \frac{1}{6}, \frac{1}{9}, \frac{1}{12}, \ldots$의 일반항 a_n을 구하여라.

1.4 수열의 극한

수열 $\{a_n\}$에서 n이 한없이 커질 때, a_n의 값이 일정한 수 a에 한없이 가까워지면 이 수열 $\{a_n\}$은 a에 수렴한다(converge)고 하며, 이를 기호로

$$\lim_{n\to\infty} a_n = a \quad \text{또는} \quad n\to\infty \text{ 일 때 } a_n \to a$$

로 나타낸다. 이때, a를 수열 $\{a_n\}$의 극한(limit)이라고 한다. 수열이 극한을 갖지 않으면 발산한다(diverge)고 한다.

예제 1.4.1 수열

$$\left\{\frac{1}{n}\right\} = \left\{1,\ \frac{1}{2},\ \frac{1}{3},\ \ldots,\ \frac{1}{n},\ \ldots\right\}$$

에서 $\lim_{n\to\infty} \frac{1}{n} = 0$이다.

다음의 정리는 수열의 극한이 존재하면 그것은 유일하게 결정됨을 보여준다. 이를 극한의 일의성(uniqueness of limits)이라 한다.

정리 1.4.1

수열 $\{a_n\}$에서 $\lim_{n\to\infty} a_n = a$이고 $\lim_{n\to\infty} a_n = a'$이면, $a = a'$이다.

정리 1.4.2

수렴하는 모든 수열은 유계이다. 즉, 수열 $\{a_n\}$이 수렴하면 모든 a_n에 대하여 $l \leq a_n \leq u$를 만족하는 두 실수 l, u가 존재한다.

예제 1.4.2 수열 $\left\{\frac{1}{n}\right\}$은 유계수열이지만, $\{n\}$은 유계수열이 아니다.

참고 정리 1.4.2의 역은 성립하지 않는다. 예로, $a_n = (-1)^n$일 때, 수열 $\{a_n\}$은 유계이지만 진동하므로 수렴하지는 않는다.

다음은 수열에 대한 극한정리이다. 이 정리의 증명은 극한에 대한 엄밀한 정의를 사용하여야 하므로, 증명은 생략한다.

정리 1.4.3

수열의 극한정리

두 수열 $\{a_n\}$과 $\{b_n\}$에서 $\lim_{n \to \infty} a_n = a$, $\lim_{n \to \infty} b_n = b$이면, 다음이 성립한다.

(1) $\lim_{n \to \infty} (a_n + b_n) = a + b$

(2) $\lim_{n \to \infty} a_n b_n = ab$

(3) $\lim_{n \to \infty} k a_n = ka$ (k는 상수)

(4) $\lim_{n \to \infty} \frac{a_n}{b_n} = \frac{a}{b}$ $(b \neq 0)$

예제 1.4.3 $\lim_{n \to \infty} \left(\frac{4}{n^2} + \frac{3}{n} \right)$를 구하여라.

풀이 $\lim_{n \to \infty} \left(\frac{4}{n^2} + \frac{3}{n} \right) = 4 \lim_{n \to \infty} \frac{1}{n^2} + 3 \lim_{n \to \infty} \frac{1}{n} = 0 + 0 = 0$

예제 1.4.4 $\lim_{n \to \infty} \frac{4n^2 - 5n + 3}{3n^2 + 3n + 2}$를 구하여라.

풀이 분모와 분자를 n^2으로 나누면

$$\lim_{n \to \infty} \frac{4n^2 - 5n + 3}{3n^2 + 3n + 2} = \lim_{n \to \infty} \frac{4 - \frac{5}{n} + \frac{3}{n^2}}{3 + \frac{3}{n} + \frac{2}{n^2}} = \frac{4}{3}$$

예제 1.4.5 $\lim_{n \to \infty} (\sqrt{n^2 + 3n} - n)$을 구하여라.

풀이
$$\lim_{n \to \infty} (\sqrt{n^2 + 3n} - n) = \lim_{n \to \infty} \frac{(n^2 + 3n) - n^2}{\sqrt{n^2 + 3n} + n} = \lim_{n \to \infty} \frac{3n}{\sqrt{n^2 + 3n} + n}$$
$$= \lim_{n \to \infty} \frac{3}{\sqrt{1 + \frac{3}{n}} + 1} = \frac{3}{2}$$

다음으로, 등비수열 $\{r^n\}$의 수렴과 발산에 대하여 알아보자.

(a) $r > 1$인 경우, $r = 1 + h$ $(h > 0)$라 두면, $n \geq 2$에 대하여 $(1 + h)^n > 1 + nh$이므로

$\lim_{n \to \infty} r^n = \infty$이다.

(b) $r = 1$이면, $\lim_{n \to \infty} r^n = \lim_{n \to \infty} 1 = 1$이다.

(c) $-1 < r < 1$일 때, $r = 0$이면 $\lim_{n \to \infty} r^n = 0$이다. $r \neq 0$인 경우는 $u = \dfrac{1}{r}$이라 두면 $|u| > 1$에서 (a)에 의하여 $\lim_{n \to \infty} \dfrac{1}{|r|^n} = \lim_{n \to \infty} |u|^n = \infty$이다. 따라서 $\lim_{n\to\infty} r^n = 0$이다.

(d) $r \leq -1$이면, 수열 $\{r^n\}$은 진동한다.

예제 1.4.6 수열 $\left\{\dfrac{3^n - 4 \cdot 2^n}{3^n + 2^n}\right\}$의 수렴, 발산을 조사하여라.

풀이 분모와 분자를 3^n으로 나누면

$$\lim_{n\to\infty} \frac{3^n - 4 \cdot 2^n}{3^n + 2^n} = \lim_{n\to\infty} \frac{1 - 4\left(\frac{2}{3}\right)^n}{1 + \left(\frac{2}{3}\right)^n} = 1$$

이므로, 주어진 수열은 수렴한다.

예제 1.4.7 수열 $\left\{\left(1 + \dfrac{1}{n}\right)^n\right\}$은 수렴함을 보여라.

풀이 주어진 수열의 일반항 $a_n = \left(1 + \dfrac{1}{n}\right)^n$은

$$\begin{aligned}
a_n = \left(1 + \frac{1}{n}\right)^n &= \sum_{r=0}^{n} {}_nC_r 1^{n-r} \left(\frac{1}{n}\right)^r \\
&= 1 + {}_nC_1 \frac{1}{n} + {}_nC_2 \left(\frac{1}{n}\right)^2 + \cdots + {}_nC_n \left(\frac{1}{n}\right)^n \\
&= 1 + \frac{n}{1!}\left(\frac{1}{n}\right) + \frac{n(n-1)}{2!}\left(\frac{1}{n}\right)^2 + \cdots + \frac{n(n-1)\cdots 2 \cdot 1}{n!}\left(\frac{1}{n}\right)^n \\
&= 1 + \frac{1}{1!} + \frac{1}{2!}\left(1 - \frac{1}{n}\right) + \cdots + \frac{1}{n!}\left(1 - \frac{1}{n}\right)\left(1 - \frac{2}{n}\right)\cdots\left(1 - \frac{n-1}{n}\right) \\
&< 1 + \frac{1}{1!} + \frac{1}{2!} + \cdots + \frac{1}{n!}
\end{aligned}$$

이고 $n! > 2^{n-1}\,(n > 2)$이므로

$$a_n < 1 + 1 + \frac{1}{2} + \cdots + \frac{1}{2^{n-1}} = 3 - \frac{1}{2^{n-1}} < 3$$

이다. 그러므로 주어진 수열은 위로 유계이다. 같은 방법으로

$$\begin{aligned} a_{n+1} &= \left(1+\frac{1}{n+1}\right)^{n+1} \\ &= 1+\frac{1}{1!}+\frac{1}{2!}\left(1-\frac{1}{n+1}\right)+\cdots+\frac{1}{n!}\left(1-\frac{1}{n}\right)\left(1-\frac{2}{n}\right)\cdots\left(1-\frac{n-1}{n}\right) \\ &\quad +\frac{1}{(n+1)!}\left(1-\frac{1}{n+1}\right)\left(1-\frac{2}{n+1}\right)\cdots\left(1-\frac{n}{n+1}\right) \end{aligned}$$

에서, $a_n < a_{n+1}$이 되어 $\{a_n\}$은 증가수열이다. 따라서 주어진 수열은 수렴한다.

참고 수열 $\left\{\left(1+\frac{1}{n}\right)^n\right\}$의 극한은 $2.7182818284590\cdots$인 무리수인데, 이를 다음과 같이 e로 나타낸다.

$$\lim_{n\to\infty}\left(1+\frac{1}{n}\right)^n = e$$

원주율 π와 함께 무리수 e는 수학에서 아주 중요한 역할을 한다. 이것은 1739년 오일러(L. Euler, 1707～1783)가 처음 나타냈기 때문에 오일러 수(Euler number)라고도 불린다.

예제 1.4.8 $\lim_{n\to\infty}\left(1+\frac{2}{n}\right)^n$을 구하여라.

풀이 $\lim_{\frac{n}{2}\to\infty}\left(1+\frac{2}{n}\right)^{\frac{n}{2}\cdot 2} = e^2$

문제 1.4.1

※ 다음 극한을 구하여라.

(1) $\lim_{n\to\infty}\left(\frac{1}{2n-1}-\frac{3}{4}\right)$

(2) $\lim_{n\to\infty}\frac{3n^2-7n+3}{2n^2+3n+3}$

(3) $\lim_{n\to\infty}\left(\sqrt{n^2-3n}-n\right)$

(4) $\lim_{n\to\infty}\left(1-\frac{2}{3n}\right)^n$

1.4 연습문제

1. 극한 $\lim_{n \to \infty} \frac{3n-7}{2n^2+3n+3}$을 구하여라.

2. 극한 $\lim_{n \to \infty} (\sqrt{4n^2-3n}-2n)$을 구하여라.

3. 극한 $\lim_{n \to \infty} \frac{1+2+\cdots+n}{n^2}$을 구하여라.

4. 극한 $\lim_{n \to \infty} \frac{1}{\sqrt{n^2+2n}-\sqrt{n^2-3}}$을 구하여라.

5. 극한 $\lim_{n \to \infty} \left(1+\frac{1}{5n}\right)^{\frac{n}{2}}$을 구하여라.

1.5 급수의 수렴

주어진 수열 $\{a_n\}$에 대해서

$$\sum_{n=1}^{\infty} a_n = a_1 + a_2 + \cdots + a_n + \cdots$$

을 급수(series) 또는 무한급수(infinite series)라 하고, a_n을 급수 $\sum_{n=1}^{\infty} a_n$의 제n항(nth term)이라 한다.

급수의 합을 정의하기 위해

$$\begin{aligned} S_1 &= a_1 \\ S_2 &= a_1 + a_2 \\ &\vdots \\ S_n &= a_n + a_2 + \cdots + a_n = \sum_{k=1}^{n} a_k \end{aligned}$$

라 둔다. 이때, S_n을 급수의 제n부분합(nth partial sum)이라 하고, 부분합들로 된 수열 $\{S_n\}$이 수렴하면 급수 $\sum_{n=1}^{\infty} a_n$이 수렴한다(converge)고 하고, $\{S_n\}$이 발산하면 급수 $\sum_{n=1}^{\infty} a_n$이 발산한다(diverge)고 정의한다. 만약 수열 $\{S_n\}$이 S에 수렴하면, S를 급수의 합(sum)이라 하고 $\sum_{n=1}^{\infty} a_n = S$로 나타낸다.

예제 1.5.1 $\frac{1}{2} + \frac{1}{4} + \frac{1}{8} + \frac{1}{16} + \cdots = 1$임을 보여라.

풀이 $S_n = \frac{1}{2} + \frac{1}{2^2} + \cdots + \frac{1}{2^n}$이라 두면

$$\frac{1}{2} S_n = \frac{1}{2^2} + \frac{1}{2^3} + \cdots + \frac{1}{2^{n+1}}$$

이므로, 다음 관계식을 갖는다.

$$S_n - \frac{1}{2}S_n = \frac{1}{2} - \frac{1}{2^{n+1}} \quad \text{또는} \quad \frac{1}{2}S_n = \frac{1}{2}\left(1 - \frac{1}{2^n}\right)$$

한편, $\lim_{n\to\infty} \frac{1}{2^n} = 0$이므로

$$S = \lim_{n\to\infty} S_n = 1$$

임을 알 수 있다.

정리 1.5.1

급수 $\sum_{n=1}^{\infty} a_n$이 수렴하면, $\lim_{n\to\infty} a_n = 0$이다.

| 증명 | $\sum_{n=1}^{\infty} a_n = S$라 두면, $a_n = S_n - S_{n-1}$이므로

$$\lim_{n\to\infty} a_n = \lim_{n\to\infty} S_n - \lim_{n\to\infty} S_{n-1} = S - S = 0$$

이 성립한다. ■

참고 정리 1.5.1의 대우에 의해 $\lim_{n\to\infty} a_n \neq 0$이면, 급수 $\sum_{n=1}^{\infty} a_n$은 발산하다. 그러나 예제 1.5.1에서와 같이 $\lim_{n\to\infty} a_n = 0$인 경우라도 $\sum_{n=1}^{\infty} a_n$이 수렴한다는 보장은 없다. 따라서 정리 1.5.1의 역은 성립하지 않는다.

예제 1.5.2 급수 $1 - 1 + 1 - 1 + 1 - 1 + \cdots$은 발산함을 보여라.

풀이 부분합

$$S_1 = 1$$
$$S_2 = 1 - 1 = 0$$
$$S_3 = 1 - 1 + 1 = 1$$
$$S_4 = 1 - 1 + 1 - 1 = 0$$
$$\vdots$$

에서 부분합들로 이루어진 수열 $1, 0, 1, 0, \ldots$은 발산하고, 따라서 주어진 급수는 발산한다.

예제 1.5.2에서와 같이, $\lim_{n\to\infty} S_n$이 부정일 때는 급수가 진동한다(oscillate)고 한다.

수렴하는 급수는 수열에 대한 극한정리에 의해 다음 정리를 만족한다.

정리 1.5.2

두 급수 $\sum_{n=1}^{\infty} a_n$과 $\sum_{n=1}^{\infty} b_n$이 각각 S와 T에 수렴하면, 다음이 성립한다.

(1) $\sum_{n=1}^{\infty} ka_n = kS$ (k는 상수) (2) $\sum_{n=1}^{\infty} (a_n + b_n) = S + T$

예제 1.5.3 $\sum_{n=1}^{\infty} a_n = 3$이고 $\sum_{n=1}^{\infty} b_n = 5$일 때, 다음 급수의 합을 구하여라.

(1) $\sum_{n=1}^{\infty} (a_n + 2b_n)$ (2) $\sum_{n=1}^{\infty} (3a_n - 2b_n)$

풀이 (1) $\sum_{n=1}^{\infty} (a_n + 2b_n) = \sum_{n=1}^{\infty} a_n + 2\sum_{n=1}^{\infty} b_n = 3 + 2 \cdot 5 = 13$

(2) $\sum_{n=1}^{\infty} (3a_n - 2b_n) = 3\sum_{n=1}^{\infty} a_n - 2\sum_{n=1}^{\infty} b_n = 3 \cdot 3 - 2 \cdot 5 = -1$

예제 1.5.4 등비급수 $a + ar + ar^2 + \cdots + ar^{n-1} + \cdots$ $(a \neq 0)$에서 $|r| < 1$이면 주어진 급수는 수렴하고, $|r| \geq 1$이면 발산한다.

풀이 먼저, $r = 1$이면 주어진 급수는 $a + a + a + \cdots$이다. 이때, 제n부분합 $S_n = na$에 대해서

$$\lim_{n\to\infty} S_n = \lim_{n\to\infty} na = \pm\infty$$

가 되어 발산한다. 여기서, 부호는 a의 부호에 따라 결정된다. 만일, $r = -1$이면 주어진 급수는 $a - a + a - a + \cdots$이므로, 부분합들로 이루어진 수열은 $a, 0, a, 0, \ldots$가 되어 역시 발산한다.

$|r| \neq 1$인 경우에 제n부분합은

$$S_n = a + ar + ar^2 + \cdots + ar^{n-1}$$

이므로

$$rS_n = ar + ar^2 + ar^3 + \cdots + ar^n$$

이다. 따라서 $S_n - rS_n = a - ar^n$이 되어

$$S_n = \frac{a - ar^n}{1-r} = a\left(\frac{1}{1-r} - \frac{r^n}{1-r}\right)$$

을 얻는다. 여기서, $|r| < 1$이면 $\lim_{n\to\infty} S_n = \frac{a}{1-r}$가 되어 주어진 급수는 수렴하고, $r > 1$이면 $\lim_{n\to\infty} S_n = \pm\infty$($a$의 부호에 따라 결정)이고, $r < -1$이면 S_n이 진동하므로 주어진 급수는 발산한다.

예제 1.5.5 다음 등비급수의 합을 구하여라.

$$5 - \frac{10}{3} + \frac{20}{9} - \frac{40}{27} + \cdots$$

풀이 첫째항은 $a = 5$, 등비는 $r = -\frac{2}{3}$이므로, $|r| = \frac{2}{3} < 1$에서 주어진 등비급수는 수렴하고, 그 합 S는

$$S = \frac{5}{1-\left(-\frac{2}{3}\right)} = 3$$

문제 1.5.1

※ 다음 물음에 답하여라.

(1) $7 - \frac{7}{3} + \frac{7}{9} - \frac{7}{27} + \cdots$을 구하여라.

(2) $\frac{1}{3} + \frac{1}{9} + \frac{1}{27} + \frac{1}{81} + \cdots$을 구하여라.

(3) $(1-1) - (1-1) + (1-1) - (1-1) + \cdots$을 구하여라.

(4) $10 - \frac{20}{3} + \frac{40}{9} - \frac{80}{27} + \cdots$을 구하여라.

1.5 연습문제

1. $\sum_{n=1}^{\infty} \sin\frac{n+1}{2}\pi$는 수렴하는지 발산하는지를 판정하여라.

2. $\sum_{n=1}^{\infty} \frac{2^n - 4^n}{5^n}$을 구하여라.

3. 급수 $1 + \frac{1}{3+\sqrt{7}} + \frac{1}{(3+\sqrt{7})^2} + \cdots + \frac{1}{(3+\sqrt{7})^n} + \cdots$를 구하여라.

4. $\sum_{n=1}^{\infty} \frac{1}{n(n+1)}$을 구하여라.

스스로 배우는 코너

아주 특별한 무리수 π와 e

수학에서 가장 영향력이 있는 수를 말하라면, 대부분 0, 1, i, π, e를 택하는데 주저하지 않을 것이다. 이들 중에서 i, π, e의 기호를 처음 사용한 사람은 스위스 수학자 오일러(Euler, 1707~1783)이다. 또한, 그는 함수 표시인 $f(x)$, 수열의 합의 기호 $\sum$는 물론, sine, cosine 등의 삼각함수 기호도 처음으로 사용하였다.

원주율을 나타내는 π의 값을 기원전 2000년 바빌로니아인들은 3.125, 고대 이집트인들은 3.16으로 사용하였다. 한편, 아르키메데스(Archimedes, B.C 287?~B.C 212)는 원에 내접 및 외접하는 정 96각형 둘레의 범위를 구하여 원주율이 다음 범위의 값을 가짐을 증명하였다.

$$3\frac{10}{71} < \pi < 3\frac{1}{7}$$

즉, 원주율은 3.140보다는 크고 3.142보다 작은 수임을 알게 되었다. 독일의 루돌프(Ludolph, 1540~1610)는 π의 값을 소수점 아래 35자리까지 구하는데 일생을 바쳤으며, 그는 유언으로 자신이 계산한 π의 값을 그의 묘비에 새기도록 하였다고 한다. 이로 인해 독일에서는 원주율을 '루돌프의 수'라고 부르기도 한다. 1873년 영국의 생크스(Shanks)는 소수점 아래 707자리까지 π 값을 구하였으나 안타깝게도 후에 검산한 결과 소수 527자리까지만 계산이 옳았다고 한다. 여하튼, 그는 직접 셈으로 원주율을 계산한 사람 중에서는 가장 많은 자릿수를 구한 사람이다.

컴퓨터를 이용하여 π의 값을 계산한 최초의 시도는 1949년 애니악(ENIAC)에 의해서였다. 머신(Machine)의 식

$$\frac{\pi}{4} = 4\tan^{-1}\frac{1}{5} - \tan^{-1}\frac{1}{239}$$

을 이용하여 70시간에 걸쳐 2,037자리까지 π의 값을 계산하였다. 컴퓨터의 발달로 1980년에는 100만 자리를 넘게 되었으며, 1987년에 드디어 1억 자리가 넘는 π의 값을 구하였다. 이는 슈퍼컴퓨터와 고속 푸리에 변환이라는 효과적인 알고리즘에 따른 것이었다.

2002년, 도쿄대학의 카나다(Canada) 교수는 9명의 연구원과 함께 히타치 슈퍼컴퓨터를 이용하여 π 의 값을 1조2천4백억 자리까지 계산하였다. π 값의 계산은 알고리즘과 컴퓨터의 성능에 달려 있으며, π 값의 계산능력으로 컴퓨터 성능을 확인하기도 한다.

오일러의 수(Euler's number)라 불리는 e는 스코틀랜드의 네이피어(Napier, 1550~1617)가 1614년에 발견한 것으로 곱셈을 덧셈으로 변환시킴으로 천문학적 수를 계산하는 부담을 줄여주었다. 지금은 컴퓨터의 등장으로 로그와 로그표 및 계산기 등은 한 시대의 유물이 되었지만, 현재도 e를 밑으로 하는 자연로그는 확률, 통계, 생물학, 물리학, 탄도학, 공학은 물론 음악을 포함한 예술이나 재정학 등 수학의 다양한 응용분야에서 폭넓게 이용되고 있다.

만약, 100만 원을 어떤 사람에게 빌려주고 1년에 20%의 이자를 받기로 하였다면, 1년 후에는 이자와 함께 120만 원을 돌려받아야할 것이다. 그런데 꾀를 내어 6개월마다 10%씩 복리로 이자를 계산하여 한꺼번에 내도록 하였다면, 1년 후에는 $(1+0.1)^2=1.21$이므로 121만 원을 돌려받아야할 것이다. 같은 방법으로, 1년을 세 번으로 나누어 4개월 마다 $\frac{20}{3}$%씩 이자를 복리로 계산하여 한꺼번에 받는다면 1년 후에는 약 1,213,400원을, 3개월마다 5%씩 복리로 하면 1년 후에는 약 1,215,500원을 받아야 한다. (불가능한 일이지만) 이러한 방법으로 계속 진행할 수 있다면, 1년 후에는 엄청난 돈을 받을 수 있겠는가? 실제로, 1년을 n번으로 나누어 $\frac{20}{n}$%씩의 이자를 $\frac{12}{n}$개월마다 복리로 계산하여 한꺼번에 받는다면 1년 후에는

$$\left(1+\frac{0.2}{n}\right)^n \cdot 100(\text{만 원})$$

을 받게 될 것이다. 한편

$$\lim_{n\to\infty}\left(1+\frac{0.2}{n}\right)^n \cdot 100 = \lim_{n\to\infty}\left(1+\frac{0.2}{n}\right)^{\frac{n}{0.2}\cdot 0.2} \cdot 100$$
$$= e^{0.2} \cdot 100 \doteqdot 1,221,403$$

이므로, 아무리 기간을 많이 나누더라도 1,221,403원을 초과할 수는 없으니 사소한 일에 집념할 것은 아니로다.

기본문제

제1장 종합문제

1. 두 집합 A, B에 대하여 $A=\{1, 2, 3, 4, 5\}$이고 $(A-B)\cup(B-A)=\{1, 3, 6\}$일 때, B를 구하여라.

2. 전체집합 U의 두 부분집합 A, B에서 $A-B=A\cap B^c$이 성립함을 증명하여라.

3. 세 조건 p, q, r에서 두 명제 $p \rightarrow q$와 $\sim r \rightarrow \sim q$가 참이면, 명제 $p \rightarrow r$도 참임을 증명하여라.

4. 명제의 대우를 이용하여, 실수 x, y에 대하여 $x^2+y^2=0$이면 $x=0$이고 $y=0$임을 증명하여라.

5. 세 자리의 자연수 중에서 29의 배수의 합을 구하여라.

6. 다음 수열이 등비수열이 되도록 x, y, z를 정하여라.

$$16,\ x,\ 4,\ y,\ z,\ -\frac{1}{2},\ \ldots$$

7. 수열 1, 11, 111, 1111, ... 의 첫째항부터 n항까지의 합을 구하여라.

8. 올해 초 은행에서 2,400만 원을 빌려, 금년 말부터 매년 일정한 금액을 갚아 12회에 모두 상환하려고 한다. 이때, 한 번에 얼마씩 갚으면 되는가? 단, 대출금과 적금의 연이율은 모두 6%로 1년마다의 복리로 하고, $(1.06)^{12}$은 2.012로 계산한다.

9. $\displaystyle\sum_{k=1}^{\infty}\frac{1}{k(k+3)}$을 구하여라.

10. $1^3+2^3+3^3+\cdots+25^3$을 구하여라.

심화문제

제1장 종합문제

11. 전체집합 U의 두 부분집합 A, B에 대하여, $(A-B)^c = A^c \cup B$가 성립함을 증명하여라.

12. 귀류법을 이용하여, 자연수 n에 대하여, n^2이 3의 배수이면 n도 3의 배수임을 증명하여라.

13. 수열 $\{a_n\}$의 첫째항부터 n항까지의 합 S_n이

$$S_n = \alpha n^2 + \beta n \ (\alpha, \beta\text{는 상수, } n \geq 1)$$

일 때, 이 수열은 등차수열임을 보여라.

14. 첫째항부터 n항까지의 합이 $S_n = 3^n - 1$인 수열 $\{a_n\}$의 일반항을 구하여라.

15. $1, \frac{1}{2}, \frac{2}{2}, \frac{1}{3}, \frac{2}{3}, \frac{3}{3}, \frac{1}{4}, \frac{2}{4}, \frac{3}{4}, \ldots$에 대하여, $\frac{7}{30}$은 이 수열의 몇 번째 항인가?

16. $\lim_{n \to \infty}(\sqrt{n^2+5n} - \sqrt{n^2-1})$을 구하여라.

17. $\lim_{n \to \infty} \frac{1^2+2^2+\cdots+n^2}{n^3}$을 구하여라.

18. 급수 $1 + \frac{1}{2+\sqrt{5}} + \frac{1}{(2+\sqrt{5})^2} + \cdots + \frac{1}{(2+\sqrt{5})^n} + \cdots$를 구하여라.

19. 다음 수열의 수렴과 발산 여부를 조사하고, 수렴하는 수열은 그 극한을 구하여라.

(1) $\left\{ \frac{n+1}{n} \,\middle|\, n \in \mathbb{N} \right\}$

(2) $\left\{ \frac{n+1}{3n-1} \,\middle|\, n \in \mathbb{N} \right\}$

(3) $\left\{ n + \frac{1}{2n} \,\middle|\, n \in \mathbb{N} \right\}$

(4) $\left\{ 1 + \frac{1}{2} + \frac{1}{2^2} + \cdots + \frac{1}{2^n} \,\middle|\, n \in \mathbb{N} \right\}$

20. 다음 급수의 수렴, 발산 여부를 조사하고, 만일 수렴하면 그 합을 구하여라.

(1) $\displaystyle\sum_{n=1}^{\infty}\left(-\frac{3}{4}\right)^{n-1}$ (2) $\displaystyle\sum_{n=1}^{\infty}\left(-\frac{3}{2}\right)^{n+1}$

(3) $\displaystyle\sum_{n=1}^{\infty}\frac{1}{(n+2)(n+3)}$ (4) $\displaystyle\sum_{n=1}^{\infty}\left(-\frac{1}{2}\right)^{n}$

제 2 장

함수와 극한

함수는 수학의 모든 분야에서 가장 기초적인 내용 중의 하나이며, 수학자들은 정확성을 위해 집합의 언어를 사용하여 함수를 정의하고 있다. 이 장에서는 여러 가지 함수, 합성함수, 역함수 및 초월함수 등의 정의와 그에 따른 여러 성질들을 살펴보고, 함수의 극한과 연속을 중심으로 다룬다.

2.1 함수

두 집합 A에서 B로의 함수 f를 어떤 정보 또는 데이터 등을 처리하는 기계에 비유하여 설명해보자. 그림 2.1에서와 같이 A는 입력할 정보 또는 데이터 등(간단히 입력값이라 함)으로 이루어진 한 집합이고 B는 주어진 기계 f가 모든 입력값(x)들을 처리하여 출력하는 정보 또는 데이터(y) 등(간단히 출력값이라 함)을 포함하는 한 집합이라 하자. 기계 f에 대한 규칙은 임의의 입력값 $x\in A$에 대한 출력값 $y\in B$가 오직 하나뿐이라는 것이다. 이 경우에 우리는 $y=f(x)$로 나타내기로 한다. 일반적으로 기계 f는 그 기능에 따라 결정되므로 f를 그 기능과 동일시하여 생각할 수 있다. 이제부터는 이러한 규칙을 갖는 기계의 기능을 좀 더 엄밀하게 살펴보기로 하자.

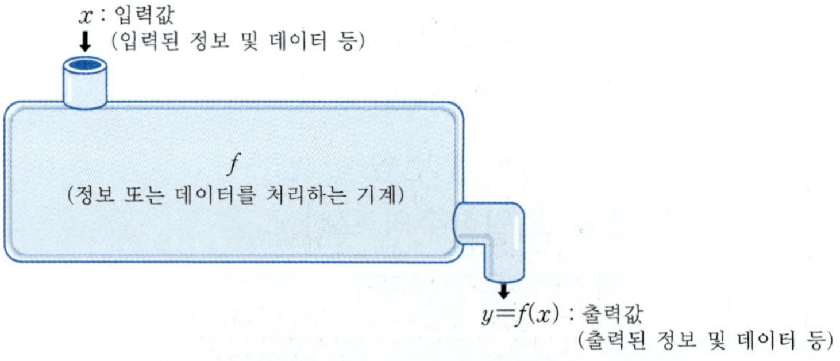

그림 2.1

두 집합 A와 B에서 $f: A\rightarrow B$가 **함수**(function)라 함은 A의 임의의 원소 x에 대응하는 $f(x)$가 오직 하나로 결정되게 하는 규칙을 말한다. 즉, 함수 $f: A\rightarrow B$는 다음 두 조건을 만족할 때를 말한다.

(1) A의 임의의 원소 x에 대하여, $y=f(x)$를 만족하는 $y\in B$가 존재한다.

(2) $y_1=f(x)$이고 $y_2=f(x)$이면, $y_1=y_2$이다.

함수 $f: A \to B$ 에서 집합 A 를 정의역(domain), B 는 공역(codomain)이라 하고, f 의 치역(range)은 모든 상들의 집합으로 $f(A) = \{f(x) \mid x \in A\}$로 정의하며, 치역은 공역의 한 부분집합이다. 달리 말하면, 정의역을 '변하는 량'(독립변수)으로, 치역을 '따라서 변하는 량'(종속변수)으로 설명할 수 있다. 이후부터, 정의역이 주어져 있지 않는 경우에는 함수 $f(x)$가 정의되는 모든 실수의 집합을 정의역으로 약속한다.

또한, 두 함수 f, g 의 정의역과 공역이 서로 같고, 정의역에 속하는 임의의 원소 x 에 대하여 함숫값이 항상 같으면, 즉 $f(x) = g(x)$ 이면 f 와 g 는 같은 함수(same function)라 하고, $f = g$ 로 나타낸다.

참고 집합 A의 원소의 개수가 m 개, 집합 B 의 원소의 개수가 n 개이면, A에서 B로의 함수는 n^m 개 만들 수 있다. 함수 $f: A \to B$ 에서

$$G = \{(x,\ f(x)) \mid x \in A\}$$

를 함수 f의 그래프(graph)라고 한다. 그래프를 좌표평면 위에 나타내는 것만을 생각하기 쉬우나, 이와 같이 순서쌍의 집합으로도 표현함을 알아두자.

예제 2.1.1 다음 각 그래프는 실수의 집합 R에서 R로의 함수가 되는지 설명하여라.

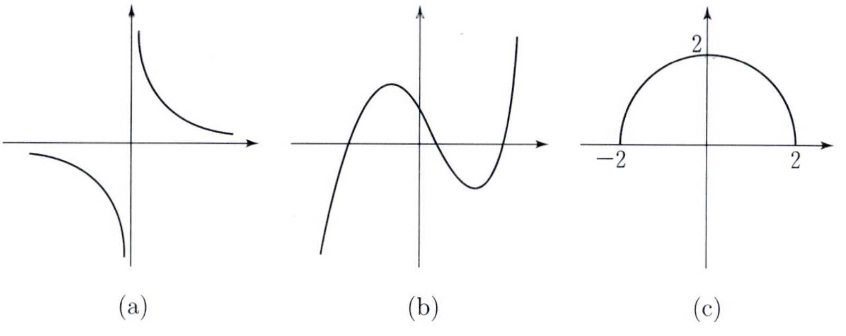

그림 2.2

풀이 (a)는 $x = 0$에서 (c)는 $\{x \mid -2 \le x \le 2\}$를 제외한 범위에서는 함숫값이 정의되지 않으므로 함수가 아니고, (b)는 함수이다. (a)와 (c)의 경우에는 정의역을 적당히 조정하여 함수가 되게 할 수 있다.

예제 2.1.2 (1) 함수 $y = x + 1$ 의 정의역은 $\{x \mid x$는 실수$\}$ 이고, 치역은 $\{y \mid y$는 실수$\}$ 이다.

(2) 함수 $y = x^2$ 의 정의역은 $\{x \mid x$ 는 실수$\}$ 이고, 치역은 $\{y \mid y \ge 0$인 실수$\}$ 이다.

(3) 함수 $y=\dfrac{1}{x}$의 정의역은 $\{x \mid x \neq 0$인 실수$\}$이고, 치역은 $\{y \mid y \neq 0$인 실수$\}$이다.

함수 $f: A \to B$에 대하여

(1) 단사함수(injection)는 임의의 $x_1, x_2 \in A$에 대해서, $x_1 \neq x_2$이면 $f(x_1) \neq f(x_2)$인 함수이다. 다시 말하면, $f(x_1) = f(x_2)$이면 $x_1 = x_2$를 만족하는 함수이다.

(2) 전사함수(surjection)는 $f(A) = B$인 함수이다. 즉, 임의의 $y \in B$에 대해 $y = f(x)$를 만족하는 $x \in A$가 항상 존재하는 경우이다.

(3) 전단사함수(bijection)는 단사이면서 동시에 전사인 함수를 말한다.

단사함수는 일대일함수(one-to-one function)라고도 하며, 정의역의 서로 다른 원소는 치역의 서로 다른 원소에 대응함을 의미한다. 함수 $f: A \to B$가 전사함수이면, 공역 B는 f의 치역으로

$$f(A) = \{f(x) \mid x \in A\} = B$$

이다. 따라서 전사함수를 증명할 때는 $f(A) \subset B$는 함수의 정의에 의해 당연하므로, $B \subset f(A)$, 즉 임의의 $y \in B$에 대하여, $f(x) = y$를 만족하는 $x \in A$가 존재함을 보이면 된다. $f: A \to B$가 전단사함수일 때, f를 일대일 대응(one-to-one correspondence)이라고도 하는데, 이는 B의 각 원소가 오직 하나의 $x \in A$에 대응됨을 의미한다.

예로, 집합 A의 임의의 원소 x에 대하여, 함수

$$I_A : A \to A, \quad I_A(x) = x$$

를 A에서의 항등함수(identity function)라고 한다. 이 항등함수가 전단사함수임은 쉽게 확인할 수 있다.

참고 유한집합 A, B에서 $f: A \to B$가 단사함수가 되려면, A의 원소의 개수는 B의 원소의 개수보다 적거나 같아야 하고, 또한 f가 전사함수가 되려면 A의 원소의 개수는 B의 원소의 개수보다 많거나 같아야 한다. 따라서 f가 전단사함수가 되려면, 먼저, 두 집합 A와 B의 원소의 개수가 같아야 한다. 실제로, A의 원소의 개수가 m개, B의 원소의 개수가 n개이고 $m \leq n$이면, A에서 B로의 단사함수는

$$_nP_m = n(n-1) \cdots (n-m+1)$$

개 만들 수 있다.

예제 2.1.3 $A = \{1, 2, 3\}$, $B = \{a, b\}$일 때, 다음 물음에 답하여라.

(1) A에서 B로의 함수는 모두 몇 개나 만들 수 있는가?

(2) A에서 B로의 전사함수는 모두 몇 개나 만들 수 있는가?

(3) A에서 B로의 단사함수는 모두 몇 개나 만들 수 있는가?

(4) A에서 B로의 전단사함수는 존재하는가?

풀이 (1) A의 원소 개수가 3개, B의 원소 개수가 2개이므로 A에서 B로의 함수의 개수는 $2^3 = 8$개 만들 수 있다.

(2) 전사함수는 전체 함수 8개에서 B의 하나의 원소로 가는 2개의 함수를 제외한 6개이다.

(3) 단사함수는 존재하지 않는다.

(4) 전단사함수는 존재하지 않는다.

이제, 합성함수와 역함수에 관해서 알아보자.

그림 2.3에서와 같이 두 함수 $f : A \to B$와 $g : B \to C$가 주어졌을 때, 임의의 $x \in A$를 집합 C의 원소 $g(f(x))$에 대응시킴으로써 A를 정의역, C를 공역으로 하는 새로운 함수를 정의할 수 있다.

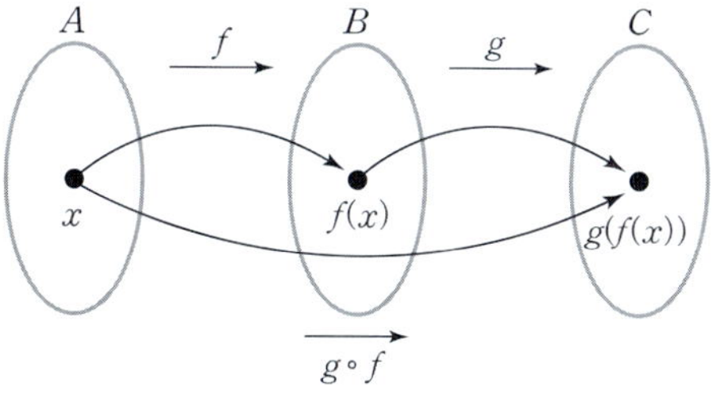

그림 2.3

이러한 함수를 f와 g의 합성함수(composition function)라 하고, 기호로는

$$g \circ f : A \to C$$

로 나타낸다. 즉, 합성함수 $g \circ f : A \to C$는 임의의 $x \in A$에 대하여

$$(g \circ f)(x) = g(f(x))$$

이다.

예제 2.1.4 세 함수 $f, g, h : R \to R$가 다음과 같이 주어졌다고 할 때

$$f(x) = x^2 + 1, \quad g(x) = 2x + 3, \quad h(x) = x - 3$$

(1) $(f \circ g)(4)$와 $(g \circ f)(4)$를 구하여라.

(2) $(h \circ g) \circ f$와 $h \circ (g \circ f)$의 상은 일치하는가?

풀이 (1) $(f \circ g)(4) = f(g(4)) = f(11) = 122$, $(g \circ f)(4) = g(f(4)) = g(17) = 37$이다.

(2) $((h \circ g) \circ f)(x) = (h \circ (g \circ f))(x) = 2x^2 + 2$ 이므로 일치한다.

예제 2.1.5 함수 $f(x) = 2x - 1$, $g(x) = x^2 + 1$에 대하여, 합성함수 $g \circ f$와 $f \circ g$를 구하여라.

풀이 두 함수 f, g의 정의역과 공역은 모두 실수 전체의 집합이므로, 두 합성함수 $g \circ f$와 $f \circ g$는 정의되고, 그 함숫값은 다음과 같다.

$$(g \circ f)(x) = g(f(x)) = g(2x-1) = (2x-1)^2 + 1 = 4x^2 - 4x + 2$$
$$(f \circ g)(x) = f(g(x)) = f(x^2+1) = 2(x^2+1) - 1 = 2x^2 + 1$$

참고 예제 2.1.4와 예제 2.1.5는 합성함수가 정의되더라도 교환법칙이 성립하지 않음을 보여준다. 그러나 합성함수가 정의되면 결합법칙, 즉 $h \circ (g \circ f) = (h \circ g) \circ f$는 성립한다(연습문제 9번).

문제 2.1.1

1. 두 함수 $f(x) = x^2$, $g(x) = 4x + 1$에 대해서, 합성함수 $g \circ f$와 $f \circ g$를 모두 구하여라.

2. 두 함수 $f(x) = x - 2$, $g(x) = x^2 - 4$에 대하여, 합성함수 $g \circ f$, $f \circ g$와 $f \circ f$를 구하여라.

3. 두 함수 $f(x) = ax + b$, $g(x) = bx + a$에 대하여, $g \circ f = f \circ g$가 성립할 a, b의 조건을 구하여라.

4. 두 함수 $f(x) = -4x + 1$, $g(x) = 2x + 3$에 대하여, 다음을 구하여라.

(1) $f \circ h = g$를 만족하는 일차함수 $h(x)$

(2) $k \circ f = g$를 만족하는 일차함수 $k(x)$

함수 $f : A \to B$가 전단사함수이면, B의 임의의 원소 y에 대해서, $f(x)=y$인 A의 원소 x가 유일하게 존재한다. 그러므로 임의의 원소 $y \in B$를 $f(x)=y$를 만족하는 $x \in A$에 대응시켜 B를 정의역, A를 공역으로 하는 새로운 함수를 정의할 수 있다. 이 새로운 함수를 f의 역함수(inverse function)라 하고

$$f^{-1} : B \to A$$

로 나타낸다. 함수 $y=f(x)$의 역함수가 존재하면 다음이 성립한다.

$$y=f(x) \quad \Leftrightarrow \quad x=f^{-1}(y)$$

이 사실로부터

$$(f^{-1} \circ f)(x)= f^{-1}(f(x))= f^{-1}(y)= x$$
$$(f \circ f^{-1})(y) = f(f^{-1}(y))= f(x) = y$$

이므로, 합성함수 $f^{-1} \circ f$는 A에서의 항등함수이고 $f \circ f^{-1}$는 B에서의 항등함수, 즉

$$f^{-1} \circ f = I_A, \quad f \circ f^{-1}= I_B$$

이다.

참고 다음은 역함수와 관련된 정리이다.

(1) $f : A \to B$가 전단사함수이면, 역함수 $f^{-1} : B \to A$도 전단사함수이다.

(2) 두 함수 $f : A \to B$와 $g : B \to C$가 전단사함수이면, 다음이 성립한다.

$$(g \circ f)^{-1}= f^{-1} \circ g^{-1}$$

(3) 함수 $y=f(x)$와 그 역함수 $y=f^{-1}(x)$의 그래프는 직선 $y=x$에 대하여 대칭이다 (그림 2.4).

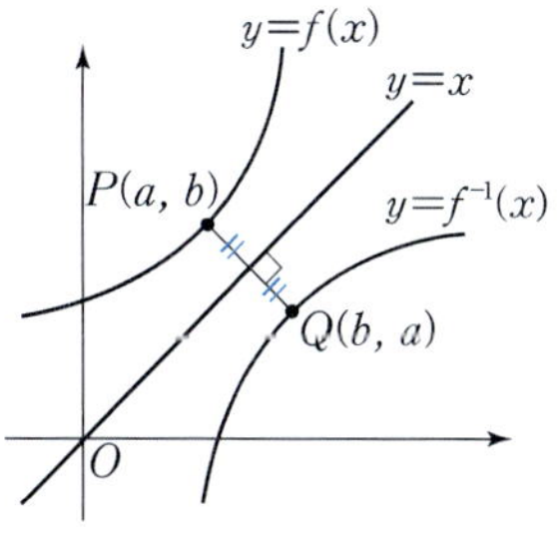

그림 2.4

역함수는 주어진 함수가 전단사함수인지를 먼저 확인한 다음, 주어진 함수를 x에 관하여 풀고 다시 x와 y를 서로 바꾸어 구할 수 있다.

예제 2.1.6 함수 $y = 2x - 1$의 역함수를 구하여라.

풀이 $y = 2x - 1$은 실수 전체의 집합 R에서 R로의 전단사함수이므로, 역함수가 존재한다. $y = 2x - 1$를 x에 관하여 풀면

$$x = \frac{1}{2}y + \frac{1}{2}$$

이다. 여기서, x와 y를 서로 바꾸면 구하려는 역함수는 다음과 같다.

$$y = \frac{1}{2}x + \frac{1}{2}$$

함수 $f : R \to R$에서 모든 실수 x에 대하여, $f(-x) = f(x)$를 만족하면 함수 f를 짝함수(even function), $f(-x) = -f(x)$를 만족하면 홀함수(odd function)이라고 한다. 예로서, 함수 $f(x) = x^2$은

$$f(-x) = (-x)^2 = x^2 = f(x)$$

이므로 짝함수이고, $g(x) = x^3 - x$는

$$g(-x) = (-x)^3 - (-x) = -(x^3 - x) = -g(x)$$

이므로 홀함수이다.

문제 2.1.2

1. 두 함수 $f(x) = 3x + 2$, $g(x) = -2x - 3$에 대하여, 다음을 구하여라.

(1) $(g^{-1} \circ g)(3)$ (2) $f^{-1}(8)$

(3) $f^{-1}(x)$ (4) $g^{-1}(x)$

(5) $(g \circ f^{-1})(x)$ (6) $(g^{-1} \circ f^{-1})(x)$

2. 두 함수 $y = 2x + 3$과 $y = \frac{1}{2}x - \frac{3}{2}$의 역함수를 구하여라.

3. 두 함수 $f(x) = x - 2$, $g(x) = 3x + 1$에서 $(g \circ f)^{-1} = f^{-1} \circ g^{-1}$임을 확인하여라.

4. 다음의 각 함수가 짝함수인지, 홀함수인지 설명하여라.

(1) $f(x) = |x| - 2$

(2) $f(x) = \dfrac{1}{x^3 - 2x}$

(3) $f(x) = x^3 + 2x + 1$

2.1 연습문제

1. $f:[-5,\ 10) \to R,\ f(x)=x^2$인 함수에 대하여, 물음에 답하여라.

(1) 함숫값 $f(0),\ f(-5),\ f(7),\ f(8)$을 구하여라.

(2) f의 정의역, 공역과 치역을 구하여라.

(3) f는 어떤 종류의 함수인가?

2. 자연수 전체의 집합 N에 대하여, 함수 $f: N \to N$을

$$f(n) = (n\text{의 양의 약수의 개수})$$

로 정의할 때, $f(8)+f(12)$의 값을 구하여라.

3. 실수 전체의 집합에서 함수 f를 다음과 같이 정의하였을 때, $f(-1)+f(\sqrt{2})$의 값을 구하여라.

$$f(x)=\begin{cases} x & (x\text{는 유리수}) \\ 1-x & (x\text{는 무리수}) \end{cases}$$

4. $f(x)=\dfrac{1}{x+1}$일 때, $f(x)+f(-x)=2f(-x^2)$임을 증명하여라.

5. 두 함수 $f(x)=x+a,\ g(x)=x^2-1$에서 $g\circ f=f\circ g$를 만족하는 a의 조건을 구하여라.

6. 실수에서 정의된 다음 함수 중에서 역함수가 존재하는 것은 어느 것인가?

(1) $f(x)=|x|$

(2) $f(x)=-x^2$

(3) $f(x)=-2x+5$

7. 다음 함수의 역함수를 구하여라.

(1) $f(x)=3x-6$

(2) $f(x)=x^3+9$

(3) $f(x)=\sqrt{x-1}\ \ (x \geq 1)$

8. 전단사함수가 아니면, 왜 역함수를 구할 수 없는지 설명하여라.

9. 함수 $f : A \to B$, $g : B \to C$, $h : C \to D$에 대하여, 다음을 증명하여라.

$$h \circ (g \circ f) = (h \circ g) \circ f$$

2.2 지수함수와 로그함수

지수함수의 개념이 먼저 발견되고 로그함수가 정의되었을 것으로 생각하기 쉽지만, 역사적으로는 그 반대이다. 실제로, 지수함수의 개념은 17세기말 독일의 라이프니츠(G. W. Leibniz, 1646~1716)에 의하여 발견되었으나, 로그함수는 이보다 수십 년 전에 영국의 네이피어(J. Napier, 1550~1617)에 의하여 지수보다 먼저 발견되었다. 오일러에 의하여 로그수가 거듭제곱의 지수를 나타내는 것이 알려지게 됨으로써 두 함수의 관계가 명확하게 되었던 것이다. 지수함수의 역함수로 로그함수를 도입하는 이유는 지수함수의 성질로부터 로그함수의 성질들을 쉽게 유도할 수 있기 때문이다.

2.2.1 지수와 로그

$a>0$, $a\neq 1$인 실수 a에 대하여, a를 m번 거듭제곱한 a^m을 생각해보자. 이때

$$a^m = N \quad \Leftrightarrow \quad m = \log_a N$$

으로 나타내고, $\log_a N$을 a를 밑(base)으로 하는 N의 로그(logarithm)라고 한다. 그리고 N은 $\log_a N$의 진수(anti-logarithm)라 부른다.

주의 로그 $\log_a N$에서 진수 N은 항상 양수, 로그의 밑 a는 1이 아닌 양수이어야 한다.

예제 2.2.1 $\log_9 \dfrac{1}{27} = x$를 만족시키는 실수 x의 값을 구하여라.

풀이 $\dfrac{1}{27} = 9^x$으로부터 $3^{-3} = 3^{2x}$이므로, $x = -\dfrac{3}{2}$이다.

예제 2.2.2 $\log_{x+1}(x^2-x-2)$가 값을 가지기 위한 실수 x의 값의 범위를 구해보자. 로그의 밑은 1이 아닌 양수이고 진수는 항상 양수이어야 하므로, 다음 조건을 동시에 만족하여야 한다.

$$x+1\neq 1, \quad x+1>0, \quad x^2-x-2>0$$

즉, $x \neq 0$, $x > -1$, $(x-2)(x+1) > 0$이므로 $x > 2$이어야 한다.

정리 2.2.1

$a > 0$, $a \neq 1$, $x > 0$, $y > 0$이고 m, n이 실수이면, 다음이 성립한다.

(1) $\log_a 1 = 0$, $\log_a a = 1$

(2) $\log_a xy = \log_a x + \log_a y$

(3) $\log_a \dfrac{x}{y} = \log_a x - \log_a y$

(4) $\log_a x^n = n \log_a x$

b, c가 1이 아닌 양수이고, $n \neq 0$일 때

(5) $\log_a b = \dfrac{\log_c b}{\log_c a}$

(6) $\log_a b = \dfrac{1}{\log_b a}$

(7) $\log_{a^n} b^m = \dfrac{m}{n} \log_a b$

(8) $a^{\log_a x} = x$

| 증명 | (1)은 $a^0 = 1$, $a^1 = a$로부터 알 수 있다.

(2)와 (3)을 증명하기 위하여 $\log_a x = m$, $\log_a y = n$이라 두면, $x = a^m$, $y = a^n$이다. 따라서 $xy = a^m a^n = a^{m+n}$이므로, 다음이 성립한다.

$$\log_a xy = m + n = \log_a x + \log_a y$$

또한, $\dfrac{x}{y} = \dfrac{a^m}{a^n} = a^{m-n}$이므로, 다음이 성립한다.

$$\log_a \frac{x}{y} = m - n = \log_a x - \log_a y$$

(4)는 (2)로부터 쉽게 증명된다.

(5)를 증명하기 위하여 $\log_a b = k$라 두면, $a^k = b$이다. 양변에 밑을 c로 하는 로그를 취하면 $\log_c a^k = \log_c b$이므로, $k \log_c a = \log_c b$이다. 따라서 다음이 성립한다.

$$\log_a b = k = \frac{\log_c b}{\log_c a}$$

(6)은 (5)에서 c에 b를 대입하면 쉽게 얻을 수 있다.

(7)은 (5)와 (4)로부터 쉽게 증명된다.

(8)은 $a^m = x$라 두면 $m = \log_a x$이므로, $a^{\log_a x} = x$이다. ■

일상생활에서 우리는 십진법을 사용하므로, 십진법으로 나타낸 수의 계산은 밑이 10인 로그를 이용하는 것이 편리하다. $\log_{10} N$과 같이 밑을 10으로 하는 로그를 상용로그(common logarithm)라 하고, 흔히 밑 10을 생략하여 $\log N$으로 나타낸다.

일반적으로 임의의 양수 N은 $N = a \times 10^n$ $(1 \le a < 10,\ n$은 정수)의 형태로 나타낼 수 있다. 따라서 N의 상용로그의 값은

$$\log N = \log(a \times 10^n) = \log a + \log 10^n = n + \log a$$

이므로, 상용로그표에서 $\log a$의 값을 구하면 된다. 이와 같이

$$\log N = n + \log a \quad (1 \le a < 10,\ n\text{은 정수})$$

의 형태로 나타낼 때, n은 $\log N$의 지표(index), $\log a$는 $\log N$의 가수(addend)라 한다. 이때, 가수 α는 $0 \le \alpha < 1$의 값을 갖는다. 만약, 지표가 음수로서 $-m$이고 가수가 α인 경우는

$$-m + \alpha = \overline{m} + \alpha$$

로 나타내기도 한다.

다음 예제에서와 같이 임의의 양수 N에 대하여 $\log N$의 값이 양수이면, $\log N$의 지표로부터 N이 몇 자리의 수인지 알 수 있다. 또한, $\log N$의 값이 음수이면, 지표로부터 소수 몇 번째 자리에서 처음으로 0이 아닌 숫자가 나타나는지를 알 수 있다.

예제 2.2.3 (1) $\log 3 = 0.4771$에서 $\log 3^{10} = 10\log 3 = 4.771$이다. 따라서 $\log 3^{10}$의 지표가 4이므로, 3^{10}은 5자리 정수이다.

(2) $\log 2 = 0.3010$에서

$$\log\left(\frac{1}{2}\right)^{30} = (-30)\log 2 = -9.030 = -10 + 0.970 = \overline{10}.970$$

이다. 지표가 -10이므로, $\left(\frac{1}{2}\right)^{30}$은 소수 10번째 자리에서 처음으로 0이 아닌 숫자가 나타난다.

문제 2.2.1

1. $\log 2 = 0.3010$일 때, 5^{10}은 몇 자리의 수인가?

2. $\log 3.12 = 0.4942$일 때, $\log x = 3.4942$, $\log y = \overline{2}.4942$를 만족하는 x와 y의 값을 구하여라.

2.2.2 지수함수

a가 1이 아닌 양의 상수일 때, 함수

$$y = a^x$$

를 a를 밑으로 하는 x의 지수함수(exponential function)라고 정의한다.

먼저, 지수함수의 성질과 그래프에 대해 생각해보자. 임의의 x에 대해서 a^x은 항상 양수이고, $y = a^0 = 1$이다. 따라서 지수함수 $y = a^x$의 그래프는 x축 위쪽에 있고, 항상 점 $(0, 1)$을 지나는 것을 알 수 있다.

[1] $a > 1$인 경우

지수함수 $y = a^x$은 증가함수로서 x가 무한히 커지면 y도 무한히 커지고, x가 음으로서 절댓값이 무한히 커지면 y는 한없이 0에 가까워진다. 따라서 이 함수의 그래프는 그림 2.5(a)와 같다.

[2] $0 < a < 1$인 경우

지수함수 $y = a^x$은 감소함수이고 x가 무한히 커지면 y는 한없이 0에 가까워지고, x가 음으로서 절댓값이 무한히 커지면 y도 무한히 커진다. 따라서 이 함수의 그래프는 그림 2.5(b)와 같다.

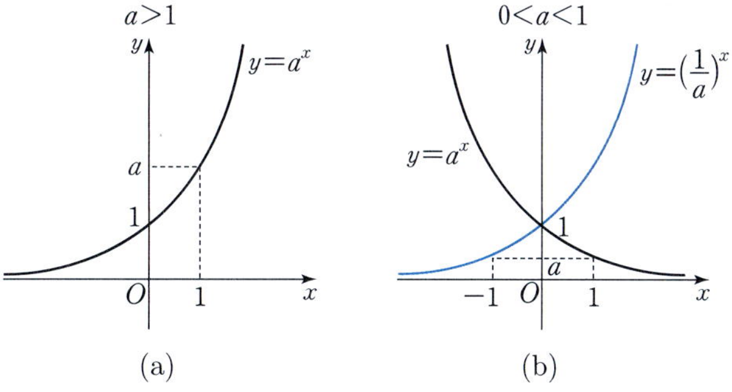

그림 2.5

그림 2.5에서 보는 바와 같이, 지수함수 $y = a^x$ $(a \neq 1,\ a > 0)$는 다음 성질을 갖는다.

(1) 지수함수의 정의역은 실수 전체 집합이고, 치역은 양의 실수 전체의 집합이다.
(2) $y = a^x$은 $a > 1$이면 증가함수이고, $0 < a < 1$이면 감소함수이다.

(3) 그래프는 점 $(0, 1)$과 $(1, a)$를 지나고, 점근선은 x축이다.

(4) $y = a^x$과 $y = (1/a)^x$의 그래프는 y축에 대해 서로 대칭이다.

예제 2.2.4 다음 각 함수의 그래프를 그리고, $y = 3^x$의 그래프와 비교하여라.

(1) $y = \left(\frac{1}{3}\right)^x$ (2) $y = -3^x$ (3) $y = 3^{x-1}$ (4) $y = 3^x + 2$

풀이 (1) $y = \left(\frac{1}{3}\right)^x = 3^{-x}$이므로, $y = 3^x$의 그래프와 y축에 대해 대칭이다.

(2) $y = -3^x$은 $-y = 3^x$이므로, $y = 3^x$의 그래프와 x축에 대해 대칭이다.

(3) $y = 3^{x-1}$은 $y = 3^x$의 그래프를 x축 방향으로 1만큼 평행이동한 것이다.

(4) $y = 3^x + 2$는 $y = 3^x$의 그래프를 y축 방향으로 2만큼 평행이동한 것이다.

이들 함수의 그래프는 다음 그림과 같다.

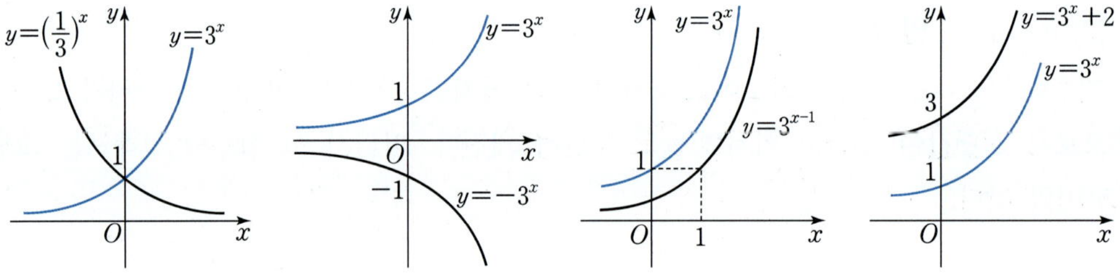

그림 2.6

문제 2.2.2

※ 다음 각 함수의 그래프를 그리고, 그 치역을 구하여라.

(1) $y = 2^{x-1} - 1$ (2) $y = 2^{|x|}$

2.2.3 로그함수

양의 실수 x를 $\log_a x$ $(a > 0,\ a \neq 1$인 실수$)$로 대응시키면, 그 값은 하나로 정해지므로 $y = \log_a x$는 양의 실수 전체의 집합을 정의역으로 하는 x의 함수이다. 이를 a를 밑으로 하는 로그함수(logarithmic function)라 한다. 또한, 지수함수의 역함수로서 로그함수를 정의할 수 있다. 지수함수

$$y = a^x \quad (a > 0, \ a \neq 1)$$

은 실수 전체의 집합에서 양의 실수 전체의 집합으로의 일대일 대응이므로, 역함수가 존재한다. 역함수를 구하기 위하여 $y = a^x$에서 x와 y를 바꾸고, 로그의 정의를 이용하면 다음과 같이 나타낼 수 있다.

$$y = \log_a x, \ a > 0, \ a \neq 1$$

[1] $a > 1$인 경우

다음의 그림 2.7(a)에서와 같이 $x > 1$일 때 $y > 0$이고, x가 무한히 커지면 y도 무한히 커진다. 또한, $0 < x < 1$일 때 $y < 0$이고 x가 한없이 0에 접근하면 y의 절댓값은 무한히 커지므로, y축은 그래프의 점근선이다.

[2] $0 < a < 1$인 경우

이 경우의 그래프는 그림 2.7(b)의 실선과 같고, y축을 점근선으로 한다.

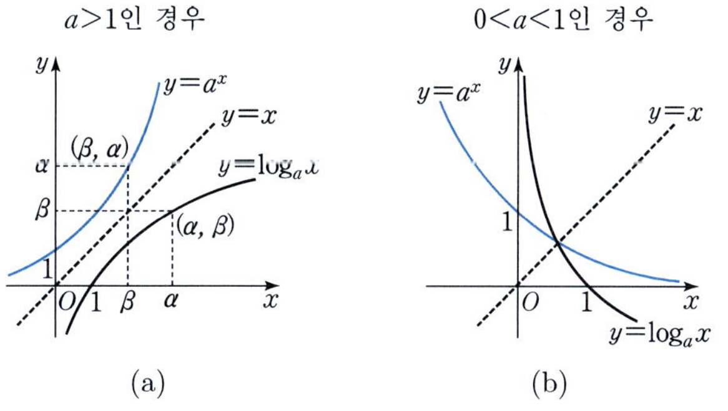

그림 2.7

그림 2.7로부터 로그함수 $\log_a x \ (a > 0, \ a \neq 1)$에 대한 다음 성질을 알 수 있다.

(1) 로그함수의 정의역은 양의 실수 전체의 집합이고, 치역은 실수 전체 집합이다.

(2) $y = \log_a x$는 $a > 1$이면 증가함수이고, $0 < a < 1$이면 감소함수이다.

(3) 그래프는 점 $(1, 0)$과 $(a, 1)$을 지나고, y축이 점근선이다.

(4) $y = a^x$의 그래프와 $y = x$에 대해 대칭이다.

예제 2.2.5 다음 각 함수의 그래프를 그리고, $y=\log_3 x$의 그래프와 비교하여라.

(1) $y=\log_{\frac{1}{3}} x$ (2) $y=\log_3(-x)$

(3) $y=\log_3(x+1)+2$

풀이 (1) $y=\log_{\frac{1}{3}} x=-\log_3 x$이므로, $y=\log_3 x$의 그래프와 x축에 대해 대칭이다.

(2) $y=\log_3(-x)$는 y축에 대해 대칭이다.

(3) $y=\log_3(x+1)+2$는 $y=\log_3 x$의 그래프를 x축 방향으로 -1, y축 방향으로 2만큼 평행이동한 것이다.

이들 함수의 그래프는 다음 그림과 같다.

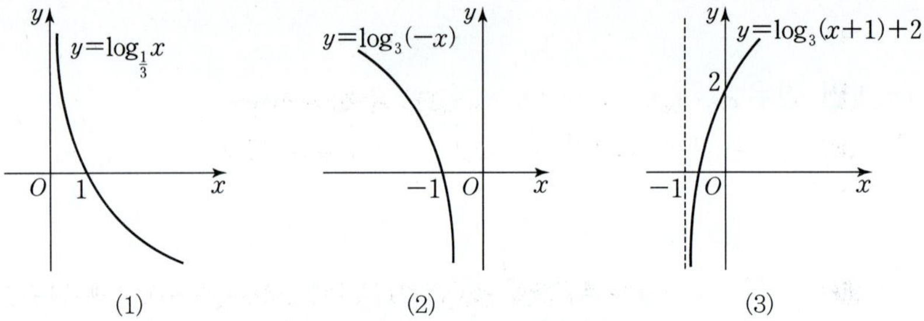

그림 2.8

문제 2.2.3

※ 다음 각 함수의 그래프를 그리고, $y=\log_2 x$의 그래프와 비교하여라.

(1) $y=\log_2 \dfrac{1}{x}$ (2) $y=-\log_2(-x)$ (3) $y=\log_2 4(x+1)+2$

예제 2.2.6 $y=\log_3(x-1)+2$의 역함수를 구하여라.

풀이 $x-1>0$이어야 하므로 정의역은 $x>1$이고, 치역은 실수 전체 집합이다. 이 두 집합에서 주어진 함수는 전단사이다. $\log_3(x-1)=y-2$로부터 $x-1=3^{y-2}$이므로, $x=3^{y-2}+1$이다. 여기서 x와 y를 바꾸면 구하려는 역함수는 다음과 같다.

$$y=3^{x-2}+1$$

참고 예제 1.4.7의 참고에서 $\lim_{n\to\infty}\left(1+\frac{1}{n}\right)^n = e$임을 살펴보았다. 이 무리수 e를 밑으로 하는 로그를 자연로그(natural logarithm)라 하고, 다음과 같이 $\ln x$로 표기한다. 이 자연로그는 응용분야에서 광범위하게 활용된다.

$$\ln x = \log_e x$$

2.2 연습문제

1. $2^x = 27$, $18^y = 9$일 때, $\dfrac{3}{x} - \dfrac{2}{y}$의 값을 구하여라.

2. $a^{2x} = 3$일 때, $\dfrac{a^x - a^{-x}}{a^x + a^{-x}}$의 값을 구하여라.

3. $\log_2 3 = a$, $\log_3 5 = b$일 때, $\log 25$를 a, b로 나타내어라.

4. $\log_{(x-2)}(x^2 - 5x + 4)$가 정의되기 위한 정수 x의 최솟값을 구하여라.

5. $\log 2 = 0.3010$, $\log 3 = 0.4771$을 이용하여, 다음 물음에 답하여라.

(1) 2^{100}은 몇 자리 정수인지 구하여라.

(2) $\left(\dfrac{1}{3}\right)^{20}$은 소수점 아래 몇 번째 자리에서 처음으로 0이 아닌 수가 나오는가?

6. 방정식 $x^{\log x} = 100x$의 모든 실근의 곱을 구하여라.

7. 함수 $y = 9 \cdot 3^{x-1} + 3$의 그래프는 함수 $y = 3^x$의 그래프를 x축 방향으로 p만큼, y축 방향으로 q만큼 평행이동한 것이다. 이때, p와 q의 값을 구하여라.

8. 로그함수 $y = \log_4(x-2) + 1$의 그래프를 그리고, 정의역, 치역 및 점근선을 모두 구하여라.

9. 다음 함수의 역함수를 구하여라.

(1) $y = 3^{x+3}$ (2) $y = \log_2(x-1) + 1$ (3) $y = \dfrac{1}{2}(3^x - 3^{-x})$

10. $f(x) = x + 1$, $g(x) = 2^x$일 때, $g(f(x))$의 역함수를 구하여라. 단, $x > 1$이다.

2.3 삼각함수

삼각함수는 삼각비를 일반화하여 함수로 나타낸 것이다. 삼각비는 두 별 사이의 거리를 정확히 구하고자하였던 고대 그리스의 천문학자들에 의해 시작되었다. 고대 천문현상을 연구한 수학자들은 별들의 거리를 직접 구하는 것이 쉽지 않았으므로, 두 별 사이의 각도를 재는 방법을 사용하였던 것이다.

삼각함수는 우리의 생활과 매우 밀접하게 연관된 중요한 내용으로, 여기서는 기초수학을 학습하는 데에 필히 알아야할 삼각함수에 대한 기본 공식과 그래프를 중심으로 알아본다. 먼저, 삼각비에 대해 간단히 살펴보자.

2.3.1 삼각비

한 예각이 같은 직각삼각형들은 서로 닮은 도형이므로, 서로 대응하는 변의 길이의 비는 일정하다. 예로, 그림 2.9에서와 같이 $\triangle ACB$와 $\triangle A\,C'B'$는 $\angle A$를 공통으로 하는 직각삼각형이므로, 두 삼각형은 닮은 삼각형이다. 따라서 이들 직각삼각형의 경우, 삼각형의 크기와는 무관하게

$$\frac{a}{c} = \frac{a'}{c'},\quad \frac{b}{c} = \frac{b'}{c'},\quad \frac{a}{b} = \frac{a'}{b'}$$

가 항상 성립한다. 이때, $\angle A$의 삼각비(trigonometric ratio)인 $\sin A$, $\cos A$, $\tan A$를 다음과 같이 정의한다.

$$\sin A = \frac{a}{c},\quad \cos A = \frac{b}{c},\quad \tan A = \frac{a}{b}$$

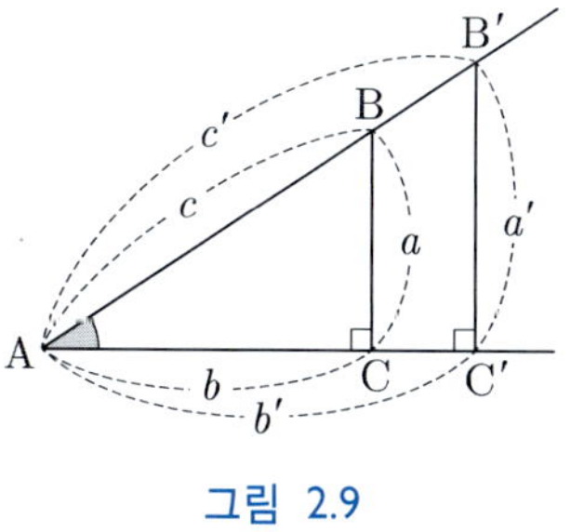

그림 2.9

이제, 한 예각이 각각 30°, 45°, 60°일 때, 삼각비의 값에 대해 알아보자.

이들 특수각에 대한 삼각비는 다음 표와 같다. 이는 그림 2.10(a)의 $\angle A = 45°$인 직각이등변삼각형과 그림 2.10(b)의 한 변의 길이가 2인 정삼각형으로부터 쉽게 구할 수 있다.

각도(A)	$\sin A$	$\cos A$	$\tan A$
$30°$	$\frac{1}{2}$	$\frac{\sqrt{3}}{2}$	$\frac{\sqrt{3}}{3}$
$45°$	$\frac{\sqrt{2}}{2}$	$\frac{\sqrt{2}}{2}$	1
$60°$	$\frac{\sqrt{3}}{2}$	$\frac{1}{2}$	$\sqrt{3}$

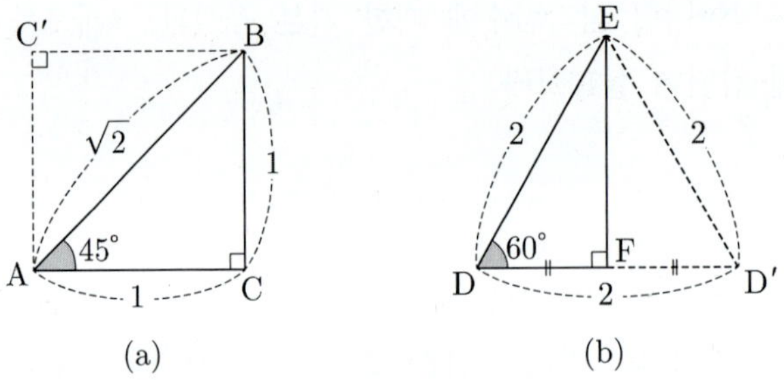

그림 2.10

또한, $0°$와 $90°$의 삼각비는 다음과 같이 정한다.

$$\sin 0° = 0, \quad \cos 0° = 1, \quad \tan 0° = 0$$
$$\sin 90° = 1, \quad \cos 90° = 0, \quad \tan 90° = \infty$$

다음의 두 예제를 통해 삼각비의 활용에 대해 살펴보자.

예제 2.3.1 병철이가 한 빌딩의 높이를 구하기 위해 빌딩으로부터 50 m 떨어진 곳에서 빌딩의 꼭대기를 올려다 본 각도는 $60°$이었다. 병철이의 눈높이가 1.5 m 일 때, 빌딩의 높이를 구하여라.

풀이 구하려는 빌딩의 높이를 $x\,m$라 하면, $\tan 60° = \sqrt{3}$이므로

$$\frac{x-1.5}{50} = \sqrt{3}$$

이 성립한다. 따라서 구하려는 빌딩의 높이는 $50\sqrt{3}+1.5(m)$이다.

예제 2.3.2 두 변의 길이가 각각 8 cm, 10 cm 이고, 그 끼인 각이 30°인 삼각형의 넓이를 구하여라.

풀이 밑변의 길이를 10 cm 라 하면, 주어진 삼각형의 높이는 $8\sin 30° = 8 \times \frac{1}{2} = 4\,(\mathrm{cm})$이므로, 구하려는 넓이는 $\frac{1}{2} \times 10 \times 4 = 20\,(\mathrm{cm}^2)$이다.

문제 2.3.1

1. x절편이 -4이고, x축과 이루는 예각이 60°인 직선의 y절편을 구하여라.

2. 두 변의 길이가 각각 8 cm, 12 cm 이고, 그 끼인 각이 60°인 삼각형의 넓이를 구하여라.

3. 이웃하는 두 변의 길이가 각각 6 cm, 8 cm 이고, 이 두변이 이루는 각이 135°인 평행사변형의 넓이를 구하여라.

2.3.2 삼각함수의 정의

각의 단위는 육십분법, 즉 직각의 1/90을 1°(도), 1°의 1/60을 1′(분), 1′의 1/60을 1″(초)로 나타낸다. 그러나 원에서의 호의 길이와 중심각의 관계를 이용한 각의 단위인 라디안을 사용하면 보다 편리하다.

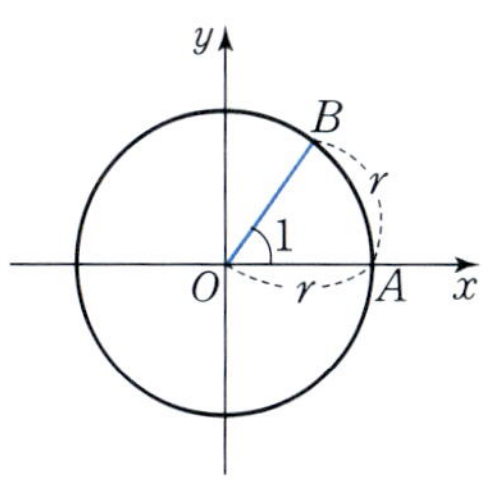

그림 2.11

그림 2.11에서와 같이 반지름 r인 원 O를 그리고 원둘레 위의 두 점 A, B를 택하여 호 AB의 길이를 r이라 하면, $\angle AOB$는 반지름의 크기에 관계없이 일정하다. 이때, $\angle AOB$의 크기를 1 라디안(radian) 또는 1 호도라 하고, 이를 단위로 하여 각을 재는 법을 호도법(circular measure)이라 한다. 한편, 반지름이 r인 원의 둘레는 $2\pi r$이므로 360°는 2π라디안, 즉 $180° = \pi$라디안이다. 따라서 다음이 성립한다.

$$1\text{ 라디안} = \frac{180^\circ}{\pi} \approx 57^\circ 17' 45'', \qquad 1^\circ = \frac{\pi}{180}\text{라디안}$$

이제, 삼각비를 일반각으로 확장하여 삼각함수를 정의해보자.

좌표평면 위에서 원점을 중심으로 반지름 r인 원 O을 그리자. 그림 2.12에서와 같이 O에서 x축의 양의 방향을 시작 선으로 크기가 θ라디안인 각을 만들어 그 동경과 원 O와의 교점을 P라 하자. θ가 주어지면 점 P가 결정되므로, P의 좌표도 유일하게 정해진다. 점 P의 좌표를 (x, y)라 할 때, 일반각 θ에 대한 삼각함수(trigonometric function)는 다음과 같이 정의한다.

$$\sin\theta = \frac{y}{r}, \quad \cos\theta = \frac{x}{r}, \quad \tan\theta = \frac{y}{x}$$

$$\csc\theta = \frac{r}{y}, \quad \sec\theta = \frac{r}{x}, \quad \cot\theta = \frac{x}{y}$$

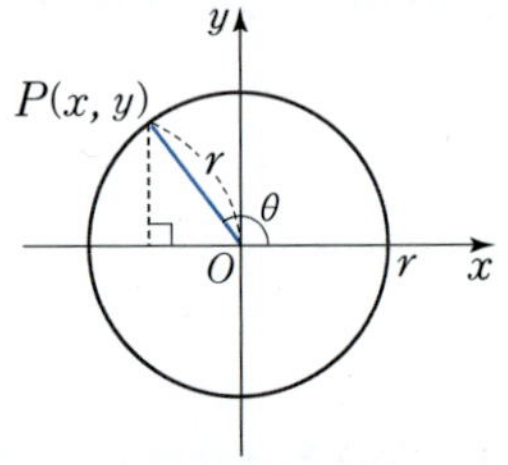

그림 2.12

θ가 제1사분면의 각이면 삼각함수는 삼각비와 일치하고, 모두 양의 값을 가지지만, θ가 다른 사분면의 각일 때는 x, y의 부호에 따라 음의 값도 가진다. 즉, 삼각함수 값의 부호는 동경이 몇 사분면에 있는가에 따라 x좌표와 y좌표의 부호에 의해 결정된다. 각 사분면에서 삼각함수의 부호는 다음과 같다.

삼각함수	제1사분면	제2사분면	제3사분면	제4사분면
$\sin\theta$, $\csc\theta$	+	+	−	−
$\cos\theta$, $\sec\theta$	+	−	−	+
$\tan\theta$, $\cot\theta$	+	−	+	−

삼각함수의 정의로부터 삼각함수들 사이의 다음 관계식을 얻을 수 있다.

정리 2.3.1

삼각함수 사이의 관계

$$\tan\theta = \frac{\sin\theta}{\cos\theta}, \qquad \sin^2\theta + \cos^2\theta = 1$$

$$1 + \tan^2\theta = \sec^2\theta, \qquad 1 + \cot^2\theta = \csc^2\theta$$

예제 2.3.3 $\sin\theta = \frac{1}{2}$일 때, 나머지 삼각함수의 값을 구하여라.

풀이 $\sin\theta$가 양수이므로 θ는 제1사분면 또는 제2사분면의 각이다. θ가 제1사분면의 각이면 $\cos\theta > 0$이므로, 다음을 얻는다.

$$\cos\theta = \sqrt{1-\left(\frac{1}{2}\right)^2} = \frac{\sqrt{3}}{2}, \qquad \tan\theta = \frac{\sin\theta}{\cos\theta} = \frac{1}{\sqrt{3}}$$

$$\csc\theta = 2, \qquad \sec\theta = \frac{2}{\sqrt{3}}, \qquad \cot\theta = \sqrt{3}$$

θ가 제2사분면의 각이면 $\cos\theta < 0$이므로, 나머지 삼각함수의 값은 다음과 같다.

$$\cos\theta = -\frac{\sqrt{3}}{2}, \qquad \tan\theta = -\frac{1}{\sqrt{3}}, \qquad \csc\theta = 2$$

$$\sec\theta = -\frac{2}{\sqrt{3}}, \qquad \cot\theta = -\sqrt{3}$$

2.3.3 삼각함수의 성질

삼각함수에는 많은 공식들이 있다. 여기서는 주로 $\sin\theta$, $\cos\theta$, $\tan\theta$를 중심으로 그 성질에 대해 알아본다.

그림 2.13(a)에서와 같이 각 θ와 $2\pi+\theta$의 동경은 일치한다. 따라서 각 θ와 $2n\pi+\theta$ (n은 정수)의 동경은 항상 일치하므로

$$\sin(\theta+2n\pi) = \sin\theta, \qquad \cos(\theta+2n\pi) = \cos\theta$$

가 성립한다. $n\pi+\theta$인 경우, n이 홀수일 때는 $\pi+\theta$와, n이 짝수일 때는 θ와 동경이 일치한다(그림 2.13(b)). 즉

$$\tan(n\pi+\theta) = \tan(\pi+\theta) \quad \text{또는} \quad \tan(n\pi+\theta) = \tan\theta$$

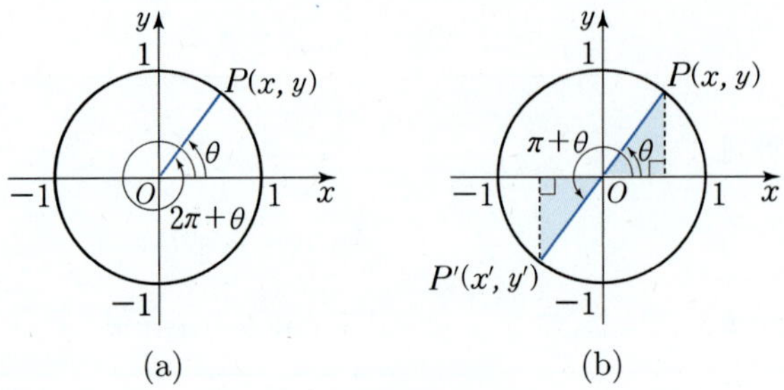

그림 2.13

이다. 그런데

$$\tan(\pi+\theta) = \frac{-y}{-x} = \frac{y}{x} = \tan\theta$$

이므로, n의 홀수, 짝수에 관계없이 항상 다음을 만족한다.

$$\tan(n\pi+\theta) = \tan\theta$$

또한, 그림 2.14에서와 같이 각 θ의 동경과 각 $-\theta$의 동경이 단위원과 만나는 점을 각각 $P(x, y)$, $P'(x', y')$라 하면, 두 점 P와 P'는 x축에 대해 대칭이므로

$$\sin(-\theta) = -\sin\theta, \quad \cos(-\theta) = \cos\theta, \quad \tan(-\theta) = -\tan\theta$$

를 만족한다.

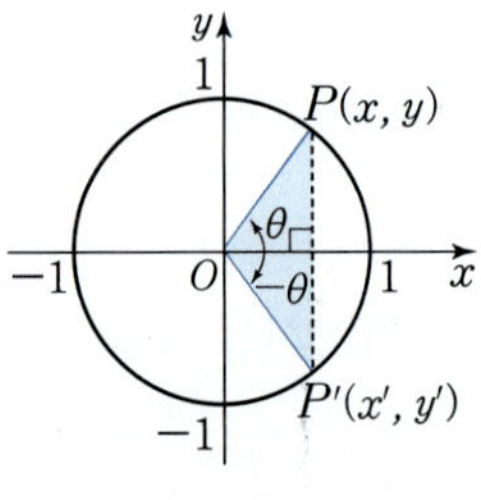

그림 2.14

따라서 다음의 삼각함수에 대한 기본 성질을 얻는다.

정리 2.3.2

삼각함수의 기본 성질

$\sin(2n\pi+\theta) = \sin\theta$, $\cos(2n\pi+\theta) = \cos\theta$, $\tan(n\pi+\theta) = \tan\theta$

$\sin(-\theta) = -\sin\theta$, $\cos(-\theta) = \cos\theta$, $\tan(-\theta) = -\tan\theta$

$$\sin(\pi+\theta) = -\sin\theta, \qquad \sin(\pi-\theta) = \sin\theta, \qquad \cos(\pi+\theta) = -\cos\theta$$
$$\cos(\pi-\theta) = -\cos\theta, \qquad \tan(\pi+\theta) = \tan\theta, \qquad \tan(\pi-\theta) = -\tan\theta$$
$$\sin\left(\frac{\pi}{2}+\theta\right) = \cos\theta, \qquad \sin\left(\frac{\pi}{2}-\theta\right) = \cos\theta, \qquad \cos\left(\frac{\pi}{2}+\theta\right) = -\sin\theta$$
$$\cos\left(\frac{\pi}{2}-\theta\right) = \sin\theta, \qquad \tan\left(\frac{\pi}{2}+\theta\right) = -\cot\theta, \qquad \tan\left(\frac{\pi}{2}-\theta\right) = \cot\theta$$

이 기본성질을 이용하면, 모든 각에 대한 삼각함수의 값을 부록의 삼각함수표에서 구할 수 있다. 예로서, 다음과 같이 구한다.

$$\begin{aligned}\sin\frac{73}{12}\pi &= \sin\left(\frac{\pi}{12}+6\pi\right) = \sin\frac{\pi}{12}\\ &= \sin 15° = 0.2588\end{aligned}$$

두 각의 합 또는 차의 삼각함수를 각각의 각에 대한 삼각함수로 나타내면 다음과 같다. 이를 삼각함수의 덧셈정리(addition theorem)라고 한다.

정리 2.3.3

삼각함수의 덧셈정리

$$\sin(\alpha+\beta) = \sin\alpha\cos\beta + \cos\alpha\sin\beta$$
$$\sin(\alpha-\beta) = \sin\alpha\cos\beta - \cos\alpha\sin\beta$$
$$\cos(\alpha+\beta) = \cos\alpha\cos\beta - \sin\alpha\sin\beta$$
$$\cos(\alpha-\beta) = \cos\alpha\cos\beta + \sin\alpha\sin\beta$$
$$\tan(\alpha+\beta) = \frac{\tan\alpha + \tan\beta}{1-\tan\alpha\tan\beta}$$
$$\tan(\alpha-\beta) = \frac{\tan\alpha - \tan\beta}{1+\tan\alpha\tan\beta}$$

| 증명 | 다음의 그림 2.15에서와 같이, 네 개의 각 α, β, $\alpha-\beta$, 0을 나타내는 동경과 단위원의 교점을 각각 P, Q, R, S라 하면, 네 점의 좌표는

$$P(\cos\alpha, \sin\alpha),\ Q(\cos\beta, \sin\beta),\ R(\cos(\alpha-\beta), \sin(\alpha-\beta)),\ S(1, 0)$$

이고, $\triangle POQ$와 $\triangle ROS$는 합동이다.

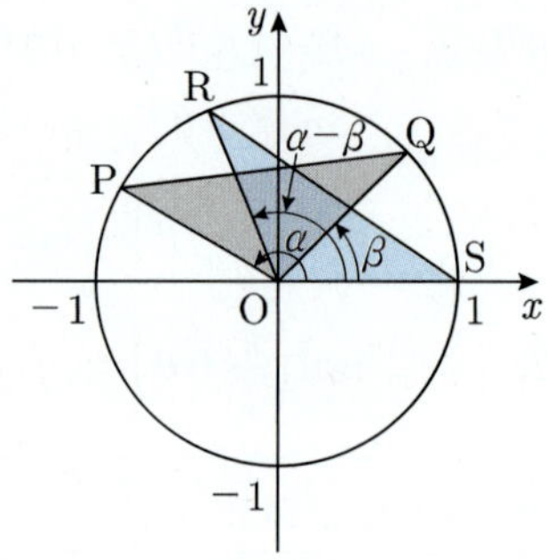

그림 2.15

따라서 $\overline{PQ} = \overline{RS}$이므로, $\overline{PQ}^2$과 $\overline{RS}^2$을 계산하면 다음과 같다,

$$\begin{aligned}\overline{PQ}^2 &= (\cos\beta - \cos\alpha)^2 + (\sin\beta - \sin\alpha)^2 \\ &= 2 - 2(\cos\alpha\cos\beta + \sin\alpha\sin\beta) \\ \overline{RS}^2 &= (1 - \cos(\alpha-\beta))^2 + (0 - \sin(\alpha-\beta))^2 \\ &= 2 - 2\cos(\alpha-\beta)\end{aligned}$$

이들을 정리하면

$$\cos(\alpha-\beta) = \cos\alpha\cos\beta + \sin\alpha\sin\beta \qquad \cdots\cdots①$$

를 얻는다. 또한, 식 ①에서 β 대신에 $-\beta$를 대입하면 다음을 만족한다.

$$\cos(\alpha+\beta) = \cos\alpha\cos\beta - \sin\alpha\sin\beta \qquad \cdots\cdots②$$

그리고 식 ②에서 α 대신에 $\frac{\pi}{2} - \alpha$를 대입하면

$$\cos\left(\frac{\pi}{2} - \alpha + \beta\right) = \cos\left(\frac{\pi}{2} - \alpha\right)\cos\beta - \sin\left(\frac{\pi}{2} - \alpha\right)\sin\beta$$

이므로, 이 식을 정리하면

$$\sin(\alpha-\beta) = \sin\alpha\cos\beta - \cos\alpha\sin\beta \qquad \cdots\cdots③$$

이고, β 대신에 $-\beta$를 대입하면 다음을 얻는다.

$$\sin(\alpha+\beta) = \sin\alpha\cos\beta + \cos\alpha\sin\beta \qquad \cdots\cdots④$$

또한, 식 ②와 ④로부터

$$\tan(\alpha+\beta) = \frac{\sin(\alpha+\beta)}{\cos(\alpha+\beta)} = \frac{\sin\alpha\cos\beta + \cos\alpha\sin\beta}{\cos\alpha\cos\beta - \sin\alpha\sin\beta}$$

이므로, 분자와 분모를 $\cos\alpha\cos\beta(\neq 0)$로 나누면

$$\tan(\alpha+\beta) = \frac{\tan\alpha + \tan\beta}{1-\tan\alpha\tan\beta}$$

를 얻는다. 그리고 이 식에서 β 대신에 $-\beta$를 대입하면 다음이 성립한다.

$$\tan(\alpha-\beta) = \frac{\tan\alpha - \tan\beta}{1+\tan\alpha\tan\beta}$$ ■

예제 2.3.4 $\sin 75°$와 $\sin 15°$의 값을 구하여라.

풀이 삼각함수의 덧셈정리를 이용하여 다음과 같이 구할 수 있다.

$$\begin{aligned}\sin 75° &= \sin(45°+30°) = \sin 45°\cos 30° + \cos 45°\sin 30° \\ &= \left(\frac{1}{\sqrt{2}}\right)\left(\frac{\sqrt{3}}{2}\right) + \left(\frac{1}{\sqrt{2}}\right)\left(\frac{1}{2}\right) = \frac{\sqrt{3}+1}{2\sqrt{2}} \\ \sin 15° &= \sin(45°-30°) = \sin 45°\cos 30° - \cos 45°\sin 30° \\ &= \left(\frac{1}{\sqrt{2}}\right)\left(\frac{\sqrt{3}}{2}\right) - \left(\frac{1}{\sqrt{2}}\right)\left(\frac{1}{2}\right) = \frac{\sqrt{3}-1}{2\sqrt{2}}\end{aligned}$$

예제 2.3.5 α는 제1사분면, β는 제2사분면의 각이고 $\sin\alpha = \frac{1}{\sqrt{3}}$, $\sin\beta = \frac{1}{2}$일 때, $\sin(\alpha+\beta)$와 $\cos(\alpha+\beta)$의 값을 구하여라.

풀이 $\cos\alpha = \frac{\sqrt{2}}{\sqrt{3}}$, $\cos\beta = -\frac{\sqrt{3}}{2}$이므로, 다음을 얻는다.

$$\begin{aligned}\sin(\alpha+\beta) &= \sin\alpha\cos\beta + \cos\alpha\sin\beta \\ &= \left(\frac{1}{\sqrt{3}}\right)\left(-\frac{\sqrt{3}}{2}\right) + \left(\frac{\sqrt{2}}{\sqrt{3}}\right)\left(\frac{1}{2}\right) = \frac{\sqrt{2}-\sqrt{3}}{2\sqrt{3}} \\ \cos(\alpha+\beta) &= \cos\alpha\cos\beta - \sin\alpha\sin\beta \\ &= \left(\frac{\sqrt{2}}{\sqrt{3}}\right)\left(-\frac{\sqrt{3}}{2}\right) - \left(\frac{1}{\sqrt{3}}\right)\left(\frac{1}{2}\right) = -\frac{\sqrt{6}+1}{2\sqrt{3}}\end{aligned}$$

예제 2.3.6 다음의 두 직선이 이루는 예각을 구하여라.

$$\begin{cases} 3x-y-2=0 \\ x-2y+1=0 \end{cases}$$

풀이 그림 2.16에서와 같이 두 직선이 x축의 양의 방향과 이루는 각을 각각 θ_1과 θ_2라 하자. 이때, 두 직선이 이루는 예각을 θ라 하면, $\theta = \theta_1 - \theta_2$이다. 한편, 직선 $3x-y-2$

$=0$의 기울기는 3이고, 직선 $x-2y+1=0$의 기울기는 $\frac{1}{2}$이므로

$$\tan\theta_1 = 3,\quad \tan\theta_2 = \frac{1}{2}$$

이다. 따라서 탄젠트에 대한 덧셈정리를 이용하면

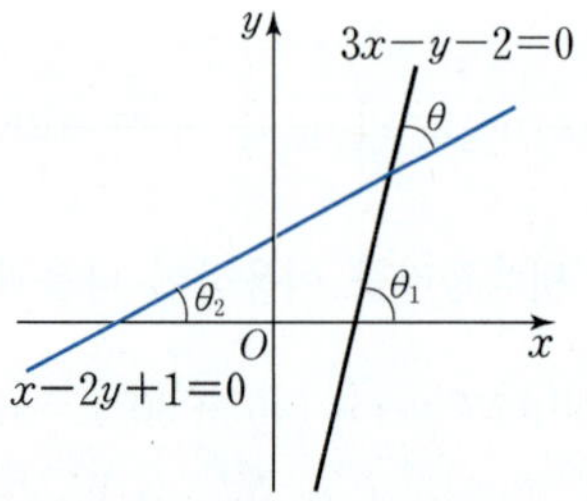

그림 2.16

$$\tan\theta = \tan(\theta_1-\theta_2) = \frac{\tan\theta_1-\tan\theta_2}{1+\tan\theta_1\tan\theta_2} = \frac{3-\frac{1}{2}}{1+3\cdot\frac{1}{2}} = 1$$

이므로, 구하려는 각은 $\theta=\frac{\pi}{4}$이다.

문제 2.3.2

1. θ가 제4사분면의 각이고 $\cos\theta=\frac{12}{13}$일 때, 나머지 삼각함수의 값을 구하여라.

2. 다음 삼각함수의 값을 구하여라.

(1) $\cos 15°$ (2) $\tan 75°$ (3) $\sin\frac{7\pi}{12}$

3. α는 제1사분면, β는 제2사분면의 각이고 $\sin\alpha=\frac{1}{2}$, $\sin\beta=\frac{1}{3}$이라 하자. 이때, $\sin(\alpha+\beta)$와 $\cos(\alpha+\beta)$의 값을 구하여라.

4. 두 직선 $y=2x$와 $y=-3x$가 이루는 예각을 구하여라.

삼각함수의 덧셈정리 2.3.3에서 $\alpha=\beta$라 두면, 다음의 배각공식(formula of multiple angle)을 얻는다.

정리 2.3.4

삼각함수의 배각공식

$$\sin 2\alpha = 2\sin\alpha\cos\alpha$$

$$\cos 2\alpha = \cos^2\alpha - \sin^2\alpha = 1 - 2\sin^2\alpha = 2\cos^2\alpha - 1$$

$$\tan 2\alpha = \frac{2\tan\alpha}{1-\tan^2\alpha}$$

예제 2.3.7 제1사분면의 각 α에 대하여, $\sin\alpha = \frac{2}{3}$이면

$$\cos\alpha = \sqrt{1-\sin^2\alpha} = \sqrt{1-\frac{4}{9}} = \frac{\sqrt{5}}{3}$$

이므로, 배각공식으로부터 다음을 구할 수 있다.

$$\sin 2\alpha = 2\sin\alpha\cos\alpha = 2\cdot\frac{2}{3}\cdot\frac{\sqrt{5}}{3} = \frac{4\sqrt{5}}{9}$$

$$\cos 2\alpha = 1 - 2\sin^2\alpha = 1 - 2\cdot\left(\frac{2}{3}\right)^2 = \frac{1}{9}$$

정리 2.3.4의 코사인의 배각공식에서 α 대신에 $\frac{\alpha}{2}$를 대입하면

$$\cos\alpha = \cos^2\frac{\alpha}{2} - \sin^2\frac{\alpha}{2} = 1 - 2\sin^2\frac{\alpha}{2} = 2\cos^2\frac{\alpha}{2} - 1$$

이므로, 다음이 성립한다.

$$\sin^2\frac{\alpha}{2} = \frac{1-\cos\alpha}{2}, \quad \cos^2\frac{\alpha}{2} = \frac{1+\cos\alpha}{2}$$

이로부터, 다음의 반각공식(formula of half angle)을 얻는다.

정리 2.3.5

삼각함수의 반각공식

$$\sin^2\frac{\alpha}{2} = \frac{1-\cos\alpha}{2}, \qquad \cos^2\frac{\alpha}{2} = \frac{1+\cos\alpha}{2}, \qquad \tan^2\frac{\alpha}{2} = \frac{1-\cos\alpha}{1+\cos\alpha}$$

예제 2.3.8 제4사분면의 각 α에 대하여 $\sin\alpha = -\frac{1}{3}$일 때, $\sin\frac{\alpha}{2}$의 값을 구해보자.

$\cos\alpha$의 값이 $\cos\alpha = \sqrt{1-\left(-\frac{1}{3}\right)^2} = \sqrt{1-\frac{1}{9}} = \frac{2\sqrt{2}}{3}$이므로

$$\sin^2\frac{\alpha}{2} = \frac{1-\cos\alpha}{2} = \frac{3-2\sqrt{2}}{6}$$

이다. 한편, $\frac{\alpha}{2}$는 제2사분면의 각으로 $\sin\frac{\alpha}{2} > 0$이므로, 이중근호를 푸는 방법을 이용하면 구하려는 값은 다음과 같다.

$$\sin\frac{\alpha}{2} = \frac{\sqrt{3-2\sqrt{2}}}{\sqrt{6}} = \frac{\sqrt{2}-1}{\sqrt{6}} = \frac{2\sqrt{3}-\sqrt{6}}{6}$$

문제 2.3.3

1. 제2사분면의 각 α에 대하여 $\cos\alpha = -\frac{2}{3}$일 때, 다음 값을 구하여라.

(1) $\sin 2\alpha$ (2) $\cos 2\alpha$ (3) $\tan 2\alpha$

2. 제3사분면의 각 α에 대하여 $\cos\alpha = -\frac{2}{3}$일 때, $\sin\frac{\alpha}{2}$의 값을 구하여라.

2.3.4 삼각함수의 그래프

점 P가 단위원 위를 움직일 때, P의 x, y 좌표에 의해 $\cos\theta$, $\sin\theta$의 값이 정해진다. 이로부터 삼각함수의 그래프를 그려보자.

단위원에서 각 θ의 크기의 변화에 따른 $\sin\theta$ 값의 변화 상태는 다음과 같다.

θ	$\cdots$	0	$\cdots$	$\pi/2$	$\cdots$	π	$\cdots$	$3\pi/2$	$\cdots$	2π	$\cdots$
$\sin\theta$		0	↗	1	↘	0	↘	-1	↗	0	

이를 토대로 하여 θ의 값을 가로축에, 그에 대응하는 $\sin\theta$의 값을 세로축에 나타내어 $y=\sin\theta$의 그래프를 그려보면 다음과 같다. 이를 사인곡선(sine curve)이라 한다.

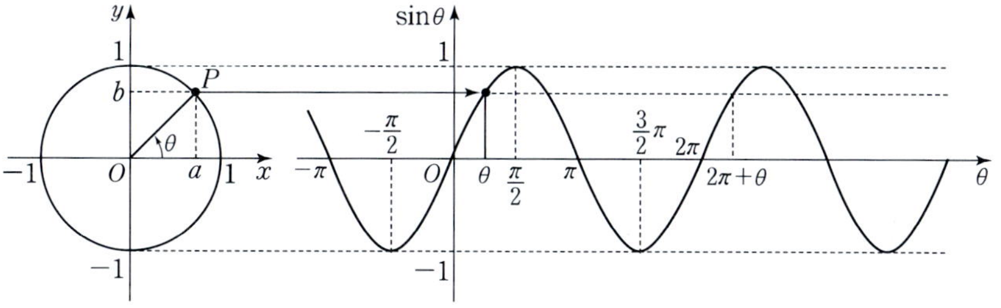

그림 2.17

다음으로, 각 θ 의 크기의 변화에 따른 $\cos\theta$ 값의 변화 상태는 다음과 같다.

θ	$\cdots$	0	$\cdots$	$\pi/2$	$\cdots$	π	$\cdots$	$3\pi/2$	$\cdots$	2π	$\cdots$
$\cos\theta$		1	↘	0	↘	-1	↗	0	↗	1	

여기서, θ 의 값을 가로축에, 그에 대응하는 $\cos\theta$ 의 값을 세로축에 나타내어 그래프를 그려 보면 다음과 같다. 이를 코사인곡선(cosine curve)이라 한다.

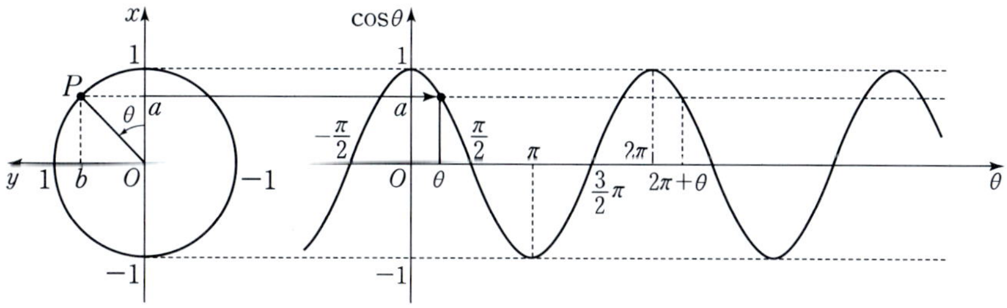

그림 2.18

그림 2.17과 그림 2.18에서와 같이, $y=\cos\theta$ 의 그래프는 $y=\sin\theta$ 의 그래프를 θ 축의 방향으로 $-\pi/2$ 만큼 평행이동한 것과 같다. 그리고 $y=\sin\theta$ 와 $y=\cos\theta$ 의 정의역은 실수 전체의 집합이고, 치역은 $\{y \mid -1 \le y \le 1\}$ 이다. 또한, $y=\sin\theta$ 의 그래프는 원점에 대칭인 반면에, $y=\cos\theta$ 의 그래프는 y 축에 대해 대칭이다. 한편, $y=\sin\theta$ 와 $y=\cos\theta$ 의 그래프는 2π 간격으로 같은 변화의 상태가 반복된다. 즉, 임의의 실수 θ 에 대하여

$$\sin(2n\pi+\theta)=\sin\theta, \quad \cos(2n\pi+\theta)=\cos\theta \quad (n\text{은 정수})$$

이므로, 이 두 함수는 주기가 2π 인 주기함수이다.

두 삼각함수 $y=\sin\theta$ 와 $y=\cos\theta$ 의 성질을 정리하면, 다음과 같다.

(1) 정의역은 실수 전체의 집합이고, 치역은 $\{y \mid -1 \le y \le 1\}$이다.

(2) $y = \sin\theta$의 그래프는 원점에 대해 대칭이고, $y = \cos\theta$의 그래프는 y축에 대해 대칭이다.

(3) 주기가 2π인 주기함수이다.

같은 방법으로, $y = \tan\theta$의 그래프를 그려보면, 다음 그림과 같다.

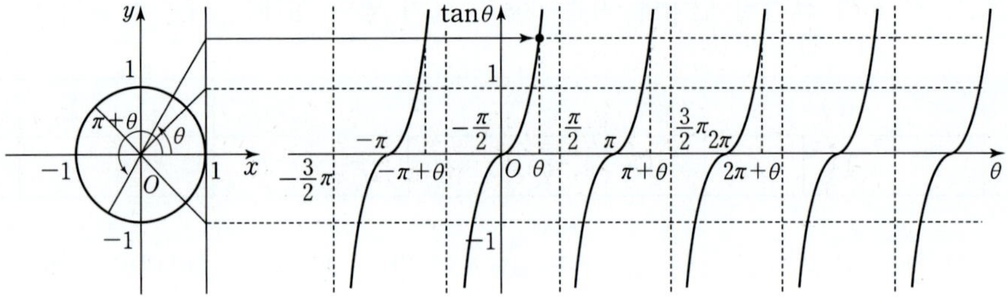

그림 2.19

이를 탄젠트곡선(tangent curve)이라 한다. $y = \tan\theta$의 점근선은 $\theta = n\pi \pm \pi/2$ (n은 정수), 정의역은 $n\pi \pm \pi/2$ (n은 정수)를 제외한 실수 전체의 집합이고, 치역은 실수 전체의 집합이다. 또한, $y = \tan\theta$의 그래프는 π 간격으로 같은 변화 상태가 반복된다. 즉, 함수가 정의되는 임의의 실수 θ에 대하여

$$\tan(n\pi + \theta) = \tan\theta \qquad (n\text{은 정수})$$

이므로, $y = \tan\theta$는 주기가 π인 주기함수이다.

함수 $y = \tan\theta$의 성질을 정리하면, 다음과 같다.

(1) 정의역은 $n\pi \pm \dfrac{\pi}{2}$ (n은 정수)를 제외한 실수 전체의 집합이고, 치역은 실수 전체의 집합이다.

(2) 그래프의 점근선은 $\theta = n\pi \pm \dfrac{\pi}{2}$ (n은 정수)이다.

(3) 그래프는 원점에 대해 대칭이다.

(4) 주기가 π인 주기함수이다.

예제 2.3.9 다음 삼각함수의 그래프를 그리고, 주기와 최솟값 및 최댓값을 구하여라.

(1) $y = 3\sin\dfrac{x}{2}$　　(2) $y = |\cos x| + 1$　　(3) $y = -\cos\left(x + \dfrac{\pi}{3}\right)$

풀이 (1) $y = 3\sin\dfrac{x}{2}$의 그래프는 그림 2.19와 같으므로, 주기는 4π, 최솟값은 -3이고 최댓값은 3이다.

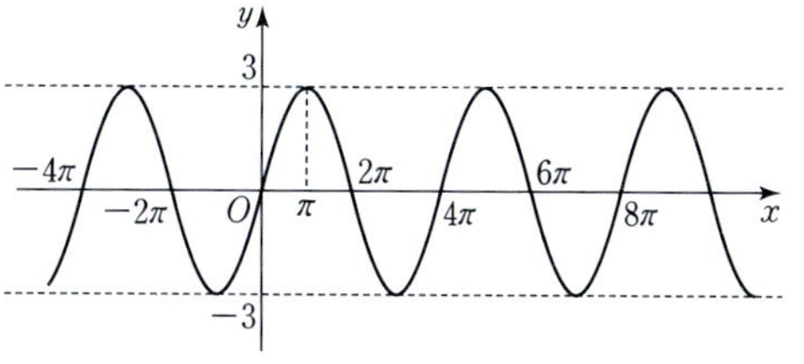

그림 2.20

(2) $y = |\cos x| + 1$의 그래프는 그림 2.21과 같으므로, 주기는 π, 최솟값은 1, 최댓값은 2이다.

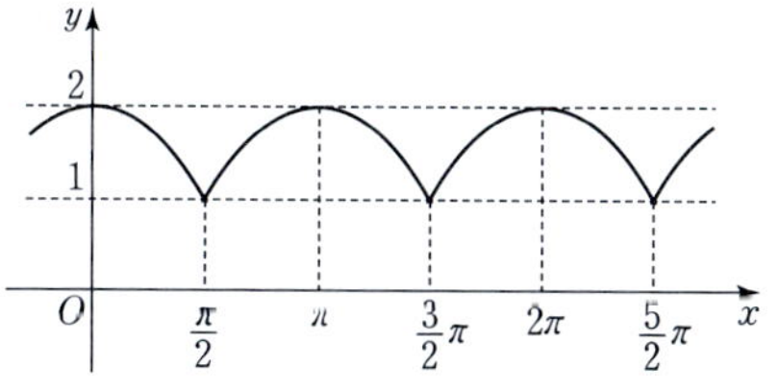

그림 2.21

(3) $y = -\cos\left(x + \dfrac{\pi}{3}\right)$의 그래프는 그림 2.22와 같으므로, 주기는 2π, 최솟값은 -1이고 최댓값은 1이다.

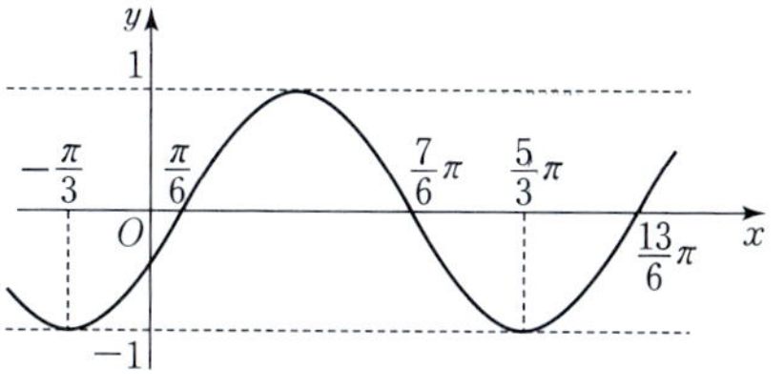

그림 2.22

문제 2.3.4

※ 다음 각 삼각함수의 그래프를 그리고, 주기와 최솟값 및 최댓값을 구하여라.

(1) $y = \sin\dfrac{x}{3}$　　(2) $y = 3\cos 2x + 1$　　(3) $y = \tan\left(2x + \dfrac{\pi}{2}\right)$

2.3 연습문제

1. θ가 제3사분면의 각이고 $\tan\theta = 3$일 때, $\sin\theta$와 $\cos\theta$의 값을 구하여라.

2. 다음 삼각함수의 값을 덧셈정리를 이용하여 구하여라.

(1) $\cos 105°$ (2) $\tan 105°$ (3) $\sin 135°$

3. $\tan\alpha = 3$, $\tan\beta = 2$일 때, $\tan(\alpha+\beta)$와 $\tan(\alpha-\beta)$의 값을 구하여라.

4. α와 β는 모두 예각이고 $\sin\alpha = \dfrac{13}{14}$, $\sin\beta = \dfrac{11}{14}$이라 하자. 이때, $\sin(\alpha+\beta)$의 값을 구하고, $\alpha+\beta$는 몇 도인지 말하여라.

5. 제2사분면의 각 α에 대하여 $\sin\alpha = \dfrac{1}{2}$일 때, 다음 값을 구하여라.

(1) $\sin 2\alpha$ (2) $\cos 2\alpha$ (3) $\tan 2\alpha$

6. 제2사분면의 각 α에 대하여 $\cos\alpha = -\dfrac{1}{3}$일 때, 다음 값을 구하여라.

(1) $\sin\dfrac{\alpha}{2}$ (2) $\cos\dfrac{\alpha}{2}$ (3) $\tan\dfrac{\alpha}{2}$

7. 다음 등식이 성립함을 증명하여라.

(1) $\sin 3\theta = 3\sin\theta - 4\sin^3\theta$ (2) $\cos 3\theta = 4\cos^3\theta - 3\cos\theta$

8. 다음 삼각함수의 그래프를 그리고, 주기와 최솟값 및 최댓값을 구하여라.

(1) $y = -2\sin\pi x + 1$ (2) $y = \cos\dfrac{x}{2} + 1$

(3) $y = |\tan x|$ (4) $y = |\cos x| - 1$

9. $y = a\sin(bx - c)$의 그래프가 다음 그림과 같을 때, abc의 값을 구하여라. 단, a, b는 양수이고, c는 최소의 양수이다.

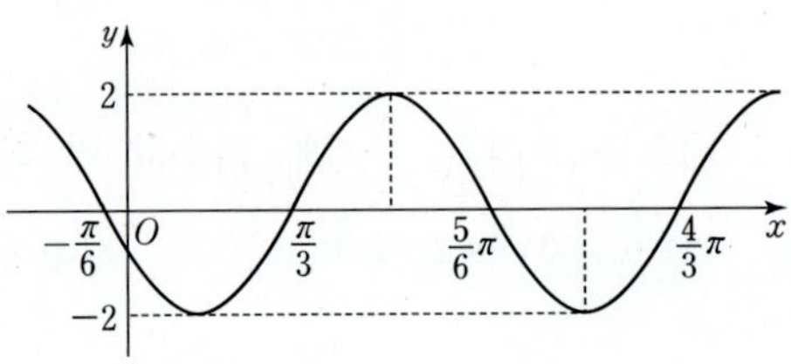

피타고라스 정리와 덧셈정리

피타고라스(Pythagoras, B.C. 582?~497?) 정리는 우리가 알고 있는 삼각함수의 성질들과는 어떤 관계가 있을까? 피타고라스학파는 직각삼각형에서 "빗변의 제곱은 다른 두 변의 제곱의 합과 같다"라는 것을 발견하였다. 즉, 다음 그림에서와 같이 직각삼각형의 빗변을 c, 다른 두 변을 각각 a, b라 두면, 피타고라스 정리는 $c^2 = a^2 + b^2$임을 의미한다.

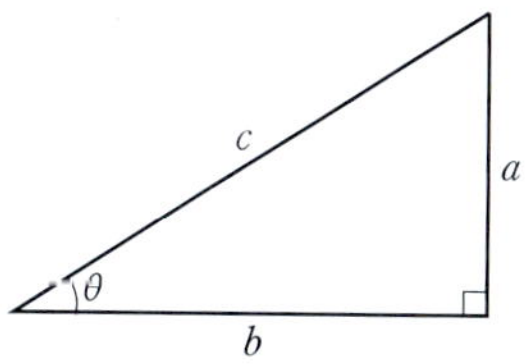

가장 단순하지만 그 응용의 힘은 오늘날 수학 책의 반을 차지한다고 하더라도 과언은 아닐 것이다. 왜냐하면, 초월함수에서 배운 모든 성질들이 이로부터 유도될 수 있기 때문이다. 피타고라스 정리 $c^2 = a^2 + b^2$에서 양변을 c^2으로 나누어보라. 그림에서 식각삼각형의 두 변 b, c가 이루는 각을 θ라 두고 $\sin\theta$와 $\cos\theta$의 관계식으로 나타내면

$$\left(\frac{a}{c}\right)^2 + \left(\frac{b}{c}\right)^2 = 1 \quad \Leftrightarrow \quad \sin^2\theta + \cos^2\theta = 1$$

을 얻을 수 있다. 마찬가지로 피타고라스 정리의 양변을 b^2과 a^2으로 각각 나누면 $1 + \tan^2\theta = \sec^2\theta$와 $1 + \cot^2\theta = \csc^2\theta$라는 성질을 얻는다(정리 2.3.1 참조).

다음으로, 두 각의 합 또는 차의 삼각함수를 각각의 각에 대한 삼각함수로 나타내는 덧셈정리를 살펴보자. 2.2절의 마지막 부분에 소개한 오일러 방정식 $e^{i\pi} + 1 = 0$을 유도할 수 있는 다음의 오일러 공식을 생각해보자.

$$e^{i\theta} = \cos\theta + i\sin\theta \quad (i = \sqrt{-1})$$

이 오일러 공식에 $\theta = \pi$를 대입하면 바로 오일러 방정식 $e^{i\pi}+1=0$을 얻는다. 수학에서 가장 유명한 다섯 개의 상수 e, π, i, 0, 1을 연결하는 방정식이다. 이 방정식의 놀라운 의미는 무리수를 무리 허수의 지수로 취한 결과가 자연수가 될 수 있다는 것이다. 사실, 허수를 허수 지수로 취한 결과도 또한 실수가 될 수 있다. 이것을 보이기 위해 다시 오일러 공식에 $\theta = \pi/2$를 대입하면, $e^{i\pi/2}=i$이므로 다음을 얻는다.

$$i^i = (e^{i\pi/2})^i = e^{-\pi/2}$$

여기서, $e^{-\pi/2}$를 계산하여 $i^i = 0.2078795763\cdots$을 얻는다. 오일러 공식에서 $\theta = \alpha+\beta$로 바꾸면

$$e^{i(\alpha+\beta)} = \cos(\alpha+\beta)+i\sin(\alpha+\beta)$$

이다. 한편, 좌변에 복소수의 지수법칙을 이용하여 다시 한 번 오일러 공식을 적용하면

$$e^{i\alpha}e^{i\beta} = (\cos\alpha+i\sin\alpha)(\cos\beta+i\sin\beta)$$

로 주어진다. 이제, 위의 식을 전개하여 우변의 $\cos(\alpha+\beta)+i\sin(\alpha+\beta)$와 비교하면 다음의 덧셈정리를 얻는다(정리 2.3.3 참조).

$$\cos(\alpha+\beta) = \cos\alpha\cos\beta - \sin\alpha\sin\beta$$
$$\sin(\alpha+\beta) = \sin\alpha\cos\beta + \cos\alpha\sin\beta$$

이들의 식에서 β 대신에 $-\beta$를 대입하면

$$\cos(\alpha-\beta) = \cos\alpha\cos\beta + \sin\alpha\sin\beta$$
$$\sin(\alpha-\beta) = \sin\alpha\cos\beta - \cos\alpha\sin\beta$$

를 얻는다. 한편, $\tan(\alpha+\beta) = \dfrac{\sin(\alpha+\beta)}{\cos(\alpha+\beta)}$이므로, 분모와 분자를 각각 $\cos\alpha\cos\beta$로 나누면

$$\tan(\alpha+\beta) = \frac{\tan\alpha+\tan\beta}{1-\tan\alpha\tan\beta}$$

이고, 이 식에 β 대신에 $-\beta$를 대입하면, $\tan(-\beta) = -\tan\beta$이므로

$$\tan(\alpha-\beta) = \frac{\tan\alpha-\tan\beta}{1+\tan\alpha\tan\beta}$$

를 얻는다.

2.4 함수의 극한

극한 개념은 고대 그리스에서도 사용되었다. 예로서, 아르키메데스(Archimedes, 287~212 B.C.)는 극한 개념을 이용하여 원주율을 계산하였고, 도형의 넓이와 부피를 구하였다. 현대적 의미로서의 함수의 극한에 대한 연구에는 프랑스 수학자 코시(A. L. Cauchy, 1789~1857)가 많은 공헌을 하였다.

코시는 그의 저서 《해석학 과정》에서 극한을 다음과 같이 정의하였다.

> 변수가 취하는 값이 차츰 일정한 값에 접근해서, 그 차가 임의로 주어진 양보다도 적어질 때, 그 일정한 값을 처음 변수의 극한이라고 한다.

실제로, 코시는 《미적분학 요강》에서 ε과 δ의 기호를 사용하여, 흔히 말하는 ε-δ 논법으로 극한에 대한 형식적 정의를 사용하고 있다. 그러나 이 책에서 우리는 함수의 극한을 직관적 방법으로 정의한다.

이 절에서는 비교적 계산이 단순한 다항함수, 유리함수, 무리함수 등의 대수함수에 대한 극한을 중심으로 알아보고, 초월함수의 극한에 대해서는 2.6절에서 다룬다.

$x=a$의 근방에서 정의된 함수 $f(x)$에 대해서 x가 a에 한없이 가까워질 때, $f(x)$가 일정한 수 L에 한없이 가까워지면, 이것을

$$x \to a \text{일 때 } f(x) \to L, \quad \text{또는} \quad \lim_{x \to a} f(x) = L$$

로 표시하고, L을 $x \to a$일 때, $f(x)$의 극한(limit) 또는 극한값(limit value)이라 한다. 또한, $f(x)$는 $x=a$에서 L에 수렴한다(converge)고 한다.

주의 기호 $x \to a$는 x가 a에 한없이 가까워지되 $x \neq a$임을 의미한다. 따라서 $f(x)$가 $x=a$에서 정의되지 않더라도 극한은 생각할 수 있다.

함수의 극한을 쉽게 구할 수 있는 경우도 있지만, 때로는 극한을 구하기 위한 엄밀한 계산이 요구되기도 한다. 예로서, x가 2에 한없이 가까워질 때

$$f(x) = x^2 - 1$$

은 3에 가까워지므로

$$\lim_{x \to 2} (x^2 - 1) = 2^2 - 1 = 3$$

과 같이 생각할 수 있다. 그러나

$$g(x) = \frac{x^2 - 1}{x - 1}$$

의 경우에서는 $\lim_{x \to 1} g(x) = g(1)$로 계산할 수는 없지만

$$\frac{x^2 - 1}{x - 1} = \frac{(x-1)(x+1)}{x-1} = x + 1 \qquad (x \neq 1)$$

이므로, 다음 극한을 갖는다.

$$\lim_{x \to 1} \frac{x^2 - 1}{x - 1} = \lim_{x \to 1} (x + 1) = 2$$

예제 2.4.1 (1) 만약 $f(x) = x$(항등함수)이면

$$\lim_{x \to a} f(x) = \lim_{x \to a} x = a$$

이고, $f(x) = k$(상수함수)이면

$$\lim_{x \to a} f(x) = \lim_{x \to a} k = k$$

이다.

(2) 다음의 단위계단함수(unit step function)

$$f(x) = \begin{cases} 0 & (x < 0) \\ 1 & (x \geq 0) \end{cases}$$

은 $x = 0$에서 도약하므로, $x \to 0$인 경우에 $f(x)$의 극한은 존재하지 않는다. 실제로, 음의 방향을 따라 x가 0에 한없이 가까워지면 $f(x) \to 0$이고, 양의 방향에서 0에 한없이 가까워지면 $f(x) \to 1$이므로, $x \to 0$일 때 $f(x)$는 일정한 값에 수렴하지 않는다.

x가 a에 한없이 가까워질 때, x가 a보다 큰 쪽(오른쪽)에서부터 a에 가까워지는 경우에는 $x \to a^+$로 나타내고 우극한(right hand limit), 작은 쪽(왼쪽)에서 a에 가까워지는 경우에는 $x \to a^-$로 나타내고 좌극한(left hand limit)이라 한다. 극한 L이 존재하면 다음이 성립함을 알 수 있다.

$$\lim_{x \to a^+} f(x) = \lim_{x \to a^-} f(x) = L$$

예로, 예제 2.4.1(2)에서 $x = 0$에서의 우극한과 좌극한은 다음과 같다.

$$\lim_{x \to 0^+} f(x) = 1, \quad \lim_{x \to 0^-} f(x) = 0$$

예제 2.4.2 함수

$$f(x) = \begin{cases} x+1 & (x > 1) \\ 0 & (x - 1) \\ -x-1 & (x < 1) \end{cases}$$

에서 $x = 1$에서의 우극한과 좌극한은

$$\lim_{x \to 1^+} f(x) = 2, \quad \lim_{x \to 1^-} f(x) = -2$$

이므로(그림 2.23 참조), 이 함수는 $x = 1$에서 수렴하지 않는다.

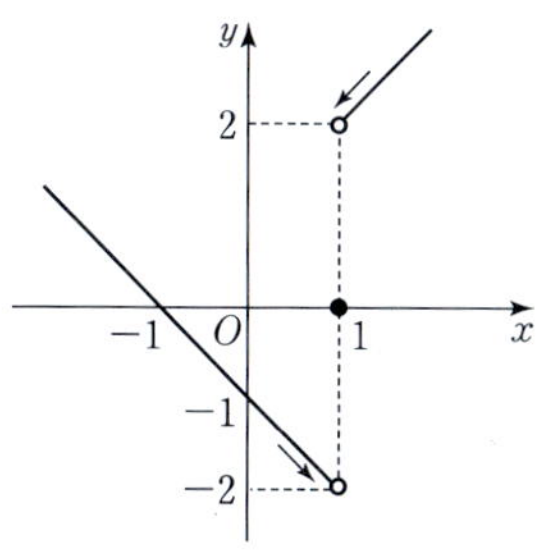

그림 2.23

일반적으로 x가 a에 한없이 가까워질 때, $f(x)$의 값이 무한히 커지면 $f(x)$는 양의 무한대로 발산한다(diverge)고 하고, 이를 기호 $\lim_{x \to a} f(x) = \infty$로 나타낸다. 또한, x가 a에 한없이 가까워질 때, $f(x)$의 값이 음수로서 그 절댓값이 무한히 커지면 $f(x)$는 음의 무한대로 발산한다고 하고, 이를 기호 $\lim_{x \to a} f(x) = -\infty$로 나타낸다.

예로서, 함수 $f(x)=\dfrac{1}{|x|}$과 $g(x)=-\dfrac{1}{|x|}$을 생각해보자. x가 0에 한없이 가까워지면, $f(x)$의 값은 무한히 커지고, 이와 반대로 $g(x)$의 값은 음수로서 그 절댓값이 무한히 커짐을 알 수 있다. 따라서 다음이 성립한다.

$$\lim_{x\to 0}\frac{1}{|x|}=\infty, \qquad \lim_{x\to 0}\left(-\frac{1}{|x|}\right)=-\infty$$

주의 ∞는 변동 상태를 나타내는 기호일 뿐이며, 어떤 수로서 도입된 것은 아니다.

일반적으로 x가 무한히 커질 때 함숫값 $f(x)$가 일정한 값 L에 한없이 가까워지면

$$\lim_{x\to\infty} f(x)=L$$

로 나타내고, x가 무한히 커질 때 $f(x)$의 값도 무한히 커지면, 다음과 같이 나타낸다.

$$\lim_{x\to\infty} f(x)=\infty$$

다음으로, 함수의 극한정리에 대해 알아보자. 이 책에서는 극한의 형식적 정의를 사용하지 않았으므로, 그 증명은 생략한다.

정리 2.4.1

극한정리

$x=a$의 근방에서 정의된 함수 $f(x)$, $g(x)$와 실수 L, M에 대하여 $\lim_{x\to a} f(x)=L$이고 $\lim_{x\to a} g(x)=M$이면, 다음이 성립한다.

(1) $\lim_{x\to a}\{f(x)+g(x)\}=L+M$

(2) $\lim_{x\to a}\{f(x)g(x)\}=L\cdot M$

(3) $\lim_{x\to a} kf(x)=kL$ (k는 상수)

(4) $\lim_{x\to a}\dfrac{f(x)}{g(x)}=\dfrac{L}{M}$ $(M\neq 0)$

참고 정리 2.4.1은 $x\to\infty$ 또는 $x\to-\infty$일 때도 성립한다.

예제 2.4.3 함수의 극한정리를 이용하여, 함수의 극한을 구해보자.

(1) $\lim_{x\to 2}(3x+1)=\lim_{x\to 2}3x+\lim_{x\to 2}1=6+1=7$

(2) $\lim_{x\to 0}\dfrac{x-1}{x^2+1}=\dfrac{\lim_{x\to 0}(x-1)}{\lim_{x\to 0}(x^2+1)}=\dfrac{-1}{1}=-1$

이제, 함수의 극한을 구하는 방법에 대해 알아보자.

함수의 극한에서 $\dfrac{0}{0}$, $\infty-\infty$, $0\cdot\infty$ 등의 부정형의 경우는 인수분해를 하거나 근호가 있는 쪽을 유리화하여 극한을 구한다. 그리고 $\dfrac{\infty}{\infty}$의 경우는 분모의 최고차항으로 분자와 분모를 나누어 극한을 구할 수 있다.

예로, 분수식 $\dfrac{x^3-x^2-2x}{x^2+x}$는 $x=0$에서 분자와 분모가 모두 0에 수렴하므로, 인수분해를 하여 극한을 구하면, 다음과 같다.

$$\lim_{x\to 0}\frac{x^3-x^2-2x}{x^2+x}=\lim_{x\to 0}\frac{x(x+1)(x-2)}{x(x+1)}=\lim_{x\to 0}(x-2)=-2$$

예제 2.4.4 $\lim_{x\to 2}\dfrac{1-\sqrt{x-1}}{x-2}$을 구하여라.

풀이 $x=2$에서 분자와 분모가 모두 0에 수렴하므로, 다음과 같이 유리화를 이용하여 분수식의 극한을 구할 수 있다.

$$\begin{aligned}\lim_{x\to 2}\frac{1-\sqrt{x-1}}{x-2}&=\lim_{x\to 2}\frac{(1-\sqrt{x-1})(1+\sqrt{x-1})}{(x-2)(1+\sqrt{x-1})}\\&=\lim_{x\to 2}\frac{-(x-2)}{(x-2)(1+\sqrt{x-1})}\\&=\lim_{x\to 2}\frac{-1}{1+\sqrt{x-1}}=-\frac{1}{2}\end{aligned}$$

예제 2.4.5 다음 함수의 극한을 구해보자.

(1) $\lim_{x\to\infty}(x^2-3x)=\lim_{x\to\infty}x^2\left(1-\dfrac{3}{x}\right)=\infty$ (발산)

(2) $\lim_{x\to\infty}\dfrac{x^2-2x+2}{2x^2-1}=\lim_{x\to\infty}\dfrac{1-\dfrac{2}{x}+\dfrac{2}{x^2}}{2-\dfrac{1}{x^2}}=\dfrac{1}{2}$

(3) $\lim_{x\to\infty}(\sqrt{x^2-3x}-x)=\lim_{x\to\infty}\frac{(\sqrt{x^2-3x}-x)(\sqrt{x^2-3x}+x)}{\sqrt{x^2-3x}+x}$

$$=\lim_{x\to\infty}\frac{-3}{\sqrt{1-\frac{3}{x}}+1}=-\frac{3}{2}$$

함수의 극한에서 $\lim_{x\to a}\frac{f(x)}{g(x)}$가 존재하고 $\lim_{x\to a}g(x)=0$이면, $\lim_{x\to a}f(x)=0$이어야 한다. 만약, $\lim_{x\to a}f(x)\neq 0$이면 주어진 분수식의 극한은 발산하므로, 가정에 모순된다.

예제 2.4.6 $\lim_{x\to 2}\frac{x^2+ax+b}{x-2}=3$을 만족하는 a와 b를 구하여라.

풀이 $x=2$에서 분모의 극한이 0이므로, 분자의 극한도 0이어야 한다. 즉

$$\lim_{x\to 2}(x^2+ax+b)=0$$

이다. 따라서 $4+2a+b=0$, 즉 $b=-2a-4$이다. 이를 주어진 식에 대입하면

$$\lim_{x\to 2}\frac{x^2+ax-2a-4}{x-2}=\lim_{x\to 2}\frac{(x+2)(x-2)+a(x-2)}{x-2}$$

$$=\lim_{x\to 2}\frac{(x-2)(x+2+a)}{x-2}$$

$$=4+a=3$$

이므로, $a=-1$, $b=-2$이다.

$x=a$의 근방에서 $f(x)\le g(x)$이고 $f(x)$, $g(x)$가 $x=a$에서 수렴하면, $\lim_{x\to a}f(x)\le\lim_{x\to a}g(x)$가 성립한다. 이를 이용하면, 다음 정리에서와 같이 함수의 대소 관계를 비교하여 함수의 극한을 구할 수 있다. 이를 조임정리(the squeeze theorem)라 한다.

정리 2.4.2

조임정리

$x=a$의 근방에서 항상 $f(x)\le h(x)\le g(x)$이고

$$\lim_{x\to a}f(x)=\lim_{x\to a}g(x)=L$$

이면, $\lim_{x\to a} h(x) = L$이다.

예제 2.4.7 $\lim_{x\to 0} x\sin\frac{1}{x}$을 구하여라.

풀이 $\left|x\sin\frac{1}{x}\right| = |x|\left|\sin\frac{1}{x}\right| \le |x|$이므로

$$-|x| \le x\sin\frac{1}{x} \le |x|$$

이다. 한편, $\lim_{x\to 0}|x| = 0 = \lim_{x\to 0}(-|x|)$이므로, 정리 2.4.2에 의해 다음이 성립한다.

$$\lim_{x\to 0} x\sin\frac{1}{x} = 0$$

문제 2.4.1

1. $x=0$에서 함수 $f(x) = \frac{|x|}{x}$의 우극한과 좌극한을 구하여라.

2. $f(x) - \frac{\sqrt{x+2}-2}{x-2}$일 때, 나음 극한을 구하여라.

(1) $\lim_{x\to 0} f(x)$ (2) $\lim_{x\to 2} f(x)$ (3) $\lim_{x\to\infty} f(x)$

3. 다음 극한을 구하여라.

(1) $\lim_{x\to -1} \frac{\sqrt{x+2}-1}{x+1}$ (2) $\lim_{x\to\infty} \frac{2x^2+1}{x^2}$

(3) $\lim_{x\to\infty} (\sqrt{x^2+2x}-x)$ (4) $\lim_{x\to\infty} \frac{x^2-2x+3}{x+2}$

4. $\lim_{x\to 1} \frac{x^2+ax+b}{x^2-1} = 4$를 만족하는 a와 b를 구하여라.

2.4 연습문제

1. 다음의 극한을 구하여라.

(1) $\displaystyle\lim_{x \to 2} \frac{x-2}{x^2-4}$ (2) $\displaystyle\lim_{x \to \infty} \frac{2x^2+1}{3x^2+2x}$

(3) $\displaystyle\lim_{x \to \infty} (\sqrt{4x^2+3x} - 2x)$ (4) $\displaystyle\lim_{x \to 2} \frac{\sqrt{x+2}-2}{x-2}$

2. 함수 $f(x) = \begin{cases} 2x^2+1 & (x > 0) \\ -x^2-1 & (x < 0) \end{cases}$ 에 대하여, 극한 $\displaystyle\lim_{x \to 0} f(x)$가 존재하면, 그 값을 구하여라.

3. $\displaystyle\lim_{x \to -1} \frac{x^2+ax+b}{x+1} = 1$을 만족하는 a와 b를 구하여라.

2.5 함수의 연속

함수 $f(x)$가 $x=a$에서 연속(continuous)이란 $x=a$에서의 극한 $\lim_{x\to a} f(x)$와 함숫값 $f(a)$가 존재하여 서로 일치하는 경우를 말한다. 즉

$$\lim_{x\to a} f(x) = f(a) \quad \text{또는} \quad \lim_{h\to 0} f(a+h) = f(a)$$

일 때이다. 그리고 함수 $f(x)$가 정의역의 모든 점에서 연속일 때, $f(x)$를 연속함수(continuous function)라고 한다.

예제 2.5.1 $f(x) = \dfrac{x^2-1}{x-1}$은 $x=1$에서 불연속임을 보이고, $x=1$에서 연속이 되도록 함숫값을 정의하여라.

풀이 $f(1)$이 존재하지 않으므로, $f(x)$는 $x=1$에서 불연속이다. 한편

$$\lim_{x\to 1} f(x) = \lim_{x\to 1}(x+1) = 2$$

이므로, $x=1$에서의 함숫값을 2로 정의하면 $x=1$에서 연속이다.

예제 2.5.2 $f(x) = x\sin\dfrac{1}{x}$은 $x=0$에서 불연속이지만 $\lim_{x\to 0} f(x) = 0$이므로, 다음의 새로운 함수는 $x=0$에서 연속이다.

$$g(x) = \begin{cases} x\sin\dfrac{1}{x} & (x \neq 0) \\ 0 & (x = 0) \end{cases}$$

참고 $y=\dfrac{1}{x}$, $y=\tan x$ 등은 함수가 정의되는 모든 점에서 연속이지만, 실수 전체에서 연속은 아니다.

함수에 대한 극한정리로부터, 다음의 연속정리가 성립한다.

정리 2.5.1

$f(x)$와 $g(x)$가 $x=a$에서 연속이면

$$f(x)+g(x),\quad f(x)g(x),\quad \frac{f(x)}{g(x)}\ (g(x)\neq 0)$$

은 모두 $x=a$에서 연속이다.

| 증명 | 가정에서 $\lim_{x\to a} f(x)=f(a)$이고 $\lim_{x\to a} g(x)=g(a)$이므로, 정리 2.4.1에 의해 다음이 성립한다.

(1) $\lim_{x\to a}\{f(x)+g(x)\}=\lim_{x\to a} f(x)+\lim_{x\to a} g(x)=f(a)+g(a)$

(2) $\lim_{x\to a}\{f(x)g(x)\}=\lim_{x\to a} f(x)\cdot\lim_{x\to a} g(x)=f(a)\cdot g(a)$

(3) $\lim_{x\to a}\frac{f(x)}{g(x)}=\frac{\lim_{x\to a} f(x)}{\lim_{x\to a} g(x)}=\frac{f(a)}{g(a)}\quad (g(a)\neq 0)$

따라서 이들은 모두 $x=a$에서 연속이다. ■

다음은 함수가 연속이고 극한이 존재하면, 극한기호는 함수기호 속으로 옮겨질 수 있음을 보여준다. 그 증명은 생략한다.

정리 2.5.2

함수 g가 b에서 연속이고 $\lim_{x\to a} f(x)=b$이면, 다음이 성립한다.

$$\lim_{x\to a} g(f(x))=g(b)=g(\lim_{x\to a} f(x))$$

다음의 정리는 연속인 두 함수의 합성함수도 연속임을 보여준다. 이는 연속의 정의와 정리 2.5.2를 이용하여 쉽게 증명할 수 있다.

정리 2.5.3

함수 $f(x)$가 $x=a$에서 연속이고 함수 $g(y)$는 $y=f(a)$에서 연속이면, 합성함수 $(g\circ f)(x)$도 $x=a$에서 연속이다.

마지막으로, 연속함수에 대한 최대·최솟값의 정리와 사이값 정리를 소개한다.

정리 2.5.4

최대·최솟값의 정리(maximum-minimum value theorem)
함수 $f(x)$가 구간 $[a, b]$에서 연속이면, $f(x)$는 이 구간에서 최댓값과 최솟값을 갖는다.

일반적으로, 함수의 최댓값과 최솟값은 그래프를 그려서 편리하게 구할 수 있다. 예로서, 함수 $f(x)=x^2$는 구간 $[-1, 2]$에서 최솟값 $f(0)=0$이고, 최댓값은 $f(2)=4$이다.

정리 2.5.5

사이값 정리(intermediate theorem)
함수 $f(x)$가 구간 $[a, b]$에서 연속이고 $f(a) \neq f(b)$이면, $f(a)$와 $f(b)$ 사이에 있는 임의의 k에 대하여, 구간 (a, b)에는 $f(c)=k$를 만족하는 c가 적어도 하나 존재한다 (그림 2.24 참조).

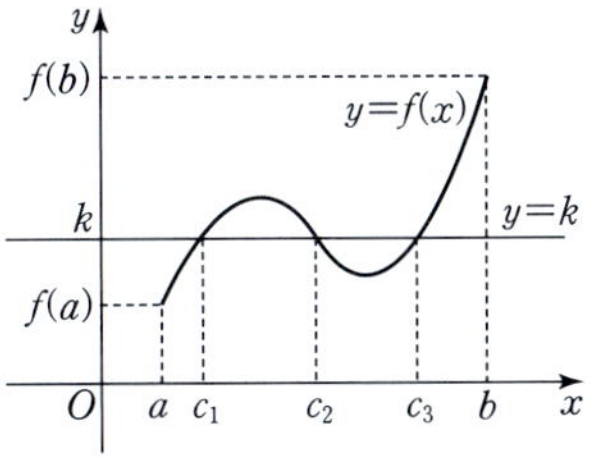

그림 2.24

사이값 정리의 응용으로, 함수 $f(x)$가 구간 $[a, b]$에서 연속이고 $f(a)$와 $f(b)$의 부호가 서로 다르면, 즉 $f(a) \cdot f(b) < 0$이면 방정식 $f(x)=0$은 구간 (a, b)에서 적어도 하나의 실근을 가짐을 알 수 있다.

예제 2.5.3 방정식 $x^2+3x-5=0$은 1과 2 사이에서 적어도 하나의 실근을 가짐을 보여라.

풀이 $f(x)=x^2+3x-5$라 두면, 함수 $f(x)$는 구간 $[1, 2]$에서 연속이고

$$f(1)=-1<0, \quad f(2)=5>0$$

이므로, 사이값 정리에 의해 $f(c)=0$을 만족하는 구간 $(1, 2)$에 속하는 점 c가 적어도 하나 존재한다. 따라서 $f(x)=0$을 만족하는 실근이 1과 2 사이에 적어도 하나 존재한다.

문제 2.5.1

1. 다음 함수의 주어진 구간에서 최댓값과 최솟값을 구하여라.

(1) $y=-x^2+4x-2$, $[0, 3]$　　(2) $y=2\sin 2x$, $[0, 2\pi]$

2. 사이값 정리를 이용하여, 방정식 $x^5+3x-2=0$은 -1과 1 사이에서 적어도 하나의 실근을 가짐을 보여라.

3. 사이값 정리를 이용하여, 방정식 $|x^2-4|-3=0$은 2와 3 사이에서 적어도 하나의 실근을 가짐을 보여라.

2.5 연습문제

1. 다음 함수가 실수 전체의 집합에서 불연속점이 있으면, 구하여라.

(1) $f(x) = x^3 - 2x + 3$ (2) $f(x) = |\cos x|$ (3) $f(x) = \dfrac{x-4}{x^2-16}$

2. 함수 $f(x) = a_0 + a_1 x + a_2 x^2 + \cdots + a_n x^n$ (a_i는 상수)은 실수 전체의 집합 R에서 연속임을 증명하여라.

3. 다음의 함수 $f(x)$가 연속함수가 되도록 상수 k의 값을 정하여라.

$$f(x) = \begin{cases} \dfrac{\sin x}{x} & (x \neq 0) \\ k & (x = 0) \end{cases}$$

4. 다음과 같이 정의된 함수 $f(x)$가 모든 점에서 연속이 되는 a와 b의 값을 구하여라.

$$f(x) = \begin{cases} \dfrac{x^2 + ax + b}{x-1} & (x \neq 1) \\ 2 & (x = 1) \end{cases}$$

5. 구간 $[0, 5\pi/4]$에서 정의된 함수 $f(x) = \sin x$의 최댓값과 최솟값을 구하여라.

6. 사이값 정리를 이용하여, 정식 $x^3 - 2x^2 - 3x + 4 = 0$은 2와 3 사이에서 적어도 하나의 실근을 가짐을 보여라.

2.6 | 초월함수의 극한

이 절에서는 함수의 연속성을 이용하여, 지수함수와 로그함수, 삼각함수의 극한을 구해보자.

예제 2.6.1 지수함수와 로그함수에 대한 다음 극한을 구해보자.

(1) $\lim_{x\to\infty}\frac{2^x}{3^x}=\lim_{x\to\infty}\left(\frac{2}{3}\right)^x=0$

(2) $\lim_{x\to\infty}\frac{2^x}{2^x+1}=\lim_{x\to\infty}\frac{1}{1+\frac{1}{2^x}}=1$

(3) $\lim_{x\to\infty}\log\left(1+\frac{1}{x}\right)=\log\left(\lim_{x\to\infty}\left(1+\frac{1}{x}\right)\right)=\log 1=0$

(4) $\lim_{x\to1^+}\{\log_2(x^2-1)-\log_2(x-1)\}=\log_2\left(\lim_{x\to1^+}\frac{x^2-1}{x-1}\right)=\log_2 2=1$

이 예제의 (3)과 (4)에서는 로그함수의 연속성과 정리 2.5.2를 사용하였다.

자연로그의 밑으로 사용되는 무리수 e는 1.4절에서 소개하였다. 다음 정리는 e가 연속변수 x에 대한 극한으로 주어짐을 뜻하며, 지수함수와 로그함수의 극한을 구하는데 유용하다.

정리 2.6.1

$$\lim_{x\to\pm\infty}\left(1+\frac{1}{x}\right)^x=e$$

| 증명 | (i) $x>0$인 경우

$n\le x<n+1$을 만족하는 양의 정수 n을 택하면, $\frac{1}{n+1}<\frac{1}{x}\le\frac{1}{n}$이므로

$$1+\frac{1}{n+1}<1+\frac{1}{x}\le1+\frac{1}{n}$$

이다. 따라서

$$\left(1+\frac{1}{n+1}\right)^n < \left(1+\frac{1}{x}\right)^x < \left(1+\frac{1}{n}\right)^{n+1}$$

이다. 그리고

$$\lim_{n\to\infty}\left(1+\frac{1}{n+1}\right)^n = \lim_{n\to\infty}\left(1+\frac{1}{n+1}\right)^{n+1}\left(1+\frac{1}{n+1}\right)^{-1} = e$$

이고, 또한

$$\lim_{n\to\infty}\left(1+\frac{1}{n}\right)^{n+1} = \lim_{n\to\infty}\left(1+\frac{1}{n}\right)^n\left(1+\frac{1}{n}\right) = e$$

이므로, 조임정리(정리 2.4.2)로부터 다음이 성립한다.

$$\lim_{x\to\infty}\left(1+\frac{1}{x}\right)^x = e$$

(ii) $x<0$인 경우

$x=-z$로 치환하자. z의 범위는 $z>0$이고, $x\to-\infty$이면 $z\to\infty$이므로 (i)에 의하여

$$\lim_{x\to-\infty}\left(1+\frac{1}{x}\right)^x = \lim_{z\to\infty}\left(1-\frac{1}{z}\right)^{-z} = \lim_{z\to\infty}\left(\frac{z}{z-1}\right)^z$$

$$= \lim_{z\to\infty}\left(1+\frac{1}{z-1}\right)^{z-1}\left(1+\frac{1}{z-1}\right) = e\cdot 1 = e$$

이다. 따라서 (i)과 (ii)에 의하여 정리가 성립한다. ■

참고 정리 2.6.1에서 $x=\frac{1}{h}$이라 두면, $\lim_{h\to0}(1+h)^{\frac{1}{h}} = e$가 성립한다.

예제 2.6.2 다음 극한을 구하여라.

(1) $\lim_{x\to\infty}\left(1+\frac{2}{x}\right)^x$ (2) $\lim_{x\to0}(1+3x)^{\frac{1}{x}}$ (3) $\lim_{x\to0}\frac{\ln(1+x)}{x}$

풀이 (1) $\frac{x}{2}=t$로 치환하면, $x\to\infty$일 때 $t\to\infty$이므로, 극한은 다음과 같다.

$$\lim_{x\to\infty}\left(1+\frac{2}{x}\right)^x = \lim_{x\to\infty}\left\{\left(1+\frac{2}{x}\right)^{\frac{x}{2}}\right\}^2$$

$$= \lim_{t\to\infty}\left\{\left(1+\frac{1}{t}\right)^t\right\}^2 = e^2$$

(2) $3x=t$ 로 치환하면, $x\to 0$ 일 때 $t\to 0$ 이다. 따라서 극한은 다음과 같다.

$$\lim_{x\to 0}(1+3x)^{\frac{1}{x}}=\lim_{x\to 0}\left\{(1+3x)^{\frac{1}{3x}}\right\}^3$$
$$=\lim_{t\to 0}\left\{(1+t)^{\frac{1}{t}}\right\}^3=e^3$$

(3) $\dfrac{\ln(1+x)}{x}=\dfrac{1}{x}\ln(1+x)=\ln(1+x)^{\frac{1}{x}}$ 이므로, 극한은 다음과 같다.

$$\lim_{x\to 0}\frac{\ln(1+x)}{x}=\lim_{x\to 0}\ln(1+x)^{\frac{1}{x}}=\ln e=1$$

이 예제에서, 우리는 다항함수와 로그함수의 연속성과 정리 2.5.2를 사용하였다.

마지막으로, 삼각함수의 극한에 대해 살펴보기로 하자.

삼각함수가 포함된 함수의 극한은 삼각함수의 기본 성질과 다음의 유용한 공식으로부터 구할 수 있다.

정리 2.6.2

$$\lim_{x\to 0}\frac{\sin x}{x}=1 \qquad (x\text{의 단위는 라디안})$$

| 증명 | 그림 2.25에서와 같이 좌표평면에 반지름이 r 인 원을 그리고, 이 원과 x 축, y 축이 만나는 점을 각각 A와 B라 하자. 또한, 원주위의 한 점 D에 대하여 $\angle AOD=x$ (라디안)라 두고, A를 지나면서 x 축에 수직인 직선과 원점 O와 점 D를 지나는 직선이 만나는 점을 C라 하자.

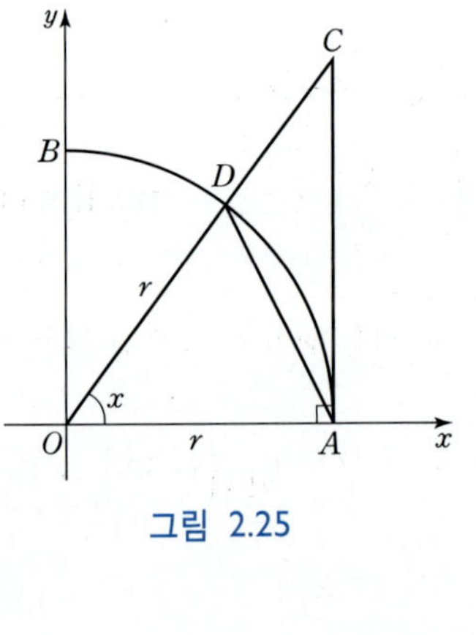

그림 2.25

$0 < x < \frac{\pi}{2}$일 때, 그림에서의 삼각형 OAD, 부채꼴 OAD와 직각삼각형 OAC의 넓이를 비교하면

$$\triangle OAD < \triangledown OAD < \triangle OAC$$

가 성립한다. 따라서 $\overline{AC} = r\tan x$이므로, 다음 관계식을 만족한다.

$$\frac{1}{2}r^2 \sin x < \frac{1}{2}r^2 x < \frac{1}{2}r^2 \tan x$$

이 부등식을 정리하면 $\sin x < x < \tan x$이고, 다시 $\sin x$로 나누면

$$1 < \frac{x}{\sin x} < \frac{1}{\cos x}$$

이므로

$$\cos x < \frac{\sin x}{x} < 1$$

이다. 그런데 $\lim_{x \to 0^+} \cos x = 1$이므로, 조임정리(정리 2.4.2)에 의해

$$\lim_{x \to 0^+} \frac{\sin x}{x} = 1$$

이 성립한다.

$-\frac{\pi}{2} < x < 0$인 경우에도 $x = -z$로 치환하면

$$\lim_{x \to 0^-} \frac{\sin x}{x} = \lim_{z \to 0^+} \frac{\sin(-z)}{-z} = \lim_{z \to 0^+} \frac{-\sin z}{-z}$$
$$= \lim_{z \to 0^+} \frac{\sin z}{z} = 1$$

이 성립한다. ■

예제 2.6.3 다음 극한을 구하여라.

(1) $\lim_{x \to 0} \frac{1-\cos x}{x}$　　(2) $\lim_{x \to 0} \frac{\sin 4x}{x}$　　(3) $\lim_{x \to 0} \frac{\sin 3x}{\sin 2x}$

풀이 (1) 주어진 함수의 분자와 분모에 $1+\cos x$를 곱하면, 다음을 얻는다.

$$\lim_{x \to 0} \frac{1-\cos x}{x} = \lim_{x \to 0} \frac{1-\cos^2 x}{x(1+\cos x)} = \lim_{x \to 0} \frac{\sin^2 x}{x(1+\cos x)}$$
$$= \lim_{x \to 0} \frac{\sin x}{x} \cdot \lim_{x \to 0} \frac{\sin x}{1+\cos x} = 1 \cdot 0 = 0$$

(2) $4x=t$ 로 치환하면, $x\to 0$ 일 때 $t\to 0$ 이다. 따라서 극한은 다음과 같다.

$$\lim_{x\to 0}\frac{\sin 4x}{x}=\lim_{x\to 0}\frac{\sin 4x}{4x}\cdot 4=4\lim_{t\to 0}\frac{\sin t}{t}=4$$

(3) $$\lim_{x\to 0}\frac{\sin 3x}{\sin 2x}=\lim_{x\to 0}\frac{\dfrac{\sin 3x}{3x}\cdot 3}{\dfrac{\sin 2x}{2x}\cdot 2}=\frac{3}{2}$$

문제 2.6.1

1. 다음 극한을 구하여라.

(1) $\lim_{x\to\infty}\frac{5^x}{3^x}$ (2) $\lim_{x\to\infty}\frac{2^x+3^x}{2^x-3^x}$

(3) $\lim_{x\to\infty}\{\log_3(3x+2)-\log_3 x\}$ (4) $\lim_{x\to 0}\frac{\sin^2 x}{1-\cos x}$

2. 다음 극한을 구하여라.

(1) $\lim_{x\to 0}\left(1+\frac{x}{2}\right)^{\frac{1}{x}}$ (2) $\lim_{x\to\infty}\left(1+\frac{3}{x}\right)^{2x}$ (3) $\lim_{x\to 0}\frac{\ln(1+3x)}{x}$

3. 다음 극한을 구하여라.

(1) $\lim_{x\to\frac{\pi}{2}}\cos x\sin\frac{1}{x}$ (2) $\lim_{x\to 0}\frac{\tan 2x}{x}$ (3) $\lim_{x\to 0}\frac{x}{\sin 2x}$

2.6 연습문제

1. 다음의 극한을 구하여라.

(1) $\displaystyle\lim_{x\to\infty}\frac{2^x+5^{x+2}}{2^x-5^x}$ (2) $\displaystyle\lim_{x\to\infty}\ln\left(e^2+\frac{1}{2x}\right)^3$

2. 다음의 극한을 구하여라.

(1) $\displaystyle\lim_{x\to 0}(1+2x)^{\frac{3}{x}}$ (2) $\displaystyle\lim_{x\to\infty}\left(1+\frac{1}{2x}\right)^{4x}$

3. 다음의 극한을 구하여라.

(1) $\displaystyle\lim_{x\to 0}\frac{x\sin x}{1-\cos x}$ (2) $\displaystyle\lim_{x\to 0}\frac{\sin(\sin x)}{2x}$

스스로 배우는 코너

코시의 생애와 업적

코시(Augustin-Louis Cauchy, 1789~1857)는 파리에서 태어났으며, 그의 아버지로부터 조기교육을 받았다. 후에 판테온의 에콜 국립공업고등학교에서는 고전연구에도 뛰어난 재능을 보였다. 1805년 그는 에콜 공과대학에 입학하여 라그랑주와 라플라스의 칭찬을 독차지하였다. 2년 뒤에 에콜 토목학교에 등록하고 토목기사가 되고자 하였으나, 라그랑주와 라플라스의 설득으로 토목공학을 포기하고 순수과학을 택하기로 결심하고 에콜 공대의 강사직을 수락하였다.

코시는 순수수학과 응용수학 모두에 광범위하고 깊이 있는 논문을 발표하였으며, 그의 저술실적은 아마 오일러 다음으로 많을 것이다. 수집된 그의 연구물은 여러 권의 책과 789편의 논문으로 너무 방대하여 4절판 24권의 분량이 되었다. 이 책은 내용의 질이 고르지 못하여 결과적으로는 (가우스의 경우와는 정반대로) 과다한 발표와 경솔한 저작에 대한 비판을 받아왔다. 코시의 다작과 관련된 일화가 전해진다. 1835년 과학원은 학술지를 발간하기 시작했다. 코시가 너무 자주 이 학술지에 논문을 투고하여 과학원은 늘어나는 인쇄비를 감당하기 어렵게 되자, 모든 발표논문은 4페이지를 넘지 못하게 하였는데, 이 규정은 오늘날까지 지켜지고 있다. 그래서 코시는 긴 논문을 실어줄 다른 간행물을 찾아야만 했다.

고등수학에 바친 코시의 수많은 업적에는 급수의 수렴·발산에 관한 연구, 실함수와 복소함수론, 미분방정식, 행렬식, 확률론, 수리물리 등의 다양한 영역을 포함하고 있다. 미적분학을 공부하는 학생들은 양항급수의 수렴·발산에서 코시의 루트판정법과 비판정법에서 코시를 만나게 된다. 복소함수론에서는 첫 학기 강의에서 코시부등식, 코시적분공식, 코시적분정리와 기초 코시-리만미분방정식을 접하게 된다. 18세기에 적분이 미분의 역으로 취급된 반면, 코시는 정적분을 거의 오늘날과 같이 무시할 만큼 작은 부분들의 무한히 증가하는 집합의 합의 극한으로 정의하고자 했다. 또한, 적분과 원시함수 사이의 관계를 평균값의 정리로 입증했다. 코시는 1812년 84쪽에 달하는 방대한 논문으로 시작된 행렬식 이론에 대한 업적으로 이 분야에서 가장 많은 기여를 한 수학자가 되었다. 코시는 이 논문에서 다음의 중요하고 유용한 정리를 처음으로 증명하였다.

"만일 A와 B가 모두 $n \times n$행렬이면, $|AB| = |A||B|$이다."

여기서 $|A|$는 행렬 A의 행렬식이다. 또한, 그는 방정식 $|A - \lambda I| = 0$을 행렬 A의 특성방정식(characteristic equation)이라 칭함으로써 '특성'이란 용어를 행렬이론에 도입하였다.

코시는 논문을 엄밀하게 기술하려고 많은 주의를 기울였는데, 그 영향으로 다른 수학자들도 분별없는 형식적인 조작과 분석에 의한 직관적인 증명을 추방하였다. 코시는 기관지병을 고치기 위하여 시골로 갔으나, 68세인 1857년 5월 23일에 치명적인 발열에 의하여 쓰러졌다. 죽기 직전에 그는 "사람은 죽어도 그의 행적은 남는다."는 말을 남겼다고 한다.[1]

---

1) Howard Eves, *An Introduction to the History of Mathematics, 5th edition*, 1983, Sauders College Publ., Philadelphia, pp. 363-365: 이우영 · 신향균 옮김, 《수학사》, 경문사, 1995, pp. 438-441.

기본문제

제2장 종합문제

1. 함수 $f(x)=\dfrac{1}{\sqrt{(2-x)(x-1)}}$의 정의역과 치역을 구하여라.

2. 함수 $f(x)=\sqrt[3]{x+1}$의 그래프를 역함수를 이용하여 그려보아라.

3. 다음 각 함수의 역함수를 구하여라.

(1) $y=e^{-x}$

(2) $y=\log_a(x+\sqrt{x^2+1})$

4. $3^{-|x|}=\dfrac{1}{27}$을 만족하는 x의 값을 구하여라.

5. 로그방정식 $\log_2 x=3-\log_2(x+2)$를 만족하는 x의 값을 구하여라.

6. $\ln 2=a$, $\ln 3=b$일 때, $4^{3m-1}=12^{m+2}$를 만족하는 m을 a, b의 항으로 나타내어라.

7. θ가 제3사분면의 각이고 $\cos\theta=-\dfrac{4}{5}$일 때, $\sin\theta$와 $\tan\theta$의 값을 구하여라.

8. $\dfrac{\sqrt{3}}{2}\sin 15°+\dfrac{1}{2}\cos 15°$를 구하여라.

9. $\lim\limits_{x\to\infty}(\sqrt{x^2+x+1}-\sqrt{x^2+5})$를 구하여라.

10. $\tan x(\cos^2 x-1)=0$의 모든 해를 구하여라.

11. 정의역이 자연수 전체의 집합 $\mathbb{N}$인 모든 함수 f는 $\mathbb{N}$상에서 연속임을 보여라.

12. 모든 실수 x에 대하여, 다음과 같이 정의된 함수 f가 $x=2$에서 연속이 되도록 c의 값을 결정하여라.

$$f(x)=\begin{cases} c^2x^2 & (x\le 2) \\ (1-c)x & (x>2) \end{cases}$$

심화문제

13. 신문지 한 장의 두께는 0.007cm이다. 이 신문지를 n번 반복하여 접었을 때, 신문지의 두께는 얼마나 되겠는가? 또한, 접은 신문지의 두께가 1m가 넘도록 하려면 최소 몇 번을 접어야 하는가? 단, $\log 2 = 0.3010$이고 $\log 7 = 0.8451$이다.

14. P원을 매년 m번 복리 이자율 i로 지급되는 은행에 예치한다면 n년 후에는 수익이 얼마나 되는가? 주어진 복리식에 $m \to \infty$로 취하면 연속적인 복리식이 얻어진다.

15. 모든 실수 x에 대하여, 다음과 같이 정의된 함수 f의 불연속점을 모두 구하여라.

$$f(x) = \begin{cases} x - [x] & ([x] = \text{짝수}) \\ x - [x+1] & ([x] = \text{홀수}) \end{cases}$$

여기서, $[x]$는 x의 가우스함수로 x을 넘지 않는 최대 정수이다.

16. 양의 실수 a, b, c에 대하여, 함수

$$f(x) = \begin{cases} (a^{1/x} + b^{1/x})^x & (x \neq 0) \\ c & (x = 0) \end{cases}$$

로 정의하자. 만약 모든 실수 x에서 f가 연속이면 $a = b = c$임을 보여라.

17. 삼각함수의 배각공식을 이용하여, 0이 아닌 실수 x에 대해 다음 등식을 증명하여라.

$$\frac{\sin x}{x} = \cos\frac{x}{2}\cos\frac{x}{4}\cos\frac{x}{8}\cdots$$

18. 모든 $x \in [0, 1]$에서 다음과 같이 정의된 함수 f에 대하여, 다음의 (1)~(3)을 증명하여라.

$$f(x) = \begin{cases} x & (x : \text{유리수}) \\ 1 - x & (x : \text{무리수}) \end{cases}$$

(1) f는 단사함수이다.

(2) 모든 $x \in [0, 1]$에 대하여 $f^2(x) = x$, 즉 $f^{-1} = f$이다.

(3) f는 $x = \frac{1}{2}$에서만 연속이다.

19. $\frac{x^2 + 5}{x^7 + 3} = 1$을 만족하는 1보다 큰 실수 x가 존재함을 설명하여라.

20. 함수 f가 구간 $[0, 1]$에서 연속이고 $f(0) = f(1)$을 만족하면, $f(x_0 + 1/2) = f(x_0)$를 만족하는 $x_0 \in [0, 1]$가 존재함을 보여라.

제 3 장

도형과 벡터

벡터는 속도나 가속도, 힘, 변위 등과 같이 크기와 방향을 갖는 물리적인 양을 나타내기 위하여 처음 도입되었다. 벡터는 수학적으로 더 일반화되고 체계화되어 더욱 중요하고 유용한 개념이 되었으며, 수학이나 물리에서뿐만 아니라, 첨단과학, 공학, 경제학 등의 여러 분야에서 널리 응용되고 있다. 이 장에서는 공간의 도형의 기본요소들인 점, 직선, 평면에 대한 기본적인 성질의 이해를 바탕으로 이러한 벡터의 기본개념과 연산을 소개하고, 좌표를 이용한 벡터의 대수적인 취급으로 벡터의 이해를 더 체계적이고 명확히 하여 이를 실제로 활용할 수 있도록 한다.

3.1 도형과 좌표

직선과 평면은 점과 함께 공간도형을 구성하는 기본요소들이다. 공간에서의 직선과 평면의 결정조건, 위치관계를 바탕으로 두 도형이 이루는 각, 정사영의 개념과 기본적인 성질들을 간단히 정리한다. 또한, 공간좌표를 도입하여 공간의 도형을 이해하고 이를 벡터에 적용할 수 있도록 한다.

3.1.1 직선과 평면의 위치관계

먼저, 공간에서 직선과 평면의 결정조건에 대하여 알아보자.

(1) 한 점을 지나는 직선은 무수히 많다.
(2) 두 점을 지나는 직선은 하나뿐이다.
(3) 두 점을 지나는 평면은 무수히 많다.
(4) 한 직선을 지나는 평면은 무수히 많다.

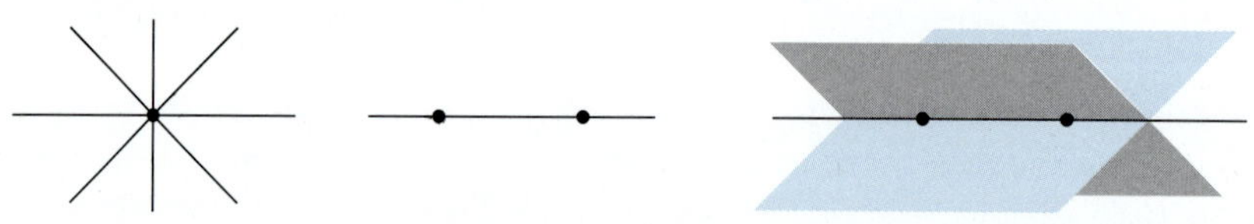

(1) (2) (3)

그림 3.1

살펴본 바와 같이 직선은 서로 다른 두 점에 의해 결정되지만, 평면은 두 점이나 한 직선만으로 결정되지 않음을 알 수 있다. 평면의 결정조건을 정리하면 다음과 같다.

평면의 결정조건

다음 각각은 단 하나의 평면을 결정한다.

(1) 한 직선에 속하지 않는 세 점

(2) 한 직선과 그 직선에 속하지 않는 한 점

(3) 한 점에서 만나는 두 직선

(4) 평행한 두 직선

(1) (2) (3) (4)

그림 3.2

예제 3.1.1 한 평면 위에 있지 않는 네 점 A, B, C, D가 있다. 이 점들에 의하여 결정되는 평면의 수를 구하여라.

풀이 어떤 세 점도 동일 직선 위에 있지 않으므로 세 점은 하나의 평면을 결정한다. 따라서 ABC, ABD, ACD, BCD는 각각 한 평면을 결정하고, 네 점 A, B, C, D가 한 평면에 있지 않으므로 이들 중에서 어느 두 개도 같은 평면이 아니다. 따라서 모두 네 개의 평면이 결정된다.

공간에서 서로 다른 두 직선이 한 평면 위에 있을 때, 두 직선은 서로 만나거나 또는 평행하다. 두 직선이 한 평면 위에 있지 않을 때는 서로 만나지도 평행하지도 않다. 이때, 두 직선은 꼬인 위치에 있다고 한다.

공간에서 서로 다른 두 직선의 위치관계를 정리하면 다음과 같다.

두 직선의 위치관계

(1) 한 점에서 만난다.

(2) 평행하다.

(3) 꼬인 위치에 있다.

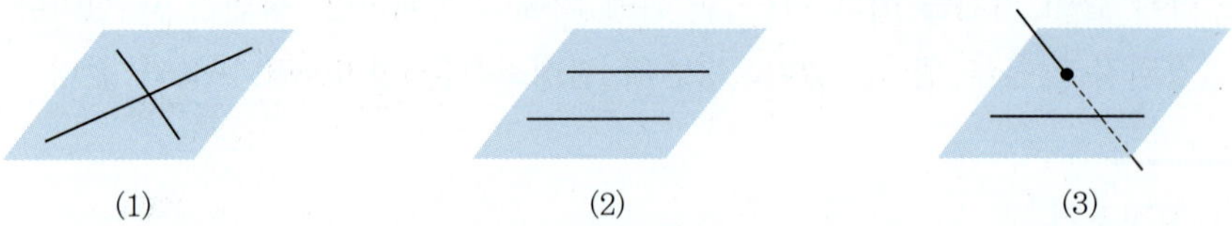

그림 3.3

주의 두 직선의 위치관계에서 (1)과 (2)의 경우는 같은 평면 위에 있지만, (3)은 같은 평면 위에 있지 않다.

두 직선이 만날 때 생기는 점을 두 직선의 교점이라고 한다.

예제 3.1.2 그림 3.4의 직육면체에서 다음을 구하여라.

(1) 모서리 AB와 만나는 모서리

(2) 모서리 AB와 평행한 모서리

(3) 모서리 AB와 꼬인 위치에 있는 모서리

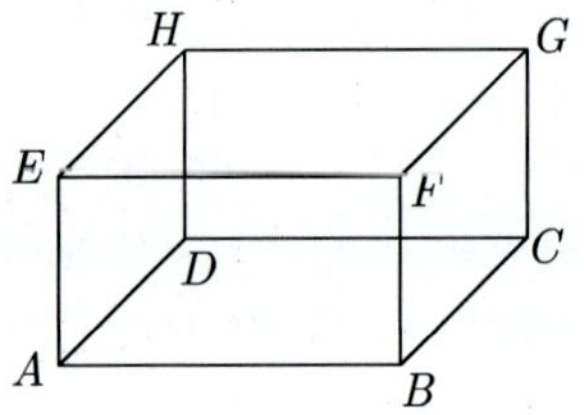

그림 3.4

풀이 (1) AD, AE, BC, BF (2) CD, EF, GH (3) CG, DH, EH, FG

공간에서 서로 다른 두 평면의 위치관계는 다음과 같다.

두 평면의 위치관계

(1) 평행하다.

(2) (한 직선에서) 만난다.

(1) (2)

그림 3.5

두 평면이 만날 때 생기는 직선을 두 평면의 교선이라고 한다.

예제 3.1.3 그림 3.6의 직육면체에서 다음을 구하여라.

(1) 면 $ABCD$와 평행한 면

(2) 면 $ABCD$와 만나는 면

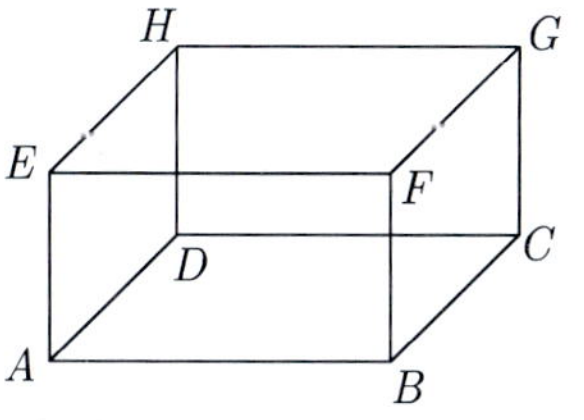

그림 3.6

풀이 (1) $EFGH$ (2) $ABFE$, $BCGF$, $CGHD$, $DHEA$

공간에서 직선과 평면의 위치관계는 다음과 같이 정리할 수 있다.

직선과 평면의 위치관계

(1) 평행하다.

(2) 한 점에서 만난다.

(3) 직선이 평면에 속한다. (또는 평면이 직선을 포함한다.)

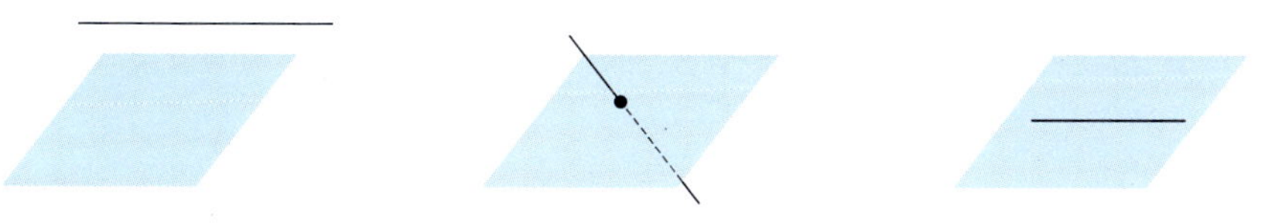

(1) (2) (3)

그림 3.7

예제 3.1.4 그림 3.8의 직육면체에서 다음을 구하여라.

(1) 면 $ABCD$와 평행한 모서리

(2) 모서리 AB와 만나는 면

(3) 모서리 AB를 포함하는 면

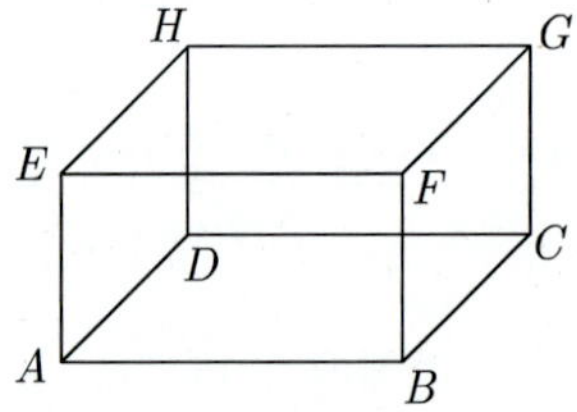

그림 3.8

풀이 (1) EF, FG, GH, EH (2) $BCGF$, $ADHE$ (3) $ABCD$, $ABFE$

정리 3.1.1

직선 l과 평면 α가 평행하고 직선 l이 평면 β에 속하면, α와 β의 교선 m은 l과 평행하다.

| 증명 | 직선 l과 평면 α가 평행하므로 서로 만나지 않고, 직선 m은 평면 α에 속하므로 l과 m은 서로 만나지 않는다. 직선 l과 m은 같은 평면 β에 속하므로 l과 m은 평행하다.

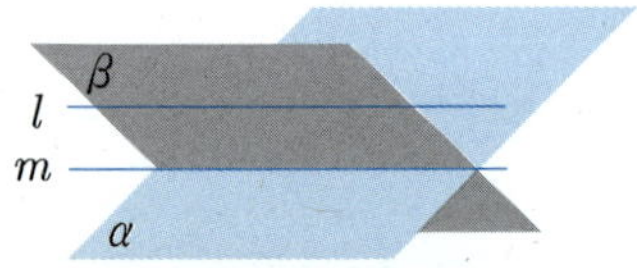

그림 3.9

문제 3.1.1

평행한 두 평면이 다른 한 평면과 만날 때 생기는 두 교선은 평행함을 보여라.

3.1.2 수직과 정사영

공간에서 두 직선이 이루는 각을 다음과 같이 정의한다.

(1) 직선 l과 m이 만나는 경우: 두 직선이 결정하는 평면 위에서 두 직선이 이루는 예각을 두 직선이 **이루는 각**이라 한다.

(2) 직선 l과 m이 꼬인 위치에 있는 경우: 직선 m에 속하는 한 점 O를 잡고, O를 지나고 l과 평행인 직선 l'를 그으면 m과 l'는 한 점 O에서 만나므로 한 평면을 결정한다. 이 평면 위에서 m과 l'가 이루는 각을 직선 l과 m이 **이루는 각**으로 정한다.

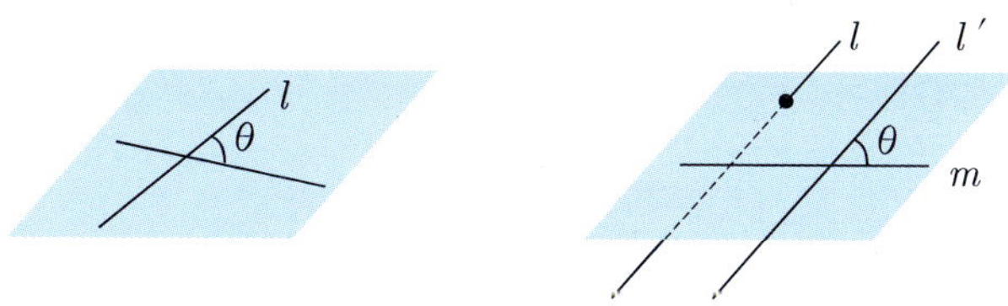

그림 3.10

두 직선 l과 m이 이루는 각이 직각일 때 l과 m은 **수직**이라 하고, 이것을 $l \perp m$으로 나타낸다. 또한, 직선 l이 평면 π와 한 점 H에서 만나고, π에 속하는 점 H를 지나는 모든 직선과 수직일 때 l과 π는 **수직**이라 하고, 이를 $l \perp \pi$로 나타낸다.

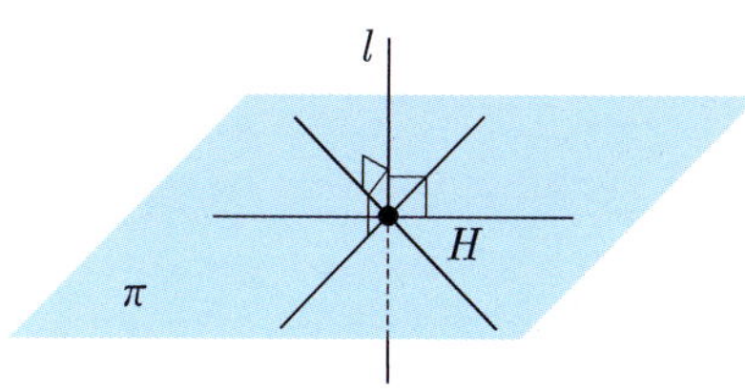

그림 3.11

예제 3.1.5 그림 3.12의 정육면체에서 다음을 구하여라.

(1) 두 선분 AE와 HF가 이루는 각

(2) 모서리 AB와 수직인 모서리

(3) 모서리 AB와 수직인 면

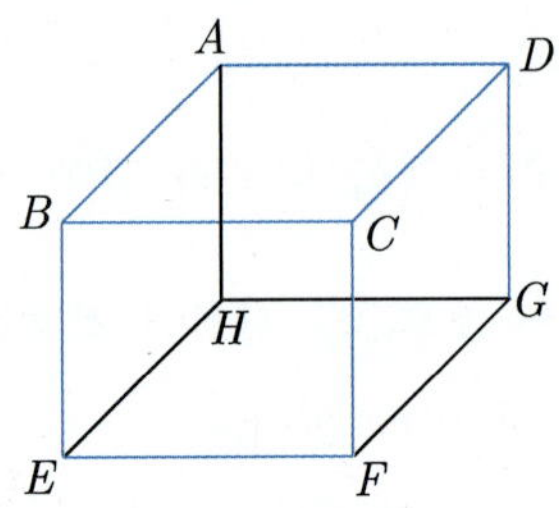

그림 3.12

풀이 (1) 선분 HF와 선분 AC는 평행하므로, AE와 AC가 이루는 각을 구하면 된다. 삼각형 AEC는 정삼각형이므로 구하려는 각은 $\frac{\pi}{3}$이다.

(2) AD, BC, EF, HG, AH, BE, CF, DG

(3) $AHGD$, $BEFC$

공간에서 직선이 평면에 수직일 조건을 정리하면 다음과 같다.

정리 3.1.2

평면 π에 속하는 두 직선 m, n이 꼭 한 점에서 만날 때, 직선 l이 $l \perp m$이고 $l \perp n$이면 $l \perp \pi$이다.

문제 3.1.2

정리 3.1.2를 증명하여라.

평면 π에 대하여, 이 평면에 속하지 않는 한 점을 Q라 하자. Q를 지나는 한 직선이 π와 수직일 때, 이 직선과 만나는 π의 점 H를 Q에서 π에 내린 **수선의 발**이라고 한다. 공간에서 직선과 평면의 수직관계에 대한 다음 성질이 성립한다. 이것을 **삼수선의 정리**라고 한다.

정리 3.1.3

평면 π에 속하지 않는 한 점 Q에 대하여

(1) Q에서 π에 내린 수선의 발을 H라 하면 H를 지나지 않는 π에 속하는 한 직선 l과 l의 한 점 P에 대하여 다음이 성립한다.

(i) $HP \perp l$이면 $QP \perp l$이다.

(ii) $QP \perp l$이면 $HP \perp l$이다.

(2) π에 속하는 한 직선 l과 $QP \perp l$을 만족하는 l의 점을 P라 하면, $HP \perp l$와 $QH \perp HP$를 만족하는 π의 점 H는 Q에서 π에 내린 수선의 발이다.

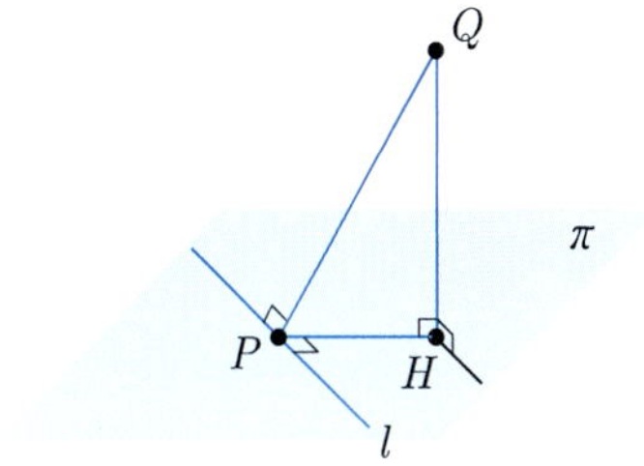

그림 3.13

문제 3.1.3

삼수선의 정리 (정리 3.1.3)를 증명하여라.

두 평면 α, β가 만날 때, α와 β의 교선 l과 수직인 평면 π에 대하여, α와 π의 교선 m과 β와 π의 교선 n이 이루는 각 θ를 α와 β가 **이루는 각**이라 한다.

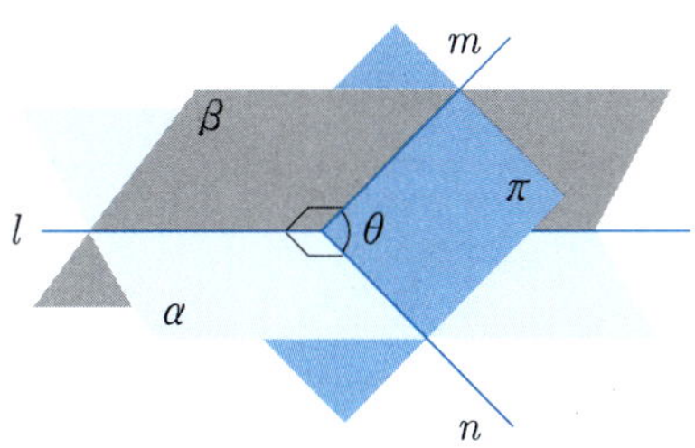

그림 3.14

다음은 직선과 평면의 수직에 관한 유용한 정리이다.

정리 3.1.4

한 평면 α에 수직인 직선 l을 포함하는 평면 β는 α와 수직이다.

|증명| 그림 3.15에서와 같이, α와 β의 교선을 m, 직선 l과 평면 α와의 교점을 O, l에

속하고 O와 다른 한 점을 A라 하자. 점 O를 지나고 m에 수직인 직선 OB를 그으면

$$l \perp m, \quad \overline{OB} \perp m$$

을 만족한다. 한편, $l \perp \alpha$이므로 $l \perp \overline{OB}$이다. 따라서 $\angle AOB = 90°$이다. 결과적으로 α와 β는 수직이다.

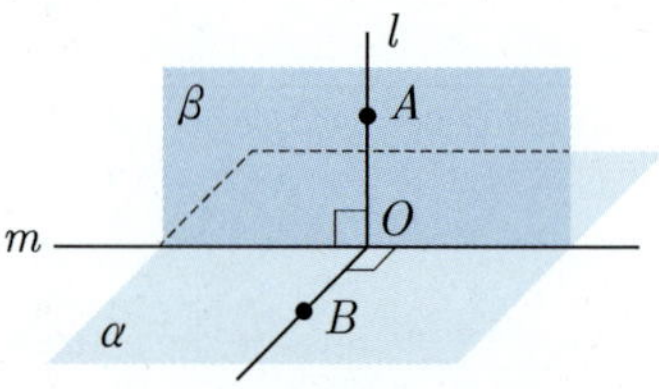

그림 3.15

점 P에서 평면 π에 내린 수선의 발 P'을 점 P의 평면 π 위로의 정사영(projection)이라고 한다. 일반적으로, 도형 F의 각 점의 정사영들로 이루어진 도형 F'를 도형 F의 평면 π 위로의 정사영이라 한다.

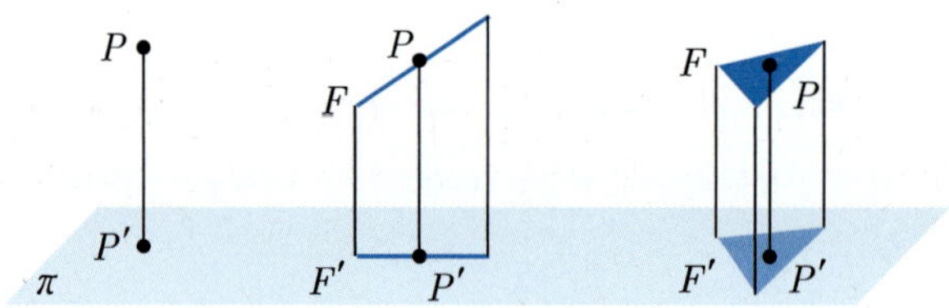

그림 3.16

예제 3.1.6 그림 3.17과 같은 직육면체에서 대각선 EG의 밑면 위로의 정사영은 밑면의 대각선 AC이다.

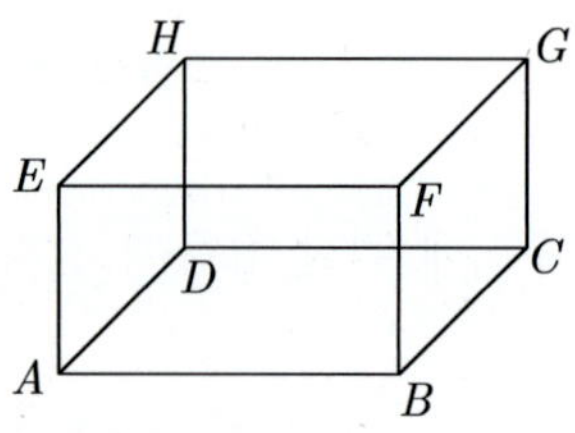

그림 3.17

직선과 평면이 이루는 각을 다음과 같이 정의한다.

(1) 직선 l이 평면 π와 평행할 때 l과 π가 이루는 각은 $0°$이다.

(2) 직선 l이 평면 π와 수직일 때 l과 π가 이루는 각은 $90°$이다.

(3) 직선 l이 평면 π와 수직이 아닐 때 l과 π가 이루는 각은 l의 π 위로의 정사영 l'와 l이 이루는 각으로 정의한다.

선분의 길이와 그 정사영의 길이의 관계를 선분과 평면이 이루는 각을 써서 다음과 같이 나타낼 수 있다.

정리 3.1.5

선분 AB의 π 위로의 정사영을 선분 $A'B'$라 하고, A와 B를 지나는 직선이 π와 이루는 각을 θ라 할 때, 다음이 성립한다.

$$\overline{A'B'} = \overline{AB}\cos\theta$$

| 증명 | 선분 $A'B'$는 선분 AB의 π 위로의 정사영이므로

$$\overline{AA'} \perp \pi, \quad \overline{BB'} \perp \pi$$

이므로, $\overline{AA'} \mathbin{/\!/} \overline{BB'}$ 이다. 그림 3.18에서와 같이, A에서 B와 B'를 지나는 직선에 내린 수선의 발을 H라 하면 삼각형 AHB는 각 H가 직각인 직각삼각형이고, 사각형 $AA'B'H$는 직사각형이므로

$$\overline{A'B'} = \overline{AH} = \overline{AB}\cos\theta$$

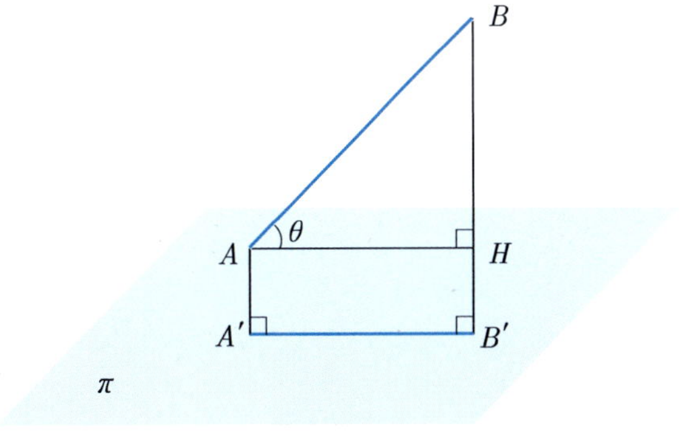

그림 3.18

일반적으로, 도형 F에 대해서도 같은 원리가 성립함을 알 수 있다. 그 결과를 정리하면 다음과 같다.

정리 3.1.6

평면 α 위의 도형 F의 평면 β 위로의 정사영 F'에 대하여, 평면 α와 평면 β가 이루는 각을 θ라 할 때, F와 F'의 넓이를 각각 S, S'라 하면

$$S' = S\cos\theta$$

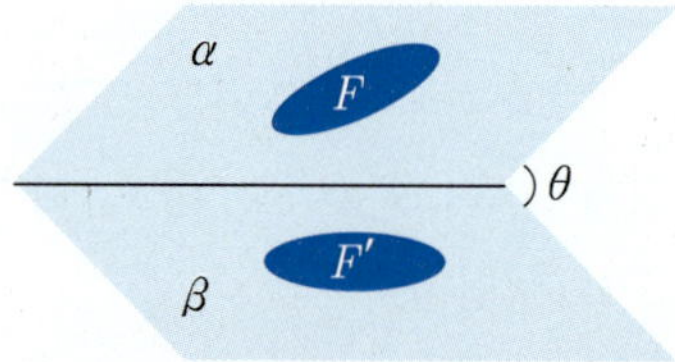

그림 3.19

예제 3.1.7 그림 3.20의 정육면체에서 빗면 AEG와 밑면이 이루는 각 θ에 대하여, $\cos\theta$의 값을 구하여라.

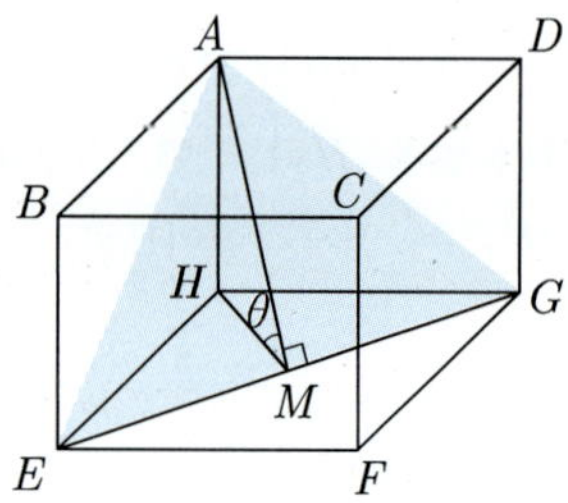

그림 3.20

풀이 선분 EG의 중점을 M이라 하자. 먼저, 직각삼각형 AME의 높이 $\overline{AM}$을 구하자. 직각삼각형 AME에서 $\overline{AM}^2 + \left(\frac{\sqrt{2}}{2}\right)^2 = \sqrt{2}^2$이므로 $\overline{AM} = \sqrt{\frac{3}{2}}$이다. 따라서

$$\triangle AEG = \frac{1}{2}\overline{AM}\cdot\sqrt{2} = \frac{\sqrt{3}}{2}$$

이다. 한편

$$\triangle AEG\cdot\cos\theta = \triangle HEG = \frac{1}{2}$$

이므로, $\cos\theta = \frac{1}{\sqrt{3}}$이다.

문제 3.1.4

정사면체 $ABCD$에서 서로 이웃하는 두 면이 이루는 각을 θ라 할 때, $\cos\theta$의 값을 구하여라.

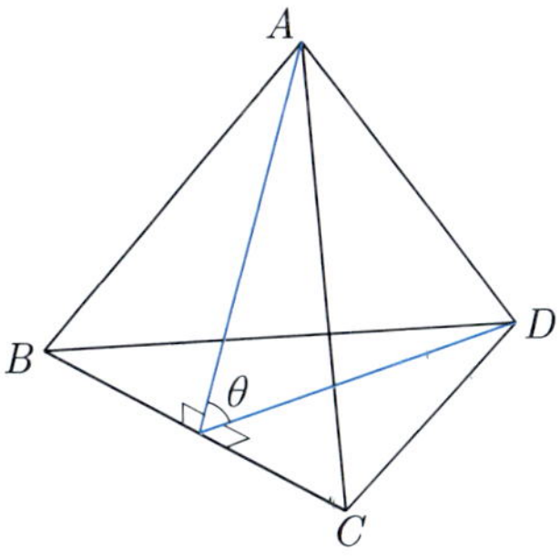

그림 3.21

3.1.3 평면좌표와 공간좌표

평면의 점의 위치를 나타내기 위하여 좌표평면을 생각한다. 즉, 평면의 한 정점 O를 원점으로 하고 이 원점을 지나는 직교하는 두 수직선을 좌표축으로 정하여 가로방향의 수직선을 x축, 세로방향의 수직선을 y축으로 한다. 그림 3.22에서와 같이 좌표평면의 한 점 P에 대하여, 점 P를 지나고 x축, y축에 수직인 각 직선이 각 축과 만나는 점의 좌표를 차례로 점 P의 x좌표, y좌표라 한다. 이 두 좌표의 순서쌍 $(x,\ y)$를 P의 평면좌표(plane coordinate)라 하고 $P(x,\ y)$로 나타낸다.

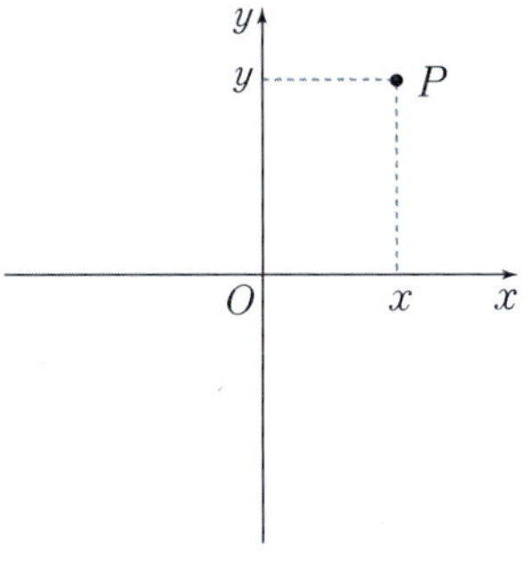

그림 3.22

평면의 경우와 마찬가지로, 공간에서도 점의 위치를 나타내기 위하여 좌표공간을 생각할 수 있다. 공간의 한 정점 O를 원점으로 하고 이 원점을 지나는 직교하는 세 수직선을 좌표축으로 하여 각각을 그림 3.23과 같이 x축, y축, z축으로 정한다. 그리고 각 축은 실수가 대응된 수직선으로 각 축의 점에 대응된 실수를 각 축의 좌표(coordinate)라 한다. 이렇게 설정된 좌표계를 갖는 공간을 좌표공간(coordinate space)이라 한다. 그리고 그림 3.24에서와 같이 x축과 y축으로 정해지는 평면을 **xy 평면**, y축과 z축으로 정해지는 평면을 **yz 평면**, z축과 x축으로 정해지는 평면을 **zx 평면**이라고 한다.

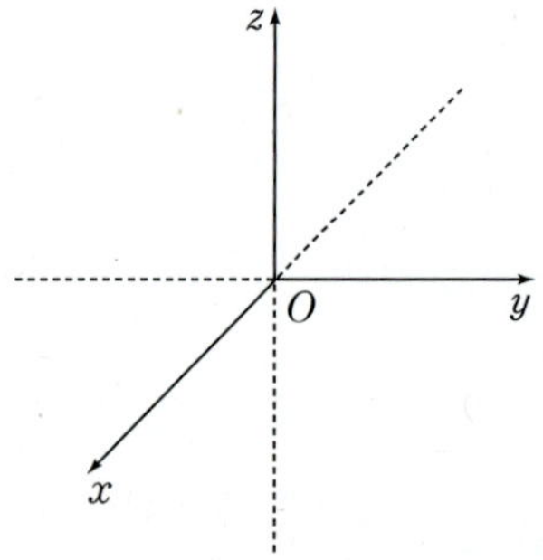

그림 3.23

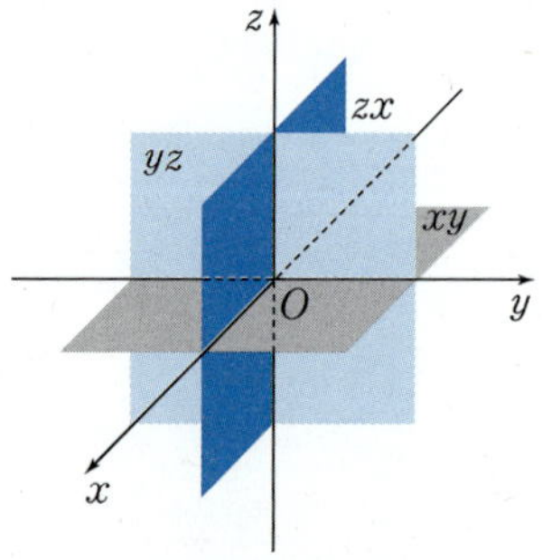

그림 3.24

또한, 그림 3.25에서와 같이 좌표공간의 한 점 P에 대하여, 점 P를 지나고 x축, y축, z축에 수직인 각 평면이 각 축과 만나는 점의 좌표를 차례로 점 P의 **x 좌표**, **y 좌표**, **z 좌표**라 한다. 이러한 세 좌표의 순서쌍 $(x,\ y,\ z)$를 P의 공간좌표(space coordinate)라 하고 $P(x,\ y,\ z)$로 나타낸다.

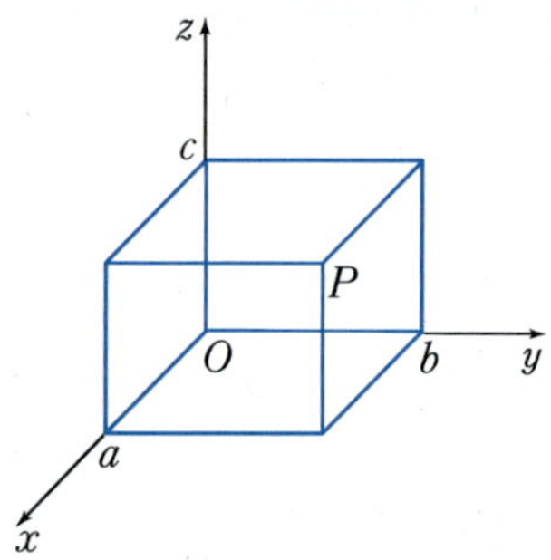

그림 3.25

좌표공간의 임의의 점과 세 실수의 순서쌍은 이러한 방법으로 일대일 대응된다. 따라서 좌표공간의 임의의 점은 그 점의 공간좌표를 사용하여 나타낼 수 있다.

문제 3.1.5

그림 3.26의 직육면체에 대하여

(1) 꼭짓점 O, C, D, E의 공간좌표를 구하여라.

(2) 꼭짓점 D의 xy 평면과 yz 평면 위로의 정사영의 공간좌표를 구하여라.

(3) 꼭짓점 E의 xy 평면과 yz 평면 위로의 정사영의 공간좌표를 구하여라.

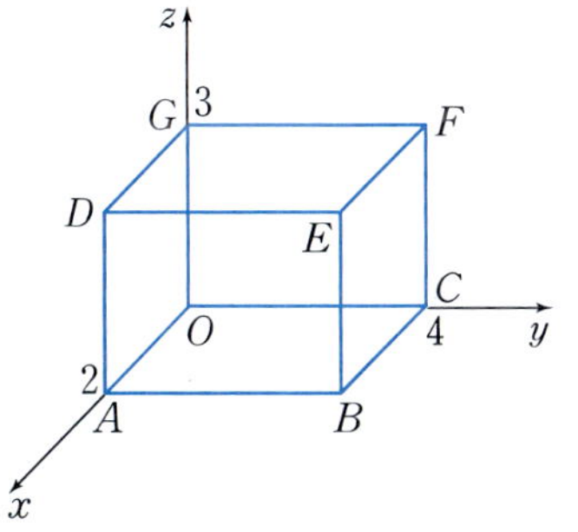

그림 3.26

좌표평면 위의 두 점 $A(x_1, y_1)$, $B(x_2, y_2)$의 거리 $\overline{AB}$는 피타고라스의 정리를 이용하여

$$\overline{AB} = \sqrt{(x_2 - x_1)^2 + (y_2 - y_1)^2}$$

임을 알고 있다.

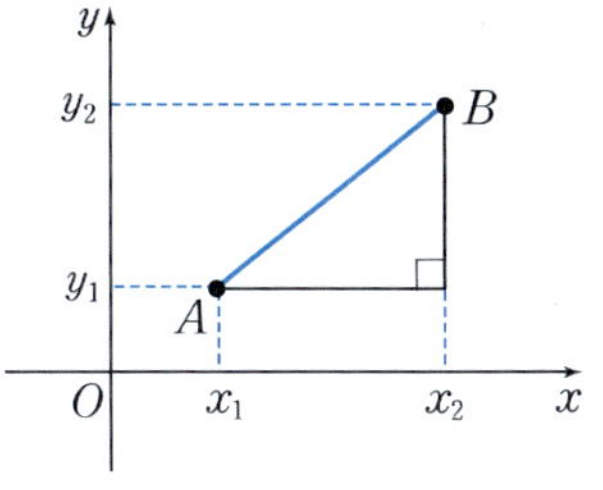

그림 3.27

이제, 좌표공간의 두 점 $A(x_1, y_1, z_1)$, $B(x_2, y_2, z_2)$의 거리를 구하여 보자.

먼저, 두 점 A, B가 각각 원점 $O(0, 0, 0)$와 점 $P(x, y, z)$로 평행이동하면

$$x = x_2 - x_1, \quad y = y_2 - y_1, \quad z = z_2 - z_1$$

이다. 선분 OP는 선분 AB를 평행이동한 것이므로 $\overline{AB} = \overline{OP}$ 이다. 따라서 두 점 A, B의 거리는, 원점 $O(0, 0, 0)$와 점 $P(x, y, z)$의 거리와 같다.

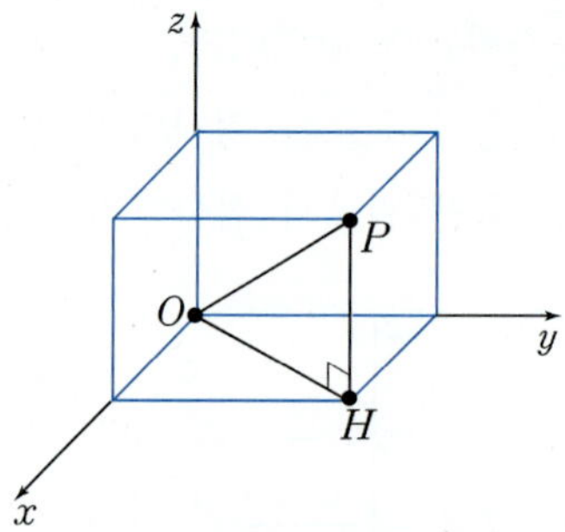

그림 3.28

그림 3.28에서와 같이 점 P의 xy 평면 위로의 수선의 발 H의 평면좌표는 (x, y)이므로

$$\overline{OH} = \sqrt{x^2+y^2}$$

이고, 변 OP는 직각삼각형 OHP의 빗변이므로 피타고라스의 정리에 의하여

$$\overline{OP}^2 = \overline{OH}^2 + \overline{HP}^2 = \left(\sqrt{x^2+y^2}\right)^2 + z^2 = x^2+y^2+z^2$$

따라서 $\overline{OP} = \sqrt{x^2+y^2+z^2}$ 이다. 결과적으로, 두 점 $A(x_1, y_1, z_1)$, $B(x_2, y_2, z_2)$의 거리는

$$\overline{AB} = \overline{OP} = \sqrt{x^2+y^2+z^2} = \sqrt{(x_2-x_1)^2+(y_2-y_1)^2+(z_2-z_1)^2}$$

임을 알 수 있다.

이 결과를 정리하면, 다음과 같다.

정리 3.1.7

좌표공간의 두 점 $A(x_1, y_1, z_1)$, $B(x_2, y_2, z_2)$의 거리 $\overline{AB}$는

$$\overline{AB} = \sqrt{(x_2-x_1)^2+(y_2-y_1)^2+(z_2-z_1)^2}$$

예제 3.1.8 두 점 $A(0,0,2)$, $B(1,2,3)$과 xy 평면 위를 움직이는 점 P가 있다. 이때, $\overline{AP}+\overline{BP}$의 최솟값을 구하여라.

풀이 xy 평면에 대한 점 A의 대칭점 A'의 공간좌표는 $A'(0, 0, -2)$이다. 이때, $\overline{AP}=$

$\overline{A'P}$ 이므로 $\overline{AP}+\overline{BP}$ 의 최솟값은 A' 와 B 의 거리 $\overline{A'B}$ 와 같다.

$$\overline{A'B} = \sqrt{(1-0)^2+(2-0)^2+(3+2)^2} = \sqrt{30}$$

이므로, 구하려는 최솟값은 $\sqrt{30}$ 이다.

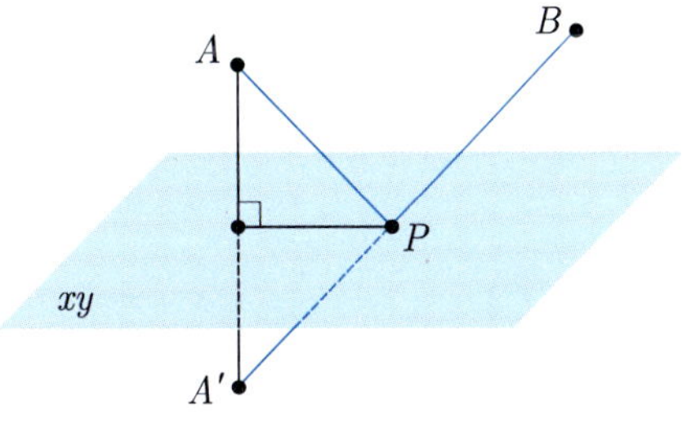

그림 3.29

3.1 연습문제

1. 점 $A(1, 3, 2)$의 원점에 대한 대칭점을 P, xy평면에 대한 대칭점을 Q라고 할 때, 선분 PQ의 길이를 구하여라.

2. 두 점 $P(2, -3, 5)$, $Q(4, 3, -5)$와 같은 거리에 있는 y축 위의 점의 좌표를 구하여라.

3. 좌표공간의 두 점 $A(1, 2, 3)$, $B(4, 6, 2)$와 xy평면 위를 움직이는 점 P에 대하여, $\overline{AP} + \overline{BP}$ 의 최솟값을 구하여라.

4. 두 평면 α, β가 이루는 각이 $45°$이고 평면 α 위에 있는 도형 F의 평면 β 위로의 정사영을 F'이라 한다. F'의 넓이가 20cm^2일 때, F의 넓이를 구하여라.

5. 밑면의 지름이 4이고, 높이가 8인 원기둥 모양의 수족관에 물을 채운 후, 다음 그림과 같이 수족관의 반만 물이 차도록 기울였을 때, 물의 표면의 넓이를 구하여라.

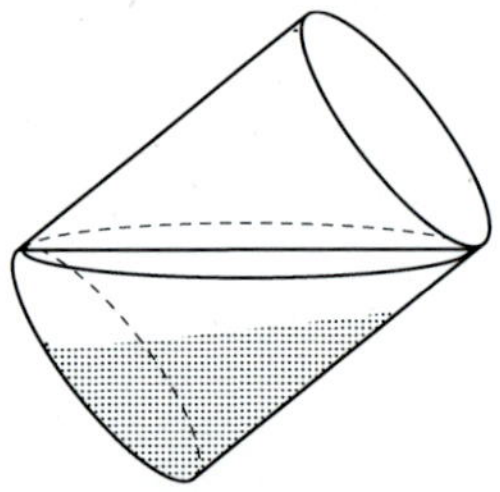

6. 다음 그림과 같은 모서리 길이가 1인 정육면체에서 삼각형 ABD의 평면 EBD 위로의 정사영의 넓이를 구하여라.

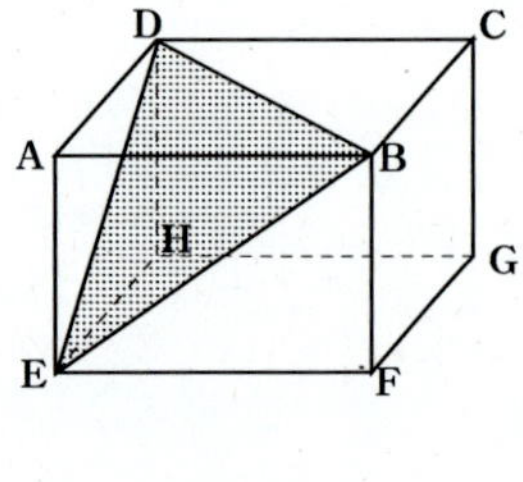

3.2 벡터와 연산

3.2.1 벡터의 기본개념

선분의 길이, 도형의 넓이, 입체의 부피나 물체의 질량 등은 각각 그 크기만으로 결정되는 하나의 수로 나타낼 수 있다. 이러한 양을 스칼라량이라고 한다. 이와 다르게, 하나의 수로 나타낼 수 없는 양이 있다. 예를 들면, 바람의 속도는 바람의 세기뿐 아니라 그 방향에 의하여 정해진다. 또한, 운동하는 물체의 속도도 빠르기와 그 진행 방향에 의하여 결정된다. 이와 같이, 하나의 수로 나타낼 수 없는 양을 벡터량이라고 하는데 이것은 소위 벡터(vector)라는 수학적인 표현으로 나타낼 수 있다.

벡터는 그림 3.30과 같이 평면이나 공간에서 화살표로 나타내고, $\overrightarrow{AB}$ 와 같이 표시한다. 이때, 선분 AB의 길이는 벡터의 크기(length)를 나타내고, 화살표의 방향은 이 벡터의 방향(direction)을 나타낸다. 또한, 점 A와 B를 각각 벡터 $\overrightarrow{AB}$ 의 시점(initial point)과 종점(terminal point)이라고 한다. 벡터를 간단히 하나의 문자로 나타낼 때는 주로 $\mathbf{x}$, $\mathbf{y}$, $\mathbf{z}$ 등과 같이 진한 글씨체로 나타내어 스칼라량과 구별한다. 그리고 벡터 $\mathbf{x}$ 의 크기는 $|\mathbf{x}|$ 로 나타낸다.

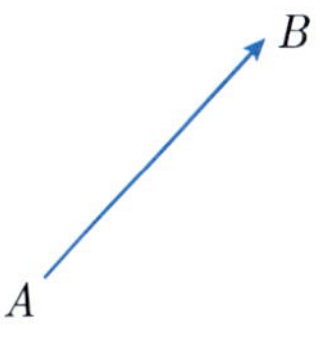

그림 3.30

예를 들어, 바람의 속도를 벡터를 사용하여 나타낸다고 할 때, 벡터의 시점이 바람이 부는 지역을 의미한다고 하자. 두 지역이 다르더라도 바람의 세기와 방향이 같으면 두 지역의 바람의 속도는 같으므로 대응하는 두 벡터는 시점이 달라도 같다고 할 것이다.

일반적으로, 두 벡터 $\mathbf{x}$ 와 $\mathbf{y}$ 의 크기와 방향이 각각 서로 같으면, $\mathbf{x}$ 와 $\mathbf{y}$ 는 같은 벡터(same vector)라고 하고 $\mathbf{x} = \mathbf{y}$ 로 나타낸다. 결과적으로, 벡터 $\mathbf{x}$ 를 평행이동하여 벡터 $\mathbf{y}$ 와 일치시킬 수 있을 때, $\mathbf{x}$ 와 $\mathbf{y}$ 는 같은 벡터이다.

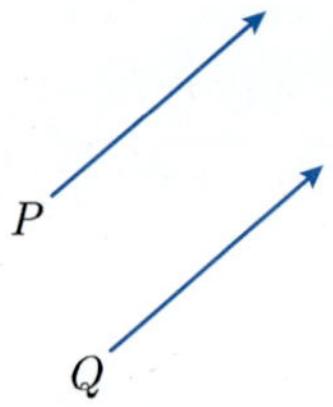

그림 3.31

시점과 종점이 같은 경우도 특별히 방향이 정해지지는 않지만 크기가 0인 벡터로 생각할 수 있는데 이러한 벡터를 영벡터(zero vector)라 하고 $\mathbf{0}$으로 나타낸다. 특히, 크기가 1인 벡터를 단위벡터(unit vector)라 한다. 또한, 그림 3.32와 같이 벡터 $\mathbf{x}$에 대하여 $\mathbf{x}$와 크기가 같고 방향이 반대인 벡터를 $\mathbf{x}$의 음벡터(negative vector)라 하고 $-\mathbf{x}$로 나타낸다.

그림 3.32

예제 3.2.1 가로 변의 길이가 2이고 세로 변의 길이가 1인 직사각형이 있다. 그림 3.33과 같이, 직사각형의 꼭짓점을 차례로 A, B, C, D라 하고 두 대각선의 교점을 O라 할 때, A, B, C, D와 O를 시점이나 종점인 벡터들에 대하여 다음 물음에 답하여라.

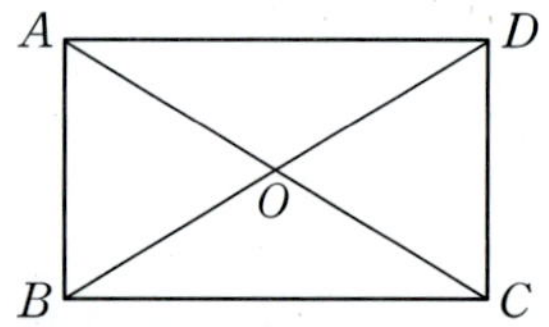

그림 3.33

(1) $\overrightarrow{AO}$와 같은 벡터를 모두 구하여라.
(2) $\overrightarrow{BC}$와 크기가 같은 벡터를 모두 구하여라.
(3) $\overrightarrow{OD}$와 방향이 같은 벡터를 모두 구하여라.
(4) $\overrightarrow{AC}$의 음벡터를 구하여라.
(5) 서로 다른 단위벡터의 개수를 구하여라.

풀이 (1) $\overrightarrow{AO}$, $\overrightarrow{OC}$ (2) $\overrightarrow{BC}$, $\overrightarrow{AD}$, $\overrightarrow{CB}$, $\overrightarrow{DA}$
(3) $\overrightarrow{OD}$, $\overrightarrow{BD}$, $\overrightarrow{BO}$ (4) $\overrightarrow{CA}$

(5) $\overrightarrow{AB} = \overrightarrow{DC}$ 와 $\overrightarrow{BA} = \overrightarrow{CD}$ 의 2개

문제 3.2.1

그림 3.34와 같이, 밑면의 가로변의 길이가 2, 세로변의 길이가 2, 높이가 1인 직육면체의 각 꼭짓점을 A, B, C, D, E, F, G, H라 할 때, 시점과 종점이 이 직육면체의 꼭짓점인 벡터에 대하여 다음 물음에 답하여라.

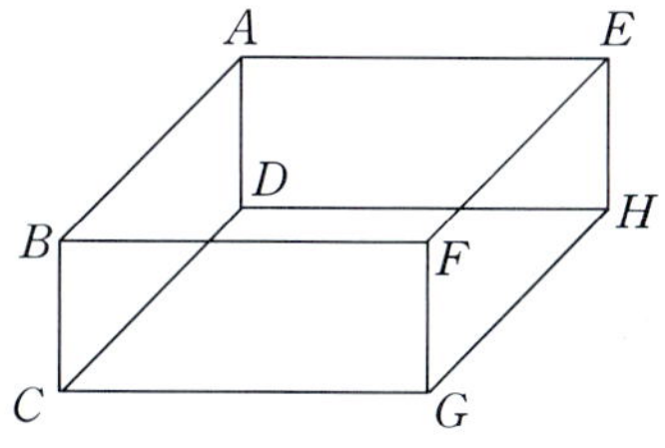

그림 3.34

(1) $\overrightarrow{AB}$ 와 같은 벡터를 모두 구하여라.

(2) $\overrightarrow{AG}$ 와 크기가 같은 벡터를 모두 구하여라.

(3) $\overrightarrow{BE}$ 와 방향이 같은 벡터를 모두 구하여라.

(4) $\overrightarrow{BD}$ 의 음벡터와 같은 벡터를 모두 구하여라.

(5) 서로 다른 단위벡터의 개수를 구하여라.

3.2.2 벡터의 덧셈과 스칼라 배

벡터의 기본연산은 덧셈과 스칼라 배이다. 먼저, 벡터의 덧셈에 대하여 살펴보자.

두 벡터 $\mathbf{a}$와 $\mathbf{b}$에 대해서 $\mathbf{a} = \overrightarrow{AB}$, $\mathbf{b} = \overrightarrow{BC}$ 일 때, 벡터 $\overrightarrow{AC}$ 를 $\mathbf{a}$와 $\mathbf{b}$의 합(sum)이라 하고 $\mathbf{a}+\mathbf{b}$로 나타낸다. 그림 3.35에서와 같이 $\mathbf{b}$를 원점 O를 시점으로 갖는 벡터로 택하는 대신 $\mathbf{a}$의 종점에서 시작하는 벡터로 택하면 $\mathbf{a}+\mathbf{b}$는 $\mathbf{a}$와 동일한 시점을 갖고, $\mathbf{b}$와 같은 종점을 갖는 벡터가 된다. 또한, 벡터 $\mathbf{a}$와 $\mathbf{b}$의 합은 그림 3.36과 같이 두 벡터 $\mathbf{a} = \overrightarrow{OA}$, $\mathbf{b} = \overrightarrow{OB}$ 로 이루어진 평행사변형 $AOBC$의 대각선에 대응하는 벡터 $\overrightarrow{OC}$ 이다.

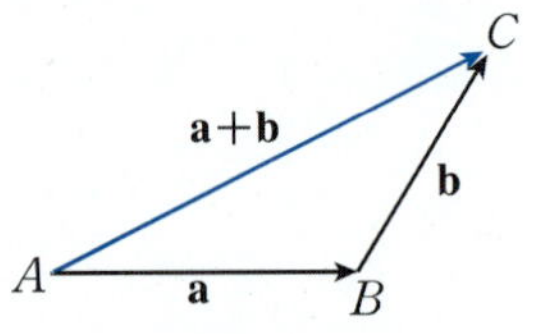

그림 3.35

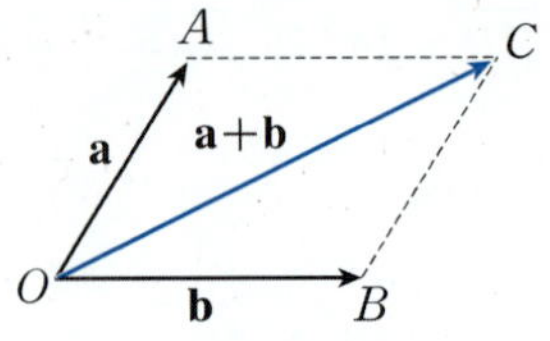

그림 3.36

벡터의 합으로 정의된 벡터의 연산을 벡터의 덧셈(addition)이라고 한다. 수의 덧셈과 마찬가지로 벡터의 덧셈에 대해서 다음의 연산법칙이 성립한다.

정리 3.2.1

벡터의 덧셈에 대한 연산법칙

임의의 벡터 $\mathbf{x}, \mathbf{y}, \mathbf{z}$ 에 대하여, 다음이 성립한다.

(1) $\mathbf{x}+\mathbf{y}=\mathbf{y}+\mathbf{x}$ (교환법칙)

(2) $(\mathbf{x}+\mathbf{y})+\mathbf{z}=\mathbf{x}+(\mathbf{y}+\mathbf{z})$ (결합법칙)

(3) $\mathbf{x}+\mathbf{0}=\mathbf{0}+\mathbf{x}=\mathbf{x}$ (항등원 존재)

(4) $\mathbf{x}+(-\mathbf{x})=(-\mathbf{x})+\mathbf{x}=\mathbf{0}$ (역원 존재)

예제 3.2.2 벡터의 덧셈에 대한 교환법칙과 결합법칙이 성립함을 보여라.

풀이 임의의 벡터 $\mathbf{x}$ 와 $\mathbf{y}$ 에 대하여, 그림 3.37과 같이, $\mathbf{x}=\overrightarrow{OA}$, $\mathbf{y}=\overrightarrow{OB}$ 가 되도록 세 점 O, A, B를 정하고 사각형 $OAPB$가 평형사변형이 되도록 점 P를 정하면

$$\mathbf{x}+\mathbf{y}=\overrightarrow{OP}=\mathbf{y}+\mathbf{x}$$

이므로, 벡터의 덧셈에 대하여 교환법칙이 성립한다.

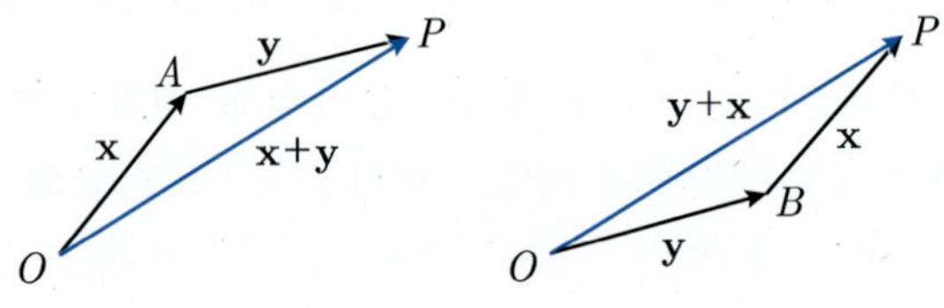

그림 3.37

마찬가지로, 벡터 $\mathbf{x}$, $\mathbf{y}$, $\mathbf{z}$ 에 대하여, 그림 3.38로부터

$$(\mathbf{x}+\mathbf{y})+\mathbf{z}=\mathbf{x}+(\mathbf{y}+\mathbf{z})$$

이다. 따라서 결합법칙이 성립한다.

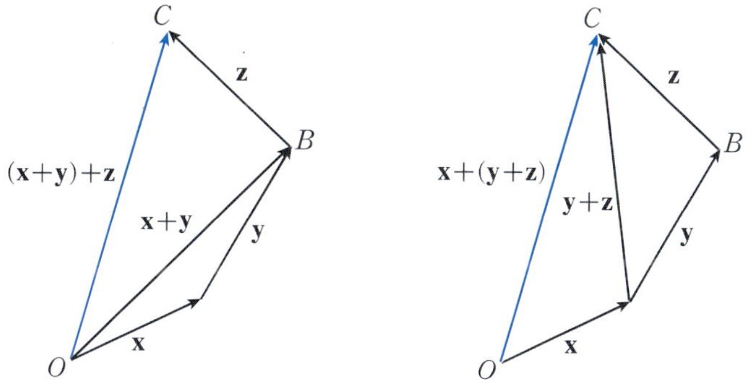

그림 3.38

문제 3.2.2

1. 임의의 네 점 A, B, C, D에 대하여, 다음이 성립함을 보여라.

$$\overrightarrow{AB} = \overrightarrow{AC} + \overrightarrow{CD} + \overrightarrow{DB}$$

2. 임의의 삼각형 ABC에 대하여, 다음이 성립함을 보여라.

$$\overrightarrow{AB} + \overrightarrow{BC} + \overrightarrow{CA} = \mathbf{0}$$

다음으로, 벡터의 스칼라 배에 대하여 알아보자.

임의의 벡터 $\mathbf{x}$ 에 대하여, 예를 들어, $\mathbf{x} + \mathbf{x}$를 $2\mathbf{x}$로 $\mathbf{x} + \mathbf{x} + \mathbf{x}$를 $3\mathbf{x}$로 나타낸다. 그림 3.39에서 보는 것처럼, 이 벡터들은 $\mathbf{x}$ 와 같은 방향의 벡터이다. 또한, $2\mathbf{x}$는 크기가 $\mathbf{x}$ 의 크기의 2배이고, $3\mathbf{x}$ 의 크기는 $\mathbf{x}$의 크기의 3 배임을 알 수 있다.

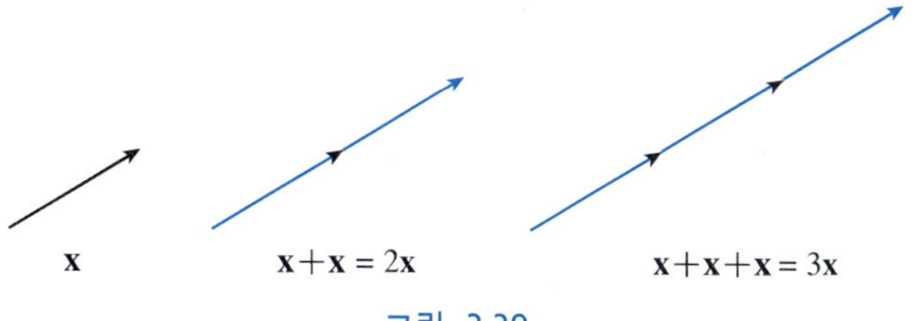

그림 3.39

임의의 실수 α에 대하여도 일반적으로 $\alpha\mathbf{x}$를 정의할 수 있다. α가 양의 실수이면 그림 3.40과 같이 $\mathbf{x}$와 방향이 같고 크기가 $\mathbf{x}$ 의 크기의 α배인 벡터를 $\alpha\mathbf{x}$로 정의한다. 그리고 α가 음의 실수이면 그림 3.41에서와 같이 $\mathbf{x}$와 방향이 반대이고 크기가 $-\alpha$배인 벡터를 $\alpha\mathbf{x}$로 정의한다.

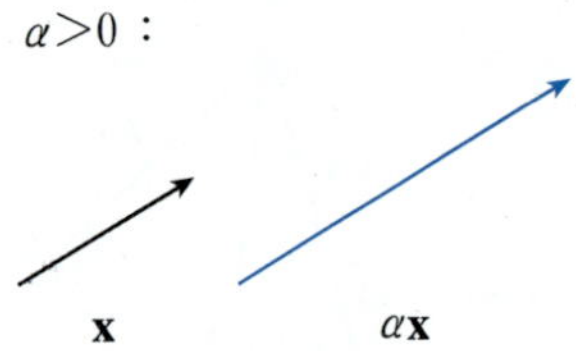

그림 3.40

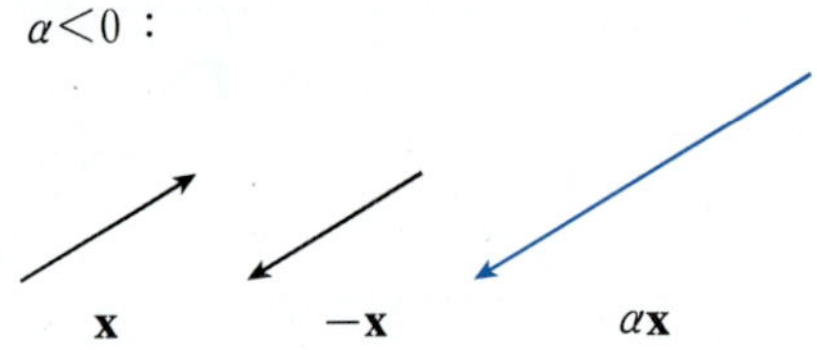

그림 3.41

벡터의 실수 배의 정의를 정리하면 다음과 같다.

임의의 실수 α와 벡터 $\mathbf{x}$에 대하여, $\mathbf{x}$의 α배(multiple)인 $\alpha\mathbf{x}$는 다음과 같이 정의된 벡터이다.

(1) $\alpha > 0$일 때, $\alpha\mathbf{x}$는 $\mathbf{x}$와 같은 방향이고 크기는 $\mathbf{x}$의 크기의 α배이다.

(2) $\alpha < 0$일 때, $\alpha\mathbf{x}$는 $\mathbf{x}$와 반대 방향이고 크기가 $\mathbf{x}$의 크기의 $-\alpha$배이다.

(3) $0\mathbf{x} = \mathbf{0}$이다.

벡터의 실수 배에 의하여 정의된 연산을 스칼라 배(scalar multiple)라 부른다. 벡터의 덧셈과 스칼라 배에 대하여 다음 성질이 성립한다.

정리 3.2.2

벡터의 스칼라 배와 덧셈에 대한 연산법칙

임의의 실수 α, β와 벡터 $\mathbf{x}, \mathbf{y}$에 대하여, 다음이 성립한다.

(1) $\alpha(\beta\mathbf{x}) = (\alpha\beta)\mathbf{x}$

(2) $\alpha\mathbf{x} + \beta\mathbf{x} = (\alpha+\beta)\mathbf{x}$

(3) $\alpha(\mathbf{x}+\mathbf{y}) = \alpha\mathbf{x} + \alpha\mathbf{y}$

예제 3.2.3 정리 3.2.2 (3)의 성질이 성립함을 그림으로 보여라.

풀이 그림 3.42에서와 같이 닮음의 성질을 이용하여, (3)의 결과가 성립함을 알 수 있다.

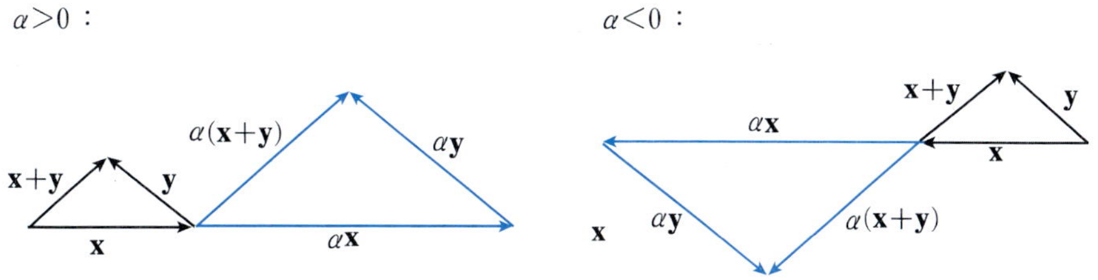

그림 3.42

그림 3.43에서와 같이, 두 벡터 a와 b에 대하여 $\mathbf{a}-\mathbf{b}=\mathbf{a}+(-\mathbf{b})$로 나타내고, 이를 a와 b의 차(difference)라 한다. 그림 3.44에서와 같이 $\mathbf{a}=\overrightarrow{OA}$, $\mathbf{b}=\overrightarrow{OB}$일 때. $\mathbf{a}-\mathbf{b}$는 벡터 $\overrightarrow{BA}$임을 알 수 있다.

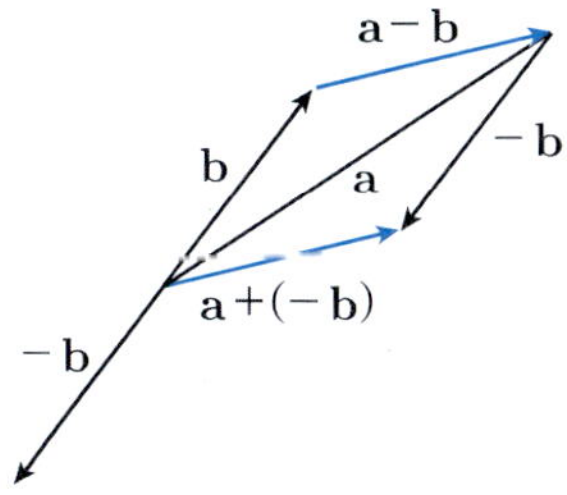

그림 3.43

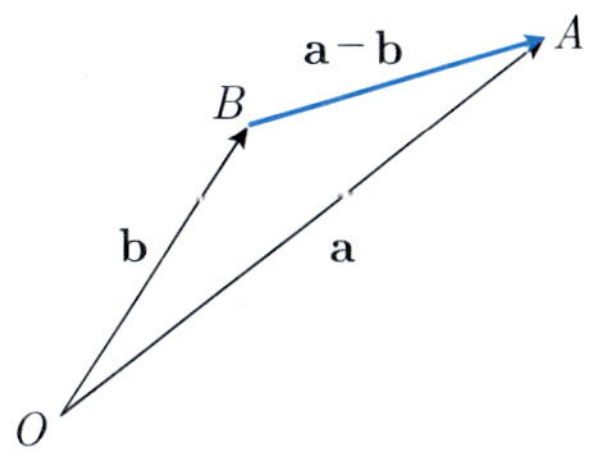

그림 3.44

예제 3.2.4 임의의 벡터 a, b에 대하여, $\mathbf{x}=\mathbf{b}-\mathbf{a}$는 $\mathbf{a}+\mathbf{x}=\mathbf{b}$를 만족하는 유일한 벡터임을 보여라.

풀이 $\mathbf{a}+\mathbf{x}=\mathbf{b}$의 양변의 왼쪽에 $-\mathbf{a}$를 더하면

$$-\mathbf{a}+(\mathbf{a}+\mathbf{x})=-\mathbf{a}+\mathbf{b}$$

이다. 벡터의 덧셈은 결합법칙과 교환법칙이 성립하므로

$$(-\mathbf{a}+\mathbf{a})+\mathbf{x}=\mathbf{b}+(-\mathbf{a})$$

를 만족한다. 한편, $-\mathbf{a}+\mathbf{a}=\mathbf{0}$이므로, $\mathbf{0}+\mathbf{x}=-\mathbf{a}+\mathbf{b}$이고 따라서

$$\mathbf{x}=-\mathbf{a}+\mathbf{b}$$

가 성립한다. 또한,

$$\mathbf{a}+(-\mathbf{a}+\mathbf{b})=(\mathbf{a}+(-\mathbf{a}))+\mathbf{b}=\mathbf{0}+\mathbf{b}=\mathbf{b}$$

이므로, $\mathbf{x}=-\mathbf{a}+\mathbf{b}$는 $\mathbf{a}+\mathbf{x}=\mathbf{b}$를 만족하는 유일한 벡터이다.

예제 3.2.5 그림 3.45의 두 벡터 $\mathbf{a}, \mathbf{b}$에 대하여, 다음 벡터를 그림으로 나타내어라.

(1) $\mathbf{a}+2\mathbf{b}$ (2) $\frac{1}{2}\mathbf{a}-2\mathbf{b}$

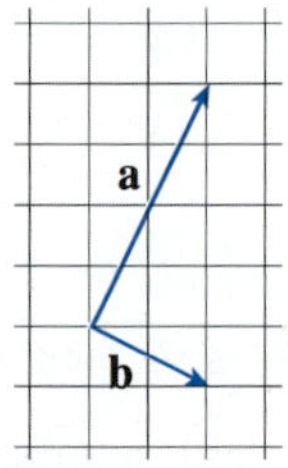

그림 3.45

풀이 (1) $\mathbf{a}+2\mathbf{b}$ (2) $\frac{1}{2}\mathbf{a}-2\mathbf{b}$

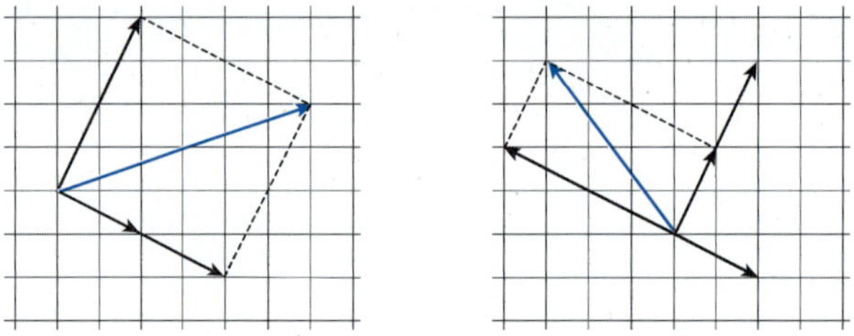

그림 3.46

예제 3.2.6 다음 식을 간단히 하여라.

(1) $3(2\mathbf{a}-5\mathbf{b})-6(\mathbf{a}-2\mathbf{b})$ (2) $7(\mathbf{a}+2\mathbf{b})-4\mathbf{a}-8\mathbf{b}$

풀이 (1) $3(2\mathbf{a}-5\mathbf{b})-6(\mathbf{a}-2\mathbf{b})=6\mathbf{a}-15\mathbf{b}-6\mathbf{a}+12\mathbf{b}=-3\mathbf{b}$

(2) $7(\mathbf{a}+2\mathbf{b})-4\mathbf{a}-8\mathbf{b}=7(\mathbf{a}+2\mathbf{b})-4(\mathbf{a}+2\mathbf{b})$

$=(7-4)(\mathbf{a}+2\mathbf{b})=3(\mathbf{a}+2\mathbf{b})$

영벡터가 아닌 두 벡터 $\mathbf{a}, \mathbf{b}$가 방향이 서로 같거나 반대일 때, $\mathbf{a}$와 $\mathbf{b}$는 평행(parallel)이라고 하고 $\mathbf{a}\mathbin{/\!/}\mathbf{b}$로 나타낸다. 두 벡터가 평행일 조건을 정리하면 다음과 같다.

정리 3.2.3

영벡터가 아닌 두 벡터 $\mathbf{x}, \mathbf{y}$가 평행일 필요충분조건은 영이 아닌 실수 t에 대하여 $\mathbf{y}=t\mathbf{x}$이다.

예제 3.2.7 벡터 $\mathbf{p}=\mathbf{a}+\mathbf{b}$, $\mathbf{q}=2\mathbf{a}+\mathbf{b}$, $\mathbf{r}=4\mathbf{a}+3\mathbf{b}$에 대하여, 두 벡터 $\mathbf{p}+\mathbf{q}$, $\mathbf{q}+\mathbf{r}$은 영벡터가 아니면 평행임을 보여라.

풀이 $\mathbf{p}+\mathbf{q}=(\mathbf{a}+\mathbf{b})+(2\mathbf{a}+\mathbf{b})=3\mathbf{a}+2\mathbf{b}$이고

$$\mathbf{q}+\mathbf{r}=(2\mathbf{a}+\mathbf{b})+(4\mathbf{a}+3\mathbf{b})=6\mathbf{a}+4\mathbf{b}$$

이므로, $2(\mathbf{p}+\mathbf{q})=\mathbf{q}+\mathbf{r}$이다. 한편, 두 벡터는 영벡터가 아니므로, 평행이다.

문제 3.2.3

1. 벡터 $\mathbf{x}$에 대하여, 다음 성질이 성립함을 그림으로 확인하여라.

(1) $2(3\mathbf{x})=(2\cdot 3)\mathbf{x}$　　(2) $2\mathbf{x}+3\mathbf{x}=(2+3)\mathbf{x}$

2. 그림 3.47의 정사각형 $OACB$에서 $\mathbf{a}=\overrightarrow{OA}$, $\mathbf{b}=\overrightarrow{OB}$, $\mathbf{c}=\overrightarrow{OC}$라 할 때, 다음을 구하여라.

(1) $\mathbf{c}-\mathbf{a}$　　(2) $\mathbf{c}-\mathbf{b}$　　(3) $(\mathbf{c}-\mathbf{a})+2\mathbf{b}$

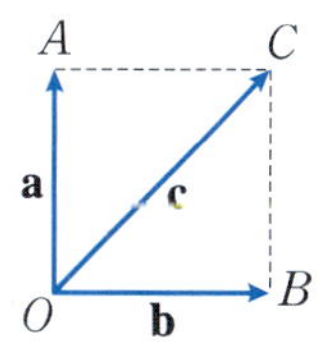

그림 3.47

3. 다음 식을 간단히 하여라.

(1) $2(2\mathbf{a}+3\mathbf{b})-6(\mathbf{a}-\mathbf{b})+\mathbf{a}$

(2) $5\mathbf{a}+2\mathbf{b}-3(\mathbf{a}-\mathbf{b})$

4. 벡터 $\mathbf{p}=k\mathbf{a}+4\mathbf{b}$, $\mathbf{q}=\mathbf{a}-2\mathbf{b}$, $\mathbf{r}=5\mathbf{a}+2\mathbf{b}$에 대하여, 두 벡터 $\mathbf{p}+\mathbf{q}$, $\mathbf{q}-\mathbf{r}$이 평행이 되도록 k의 값을 정하여라.

벡터의 성질을 이용하여, 간단한 도형의 성질을 알아보기로 하자.

다음은 삼각형의 중점연결정리로 잘 알려진 성질이다.

"삼각형 ABC의 두 변 AB, AC의 중점을 각각 M, N이라 할 때, 변 BC와 변 MN은 평행이고, 변 BC의 길이는 변 MN의 길이의 두 배이다."

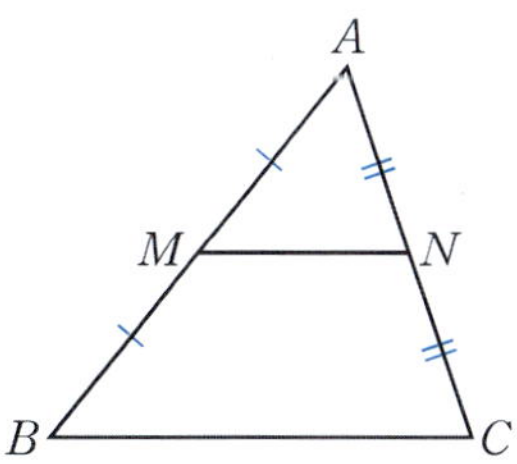

그림 3.48

예제 3.2.8 벡터를 이용하여, 삼각형의 중점연결정리를 증명하여라.

| 증명 | 삼각형 ABC의 두 변 AB와 AC의 중점을 각각 M과 N, $\mathbf{a}=\overrightarrow{AM}$, $\mathbf{b}=\overrightarrow{AN}$이라 두면

$$\overrightarrow{MN}=\mathbf{b}-\mathbf{a},\ \overrightarrow{BC}=2(\mathbf{b}-\mathbf{a})$$

이므로, $\overrightarrow{BC}=2\overrightarrow{MN}$이다. 따라서 변 BC와 변 MN은 평행하고 $\overline{BC}=2\overline{MN}$이다.

평면이나 공간에서의 벡터는 임의의 점을 시점으로 하여 나타낼 수 있다. 그러나 한 정점을 시점으로 모든 벡터를 나타내는 것이 편리할 때가 많다.

먼저, 한 점을 정하여 O라고 하자. 좌표평면이나 좌표공간에서는 보통 원점을 정점 O로 한다. 그림 3.49에서와 같이 임의의 점 P에 대해 정점 O를 시점, P를 종점으로 갖는 벡터 $\overrightarrow{OP}$를 점 P의 위치벡터(position vector)라 한다. 평면이나 공간의 임의의 점 P는 그 위치벡터와 일대일 대응된다. 특히, 정점 O가 원점일 때는 점 P와 P의 위치벡터를 서로 동일시하여, 점 P의 위치벡터 $\overrightarrow{OP}$를 간단히 P로 나타내기도 한다.

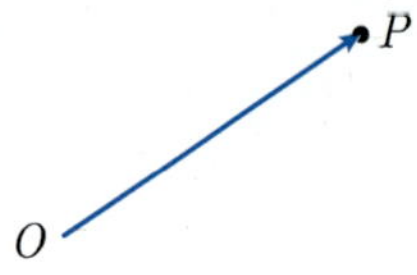

그림 3.49

예제 3.2.9 두 점 A와 B의 원점 O에 대한 위치벡터를 각각 A와 B로 나타낸다면

$$\overrightarrow{AB}=\overrightarrow{OB}-\overrightarrow{OA}=B-A$$

이므로, $\overrightarrow{AB}=B-A$이다.

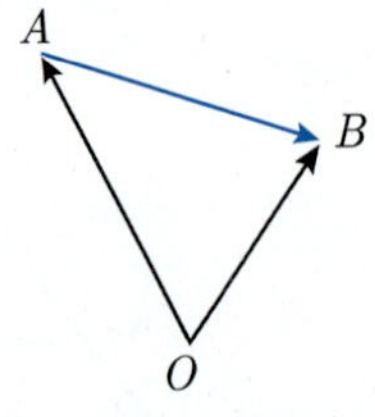

그림 3.50

평면이나 공간의 점들을 위치벡터와 동일시하여 벡터로 생각하면 벡터의 기본성질을 이용하여, 도형의 여러 가지 성질을 밝힐 수 있다.

예제 3.2.10 세 점 A, B, C가 한 직선 위에 있을 필요충분조건은

$$C = sA + tB, \quad s+t=1$$

을 만족하는 실수 s, t가 존재하는 것임을 보여라.

풀이 그림 3.51에서와 같이 세 점 A, B, C가 한 직선 위에 있으면, $\overrightarrow{AB}$와 $\overrightarrow{AC}$는 서로 평행이므로

$$\overrightarrow{AC} = t\overrightarrow{AB}$$

인 실수 t가 존재한다.

역으로, $\overrightarrow{AC} = t\overrightarrow{AB}$인 실수 t가 존재한다고 하자. $t \neq 0$이면 $\overrightarrow{AB}$와 $\overrightarrow{AC}$는 평행이므로 A, B, C는 한 직선 위에 있다. 또한, $t=0$인 경우에도 $\overrightarrow{AC} = \mathbf{0}$, 즉 $A = C$이므로 A, B, C는 역시 한 직선 위에 있다. 결과적으로, A, B, C가 한 직선 위에 있을 조건은 $\overrightarrow{AC} = t\overrightarrow{AB}$인 실수 t가 존재하는 것이다. 여기서, $\overrightarrow{AC} = t\overrightarrow{AB}$를 위치벡터를 사용하여 나타내면, $C - A = t(B - A)$에서

$$C = (1-t)A + tB$$

를 얻는다. 그리고 $s = 1-t$라 두면 $s+t=1$이다.

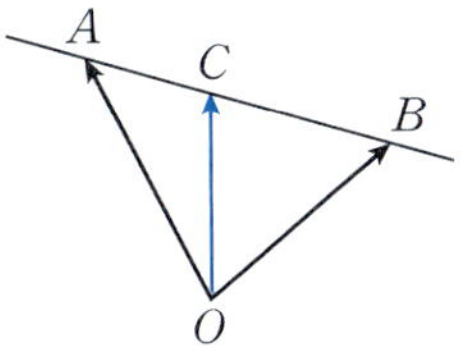

그림 3.51

문제 3.2.4

1. 사각형 $ABCD$에 대하여 두 대각선 AC, BD의 교점을 O라고 할 때, $\overrightarrow{OA} + \overrightarrow{OC} = \overrightarrow{OB} + \overrightarrow{OD}$이면, $\overrightarrow{AB} \mathbin{/\!/} \overrightarrow{DC}$이고 $\overrightarrow{AD} \mathbin{/\!/} \overrightarrow{BC}$임을 보여라.

2. 세 점 A, B, C에 대하여 $\overrightarrow{AB} - \overrightarrow{BC}$를 원점 O에 대한 위치벡터를 사용하여 나타내어라.

3. 세 점 A, B, C에 대해, $\overrightarrow{OC} = 3\overrightarrow{OA} - 2\overrightarrow{OB}$ 이면, A, B, C는 한 직선 위에 있음을 보여라.

예제 3.2.11 두 양의 수 m과 n에 대하여, 두 점 A, B를 잇는 선분 AB를 $m : n$으로 내분하는 점 P의 위치벡터는

$$P = \frac{n}{m+n}A + \frac{m}{m+n}B$$

임을 보여라.

풀이 그림 3.52에서 $\overrightarrow{AP} = \dfrac{m}{m+n}\overrightarrow{AB}$ 이고

$\overrightarrow{AP} = P - A,\ \overrightarrow{AB} = B - A$ 이므로

$P - A = \dfrac{m}{m+n}(B - A)$ 이고, 따라서

$P = \dfrac{n}{m+n}A + \dfrac{m}{m+n}B$

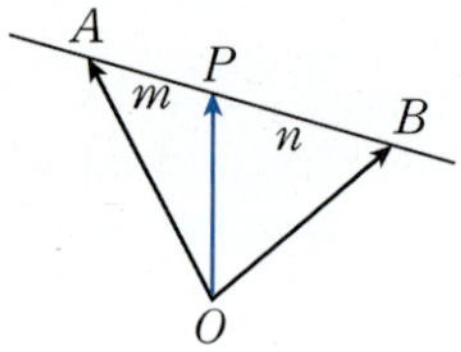

그림 3.52

삼각형 ABC에서 변 BC의 중점을 M이라 할 때, A와 M을 $2 : 1$로 내분하는 점을 삼각형 ABC의 무게중심(centroid)이라고 한다.

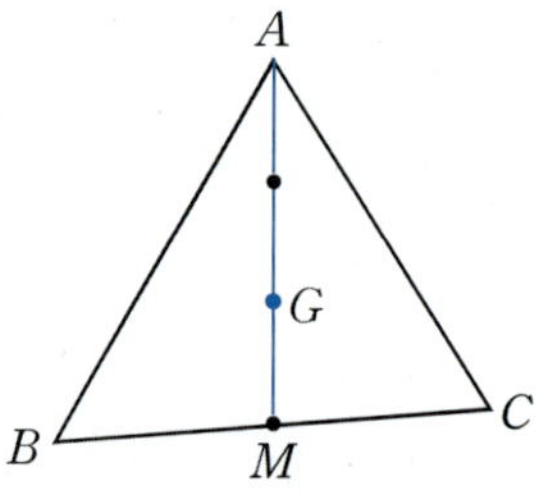

그림 3.53

문제 3.2.5

1. 두 점 A, B를 잇는 선분 AB를 $m : n$으로 외분하는 점 P의 위치벡터는

$$P = \frac{n}{n-m}A - \frac{m}{n-m}B$$

임을 보여라. 단, m과 n은 서로 다른 양의 실수이다.

2. 다음 그림과 같이 세 직선의 교점을 각각 A, B, C라고 할 때, $\overrightarrow{PA}+2\overrightarrow{PB}=4\overrightarrow{PC}$를 만족하는 점 P가 속하는 영역을 구하여라.

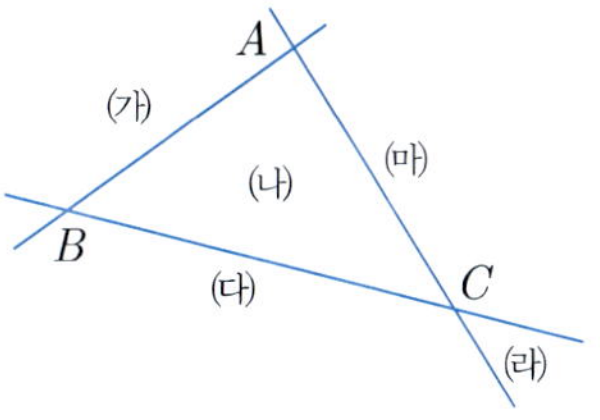

그림 3.54

3. 삼각형 ABC에서 다음 물음에 답하여라.

(1) 삼각형 ABC의 무게중심을 G라 하면, $G=\frac{1}{3}(A+B+C)$임을 보여라.

(2) $G=\frac{1}{3}(A+B+C)$인 점 G는 삼각형 ABC의 무게중심임을 보여라.

3.2.3 벡터의 성분표시

평면벡터 $\mathbf{x}$는 그림 3.55에서와 같이 좌표평면의 원점 O에 대한 위치벡터로 나타낼 수 있다. 이때, 벡터 $\mathbf{x}$는 종점 P의 평면좌표에 의하여 결정된다. 종점 P의 x좌표, y좌표가 각각 x_1, x_2일 때, 이들을 $\mathbf{x}$의 성분(component)이라고 하고 $\mathbf{x}=\begin{pmatrix}x_1\\x_2\end{pmatrix}$로 나타낸다. 이것을 평면벡터 $\mathbf{x}$의 성분표시라고 한다.

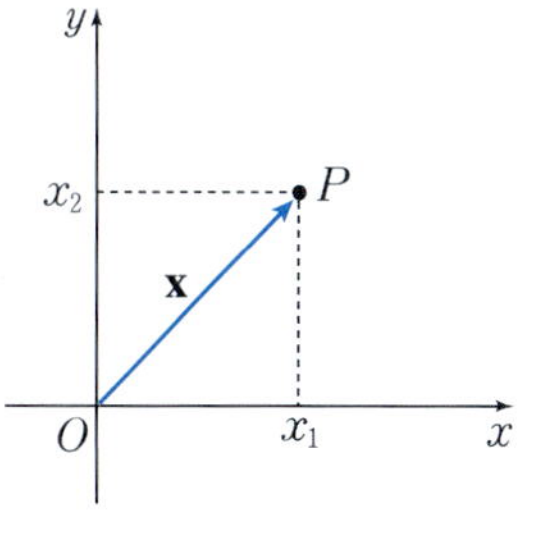

그림 3.55

두 벡터 $\mathbf{x}=\begin{pmatrix}x_1\\x_2\end{pmatrix}$, $\mathbf{y}=\begin{pmatrix}y_1\\y_2\end{pmatrix}$에 대하여, $\mathbf{x}=\mathbf{y}$일 필요충분조건은 $x_1=y_1$, $x_2=y_2$이다. x축에 평행한 단위벡터 $\mathbf{i}$의 성분표시는 $\begin{pmatrix}1\\0\end{pmatrix}$이고, y축에 평행한 단위벡터 $\mathbf{j}$의 성분표시

는 $\begin{pmatrix} 0 \\ 1 \end{pmatrix}$이다. 즉

$$\mathbf{i} = \begin{pmatrix} 1 \\ 0 \end{pmatrix}, \ \mathbf{j} = \begin{pmatrix} 0 \\ 1 \end{pmatrix}$$

이 두 벡터 $\mathbf{i}$, $\mathbf{j}$ 를 평면의 기본벡터(elementary vector)라고 한다.

예제 3.2.12 그림 3.56의 두 벡터 $\mathbf{a}$, $\mathbf{b}$에 대하여, 다음 각 벡터의 성분표시를 구하여라.

(1) $\mathbf{a}+2\mathbf{b}$

(2) $\dfrac{1}{2}\mathbf{a}-2\mathbf{b}$

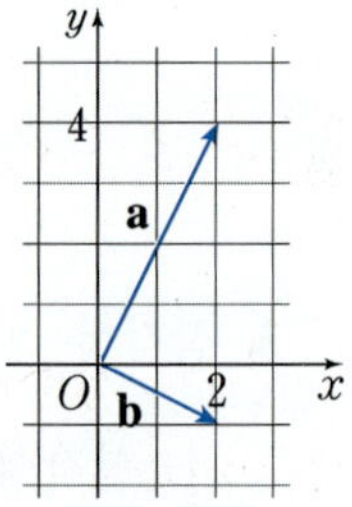

그림 3.56

풀이 그림 3.57에서 P, Q의 평면좌표는 각각 $P(6, 2)$, $Q(-3, 4)$ 이므로

(1) $\mathbf{a}+2\mathbf{b} = \begin{pmatrix} 6 \\ 2 \end{pmatrix}$ (2) $\dfrac{1}{2}\mathbf{a}-2\mathbf{b} = \begin{pmatrix} -3 \\ 4 \end{pmatrix}$

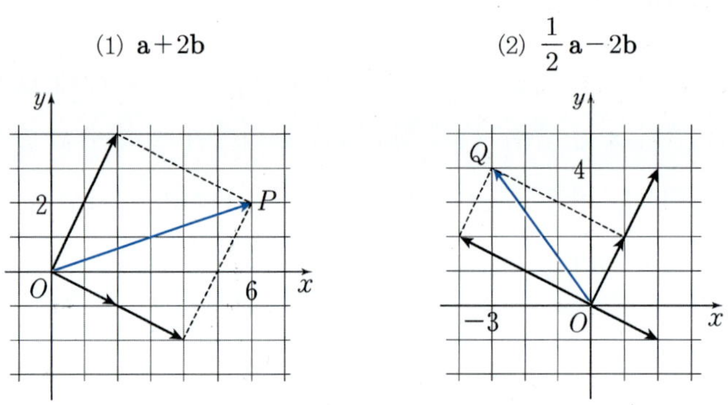

그림 3.57

일반적으로, 평면벡터는 성분표시를 사용하여

$$\begin{pmatrix} x_1 \\ x_2 \end{pmatrix} = x_1\begin{pmatrix} 1 \\ 0 \end{pmatrix} + x_2\begin{pmatrix} 0 \\ 1 \end{pmatrix} = x_1\,\mathbf{i} + x_2\,\mathbf{j}$$

로 나타낼 수 있으므로, 다음 정리를 얻는다.

정리 3.2.4

평면벡터 $\mathbf{x} = \begin{pmatrix} x_1 \\ x_2 \end{pmatrix}$는 다음과 같이, 기본벡터의 일차결합으로 나타낼 수 있다.

$$\begin{pmatrix} x_1 \\ x_2 \end{pmatrix} = x_1 \mathbf{i} + x_2 \mathbf{j}$$

문제 3.2.6

1. 한 변의 길이가 1인 다음의 정사각형 $OACB$에서 $\mathbf{a} = \overrightarrow{OA}$, $\mathbf{b} = \overrightarrow{OB}$, $\mathbf{c} = \overrightarrow{OC}$라 할 때, 다음 각 벡터의 성분표시를 구하여라.

(1) $\mathbf{c}$　　(2) $\mathbf{b} - \mathbf{c}$　　(3) $(\mathbf{a} - \mathbf{c}) + 2\mathbf{b}$

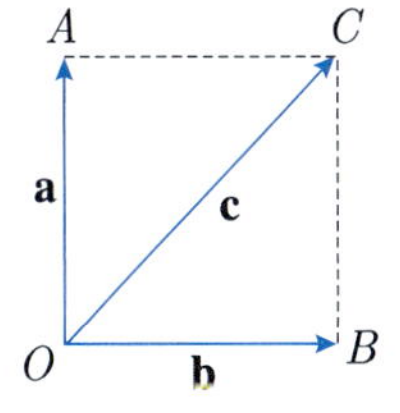

그림 3.58

2. 다음 각 벡터의 성분표시를 구하여라.

(1) $\mathbf{a} = 4\mathbf{i} - 3\mathbf{j}$　　(2) $\mathbf{a} = \mathbf{i} - 2\mathbf{j}$

평면벡터의 크기를 벡터의 성분으로 나타내면, 다음과 같다.

정리 3.2.5

$\mathbf{x} = \begin{pmatrix} x_1 \\ x_2 \end{pmatrix}$일 때, $\mathbf{x}$의 크기는 $|\mathbf{x}| = \sqrt{x_1^2 + x_2^2}$이다.

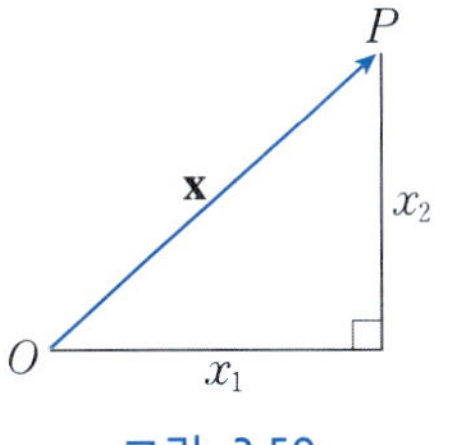

그림 3.59

그리고 평면벡터의 덧셈과 스칼라 배를 벡터의 성분으로 나타내면 다음과 같다.

정리 3.2.6

임의의 벡터 $\mathbf{x} = \begin{pmatrix} x_1 \\ x_2 \end{pmatrix}$, $\mathbf{y} = \begin{pmatrix} y_1 \\ y_2 \end{pmatrix}$와 실수 α에 대하여

(1) $\mathbf{x} + \mathbf{y} = \begin{pmatrix} x_1 + y_1 \\ x_2 + y_2 \end{pmatrix}$ (2) $\alpha\mathbf{x} = \begin{pmatrix} \alpha x_1 \\ \alpha x_2 \end{pmatrix}$

|증명| (1) $\mathbf{x} + \mathbf{y} = \begin{pmatrix} z_1 \\ z_2 \end{pmatrix}$라 두면, 그림 3.60에서 $\overrightarrow{OP} = \mathbf{x} = \overrightarrow{QR}$이므로 $z_1 - y_1 = x_1$이고 $z_2 - y_2 = x_2$이다. 즉, $z_1 = x_1 + y_1$, $z_2 = x_2 + y_2$이다. 따라서

$$\mathbf{x} + \mathbf{y} = \begin{pmatrix} x_1 + y_1 \\ x_2 + y_2 \end{pmatrix}$$

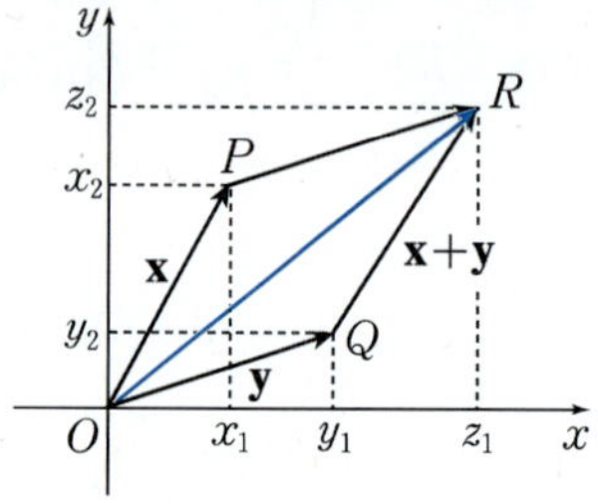

그림 3.60

(2) $\alpha\mathbf{x} = \begin{pmatrix} t_1 \\ t_2 \end{pmatrix}$라 두면, 선분 OT의 길이는 선분 OP의 길이의 $|\alpha|$배이므로

$$t_1 = \alpha x_1, \quad t_2 = \alpha x_2$$

로부터 $\alpha\mathbf{x} = \begin{pmatrix} \alpha x_1 \\ \alpha x_2 \end{pmatrix}$이 성립한다.

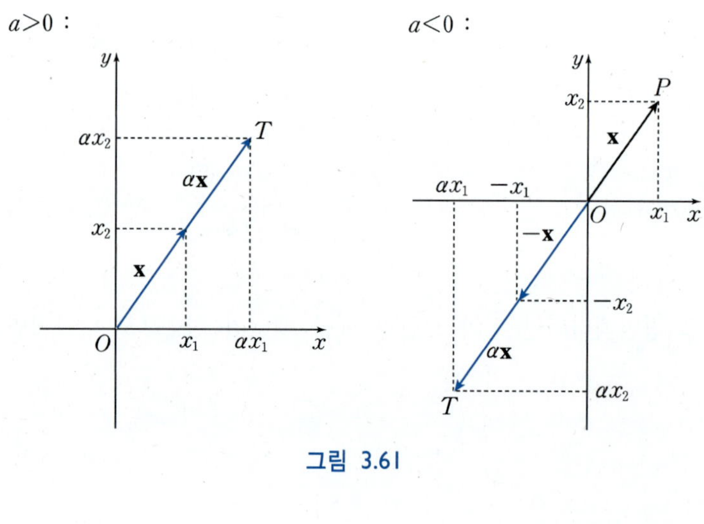

그림 3.61

영이 아닌 벡터 $\mathbf{x} = \begin{pmatrix} x_1 \\ x_2 \end{pmatrix}$가 x축, y축과 이루는 각을 각각 α, β라 하면

$$x_1 = |\mathbf{x}|\cos\alpha, \quad x_2 = |\mathbf{x}|\cos\beta$$

이므로, $|\mathbf{x}| \neq 0$일 때

$$\begin{pmatrix} \cos\alpha \\ \cos\beta \end{pmatrix} = \frac{1}{|\mathbf{x}|}\mathbf{x}$$

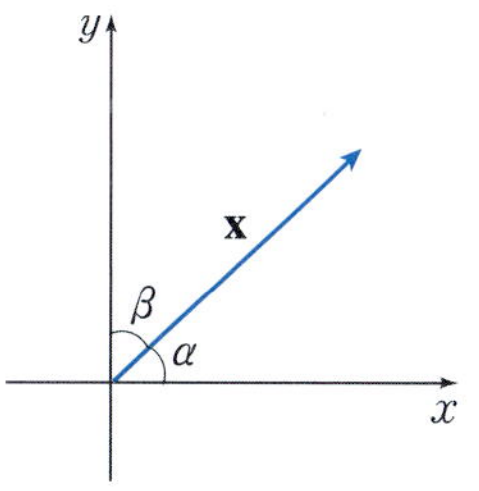

그림 3.62

이다. 벡터 $\mathbf{u} = \begin{pmatrix} \cos\alpha \\ \cos\beta \end{pmatrix}$는 $\mathbf{x}$와 같은 방향의 단위벡터로

$$\cos^2\alpha + \cos^2\beta = 1$$

을 만족한다. 이러한 벡터 $\mathbf{u}$를 $\mathbf{x}$의 방향코사인(direction cosine)이라고 한다.

평면벡터와 마찬가지로, 공간벡터도 성분표시로 나타낼 수 있다. 공간벡터 $\mathbf{x}$는 그림 3.63에서와 같이 좌표공간의 원점 O에 대한 위치벡터로 나타낼 수 있다. 이때, 벡터 $\mathbf{x}$는 종점 P의 좌표에 의하여 결정된다.

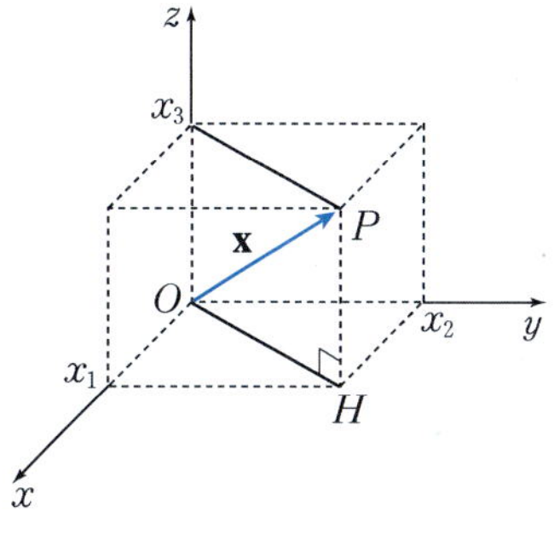

그림 3.63

종점 P의 x좌표, y좌표, z좌표가 각각 x_1, x_2, x_3일 때, 이들을 $\mathbf{x}$의 성분(component)이라 하고 $\mathbf{x} = \begin{pmatrix} x_1 \\ x_2 \\ x_3 \end{pmatrix}$로 나타낸다. 이것을 공간벡터 $\mathbf{x}$의 성분표시라고 한다. 이 경우 두 벡터 $\mathbf{x} = \begin{pmatrix} x_1 \\ x_2 \\ x_3 \end{pmatrix}$, $\mathbf{y} = \begin{pmatrix} y_1 \\ y_2 \\ y_3 \end{pmatrix}$에 대하여, $\mathbf{x} = \mathbf{y}$일 필요충분조건은 다음과 같다.

$$x_1 = y_1, \quad x_2 = y_2, \quad x_3 = y_3$$

x 축에 평행한 단위벡터 $\mathbf{i}$ 의 성분표시는 $\begin{pmatrix}1\\0\\0\end{pmatrix}$, y 축에 평행한 단위벡터 $\mathbf{j}$ 의 성분표시는 $\begin{pmatrix}0\\1\\0\end{pmatrix}$ 이고 z 축에 평행한 단위벡터 $\mathbf{k}$ 의 성분표시는 $\begin{pmatrix}0\\0\\1\end{pmatrix}$ 이다. 즉

$$\mathbf{i} = \begin{pmatrix}1\\0\\0\end{pmatrix},\ \ \mathbf{j} = \begin{pmatrix}0\\1\\0\end{pmatrix},\ \ \mathbf{k} = \begin{pmatrix}0\\0\\1\end{pmatrix}$$

이다. 이들 세 벡터 $\mathbf{i}$, $\mathbf{j}$, $\mathbf{k}$ 를 공간의 기본벡터(elementary vector)라고 한다.

공간벡터도 평면벡터와 같이 성분표시를 사용하여

$$\begin{pmatrix}x_1\\x_2\\x_3\end{pmatrix} = x_1\begin{pmatrix}1\\0\\0\end{pmatrix} + x_2\begin{pmatrix}0\\1\\0\end{pmatrix} + x_3\begin{pmatrix}0\\0\\1\end{pmatrix}$$

로 나타낼 수 있으므로, 다음을 알 수 있다.

정리 3.2.7

공간벡터 $\mathbf{x} = \begin{pmatrix}x_1\\x_2\\x_3\end{pmatrix}$ 는 다음과 같이, 기본벡터의 일차결합으로 나타낼 수 있다.

$$\begin{pmatrix}x_1\\x_2\\x_3\end{pmatrix} = x_1\,\mathbf{i} + x_2\,\mathbf{j} + x_3\,\mathbf{k}$$

문제 3.2.7

1. 다음 각 벡터를 기본벡터 $\mathbf{i}$, $\mathbf{j}$, $\mathbf{k}$ 의 일차결합으로 나타내어라.

(1) $\mathbf{a} = \begin{pmatrix}2\\1\\-3\end{pmatrix}$ (2) $\mathbf{b} = \begin{pmatrix}-1\\5\\0\end{pmatrix}$

2. 다음 각 공간벡터의 성분표시를 구하여라.

(1) $\mathbf{a} = 4\,\mathbf{i} - 3\,\mathbf{j} + 2\,\mathbf{k}$ (2) $\mathbf{a} = \mathbf{i} - 2\,\mathbf{j}$

이제, 공간벡터 $\mathbf{x}=\begin{pmatrix}x_1\\x_2\\x_3\end{pmatrix}$의 크기를 성분을 사용하여 나타내보자.

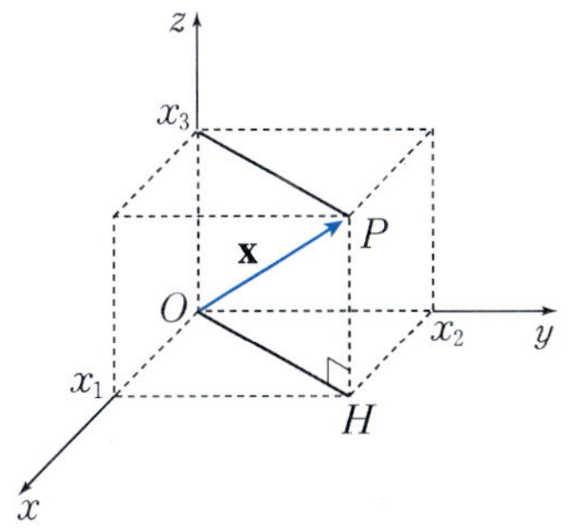

그림 3.64

그림 3.64에서 시점 $O(0,0,0)$와 종점 $P(x_1,x_2,x_3)$의 거리는

$$|\mathbf{x}|=\sqrt{x_1^2+x_2^2+x_3^2}$$

이므로, 다음 정리가 성립한다.

정리 3.2.8

$\mathbf{x}=\begin{pmatrix}x_1\\x_2\\x_3\end{pmatrix}$일 때, $|\mathbf{x}|=\sqrt{x_1^2+x_2^2+x_3^2}$이다.

공간벡터의 덧셈과 스칼라 배를 성분으로 나타내면 다음과 같다.

정리 3.2.9

임의의 벡터 $\mathbf{x}=\begin{pmatrix}x_1\\x_2\\x_3\end{pmatrix}$, $\mathbf{y}=\begin{pmatrix}y_1\\y_2\\y_3\end{pmatrix}$와 실수 α에 대하여

(1) $\mathbf{x}+\mathbf{y}=\begin{pmatrix}x_1+y_1\\x_2+y_2\\x_3+y_3\end{pmatrix}$ (2) $\alpha\mathbf{x}=\begin{pmatrix}\alpha x_1\\\alpha x_2\\\alpha x_3\end{pmatrix}$

예제 3.2.13 두 점 $A(x_1, x_2, x_3)$, $B(y_1, y_2, y_3)$에 대하여, $\overrightarrow{AB} = \begin{pmatrix} y_1 - x_1 \\ y_2 - x_2 \\ y_3 - x_3 \end{pmatrix}$임을 보여라.

풀이 $\overrightarrow{AB} = B - A = \begin{pmatrix} y_1 \\ y_2 \\ y_3 \end{pmatrix} - \begin{pmatrix} x_1 \\ x_2 \\ x_3 \end{pmatrix} = \begin{pmatrix} y_1 - x_1 \\ y_2 - x_2 \\ y_3 - x_3 \end{pmatrix}$

영이 아닌 임의의 벡터 $\mathbf{x} = \begin{pmatrix} x_1 \\ x_2 \\ x_3 \end{pmatrix}$에 대하여, 다음 그림에서와 같이 $\mathbf{x}$가 x축, y축, z축과 이루는 각을 각각 α, β, γ라 할 때, 벡터 $\mathbf{u} = \begin{pmatrix} \cos\alpha \\ \cos\beta \\ \cos\gamma \end{pmatrix}$를 $\mathbf{x}$의 방향코사인(direction cosine)이라 한다.

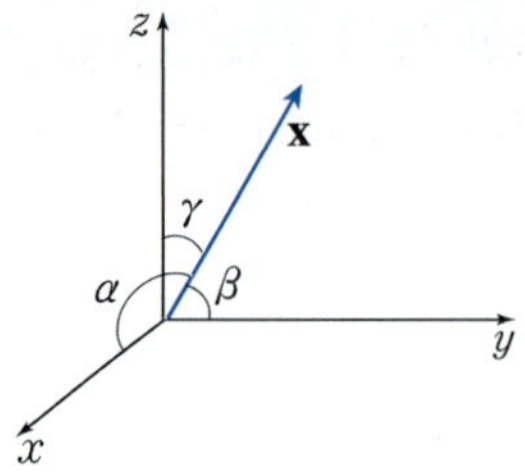

그림 3.65

평면에서와 같이, $|\mathbf{x}| \neq 0$일 때 $\mathbf{x}$의 방향코사인은 $\mathbf{u} = \frac{1}{|\mathbf{x}|}\mathbf{x}$이고, $\mathbf{x}$와 같은 방향의 단위벡터로

$$\cos^2\alpha + \cos^2\beta + \cos^2\gamma = 1$$

을 만족한다.

3.2 연습문제

1. 다음 식을 만족하는 벡터 $\mathbf{x}$ 를 $\mathbf{a}$ 와 $\mathbf{b}$를 사용하여 나타내어라.

(1) $\mathbf{x}-\mathbf{a}=2(\mathbf{x}-2\mathbf{a}+\mathbf{b})$ (2) $2\mathbf{x}-\mathbf{b}+3\mathbf{a}=2\mathbf{b}-\mathbf{x}$

2. 좌표평면 위에 넓이가 10 인 삼각형 ABC가 있다. $\overrightarrow{OA}+\overrightarrow{OB}=\overrightarrow{OC}$를 만족하는 점 O에 대하여, 삼각형 OAB의 넓이를 구하여라.

3. 다음의 그림과 같은 삼각형 OAB에서 $\overline{OA}$를 $1:2$로 내분하는 점을 P, $\overline{AB}$의 중점을 Q라 할 때, $\overrightarrow{PQ}=m\overrightarrow{OA}+n\overrightarrow{OB}$을 만족하는 실수 m, n의 값을 구하여라.

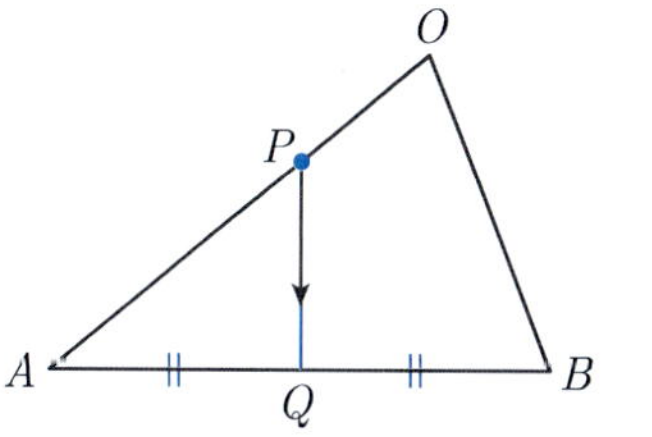

4. 크기가 4이고 $2\mathbf{i}+\mathbf{j}+2\mathbf{k}$와 같은 방향의 벡터를 구하여라.

5. 세 벡터 $\mathbf{a}=\begin{pmatrix}2\\3\end{pmatrix}$, $\mathbf{b}=\begin{pmatrix}x\\-1\end{pmatrix}$, $\mathbf{c}=\begin{pmatrix}-4\\y\end{pmatrix}$에서 $2\mathbf{a}-\mathbf{b}=\mathbf{b}+\mathbf{c}$가 성립할 때, 두 실수 x, y를 구하여라.

6. 벡터 $\mathbf{a}=\begin{pmatrix}1\\2\end{pmatrix}$, $\mathbf{b}=\begin{pmatrix}-1\\3\end{pmatrix}$, $\mathbf{c}=\begin{pmatrix}3\\5\end{pmatrix}$에 대하여, $2(\mathbf{a}-2\mathbf{b})+3(2\mathbf{a}-3\mathbf{c})$를 성분으로 나타내어라.

7. 크기가 2 이고 $\mathbf{i}$, $\mathbf{j}$, $\mathbf{k}$와 이루는 각이 각각 $\frac{\pi}{4}$, $\frac{\pi}{4}$, $\frac{\pi}{2}$ 인 벡터 $\mathbf{x}$ 를 구하여라.

8. 좌표공간에서 벡터 $\mathbf{v}$가 x 축, y 축 각각과 이루는 각이 모두 $60°$일 때, 벡터 $\mathbf{v}$가 xy 평면과 이루는 예각을 구하여라.

스스로 배우는 코너

오일러의 생애와 업적

오일러(Leonhard Euler, 1707~1783)는 스위스 바젤(Basel)의 근교에서 태어났다. 처음에는 신학을 공부하였으나, 그의 적성은 수학에 있다는 것을 알게 되었다. 칼뱅주의자인 그의 아버지는 그에게 수학의 기초를 가르쳤다. 오일러의 아버지가 야곱 베르누이에게서 수학을 공부하였기 때문에 오일러는 요한 베르누이에게서 공부를 하기로 정해졌다. 그는 일주일 내내 공부하고도 토요일 오후 스승과의 면담시간에는 그가 해결하지 못한 수학문제를 가지고 스승에게 도움을 청했다고 한다. 요한 베르누이는 제자의 잦은 질문 때문에 짜증을 내기도 하였는데, 이를 계기로 오일러는 가능한 스스로 문제를 해결하고자 하였다. 얼마 지나지 않아 그는 높은 수준의 논문을 발표하기 시작하였으며, 19세에는 배에 돛을 다는 최적 위치에 관한 뛰어난 해석으로 프랑스 학술원에서 상을 받기도 하였다.

오일러가 20세가 되었을 때, 피터 대제가 설립한 성 피츠버그학술원에 관계하고 있던 두 친구의 도움으로 러시아 학술원에 자리를 잡았다. 당시 러시아는 파리와 베를린의 과학아카데미인 프러시아학술원에 필적할 연구소를 꿈꾸고 있던 피터 대제의 꿈을 실현하기 위해 애쓰고 있던 때였다. 그는 14년 동안 러시아의 성 피츠버그학술원에서 많은 업적을 남긴 후, 1741년에 독일 프리드리히 황제의 초청으로 베를린으로 가서 프러시아학술원을 이끌게 되었다. 오일러는 25년 동안 프러시아학술원에 있었지만, 그의 세련되지 못한 성격 때문에 황제의 총애를 받는 다른 사람들과 화합을 이루지 못하여 여러 해 동안 괴로워했다. 반면, 러시아는 오일러를 높이 존경하여 러시아를 떠난 이후에도 약간의 봉급을 계속 지급했다. 프리드리히 황제 주변의 냉정함과는 대조적으로 그에 대한 러시아의 온정 때문에 그는 1766년 캐서린 2세의 초청으로 성 피츠버그학술원으로 돌아왔다.

왼쪽 눈에만 의지해 왔던 그의 시력이 극도로 나빠져, 1771년에는 거의 실명상태가 되었다. 실명과 통증 가운데도 쉬지 않고 놀라운 수학 방정식과 수식을 비서로 하여금 받아쓰게 하였는데, 음악가인 베토벤에게 귀먹은 것이 아무 장애가 되지 않았듯이 오일러에게도 실명이 수학의 흐름을 저지시킬 수는 없었다. 그는 기억력이 뛰어났는데 삼각법과 해석학에 관한 공식과 수많은 시, 그리고 버질의 서사시인 에네이드 전체를 기억하였다고 한다. 또한, 그는 암산으로 50자리 수를 계산하였다고 전해진다. 오일러가 18세기의 수학 발전에 공헌한 가장 위대한 수학자였다는 것을 부정할 사람은 아무도 없을 것이다. 그는 일생 동안 530여 편의 저서와 논문을 저술하였으며, 현재까지 나온 전집만 75권에 달한다고 한다.

오일러는 1783년 9월 7일 갑자기 세상을 떠났다. 실명에도 불구하고 죽는 순간까지 수학적인 활동을 멈추지 않았다. 프랑스 혁명시절 〈재판의 확률〉이란 논문을 발표하고 사형 폐지론을 주장했던 콩도르세는 오일러의 죽음에 대해 "그가 계산하며 사는 것을 그만 두었다"고 하였다.[2]

2) Howard Eves, *An Introduction to the History of Mathematics, 5th edition*, 1983, Sauders College Publ., Philadelphia, pp. 327-330: 이우영·신향균 옮김, 《수학사》, 경문사, 1995, pp. 399-404.

3.3 내적과 벡터의 응용

3.3.1 벡터의 내적

벡터의 기본연산인 덧셈과 스칼라 배와 함께 중요한 벡터의 연산인 내적에 대해 알아보자.

물체에 어떤 힘을 작용하여 일정한 직선방향으로 이동시키는 운동을 생각해보자. 이 운동에 의한 일의 양은 물체의 이동방향으로 작용한 힘의 크기와 이동거리를 곱한 것과 같다.

그림 3.66에서와 같이, 물체에 작용된 힘의 방향과 이동방향이 이루는 각을 θ라 하고 물체의 이동거리를 d라 하자. 또, 작용된 힘을 나타내는 벡터를 $\mathbf{f}$라고 하고, 크기가 d인 물체의 이동방향의 벡터를 $\mathbf{d}$라 하자. 구하는 일을 양 W는 $|\mathbf{f}|\cos\theta \cdot d$이므로 다음과 같이 나타낼 수 있다.

$$W = |\mathbf{f}||\mathbf{d}|\cos\theta$$

이것은 두 벡터 $\mathbf{f}$와 $\mathbf{d}$에 의하여 결정되는 값으로 우리가 소개하려고 하는 벡터의 내적이다.

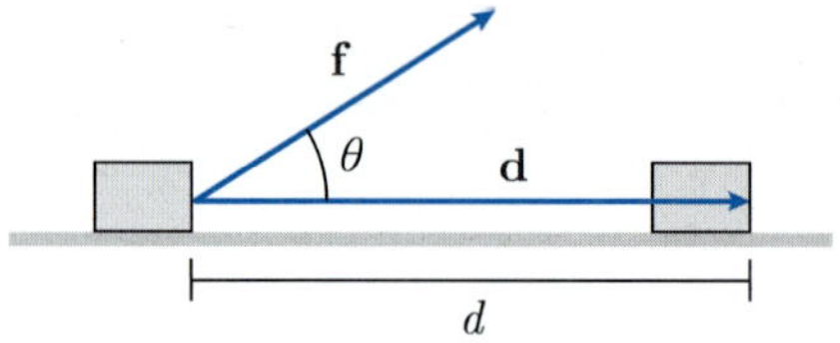

그림 3.66

먼저, 그림 3.67에서와 같이, (평면 또는 공간의) 영이 아닌 두 벡터 $\mathbf{x}$, $\mathbf{y}$에 대하여 $\mathbf{x} = \overrightarrow{OA}$, $\mathbf{y} = \overrightarrow{OB}$일 때

$$\angle AOB = \theta \quad (0 \le \theta \le \pi)$$

를 $\mathbf{x}$와 $\mathbf{y}$가 이루는 각이라 한다.

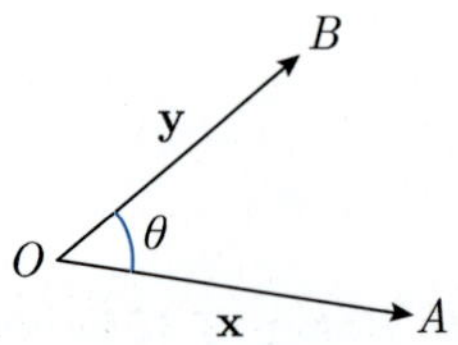

그림 3.67

영이 아닌 두 벡터 $\mathbf{x}, \mathbf{y}$에 대하여, $\mathbf{x}$를 $\mathbf{y}$ 위로 사영한 벡터의 크기와 $\mathbf{y}$의 크기를 곱한 값은 $\mathbf{x}$와 $\mathbf{y}$가 이루는 각이 θ일 때, $|\mathbf{x}||\mathbf{y}|\cos\theta$이다. 이를 $\mathbf{x}$와 $\mathbf{y}$의 내적(inner product) 또는 스칼라 적(scalar product)이라 하고, 기호로 $\mathbf{x} \cdot \mathbf{y}$ 또는 $\langle \mathbf{x}, \mathbf{y} \rangle$로 나타낸다. 즉

$$\mathbf{x} \cdot \mathbf{y} = |\mathbf{x}||\mathbf{y}|\cos\theta$$

또한, $\mathbf{x} = \mathbf{0}$이거나 $\mathbf{y} = \mathbf{0}$일 때는 $\mathbf{x} \cdot \mathbf{y} = 0$로 정의한다. 앞에서 살펴본 운동에 대한 일의 양 W는 내적을 사용하면 $W = \mathbf{f} \cdot \mathbf{d}$로 나타낼 수 있다.

예제 3.3.1 가로의 길이가 4이고 세로의 길이가 2인 직사각형이 있다. 그림 3.68과 같이 네 꼭짓점을 A, B, C, D라 할 때, $\overrightarrow{AC} \cdot \overrightarrow{AD}$를 구하여라.

그림 3.68

풀이 $|\overrightarrow{AD}| = 4$이고 $|\overrightarrow{AC}|^2 = 2^2 + 4^2 = 2\sqrt{5}$이다. 또한, $\overrightarrow{AC}$와 $\overrightarrow{AD}$가 이루는 각을 θ라 하면 $\cos\theta = \dfrac{2}{\sqrt{5}}$이다. 따라서

$$\overrightarrow{AC} \cdot \overrightarrow{AD} = 4 \cdot 2\sqrt{5} \cdot \frac{2}{\sqrt{5}} = 16$$

문제 3.3.1

1. 한 변의 길이가 1인 다음 그림의 정육면체에서 $\overrightarrow{AC} \cdot \overrightarrow{AG}$를 구하여라.

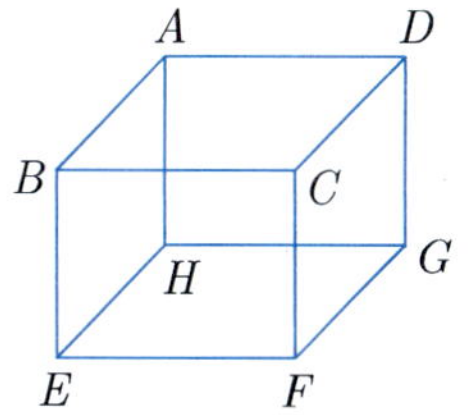

그림 3.69

2. 다음 그림과 같이, 도르래의 줄이 바닥과 45°를 이루는 방향으로 10N의 힘을 가하여 땅 위에 있는 물체를 10m의 높이로 끌어올렸다. 이때, 한 일의 양을 구하여라.

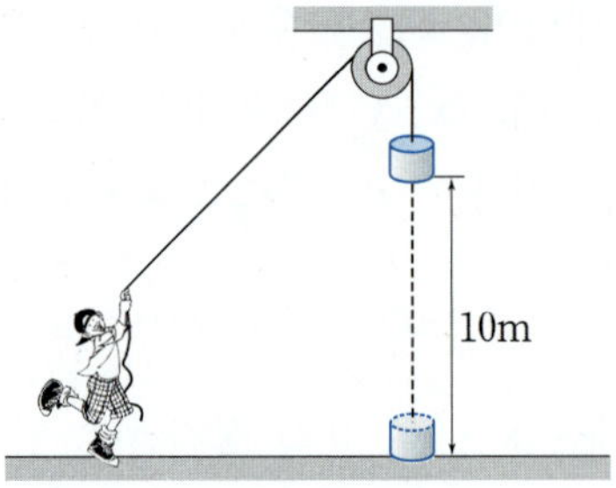

그림 3.70

두 벡터가 이루는 각의 정의와 내적의 정의로부터 다음 사실을 알 수 있다.

정리 3.3.1

두 벡터가 이루는 각

$\mathbf{0}$이 아닌 임의의 벡터 $\mathbf{x}, \mathbf{y}$에 대하여, $\mathbf{x}$와 $\mathbf{y}$가 이루는 각이 θ일 때

$$\cos\theta = \frac{\mathbf{x} \cdot \mathbf{y}}{|\mathbf{x}||\mathbf{y}|}$$

영이 아닌 두 벡터 $\mathbf{x}$와 $\mathbf{y}$가 수직일 조건은 $\theta = \frac{\pi}{2}$이고, 평행일 조건은 $\theta = 0$ 또는 $\theta = \pi$이므로 벡터의 내적을 사용하여 두 벡터가 평행일 조건과 수직일 조건을 정리하면 다음과 같다.

정리 3.3.2

수직과 평행

영이 아닌 두 벡터 $\mathbf{x}$, $\mathbf{y}$에 대하여, 다음이 성립한다.

(1) $\mathbf{x}$와 $\mathbf{y}$가 수직일 필요충분조건은 $\mathbf{x} \cdot \mathbf{y} = 0$이다.

(2) $\mathbf{x}$와 $\mathbf{y}$가 평행일 필요충분조건은 $\mathbf{x} \cdot \mathbf{y} = |\mathbf{x}||\mathbf{y}|$ 또는 $\mathbf{x} \cdot \mathbf{y} = -|\mathbf{x}||\mathbf{y}|$이다.

3.3.2 벡터의 성분과 내적

평면벡터 $\mathbf{x} = \begin{pmatrix} x_1 \\ x_2 \end{pmatrix}$, $\mathbf{y} = \begin{pmatrix} y_1 \\ y_2 \end{pmatrix}$의 내적을 계산하는 공식을 찾아보자. $\mathbf{x}$, $\mathbf{y}$가 영이 아닐 때, 두 벡터가 이루는 각을 $\theta\,(0 < \theta < \pi)$라 하자. 그림 3.71에서와 같이 $\mathbf{x}$와 $\mathbf{y}$의 시점을 $O(0,\ 0)$, 종점을 각각 $A(x_1,\ x_2)$, $B(y_1,\ y_2)$라 하면 $\overrightarrow{BA} = \mathbf{x} - \mathbf{y}$이다.

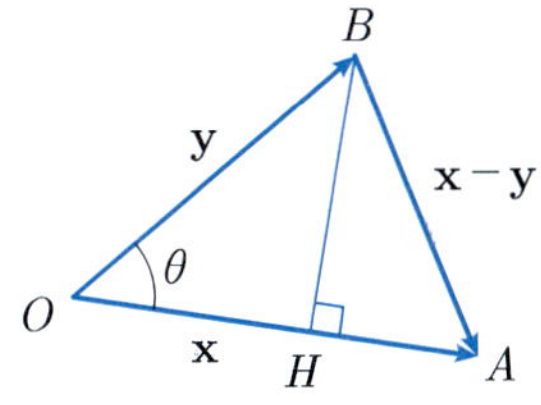

그림 3.71

그림 3.71의 직각삼각형 BHA에 대한 피타고라스 정리에 의하여

$$|\mathbf{x}-\mathbf{y}|^2 = (|\mathbf{x}| - |\mathbf{y}|\cos\theta)^2 + (|\mathbf{y}|\sin\theta)^2$$

이 식을 전개하여 정리하면

$$|\mathbf{x}-\mathbf{y}|^2 = |\mathbf{x}|^2 + |\mathbf{y}|^2 - 2|\mathbf{x}||\mathbf{y}|\cos\theta$$

를 얻는다. 이 식의 오른쪽에 있는 $|\mathbf{x}||\mathbf{y}|\cos\theta$는 $\mathbf{x} \cdot \mathbf{y}$이므로 나머지 항들을 벡터의 성분을 사용하여 나타내면

$$(x_1 - y_1)^2 + (x_2 - y_2)^2 = \left(x_1^2 + x_2^2\right) + \left(y_1^2 + y_2^2\right) - 2(\mathbf{x} \cdot \mathbf{y})$$

이다. 따라서

$$\mathbf{x} \cdot \mathbf{y} = x_1 y_1 + x_2 y_2$$

이 식은 $\theta = 0$와 $\theta = \pi$인 경우에도 성립함을 쉽게 확인할 수 있다.

공간벡터 $\mathbf{x} = \begin{pmatrix} x_1 \\ x_2 \\ x_3 \end{pmatrix}$, $\mathbf{y} = \begin{pmatrix} y_1 \\ y_2 \\ y_3 \end{pmatrix}$에 대하여도, 평면에서와 같이

$$\mathbf{x} \cdot \mathbf{y} = x_1 y_1 + x_2 y_2 + x_3 y_3$$

임을 알 수 있다.

정리 3.3.3

벡터의 성분과 내적

(1) 평면벡터 $\mathbf{x} = \begin{pmatrix} x_1 \\ x_2 \end{pmatrix}$, $\mathbf{y} = \begin{pmatrix} y_1 \\ y_2 \end{pmatrix}$에 대하여

$$\mathbf{x} \cdot \mathbf{y} = x_1 y_1 + x_2 y_2$$

(2) 공간벡터 $\mathbf{x} = \begin{pmatrix} x_1 \\ x_2 \\ x_3 \end{pmatrix}$, $\mathbf{y} = \begin{pmatrix} y_1 \\ y_2 \\ y_3 \end{pmatrix}$에 대하여

$$\mathbf{x} \cdot \mathbf{y} = x_1 y_1 + x_2 y_2 + x_3 y_3$$

예제 3.3.2 $\mathbf{a} = \begin{pmatrix} 3 \\ -2 \\ 1 \end{pmatrix}$, $\mathbf{b} = \begin{pmatrix} 4 \\ 3 \\ 2 \end{pmatrix}$이면, $\mathbf{a} \cdot \mathbf{b} = 3 \cdot 4 + (-2) \cdot 3 + 1 \cdot 2 = 8$이다.

이제, 벡터의 내적에 대한 연산법칙을 살펴보자.

$\mathbf{x} = \begin{pmatrix} 1 \\ 2 \end{pmatrix}$, $\mathbf{y} = \begin{pmatrix} -3 \\ 4 \end{pmatrix}$, $\mathbf{z} = \begin{pmatrix} 2 \\ -1 \end{pmatrix}$일 때, 다음 사실을 관찰할 수 있다.

(1) $\mathbf{x} \cdot \mathbf{y} = \begin{pmatrix} 1 \\ 2 \end{pmatrix} \cdot \begin{pmatrix} -3 \\ 4 \end{pmatrix} = 5$, $\mathbf{y} \cdot \mathbf{x} = \begin{pmatrix} -3 \\ 4 \end{pmatrix} \cdot \begin{pmatrix} 1 \\ 2 \end{pmatrix} = 5$이므로, $\mathbf{x} \cdot \mathbf{y} = \mathbf{y} \cdot \mathbf{x}$가 성립한다.

(2) $(3\mathbf{x}) \cdot \mathbf{y} = 3\begin{pmatrix} 1 \\ 2 \end{pmatrix} \cdot \begin{pmatrix} -3 \\ 4 \end{pmatrix} = 15$, $3(\mathbf{x} \cdot \mathbf{y}) = 3\left[\begin{pmatrix} 1 \\ 2 \end{pmatrix} \cdot \begin{pmatrix} -3 \\ 4 \end{pmatrix}\right] = 15$ 이므로,

$(3\mathbf{x}) \cdot \mathbf{y} = 3(\mathbf{x} \cdot \mathbf{y})$이다.

(3) $(\mathbf{x}+\mathbf{y}) \cdot \mathbf{z} = \left[\begin{pmatrix} 1 \\ 2 \end{pmatrix} + \begin{pmatrix} -3 \\ 4 \end{pmatrix}\right] \cdot \begin{pmatrix} 2 \\ -1 \end{pmatrix} = \begin{pmatrix} -2 \\ 6 \end{pmatrix} \cdot \begin{pmatrix} 2 \\ -1 \end{pmatrix} = -10$

$\mathbf{x} \cdot \mathbf{z} + \mathbf{y} \cdot \mathbf{z} = \begin{pmatrix} 1 \\ 2 \end{pmatrix} \cdot \begin{pmatrix} 2 \\ -1 \end{pmatrix} + \begin{pmatrix} -3 \\ 4 \end{pmatrix} \cdot \begin{pmatrix} 2 \\ -1 \end{pmatrix} = 0 + (-10) = -10$

으로부터, $(\mathbf{x}+\mathbf{y}) \cdot \mathbf{z} = \mathbf{x} \cdot \mathbf{z} + \mathbf{y} \cdot \mathbf{z}$가 성립한다.

일반적으로, 벡터의 내적에 관한 다음의 성질들이 성립함을 알 수 있다. 평면 또는 공간벡터의 내적에 관한 기본적인 연산법칙을 정리하면 다음과 같다.

정리 3.3.4

평면 또는 공간벡터 $\mathbf{x}$, $\mathbf{y}$, $\mathbf{z}$와 임의의 실수 α에 대해, 다음 성질이 성립한다.

(1) $\mathbf{x} \cdot \mathbf{x} \geq 0$이고, 등호는 $\mathbf{x} = \mathbf{0}$일 때만 성립한다.

(2) $|\mathbf{x}| = \sqrt{\mathbf{x} \cdot \mathbf{x}}$

(3) $\mathbf{x} \cdot \mathbf{y} = \mathbf{y} \cdot \mathbf{x}$

(4) $(\mathbf{x}+\mathbf{y}) \cdot \mathbf{z} = \mathbf{x} \cdot \mathbf{z} + \mathbf{y} \cdot \mathbf{z}$

(5) $(\alpha\mathbf{x}) \cdot \mathbf{y} = \alpha(\mathbf{x} \cdot \mathbf{y})$

정리 3.3.4로부터 다음 결과를 얻을 수 있다.

따름정리 3.3.5

평면 또는 공간벡터 $\mathbf{x}$, $\mathbf{y}$, $\mathbf{z}$와 임의의 실수 α, β에 대하여, 다음 성질이 성립한다.

(1) $(\alpha\mathbf{x}+\beta\mathbf{y}) \cdot \mathbf{z} = \alpha(\mathbf{x} \cdot \mathbf{z})+\beta(\mathbf{y} \cdot \mathbf{z})$

(2) $\mathbf{x} \cdot (\alpha\mathbf{y}+\beta\mathbf{z}) = \alpha(\mathbf{x} \cdot \mathbf{y})+\beta(\mathbf{x} \cdot \mathbf{z})$

예제 3.3.3 $\mathbf{a} \cdot (\mathbf{a}+2\mathbf{c})+(2\mathbf{b}-\mathbf{a}) \cdot (\mathbf{a}+2\mathbf{c})+(-2\mathbf{b}) \cdot (\mathbf{a}+2\mathbf{c})$를 간단히 나타내어라.

풀이

$$\begin{aligned}&\mathbf{a} \cdot (\mathbf{a}+2\mathbf{c})+(2\mathbf{b}-\mathbf{a}) \cdot (\mathbf{a}+2\mathbf{c})+(-2\mathbf{b}) \cdot (\mathbf{a}+2\mathbf{c})\\ &= \mathbf{a} \cdot \mathbf{a}+2(\mathbf{a} \cdot \mathbf{c})+2(\mathbf{a} \cdot \mathbf{b})+4(\mathbf{b} \cdot \mathbf{c})\\ &\quad -(\mathbf{a} \cdot \mathbf{a})-2(\mathbf{a} \cdot \mathbf{c})-2(\mathbf{a} \cdot \mathbf{b})-4(\mathbf{b} \cdot \mathbf{c})=0\end{aligned}$$

예제 3.3.4 두 점 $A(2, 2, 1)$와 $B(4, 4, 2)$를 잇는 직선과 두 점 $C(1, 3, 5)$와 $D(0, -1, 6)$를 잇는 직선이 이루는 각을 구하여라.

풀이 $\mathbf{x} = \overrightarrow{AB}$, $\mathbf{y} = \overrightarrow{CD}$라 두고, $\mathbf{x}$, $\mathbf{y}$가 이루는 각을 θ라 하면

$$\mathbf{x} = \begin{pmatrix} 4-2 \\ 4-2 \\ 2-1 \end{pmatrix} = \begin{pmatrix} 2 \\ 2 \\ 1 \end{pmatrix}, \quad \mathbf{y} = \begin{pmatrix} 0-1 \\ -1-3 \\ 6-5 \end{pmatrix} = \begin{pmatrix} -1 \\ -4 \\ 1 \end{pmatrix}$$

이므로 $|\mathbf{x}| = \sqrt{9}$, $|\mathbf{y}| = \sqrt{18}$이고 $\mathbf{x} \cdot \mathbf{y} = -9$이다. 정리 3.3.1에 의하여

$$\cos\theta = \frac{\mathbf{x} \cdot \mathbf{y}}{|\mathbf{x}||\mathbf{y}|} = \frac{-9}{\sqrt{9}\sqrt{18}} = -\frac{1}{\sqrt{2}}$$

이므로 $\theta = \frac{3\pi}{4}$ 이다. 두 직선이 이루는 각은 예각이므로, 구하려는 각은 $\frac{\pi}{4}$ 이다. (그림 3.72 참조)

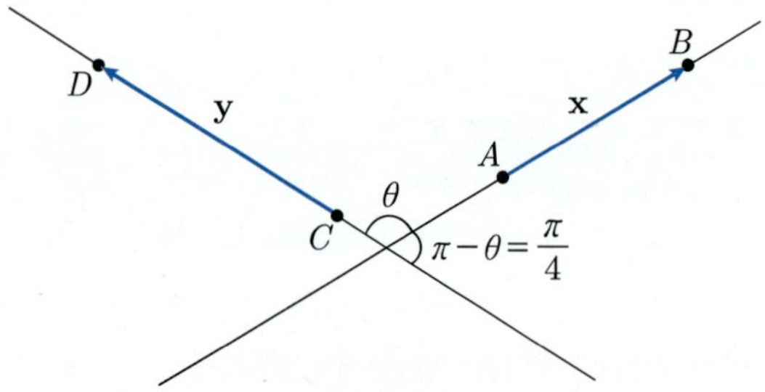

그림 3.72

문제 3.3.2

1. 다음 두 벡터의 내적 $\mathbf{a} \cdot \mathbf{b}$를 구하여라.

(1) $\mathbf{a} = \begin{pmatrix} 3 \\ 1 \end{pmatrix}, \ \mathbf{b} = \begin{pmatrix} 4 \\ -2 \end{pmatrix}$ (2) $\mathbf{a} = \begin{pmatrix} 1 \\ 3 \\ -2 \end{pmatrix}, \ \mathbf{b} = \begin{pmatrix} -1 \\ 3 \\ 4 \end{pmatrix}$

2. $\mathbf{a} = \begin{pmatrix} 1 \\ 3 \\ -2 \end{pmatrix}, \ \mathbf{b} = \begin{pmatrix} -1 \\ 3 \\ 4 \end{pmatrix}$ 일 때

(1) $(\mathbf{a} - t\mathbf{b}) \cdot (\mathbf{a} - t\mathbf{b})$를 구하여라.

(2) 위의 결과를 이용하여, $|\mathbf{a} - t\mathbf{b}|$가 최소가 되는 실수 값 t를 구하여라.

3. 두 벡터 $\mathbf{a} = 2\mathbf{i} - \mathbf{j} - \mathbf{k}, \ \mathbf{b} = \mathbf{i} + \mathbf{j} - 2\mathbf{k}$ 가 이루는 각을 구하여라.

예제 3.3.5 두 벡터 $\mathbf{x} = \begin{pmatrix} a \\ b \end{pmatrix}$와 $\mathbf{x}^* = \begin{pmatrix} -b \\ a \end{pmatrix}$는 서로 수직이고, 그 크기가 같음을 보여라.

풀이 $\mathbf{x} \cdot \mathbf{x}^* = \begin{pmatrix} a \\ b \end{pmatrix} \cdot \begin{pmatrix} -b \\ a \end{pmatrix} = 0$ 이므로, 두 벡터는 수직이고

$$|\mathbf{x}^*| = \sqrt{(-b)^2 + a^2} = \sqrt{a^2 + b^2} = |\mathbf{x}|$$

예제 3.3.6 임의의 두 벡터 $\mathbf{x}, \mathbf{y}$ 에 대하여, 다음을 증명하여라.

$$|\mathbf{x} + \mathbf{y}|^2 = |\mathbf{x}|^2 + 2(\mathbf{x} \cdot \mathbf{y}) + |\mathbf{y}|^2$$

풀이

$$\begin{aligned}|\mathbf{x}+\mathbf{y}|^2 &= (\mathbf{x}+\mathbf{y}) \cdot (\mathbf{x}+\mathbf{y}) \\ &= \mathbf{x}\cdot\mathbf{x} + \mathbf{x}\cdot\mathbf{y} + \mathbf{y}\cdot\mathbf{x} + \mathbf{y}\cdot\mathbf{y} \\ &= |\mathbf{x}|^2 + 2(\mathbf{x}\cdot\mathbf{y}) + |\mathbf{y}|^2\end{aligned}$$

예제 3.3.7 벡터의 내적을 이용하여, 마름모에 대한 다음 성질들을 증명하여라.

(1) 마주보는 두 각은 같다.

(2) 마주보는 두 변은 평행하다.

(3) 두 대각선은 수직이다.

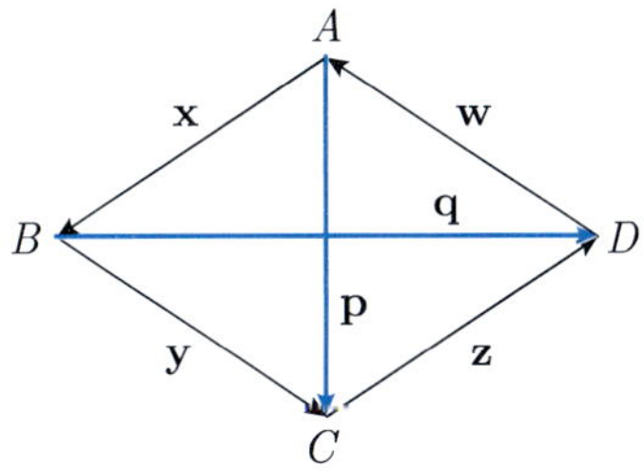

그림 3.73

풀이 그림 3.73과 같이, 마름모 $ABCD$에 대하여

$$\mathbf{x} = \overrightarrow{AB}, \quad \mathbf{y} = \overrightarrow{BC}, \quad \mathbf{z} = \overrightarrow{CD}, \quad \mathbf{w} = \overrightarrow{DA}$$

라 두면 마름모의 변의 길이는 모두 같으므로

$$\mathbf{x}\cdot\mathbf{x} = \mathbf{y}\cdot\mathbf{y} = \mathbf{z}\cdot\mathbf{z} = \mathbf{w}\cdot\mathbf{w}$$

이다. $\mathbf{x}+\mathbf{y} = -(\mathbf{z}+\mathbf{w})$로부터

$$(\mathbf{x}+\mathbf{y})\cdot(\mathbf{x}+\mathbf{y}) = (\mathbf{z}+\mathbf{w})\cdot(\mathbf{z}+\mathbf{w})$$

이므로

$$\mathbf{x}\cdot\mathbf{y} = \mathbf{z}\cdot\mathbf{w}$$

(1) 꼭짓점 A, B, C, D에 대응하는 각을 각각 $\alpha, \beta, \gamma, \delta$라 하고 마름모의 한 변의 길이를 a라 하면 $\mathbf{x}\cdot\mathbf{y} = \mathbf{z}\cdot\mathbf{w}$로부터

$$a^2\cos(\pi-\beta) = a^2\cos(\pi-\delta)$$

이다. 따라서 $\beta=\delta$ 즉, 마주보는 두 꼭짓점 B, D에 대응하는 두 각은 같다. 마찬가지 방법으로 마주보는 두 꼭짓점 A, C에 대응하는 두 각은 같다.

(2) $\mathbf{p}=\overrightarrow{AC}$, $\mathbf{q}=\overrightarrow{BD}$라 두었을 때, $\mathbf{x}\cdot\mathbf{p}=\mathbf{z}\cdot(-\mathbf{p})$임을 보이면 된다. 이것은 두 변 AB, AC가 이루는 각은 두 변 AC, CD가 이루는 각과 같음을 의미하고, 따라서 마주보는 두 변 AB와 CD는 평행하다. 마찬가지로, 마주보는 다른 두 변도 평행하다. 사실, $\mathbf{x}\cdot\mathbf{y}=\mathbf{z}\cdot\mathbf{w}$로부터

$$\begin{aligned}\mathbf{x}\cdot\mathbf{p}&=\mathbf{x}\cdot\mathbf{x}+\mathbf{x}\cdot\mathbf{y}\\&=\mathbf{z}\cdot\mathbf{z}+\mathbf{z}\cdot\mathbf{w}=\mathbf{z}\cdot(-\mathbf{p})\end{aligned}$$

(3) 마주보는 두 변이 평행하므로, $\mathbf{z}=-\mathbf{x}$이다. 따라서

$$\begin{aligned}\mathbf{p}\cdot\mathbf{q}&=(\mathbf{x}+\mathbf{y})\cdot(\mathbf{y}-\mathbf{x})\\&=\mathbf{x}\cdot\mathbf{y}+\mathbf{y}\cdot\mathbf{y}-(\mathbf{x}\cdot\mathbf{x})-(\mathbf{x}\cdot\mathbf{y})=0\end{aligned}$$

따라서 두 대각선 AC와 BD는 서로 수직이다.

문제 3.3.3

1. 수직인 두 벡터 $\mathbf{x}, \mathbf{y}$에 대하여 다음이 성립함을 증명하여라.

$$|\mathbf{x}+\mathbf{y}|^2=|\mathbf{x}|^2+|\mathbf{y}|^2$$

2. 원점 O와 두 점 $P(a,\ b)$, $Q(c,\ d)$를 꼭짓점으로 하는 삼각형 OPQ의 넓이는 $\frac{1}{2}|ad-bc|$임을 증명하여라.

3. 정사면체에서, 서로 만나지 않는 두 모서리는 수직임을 증명하여라.

4. 삼수선의 정리(정리 3.1.3)를 벡터의 내적을 이용하여 증명하여라.

3.3.3 벡터의 응용

먼저, 벡터의 응용으로 직선과 평면의 방정식에 대해 알아보자.

직선 l의 방향은 그 직선에 수직인 평면벡터 $\mathbf{n}$에 의하여 결정된다. 이러한 벡터 $\mathbf{n}$을 직선 l의 법선벡터(normal vector)라고 한다.

평면에서의 직선의 법선벡터는 다음과 같이 구할 수 있다.

정리 3.3.6

직선 l : $ax+by+c=0$에 대하여, $\mathbf{n}=\begin{pmatrix} a \\ b \end{pmatrix}$은 l의 법선벡터이다. 즉, l과 $\mathbf{n}$은 수직이다.

| 증명 | 직선위의 한 정점 $P_0(x_0,\ y_0)$와 직선위의 임의의 점 $P(x,\ y)$에 대하여

$$ax_0+by_0+c=0,\quad ax+by+c=0$$

이다.

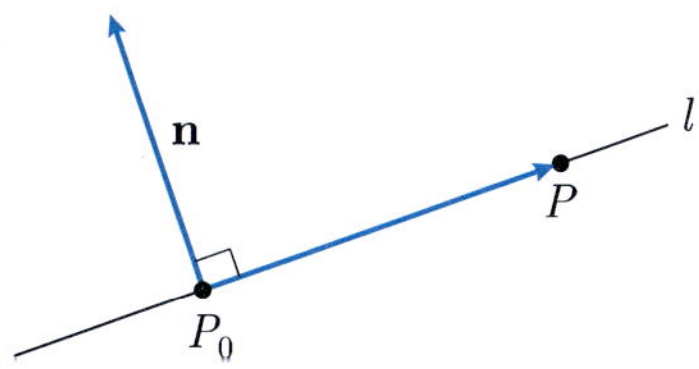

그림 3.74

따라서 $a(x-x_0)+b(y-y_0)=0$이므로

$$(P-P_0)\cdot\mathbf{n}-\begin{pmatrix} x-x_0 \\ y-y_0 \end{pmatrix}\cdot\begin{pmatrix} a \\ b \end{pmatrix}$$
$$=a(x-x_0)+b(y-y_0)=0$$

이고, 따라서 $\overrightarrow{P_0P}$와 $\mathbf{n}$은 수직이다.

법선벡터를 이용하여, 평면에서 직선의 방정식을 구할 수 있다. 다음 예제와 함께 그 원리를 살펴보자.

예제 3.3.8 점 $(2,\ -1)$을 지나고 벡터 $\mathbf{n}=\begin{pmatrix} 2 \\ 3 \end{pmatrix}$에 수직인 직선의 방정식을 구하여라.

풀이 구하려는 직선의 방정식을 l이라 두면, $P_0(2,\ -1)\in l$이다. 또한, $P(x,\ y)\in l$이라 하면 $P-P_0=\begin{pmatrix} x-2 \\ y+1 \end{pmatrix}$과 $\mathbf{n}=\begin{pmatrix} 2 \\ 3 \end{pmatrix}$은 수직이므로

$$\begin{pmatrix} x-2 \\ y+1 \end{pmatrix}\cdot\begin{pmatrix} 2 \\ 3 \end{pmatrix}=0$$

이다. 따라서 구하려는 직선의 방정식은 $2x+3y-1=0$이다.

일반적으로, 평면에서 한 점과 법선벡터가 주어진 직선의 방정식은 다음 정리와 같이 구할 수 있다.

정리 3.3.7

평면의 한 점 $P_0(x_0,\ y_0)$를 지나고, 벡터 $\mathbf{n}=\begin{pmatrix} a \\ b \end{pmatrix}$에 수직인 직선의 방정식은 다음과 같다.

$$a(x-x_0)+b(y-y_0)=0$$

직선의 경우와 마찬가지로, 평면 π의 방향은 그림 3.75에서와 같이 그 평면에 수직인 공간벡터 $\mathbf{n}$에 의하여 결정된다. 이러한 벡터 $\mathbf{n}$을 평면 π의 법선벡터(normal vector)라고 한다.

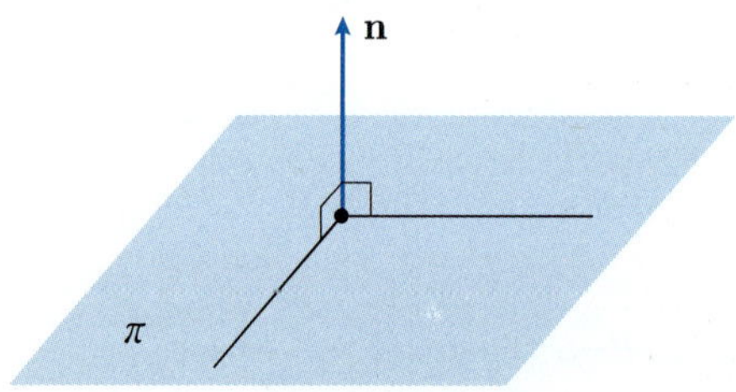

그림 3.75

정리 3.3.1의 원리를 평면에 적용하면, 다음의 결과를 얻는다.

정리 3.3.8

평면 $\pi : ax+by+cz+d=0$에 대하여, $\mathbf{n}=\begin{pmatrix} a \\ b \\ c \end{pmatrix}$는 π의 법선벡터이다. 즉, 평면 π와 $\mathbf{n}$은 수직이다.

공간에서 한 점과 법선벡터가 주어진 평면의 방정식을 다음 예제와 함께 구하여보자.

예제 3.3.9 점 $P_0(4,\ -2,\ 2)$를 지나고, 벡터 $\mathbf{n}=\begin{pmatrix} 3 \\ 2 \\ 5 \end{pmatrix}$에 수직인 평면의 방정식을 구하여라.

풀이 구하려는 평면을 π라 하면, $P_0(4, -2, 2) \in \pi$이다. 그리고 $P(x, y, z) \in \pi$라 하면 $P - P_0 = \begin{pmatrix} x-4 \\ y+2 \\ z-2 \end{pmatrix}$와 $\mathbf{n} = \begin{pmatrix} 3 \\ 2 \\ 5 \end{pmatrix}$는 수직이므로

$$\begin{pmatrix} x-4 \\ y+2 \\ z-2 \end{pmatrix} \cdot \begin{pmatrix} 3 \\ 2 \\ 5 \end{pmatrix} = 0$$

를 만족한다. 따라서 평면의 방정식은

$$3(x-4) + 2(y+2) + 5(z-2) = 0$$

이다.

직선의 경우와 마찬가지 원리로, 한 점과 법선벡터가 주어진 평면의 방정식은 다음 정리와 같이 구할 수 있다.

정리 3.3.9

공간의 한 점 $P_0(x_0, y_0, z_0)$를 지나고 벡터 $\mathbf{n} = \begin{pmatrix} a \\ b \\ c \end{pmatrix}$에 수직인 평면의 방정식은 다음과 같다.

$$a(x - x_0) + b(y - y_0) + c(z - z_0) = 0$$

예제 3.3.10 두 평면 π_1: $2x + y - z + 4 = 0$과 π_2: $x - y - 2z - 3 = 0$이 이루는 각을 구하여라.

풀이 두 평면이 이루는 각은 각각에 수직인 두 직선이 이루는 각과 같다. π_1과 π_2의 법선벡터는 각각 $\mathbf{n}_1 = \begin{pmatrix} 2 \\ 1 \\ -1 \end{pmatrix}$, $\mathbf{n}_2 = \begin{pmatrix} 1 \\ -1 \\ -2 \end{pmatrix}$이다. 여기서, $\mathbf{n}_1 \cdot \mathbf{n}_2 = 3$이므로, 두 법선벡터가 이루는 각을 θ라 하면

$$\cos\theta = \frac{\mathbf{n}_1 \cdot \mathbf{n}_2}{|\mathbf{n}_1||\mathbf{n}_2|} = \frac{3}{6} = \frac{1}{2}$$

즉 $\theta = \frac{\pi}{3}$이고, 따라서 두 평면이 이루는 각은 $\frac{\pi}{3}$이다.

예제 3.3.11 점 $Q(3, 1, 1)$에서 평면 $x + 2y + 2z = 1$에 이르는 거리를 구하여라.

풀이 $\mathbf{n} = \begin{pmatrix} 1 \\ 2 \\ 2 \end{pmatrix}$ 는 주어진 평면의 법선벡터이고, 평면은 점 $P_0(1, 0, 0)$ 을 지난다. 따라서 벡터 $Q - P_0 = \begin{pmatrix} 2 \\ 1 \\ 1 \end{pmatrix}$ 과 $\mathbf{n}$이 이루는 각을 θ라 두면, 점 $Q(3, 1, 1)$에서 평면에 이르는 거리 d는

$$d = |Q - P_0|\,|\cos\theta| = \frac{|\mathbf{n} \cdot (Q - P_0)|}{|\mathbf{n}|}$$

$$= \frac{1}{3}\begin{pmatrix} 1 \\ 2 \\ 2 \end{pmatrix} \cdot \begin{pmatrix} 2 \\ 1 \\ 1 \end{pmatrix} = 2$$

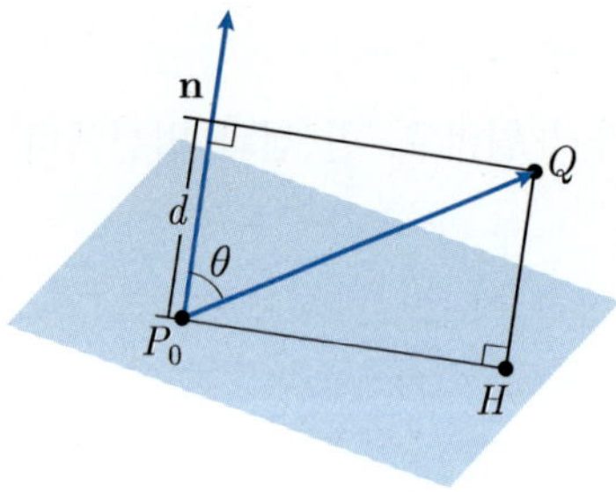

그림 3.76

문제 3.3.4

1. 점 $P_0(1, 3, -2)$를 지나고 $\mathbf{n} = \mathbf{i} - \mathbf{j}$에 수직인 평면 π의 방정식을 구하여라.

2. 두 평면 π_1: $x - y + z - 2 = 0$, π_2: $x + y + z + 3 = 0$가 이루는 각의 코사인의 값을 구하여라.

3. 점 $(2, 1, -2)$에서 평면 $6(x-1) + 2(y-2) + 3(z+4) = 0$에 이르는 거리 d를 벡터의 내적을 사용하여 구하여라.

이제, 공간에서의 직선의 방정식을 생각해보자. 평면에서의 직선의 경우와 달리, 공간에서는 직선에 수직인 한 벡터가 직선의 방향을 결정할 수 없다. 반면에 공간에서는 평행한 벡터를 이용하여 직선의 방향을 결정할 수 있다.

공간에서 직선 l과 평행한 한 벡터 $\mathbf{d}$를 직선 l의 방향벡터(direction vector)라 하고, $\mathbf{d}$의 세 성분 d_1, d_2, d_3을 방향계수(direction coefficient)라 한다.

그림 3.77에서와 같이 직선 l이 한 점 $P_0(x_0, y_0, z_0)$를 지나고 영이 아닌 벡터 $\mathbf{d}$와 평행이라 하자. 점 P_0와 l의 임의의 점 $P(x, y, z)$의 위치벡터를 각각 $\mathbf{x}_0$, $\mathbf{x}$이라 하자.

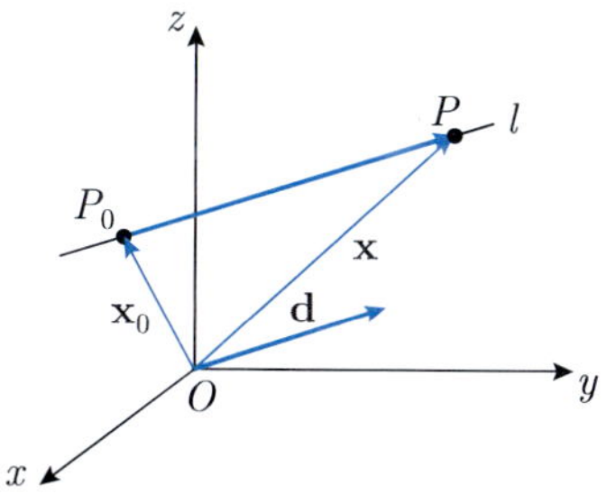

그림 3.77

이때, 점 $P(x, y, z)$가 직선 l 위에 있을 조건은 $\mathbf{x}-\mathbf{x}_0$와 $\mathbf{d}$가 평행이다. 즉, 실수 t에 대해 $\mathbf{x}-\mathbf{x}_0 = t\mathbf{d}$이다. 따라서 l의 방정식은

$$\mathbf{x} = \mathbf{x}_0 + t\mathbf{d}$$

와 같이 나타낼 수 있다. 이러한 형태의 방정식을 직선 l의 벡터방정식(vector equation)이라 한다.

방향계수 d_1, d_2, d_3에 대하여, 직선 l의 방정식은 다음과 같이 나타낼 수 있다.

$$x = x_0 + d_1 t, \quad y = y_0 + d_2 t, \quad z = z_0 + d_3 t$$

이를 l의 매개변수방정식(parametric equation)이라 한다. 방향계수가 모두 0이 아니라면 매개변수방정식을 t에 대해 풀어 매개변수 t를 소거하여 다음 형태의 방정식을 얻는다.

$$\frac{x-x_0}{d_1} = \frac{y-y_0}{d_2} = \frac{z-z_0}{d_3}$$

이를 직선 l의 대칭방정식(symmetric equation)이라 한다. 만약, 방향계수 d_1, d_2, d_3 중에서 0이 있는 경우, 분모가 0인 항의 분자도 0인 것을 의미한다. 예를 들어, $d_2=0$일 때, 대칭방정식

$$\frac{x-x_0}{d_1} = \frac{y-y_0}{0} = \frac{z-z_0}{d_3}$$

는

$$\frac{x-x_0}{d_1}=\frac{z-z_0}{d_3}, \quad y=y_0$$

를 의미한다. 사실, 이 두 식은 각각 공간에서의 평면이고, 문제의 직선은 이 두 평면의 교선임을 나타낸다.

예제 3.3.12 $P_0(1, 2, -3)$을 지나고 x축, y축, z축과 이루는 각이 모두 $\frac{\pi}{3}$인 직선 l의 대칭방정식을 구하여라.

풀이 직선 l의 방향계수는 $d_1=d_2=d_3=\cos\frac{\pi}{3}=\frac{1}{2}$이므로, 구하려는 방정식은

$$\frac{x-1}{\frac{1}{2}}=\frac{y-2}{\frac{1}{2}}=\frac{z+3}{\frac{1}{2}}$$

이다. 즉, $x-1=y-1=z+2$이다.

예제 3.3.13 점 $P_0(-1, 2, 3)$을 지나고, 직선 $\frac{x-1}{2}=\frac{y+3}{1}=\frac{z+4}{3}$와 평행한 직선의 매개변수방정식을 구하여라.

풀이 직선의 대칭방정식은

$$\frac{x+1}{2}=\frac{y-2}{1}=\frac{z-3}{3}$$

이므로

$$\frac{x+1}{2}=\frac{y-2}{1}=\frac{z-3}{3}=t$$

라 두면, 구하려는 매개변수방정식은 다음과 같다.

$$x=-1+2t, \quad y=2+t, \quad z=3+3t$$

문제 3.3.5

벡터 $4\mathbf{i}-\mathbf{j}+3\mathbf{k}$와 평행하고 점 $P_0(2, -1, 3)$을 지나는 직선의 매개변수방정식을 구하여라.

공간에서 한 정점과 거리가 일정한 점들로 이루어진 도형을 구(sphere)라고 한다. 이때, 정점을 구의 중심(center), 일정한 거리를 구의 반지름(radius)이라고 한다.

이제, 벡터의 내적을 이용하여, 구의 방정식을 구하여 보자. 중심이 $C(a,\ b,\ c)$ 이고 반지름이 r 인 구의 임의의 점을 $P(x,\ y,\ z)$라 하자. $|\overrightarrow{CP}| = r$ 이므로 양변을 제곱하면 $|\overrightarrow{CP}|^2 = r^2$이다. 한편

$$\overrightarrow{CP} = P - C = \begin{pmatrix} x-a \\ y-b \\ z-c \end{pmatrix}$$

이므로

$$\begin{aligned} |\overrightarrow{CP}|^2 &= (P-C) \cdot (P-C) = \begin{pmatrix} x-a \\ y-b \\ z-c \end{pmatrix} \cdot \begin{pmatrix} x-a \\ y-b \\ z-c \end{pmatrix} \\ &= (x-a)^2 + (y-b)^2 + (z-c)^2 \end{aligned}$$

따라서 구하려는 구의 방정식은 $|\overrightarrow{CP}|^2 = r^2$ 으로부터

$$(x-a)^2 + (y-b)^2 + (z-c)^2 = r^2$$

이것을 정리하면, 다음과 같다.

정리 3.3.10

중심이 $C(a,\ b,\ c)$ 이고 반지름이 r 인 구의 방정식은

$$(x-a)^2 + (y-b)^2 + (z-c)^2 = r^2$$

특히, 중심이 원점이고 반지름이 r 인 구의 방정식은

$$x^2 + y^2 + z^2 = r^2$$

문제 3.3.6

구 $(x-1)^2 + (y-1)^2 + (z-1)^2 = 4$ 를 평면 $\pi:\ x + y - z = 2$로 잘라 생기는 단면의 넓이를 구하여라.

3.3 연습문제

1. 다음 식을 간단히 하여라.

(1) $(3\mathbf{a})\cdot\mathbf{b}-\mathbf{a}\cdot(2\mathbf{b})$　　(2) $(\mathbf{a}-\mathbf{b})\cdot\mathbf{c}+\mathbf{b}\cdot(\mathbf{c}+\mathbf{a})$

2. $|\mathbf{a}|=1$, $|\mathbf{b}|=3$, $|\mathbf{c}|=4$, $\mathbf{a}\cdot\mathbf{b}=0$, $\mathbf{b}\cdot\mathbf{c}=1$, $\mathbf{a}\cdot\mathbf{c}=-2$를 만족하는 세 벡터 $\mathbf{a}, \mathbf{b}, \mathbf{c}$에 대하여, 다음 값을 구하여라.

(1) $3\mathbf{a}\cdot(\mathbf{b}+4\mathbf{c})$　　(2) $(\mathbf{a}-\mathbf{b})\cdot(2\mathbf{a}+\mathbf{b})$

(3) $(\mathbf{a}-\mathbf{b})\cdot\mathbf{a}+\mathbf{b}\cdot(\mathbf{b}+\mathbf{a})$　　(4) $\{(\mathbf{b}\cdot\mathbf{c})\mathbf{a}-(\mathbf{a}\cdot\mathbf{c})\mathbf{b}\}\cdot\mathbf{c}$

3. 두 벡터 $\mathbf{a}, \mathbf{b}$에 대해, $|\mathbf{a}|=2$, $|\mathbf{b}|=3$, $\mathbf{a}\cdot\mathbf{b}=-\dfrac{3}{2}$일 때 $|\mathbf{a}-\mathbf{b}|^2$의 값을 구하여라.

4. 두 벡터 $\mathbf{a}, \mathbf{b}$가 $|\mathbf{a}+\mathbf{b}|=11$, $|\mathbf{a}-\mathbf{b}|=7$을 만족할 때, 내적 $\mathbf{a}\cdot\mathbf{b}$를 구하여라.

5. 두 벡터 $\mathbf{a}=\begin{pmatrix}4\\2\end{pmatrix}$, $\mathbf{b}=\begin{pmatrix}-2\\x\end{pmatrix}$에 대하여 $\mathbf{a}$와 $\mathbf{a}+\mathbf{b}$가 수직일 때, 내적 $\mathbf{a}\cdot\mathbf{b}$의 값을 구하여라.

6. 벡터 $\mathbf{a}=2\mathbf{i}-\mathbf{j}-5\mathbf{k}$, $\mathbf{b}=3r\mathbf{i}+6\mathbf{j}+(4s-2)\mathbf{k}$, $\mathbf{c}=(t-1)\mathbf{i}+2\mathbf{j}+(t+1)\mathbf{k}$에 대하여, $\mathbf{a}$와 $\mathbf{b}$는 평행이고, $\mathbf{a}$와 $\mathbf{c}$가 수직일 때, $r+s+t$의 값을 구하여라.

7. 두 벡터 $\mathbf{x}=(b-c)\mathbf{i}+(c-a)\mathbf{j}+(a-b)\mathbf{k}$, $\mathbf{y}=(b+c)\mathbf{i}+(c+a)\mathbf{j}+(a+b)\mathbf{k}$는 상수 a, b, c에 상관없이 항상 수직임을 보여라.

8. 임의의 벡터 $\mathbf{x}$, $\mathbf{y}$에 대하여, 삼각부등식 $|\mathbf{x}+\mathbf{y}|\le|\mathbf{x}|+|\mathbf{y}|$가 성립함을 보여라.

9. 그림과 같이, 한 변의 길이가 1인 정육각형 $ABCDEF$에서 $\overrightarrow{AC}\cdot(\overrightarrow{AB}+\overrightarrow{AE})$를 구하여라.

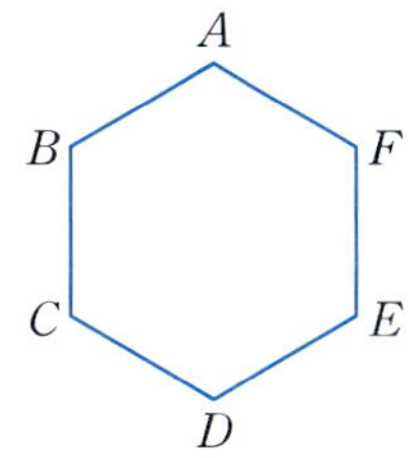

10. 세 점 O, A, B에 대하여, 두 벡터 $\overrightarrow{OA}$, $\overrightarrow{OB}$가

$$|\overrightarrow{OA}| = 6,\ |\overrightarrow{OB}| = 8,\ \overrightarrow{OA} \cdot \overrightarrow{OB} = 16$$

을 만족할 때, 두 선분 OA, OB를 두 변으로 하는 평행사변형의 넓이를 구하여라.

11. 그림과 같이 $\overline{AB}$를 지름으로 하는 원 위에 한 점 P가 있다. $\overline{AB} = 5$, $\overline{AP} = 4$일 때, 내적 $\overrightarrow{BP} \cdot \overrightarrow{BA}$의 값을 구하여라.

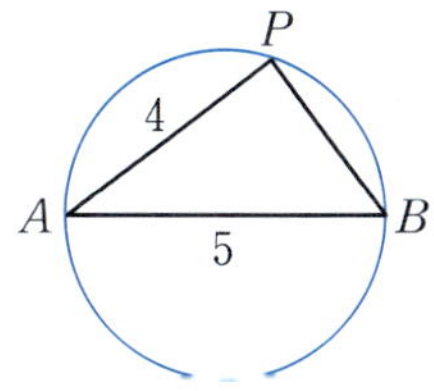

12. 다음의 그림과 같이 한 변의 길이가 2인 정육각형들이 서로 붙어 있는 벌집 모양의 도형 위에 네 점 A, B, C, D가 있다. 이때, 내적 $\overrightarrow{AB} \cdot \overrightarrow{CD}$의 값을 구하여라.

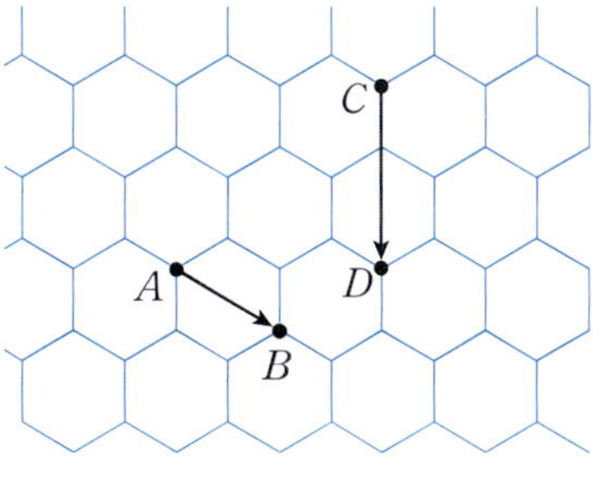

13. 다음의 그림과 같이 원 $x^2 + y^2 = 4$와 직선 $x + y = 1$의 두 교점을 A, B라 할 때, 내적 $\overrightarrow{OA} \cdot \overrightarrow{OB}$를 구하여라.

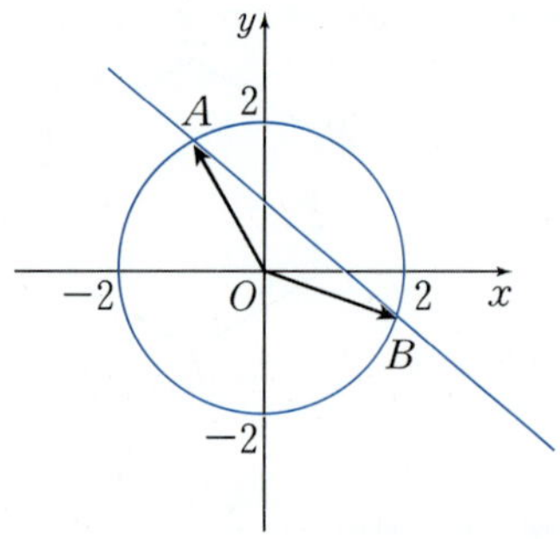

14. 한 변의 길이가 1인 정삼각형 ABC가 평면 $2x+2y+z=2$에 있다. 이 정삼각형의 xy평면 위로의 정사영의 넓이를 구하여라.

15. 점 $Q(1, 4)$에서 직선 $y=\frac{1}{3}x+1$에 이르는 거리를 구하여라.

16. 평면 $2x-y+az=4$와 직선 $-x=\frac{y-3}{4}=\frac{z+1}{2}$이 평행이 되도록 a의 값을 정하여라.

17. 두 직선 l_1: $\frac{x}{k-1}=\frac{y+3}{k}=\frac{z-1}{3}$과 l_2: $\frac{x+1}{2}=1-y=\frac{z}{4}$가 서로 수직이 되도록 실수 k의 값을 정하여라.

18. 점 $A(1,\ -1,\ 0)$에서 평면 $2x-y+2z+3=0$에 내린 수선의 발 H의 좌표를 구하여라.

19. 점 $A(2,\ -1,\ -2)$와 점 $P(x,\ y,\ z)$가 $\overrightarrow{OA}\cdot\overrightarrow{OP}=12$를 만족하면서 움직인다. 이때, 점 $B(-5,\ 4,\ 5)$와 점 P의 거리의 최솟값을 구하여라.

20. 직선 $3(x+1)=2(y-2)=3-z$와 점 $(-2,\ 1,\ 3)$를 포함하는 평면의 방정식을 구하여라.

21. 점 $A(12,\ 2,\ 11)$에서 평면 $3x+4y+5z+1=0$에 내린 수선이 xy평면 위쪽에서 구면 $x^2+y^2+z^2=11^2$과 만나는 점 P를 구하여라.

태양력과 사라진 날들

태양력은 해의 움직임을 중심으로 생겨난 역법으로, 고대 이집트에서는 일찍부터 나일강이 범람할 때면 동쪽 하늘의 일정한 위치에 시리우스(큰개자리별)가 나타난다는 사실을 알고 태양력을 만들었다고 한다. 기원전 18세기경 이집트인들은 1년을 365일로 하고, 30일로 이루어진 12달과 연말에 5일을 더하여 달력을 만들었던 것이다.

그 후, 시리우스와 태양의 관계를 보다 자세히 관측하여 1년이 365.25임을 알고, 유럽 여러 나라들은 로마제국의 군인이며 정치가인 율리우스 시저(Julius Caesar)의 명령으로 만들어진 율리우스력을 1,000년 이상 사용하였다. 0.25일은 하루가 되지 못하므로, 율리우스력에서는 4년마다 1일을 더한 윤년을 시행하였다. 시지가 달력을 만들 당시, 그에 참여한 전문가들은 1년의 길이가 잘못 계산되었음을 알고 있었다고 한다. 그들의 계산에 의하면 1일의 정확한 길이는 그들이 정한 길이보다 11분이 더 길었던 것이다. 그로 인해 서기 325년에 이르러는 4일이라는 날짜의 차가 나게 되었다. 이 오차는 낮의 길이와 밤의 길이가 같아지는 춘분 또는 추분의 날짜로 알 수 있었다. 즉, 율리우스력에 따르면 3월 25일이 춘분이어야 하는데, 실제로는 4일이 앞서는 3월 21일에 춘분이었던 것이다.

이 오차를 수정하기 위해서 로마의 그레고리우스 13세는 그레고리력(Gregorian calendar)이라는 새로운 달력을 1582년에 만들게 하였다. 그레고리력은 4년마다 윤년을 두는 것은 예전과 다름이 없으나 100으로 나누어지는 해는 윤년으로 하지 않고, 400으로 나누어지는 해는 윤년으로 하는 복잡한 역법을 사용하게 되었다. 이 새로운 달력은 1만년에 3일밖에 틀리지 않음으로써 실용상 큰 지장을 주지 않게 되었으며, 현재 우리가 사용하고 있는 달력의 기준이 되었다.

태양력에서 왜 2월은 28일까지이고, 8월은 31일까지인가? 그리고 왜 어떤 날은 역사 속에서 사라지고 없는 것인가? 이들은 자신의 생일이 속한 달을 하루씩 늘린 로마 황제들의 고집과 부활절을 맞추기 위해 날짜를 건너뛰었기 때문이었다. 이에 대하여 자세히 알아보자.

고대 서양에서는 한해가 시작하는 날을 춘분으로 하였기 때문에 춘분이 속한 달을 1월로 정한 반면에, 중국은 동지가 속해 있는 달을 한 해의 시작으로 하였다. 율리우스력에서는 계절과 새로운 달력 사이에는 90일의 차이가 있었으므로, 23일과 67일인 두 윤달을 넣어 계절을 맞추었다. 즉, 그는 달력을 계절에 맞추기 위해 기존의 1월을 3월로 하고 그 앞에 새로 두 달을 넣어 두 달씩 미루었다. 이 달력에서는 한 달의 길이를 홀수 달은 31일, 짝수 달은 30일로 정한 다음, 평년을 365일로 맞추기 위해 2월을 하루 줄여 29일(윤년은 30일)로 하였던 것이다. 그런데, 율리우스는 자신의 생일이 7월이었으므로, 자신의 권위를 세우기 위해 7월의 본래 이름인 퀸틸리스(Quintilis)를 자신의 이름에 따라 율리(July)로 개칭하였다고 한다.

율리우스가 브루투스(Brutus)에게 시해된 후, 로마의 황제로 등극한 아우구스투스(본명은 Gaius Octavius)도 율리우스를 본 받아 트라키아와의 전쟁의 승리를 기념하기 위해 그가 태어난 달인 8월의 원래 이름인 섹스틸리스(Sextilis, 제6번째 달의 뜻)를 아우구스투스(Augustus)라고 바꾸었다. 더욱이 황제인 자신의 달이 다른 달보다 작으면 황제로서의 권위가 서지 않는다고 하여 2월에서 하루를 떼어와 8월을 31일로 바꾸었던 것이다. 이에 따라 1월에서 7월까지는 홀수 달이 큰 달, 8월부터 12월까지는 짝수 달이 큰 달이 되었으며, 평년의 경우 2월은 28일로 바뀌었다.

또한, 당시 유럽의 국가들은 그리스도교를 국교로 삼고 있었는데, 그들의 종교 행사 중에서 특히 부활절을 중요시하였다. 그런데 부활절은 춘분이 지나고 첫 보름의 다음에 오는 일요일로 정해져 있어서, 춘분이 앞당겨지게 되면 부활절도 앞당겨지게 되었다. 그레고리 13세는 부활절을 원래 일자로 되돌려 놓기 위해 1태양년의 길이가 실제와 거의 같도록 윤년을 조정하였다. 즉, 400년 동안의 윤년을 4의 배수로 하여 100회로 하였던 것을 97회로 바꾸어 1태양년의 길이는 365.2425일로 거의 정확하게 되었다. 그리고 다시 춘분을 부활절 제정 당시의 날짜인 3월 21일로 되돌려 놓기 위해서 1582년 10월 4일 목요일의 다음날을 1582년 10월 15일 금요일로 변경하였다. 그래서 1583년부터는 춘분이 3월 21일로 맞추어졌지만, 1582년 10월 5일부터 14일까지의 날짜는 존재하지 않는 날이 되어버렸다.

기본문제

1. 두 점 $A(-2, 2, 1)$, $B(3, 1, 4)$에 대하여, $\overrightarrow{AB}$ 의 크기를 구하여라.

2. $3(\mathbf{x}-2\mathbf{a})+2(\mathbf{b}-2\mathbf{x})=3\mathbf{b}$를 만족하는 벡터 $\mathbf{x}$를 $\mathbf{a}$와 $\mathbf{b}$에 관한 식으로 나타내어라.

3. 크기가 2이고 $3\mathbf{j}+2\mathbf{k}$와 같은 방향의 벡터를 구하여라.

4. 크기가 3이고 $\mathbf{x}$축, $\mathbf{z}$축과 이루는 각이 각각 $\frac{\pi}{3}$, $\frac{\pi}{6}$인 벡터 $\mathbf{x}$를 구하여라.

5. 두 벡터 $3\mathbf{i}-\alpha\mathbf{j}+\mathbf{k}$, $\mathbf{i}+2\mathbf{j}$가 수직이 되도록 α의 값을 정하여라.

6. 두 벡터 $\mathbf{x}=\alpha\mathbf{i}+11\mathbf{j}-3\mathbf{k}$, $\mathbf{y}=2\alpha\mathbf{i}-\alpha\mathbf{j}-5\mathbf{k}$가 수직이 되는 실수 α을 모두 구하여라.

7. 두 단위벡터 $\mathbf{a}$, $\mathbf{b}$가 이루는 각이 $\frac{\pi}{3}$일 때, 두 벡터 $\mathbf{a}+\mathbf{b}$, $-\mathbf{a}+2\mathbf{b}$가 이루는 각을 구하여라.

8. 영이 아닌 두 벡터 $\mathbf{a}$, $\mathbf{b}$에 대하여, $|\mathbf{a}|=2|\mathbf{b}|$이고 $\mathbf{a}+\mathbf{b}$와 $2\mathbf{a}-5\mathbf{b}$가 수직일 때, $\mathbf{a}$, $\mathbf{b}$가 이루는 각을 구하여라.

9. 두 벡터 $\mathbf{a}=\mathbf{i}+2\mathbf{j}+3\mathbf{k}$, $\mathbf{b}=-2\mathbf{i}+3\mathbf{j}+\mathbf{k}$가 이루는 각을 구하여라.

10. 두 직선 l: $\frac{x}{a+1}=\frac{y}{-3}=\frac{z-1}{3}$, m: $\frac{x-2}{6}=\frac{y}{4}=\frac{z}{a-1}$가 서로 수직일 때, 상수 a의 값을 구하여라.

심화문제

제3장 종합문제

11. 정사면체의 꼭짓점 A에서 밑면 BCD에 내린 수선의 발이 삼각형 BCD의 무게중심임을, 삼수선의 정리를 사용하여, 증명하여라.

12. 사각형 $ABCD$와 한 점 O에 대하여 $\overrightarrow{OA}+\overrightarrow{OC}=\overrightarrow{OB}+\overrightarrow{OD}$이면, $ABCD$는 평형사변형임을 보여라.

13. xy평면과 세 점 $(1,0,0)$, $(0,1,0)$, $(0,0,1)$을 지나는 평면이 이루는 각을 θ라 할 때, $\cos\theta$를 구하여라.

14. 다음 물음에 답하여라.

(1) 평면 $\pi_1 : 3x-2y+5z-2=0$에 평행이고, 점 $P_0(2,1,1)$을 지나는 평면 π_2의 방정식을 구하여라.

(2) 평면 π_1과 π_2의 거리를 구하여라.

15. 두 평면 π_1: $2x-y+z=1$, π_2: $(a-1)x+y-(a+1)z=3$가 직교하도록 a의 값을 정하여라.

16. 평면 π: $2x-3y-z+9=0$에 관한 점 $P(-3,4,5)$의 대칭점의 좌표를 구하여라.

17. 그림과 같은 한 변의 길이가 1인 정육각형 $ABCDEF$에서 두 벡터 $\overrightarrow{BC}+\overrightarrow{CD}$와 $\overrightarrow{DE}+\overrightarrow{EF}$의 내적을 구하여라.

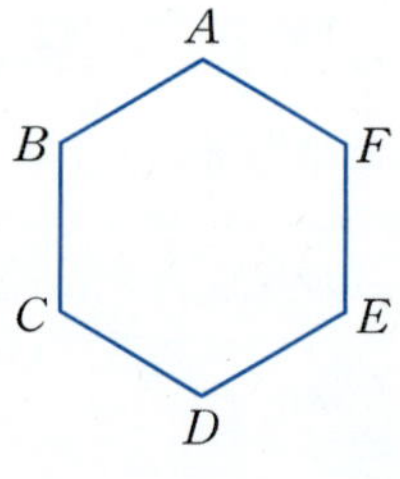

18. 평면의 점 O, P, Q, R이 $\overline{OP}=2$, $\overline{OQ}=3$, $\angle POQ=60°$, $\overrightarrow{OR}=\overrightarrow{OP}+\overrightarrow{OQ}$를 만족할 때, 선분 OR의 길이를 구하여라.

19. 두 벡터 $\mathbf{a}$, $\mathbf{b}$에 대하여, $\mathbf{a}+\mathbf{b}+\mathbf{c}=\mathbf{0}$이고 $|\mathbf{a}|=6$, $|\mathbf{b}|=10$, $|\mathbf{c}|=14$일 때, $\mathbf{a}$, $\mathbf{b}$가 이루는 각 θ를 구하여라.

20. 오른쪽 그림과 같이 평면 α 위에 한 변의 길이가 3인 정삼각형 OAB가 있고, 반지름이 2인 구 S는 점 O에서 평면 α에 접한다. 구 S 위의 점 D에 대하여 선분 OD가 S의 중심 C를 지날 때, $|\overrightarrow{OA}+\overrightarrow{DB}|$의 값을 구하여라.

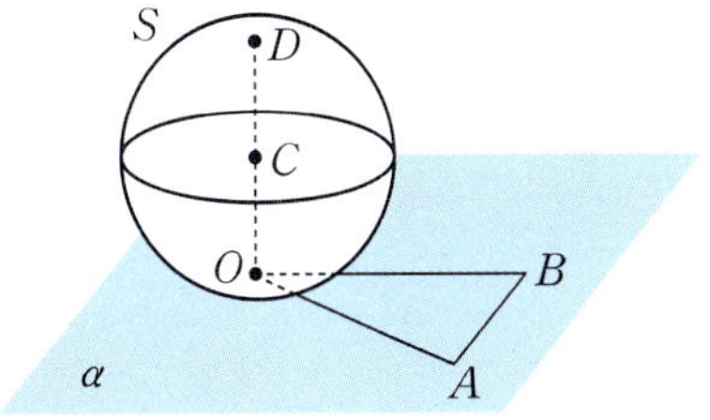

제 4 장

미분법과 응용

17세기, 데카르트(R. Descartes, 1596~1650)와 페르마(P. Fermat, 1601~1665)가 곡선에 접선을 긋는 문제를 제기한 것이 오늘날의 미분법에 해당되는 개념이 탄생하는 동기가 되었다. 그 후, 기하학적 곡선이 대수적 방정식으로 표현되면서 접선은 물론, 최대·최소 문제 해결에 미분의 도입이 시도되었다.

미적분학의 체계는 물체의 운동 속도와 가속도를 구하는 과정에서 미적분을 발견한 뉴턴(I. Newton, 1642~1727)과 평면곡선의 접선과 법선에서 미분을 생각한 라이프니츠(G. W. Leibniz, 1646~1716)에 의해 거의 같은 시대에 이루어졌다. 계산 기술로서만 발전하던 미적분학은 코시(A. L. Cauchy, 1789~1857)에 의해 극한과 연속, 급수의 수렴과 발산에 대한 개념이 명확해지고, 데데킨트(J. W. R. Dedekind, 1831~1916)와 칸토르(G. Cantor, 1845~1918)가 실수에 대한 이론을 엄밀하게 체계화한 19세기 이후에 와서야 현재와 같은 형태를 갖추게 되었다.

이 장에서는 도함수의 정의, 여러 형태의 함수와 초월함수의 미분법을 소개한다. 또한, 도함수의 응용으로 평균값의 정리와 함수의 증감, 극대·극소, 속도와 가속도 등에 대해서도 다룬다.

4.1 미분계수와 도함수

$x=a$를 포함하는 한 구간 I에 정의된 함수 $y=f(x)$에 대하여 x가 a에서 I에 속하는 $a+\Delta x$로 변할 때, y의 값은 $f(a)$에서 $f(a+\Delta x)$로 변한다. 이때, x의 **증분**(increment) Δx에 대한 y의 **증분** Δy는

$$\Delta y = f(a+\Delta x) - f(a)$$

이다. 여기서

$$\frac{\Delta y}{\Delta x} = \frac{f(a+\Delta x)-f(a)}{\Delta x}$$

를 $[a,\ a+\Delta x]$에서의 함수 $y=f(x)$의 **평균변화율**(average rate of change)이라 한다. 이 평균변화율의 극한

$$\lim_{\Delta x \to 0} \frac{\Delta y}{\Delta x} = \lim_{\Delta x \to 0} \frac{f(a+\Delta x)-f(a)}{\Delta x}$$

가 존재하면, $f'(a)$로 나타내고 $x=a$에서 $y=f(x)$의 순간변화율(instantaneous rate of change) 또는 미분계수(differential coefficient)라 한다. 이때, $f(x)$는 $x=a$에서 미분가능(differentiable)하다고 한다. 또한, 구간 I의 모든 점에서 미분가능하면, $f(x)$는 구간 I에서 미분가능하다고 한다.

참고 (1) 미분계수 $f'(a)$는 다음과 같이 나타낼 수도 있다.

$$f'(a)=\lim_{h\to 0}\frac{f(a+h)-f(a)}{h} \quad \text{또는} \quad f'(a)=\lim_{x\to a}\frac{f(x)-f(a)}{x-a}$$

(2) 함수의 좌극한과 우극한의 개념을 이용하여, 함수 $f(x)$의 $x=a$에서의 좌미분계수 $f'_-(a)$와 우미분계수 $f'_+(a)$를 다음과 같이 정의한다.

$$f'_-(a)=\lim_{\Delta x\to 0^-}\frac{f(a+\Delta x)-f(a)}{\Delta x}$$

$$f'_+(a)=\lim_{\Delta x\to 0^+}\frac{f(a+\Delta x)-f(a)}{\Delta x}$$

극한의 정의에 의해, 미분계수 $f'(a)$가 존재하기 위한 필요충분조건은 $x=a$에서의 함수 $f(x)$의 우미분계수와 좌미분계수가 모두 존재하고, 이들이 모두 일치하는 것임을 알 수 있다.

예제 4.1.1 구간 $[1, 4]$에서 함수 $f(x)=x^2-1$의 평균변화율을 구하고, 이 평균변화율과 미분계수가 일치하는 $x=a$를 구하여라.

풀이 평균변화율은

$$\frac{\Delta y}{\Delta x}=\frac{f(4)-f(1)}{4-1}=\frac{(4^2-1)-(1^2-1)}{4-1}=5$$

이고, $x=a$에서의 미분계수는

$$\begin{aligned} f'(a)&=\lim_{\Delta x\to 0}\frac{f(a+\Delta x)-f(a)}{\Delta x}\\ &=\lim_{\Delta x\to 0}\frac{\{(a+\Delta x)^2-1\}-(a^2-1)}{\Delta x}\\ &=\lim_{\Delta x\to 0}(2a+\Delta x)=2a \end{aligned}$$

이므로, $a=\frac{5}{2}$이다.

예제 4.1.2 함수 $f(x)=x^3$의 $x=a$에서의 미분계수를 구하여라.

풀이 미분계수의 정의에 의해

$$\begin{aligned} f'(a) &= \lim_{\Delta x \to 0} \frac{f(a+\Delta x)-f(a)}{\Delta x} \\ &= \lim_{\Delta x \to 0} \frac{(a+\Delta x)^3 - a^3}{\Delta x} \\ &= \lim_{\Delta x \to 0} \{3a^2 + 3a\Delta x + (\Delta x)^2\} = 3a^2 \end{aligned}$$

정리 4.1.1

함수 $f(x)$가 구간 I에서 미분가능하면, $f(x)$는 I에서 연속이다.

| 증명 | $f(x)$가 구간 I에서 미분가능하므로, I에 속하는 임의의 a에 대하여

$$\lim_{x \to a} \frac{f(x)-f(a)}{x-a}$$

가 존재한다. 따라서

$$\begin{aligned} \lim_{x \to a} \{f(x)-f(a)\} &= \lim_{x \to a} \frac{f(x)-f(a)}{x-a}(x-a) \\ &= \lim_{x \to a} \frac{f(x)-f(a)}{x-a} \cdot \lim_{x \to a}(x-a) \\ &= f'(a) \cdot 0 = 0 \end{aligned}$$

이므로, $\lim_{x \to a} f(x) = f(a)$이다. 즉, $f(x)$는 a에서 연속이고, 더욱이 $f(x)$는 구간 I에서 연속이다. ■

이 정리의 역은 일반적으로 성립하지 않는다. 즉, 다음의 두 예제에서와 같이 함수 $f(x)$가 어떤 점에서 연속이라 하더라도 그 점에서 미분가능하다고 할 수는 없다.

예제 4.1.3 함수 $f(x)=|x|$는 $x=0$에서 연속이지만, 미분가능하지 않음을 보여라.

풀이 $\lim_{x \to 0} f(x) = \lim_{x \to 0} |x| = 0 = f(0)$이므로, $f(x)$는 $x=0$에서 연속이다. 그러나

$$\lim_{\Delta x \to 0^+} \frac{|0+\Delta x|-|0|}{\Delta x} = \lim_{\Delta x \to 0^+} \frac{\Delta x}{\Delta x} = 1$$

$$\lim_{\Delta x \to 0^-} \frac{|0+\Delta x|-|0|}{\Delta x} = \lim_{\Delta x \to 0^-} \frac{-\Delta x}{\Delta x} = -1$$

에서 우미분계수와 좌미분계수가 서로 다르다. 따라서 함수 $f(x)$는 $x=0$에서 미분가능하지 않다.

예제 4.1.4 함수 $f(x)= x^{2/3}$은 $x=0$에서 연속이지만, 미분가능하지 않음을 보여라.

풀이 $\lim_{x \to 0} f(x) = \lim_{x \to 0} x^{2/3} = 0 = f(0)$이므로, $f(x)$는 $x=0$에서 연속이다. 그러나

$$\lim_{x \to 0^+} \frac{f(x)-f(0)}{x-0} = \lim_{x \to 0^+} x^{-\frac{1}{3}} = \infty$$

$$\lim_{x \to 0^-} \frac{f(x)-f(0)}{x-0} = \lim_{x \to 0^-} x^{-\frac{1}{3}} = -\infty$$

이므로, $f(x)$는 $x=0$에서 미분가능하지 않다.

예제 4.1.5 다음 함수 $f(x)$가 $x=1$에서 미분가능할 때, a와 b의 값을 구하여라.

$$f(x) = \begin{cases} 3x^2+1 & (x \geq 1) \\ ax+b & (x < 1) \end{cases}$$

풀이 먼저, $x=1$에서 연속이어야 하므로, $\lim_{x \to 1} f(x) = f(1)$에서 $a+b=4$이다. 그리고 $x=1$에서 미분계수가 존재해야하므로

$$\lim_{\Delta x \to 0^+} \frac{f(1+\Delta x)-f(1)}{\Delta x} = \lim_{\Delta x \to 0^-} \frac{f(1+\Delta x)-f(1)}{\Delta x}$$

이어야 한다. 따라서

$$\lim_{\Delta x \to 0^+} (3\Delta x + 6) = \lim_{\Delta x \to 0^-} a$$

로부터 $a=6$, $b=-2$이다.

문제 4.1.1

1. 구간 $[1, 3]$에서 함수 $f(x) = x^2 + x + 1$의 평균변화율을 구하고, 이 평균변화율과 미분계수가 일치하는 $x = a$를 구하여라.

2. 다음 각 함수의 $x = 3$에서의 미분계수를 구하여라.

(1) $f(x) = -x^2 + 2x$ (2) $f(x) = \dfrac{1}{x}$

3. $x = 1$에서 함수 $f(x) = |x - 1|$의 미분가능 여부를 조사하여라.

4. 다음 함수 $f(x)$가 $x = 1$에서 미분가능할 때, a와 b의 값을 구하여라.

$$f(x) = \begin{cases} ax^2 & (x \ge 1) \\ (x-2)^2 + b & (x < 1) \end{cases}$$

함수 $y = f(x)$가 정의역의 모든 점에서 미분가능할 때, 정의역에 속하는 임의의 x에 대하여 $f(x)$의 미분계수는 다시 x에 관한 함수가 된다. 이를 $y = f(x)$의 도함수(derivative)라고 한다. 즉, $y = f(x)$의 도함수는

$$f'(x) = \lim_{\Delta x \to 0} \frac{f(x + \Delta x) - f(x)}{\Delta x}$$

로 정의하고, 이 도함수를

$$y', \quad \frac{dy}{dx}, \quad \frac{d}{dx}f(x), \quad Df(x)$$

등으로 나타낸다. 이때, $f'(x)$를 구하는 것을 x에 관해 $f(x)$를 미분한다(differentiate)고 하고, 미분하는 방법을 미분법(differentiation)이라 한다.

예제 4.1.6 $f(x) = \sqrt{x}\ (x > 0)$의 도함수를 정의에 의하여 구하여라.

풀이

$$\begin{aligned} f'(x) &= \lim_{\Delta x \to 0} \frac{\sqrt{x + \Delta x} - \sqrt{x}}{\Delta x} \\ &= \lim_{\Delta x \to 0} \frac{(x + \Delta x) - x}{\Delta x(\sqrt{x + \Delta x} + \sqrt{x})} = \frac{1}{2\sqrt{x}} \end{aligned}$$

참고 미분계수에서와 같이 도함수 $f'(x)$를 다음과 같이 나타낼 수 있다.

$$f'(x)=\lim_{h\to 0}\frac{f(x+h)-f(x)}{h} \quad \text{또는} \quad f'(x)=\lim_{y\to x}\frac{f(y)-f(x)}{y-x}$$

예제 4.1.7 $f(x)=\dfrac{1}{x^2}$ $(x\neq 0)$의 도함수를 정의에 의하여 구하여라.

풀이

$$\begin{aligned} f'(x) &= \lim_{h\to 0}\frac{\dfrac{1}{(x+h)^2}-\dfrac{1}{x^2}}{h} \\ &= \lim_{h\to 0}\frac{1}{h}\cdot\frac{-2xh-h^2}{x^2(x+h)^2}=-\frac{2}{x^3} \end{aligned}$$

미분계수의 기하학적 의미

다음으로, 미분계수와 접선의 기울기와의 관계를 알아보자.

함수 $y=f(x)$에서 x가 a에서 $a+\Delta x$까지 변할 때, 함수 $f(x)$의 평균변화율

$$\frac{\Delta y}{\Delta x}=\frac{f(a+\Delta x)-f(a)}{\Delta x}$$

는 곡선 $y=f(x)$ 위의 두 점 $P=(a, f(a))$와 $Q=(a+\Delta x, f(a+\Delta x))$를 지나는 직선의 기울기를 나타낸다. 그림 4.1에서와 같이 $\Delta x\to 0$이면 점 Q는 곡선 $y=f(x)$ 위를 움직이면서 P에 한없이 가까워지고, 직선 PQ는 점 P를 지나는 일정한 직선 PT에 한없이 가까워진다. 이 직선 PT를 곡선 $y=f(x)$의 점 P에서의 접선(tangent line)이라 한다. 따라서 함수 $y=f(x)$의 $x=a$에서의 미분계수

$$f'(a)=\lim_{\Delta x\to 0}\frac{f(a+\Delta x)-f(a)}{\Delta x}$$

는 $y=f(x)$ 위의 점 $(a, f(a))$에서의 접선 PT의 기울기를 나타낸다.

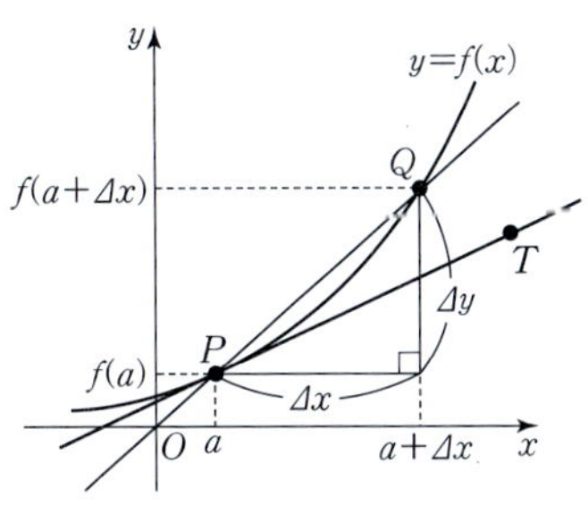

그림 4.1

이로부터, 다음의 정리를 얻는다.

정리 4.1.2

함수 $y=f(x)$의 $x=a$에서의 미분계수 $f'(a)$는 곡선 $y=f(x)$ 위의 점 $(a, f(a))$에서의 접선의 기울기와 같다. 따라서 곡선 $y=f(x)$ 위의 점 $(a, f(a))$에서의 접선의 방정식은 다음과 같다.

$$y-f(a)=f'(a)(x-a)$$

참고 $f'(a)\neq 0$일 때, $y=f(x)$ 위의 점 $(a, f(a))$에서의 법선의 기울기는 $-1/f'(a)$이므로, $(a, f(a))$에서의 법선의 방정식은

$$y-f(a)=-\frac{1}{f'(a)}(x-a)$$

이다. $f'(a)=0$일 때의 법선의 방정식은 $x=a$이다.

예제 4.1.8 곡선 $y=x^2$ 위의 점 $(1, 1)$에서의 접선과 법선의 방정식을 구하여라.

풀이 $f(x)=x^2$라 두면 $f'(x)=2x$이므로, 점 $(1, 1)$에서 접선의 기울기는 $f'(1)=2$이다. 따라서 구하려는 접선의 방정식은

$$y-1=2(x-1),\ 즉\ y=2x-1$$

이고, 법선의 방정식은 다음과 같다.

$$y-1=-\frac{1}{2}(x-1),\ 즉\ y=-\frac{1}{2}x+\frac{3}{2}$$

문제 4.1.2

1. 다음 각 함수의 도함수를 정의에 의하여 구하여라.

(1) $f(x)=2x+1$

(2) $f(x)=3x^2-2$

(3) $f(x)=\sqrt{x-2}$

(4) $f(x)=\dfrac{1}{2x+1}\quad\left(x\neq-\dfrac{1}{2}\right)$

2. 곡선 $y=2x^2+4x-3$ 위의 점 $(1, 3)$에서 접선과 법선의 방정식을 구하여라.

4.1 연습문제

1. $x=2$에서 다음 각 함수의 미분계수를 구하여라.

(1) $f(x)=ax^2+bx+c$　　(2) $f(x)=\sqrt{x^2+1}$

(3) $f(x)=x-\dfrac{1}{x}$　　(4) $f(x)=\dfrac{2}{x+a}$

2. $x=1$에서 함수 $f(x)=|x^2-1|$의 연속성과 미분가능성을 조사하여라.

3. 함수 $f(x)$에서 $f'(a)=1$일 때, 다음의 극한값을 구하여라.

$$\lim_{h\to 0}\frac{f(a+3h)-f(a-2h)}{h}$$

4. 함수 $f(x)$가 $f(1)=1$, $f'(1)=2$를 만족할 때, 다음의 극한값을 구하여라.

$$\lim_{x\to 1}\frac{\{f(x)\}^2-1}{x^2-1}$$

5. 다음 각 함수의 도함수를 정의에 의하여 구하여라.

(1) $f(x)=\sqrt{3x+1}$　　(2) $f(x)=x^2-5x$

(3) $f(x)=1+3x-x^2$　　(4) $f(x)=(ax+b)^2$

6. 다음 각 곡선 위의 주어진 점에서의 접선과 법선의 방정식을 구하여라.

(1) $y=-x^3+x+2$, 점 $(-1,\,2)$　　(2) $y=\dfrac{1}{x}$, 점 $\left(2,\,\dfrac{1}{2}\right)$

7. 곡선 $y=-x^2+2x+3$에 접하고 기울기가 x축의 양의 방향과 $45°$를 이루는 접선의 방정식을 구하여라.

스스로 배우는 코너

미적분학의 발견

1664년, 영국 런던에 페스트가 유행하여 많은 사람들이 도시를 떠났다. 런던에서 40마일 이상 떨어진 케임브리지 대학교도 휴교령을 내렸는데, 잠시면 끝날 줄 알았던 휴교령은 무려 18개월 동안이나 계속되었다. 이에 따라 22세의 젊은 뉴턴은 케임브리지 대학교에서도 가장 유명한 트리니티 대학(Trinity College)에서 학업을 마치고 고향인 울즈소프로 돌아가야만 했다. 1965년 여름, 그는 정원을 어슬렁어슬렁 걸어 다니며, 언젠가 미적분학의 기초가 될 새로운 수학을 생각해내고 있었다. 날씨가 매우 쾌적한 어느 날, 뉴턴은 날이 저무는 것도 모른 채 깊은 생각에 빠져 있었다. 그때, 근처 나무에서 갑자기 사과가 떨어지는 '쿵'하는 소리는 깊은 명상에 잠긴 젊은이를 깜짝 놀라게 하였다. 훗날 뉴턴은 이것을 그의 인생에서 가장 운 좋은 사건으로 회고하였다. 이 때부터 그의 사고는 수학과 철학에 마음을 두고 수학과 광학, 천문학, 역학 등에 대한 방대한 연구를 시작하였다. 특히, 수학에서는 1665년 이항정리에 대한 연구를 시작으로, 무한급수로 발전하여 그 이듬해인 1666년에는 유율법(fluxions)을 발견하고, 이것을 구적 및 접선문제에 응용하였다. 이것이 바로 오늘날의 미적분법에 해당하는 이론이다. 뉴턴은 20대에 미적분학에 대한 힌트를 얻었으나, 그의 체계화된 이론을 발표한 것은 그로부터 수십 년이 지난 뒤였다.

한편, 라이프니츠는 1680년대에 영역의 넓이를 구하는 방법으로 접선을 찾는 과정의 역과정을 발견하였다. 뉴턴의 미발표 업적을 알지 못하였던 그는 1684년 자신이 발견한 미분법을 공표하였다. 이로 인하여 그의 생애의 마지막 7년은 그가 뉴턴과 독립적으로 미적분을 발견하였는가에 대한 장기간에 걸친 격렬한 논쟁으로 인해 한층 더 비참하게 되었다. 그러나 오늘날에는 두 사람이 미적분을 서로 독립적으로 발견하였다고 평가하고 있다. 특히, 라이프니츠는 오늘날 우리가 사용하는 기호인 $\frac{dy}{dx}$와 $\int$ 등을 창안하였다. 더욱이, 그는 접선을 구할 때는 차분, 넓이를 구할 때는 합이 수반되므로 적분법과 미분법이란 용어를 사용하였으며, 합의 과정인 적분이 미분의 역과정이라는 사실도 발견하였다.

1965년 22세의 젊은 뉴턴이 깊은 생각에 빠져 있을 때, 사과가 떨어지는 '쿵'하는 소리를 듣고 '왜?'라는 의문의 문을 두드리며 그 해답을 찾고자 했던 열정과 노력이 마침내 오늘날의 미적분학을 발견하는 동기가 되었다는 사실은 오늘날 수학이란 학문이 독자 스스로에게 '?'에서 다시 '?'로 끊임없이 반문하도록 강요하는 이유에 대한 답이 될는지도 모르겠다. 이제부터 우리 모두는 뉴턴이 들은 '쿵'하는 소리야말로 우리들 내면에서 잠자고 있는 사고의 틀에 가하는 채찍의 소리로 들어야 하지 않을까?

4.2 여러 가지 함수의 미분법

간단한 함수의 도함수는 그 정의에 따라 극한을 계산함으로써 쉽게 구할 수 있지만, 대개의 경우는 극한을 구하는 것이 쉽지 않다. 이 절에서는 다양한 형태의 함수에 대한 미분법에 대해 알아본다.

정리 4.2.1

함수 $f(x)$와 $g(x)$가 미분가능하면, 다음이 성립한다.

(1) (합·차의 미분법) $\{f(x) \pm g(x)\}' = f'(x) \pm g'(x)$

(2) (곱의 미분법) $\{f(x)g(x)\}' = f'(x)g(x) + f(x)g'(x)$

(3) (몫의 미분법) $\left\{\dfrac{f(x)}{g(x)}\right\}' = \dfrac{f'(x)g(x) - f(x)g'(x)}{\{g(x)\}^2} \qquad (g(x) \neq 0)$

| 증명 | (1) $y = f(x) \pm g(x)$ 라 두면, 다음을 만족한다.

$$\begin{aligned} y' &= \lim_{h\to 0} \frac{\{f(x+h) \pm g(x+h)\} - \{f(x) \pm g(x)\}}{h} \\ &= \lim_{h\to 0} \left\{\frac{f(x+h) - f(x)}{h} \pm \frac{g(x+h) - g(x)}{h}\right\} \\ &= f'(x) \pm g'(x) \end{aligned}$$

(2) $y = f(x)g(x)$ 라 두면

$$\begin{aligned} y' &= \lim_{h\to 0} \frac{f(x+h)g(x+h) - f(x)g(x)}{h} \\ &= \lim_{h\to 0} \frac{\{f(x+h)g(x+h) - f(x)g(x+h)\} + \{f(x)g(x+h) - f(x)g(x)\}}{h} \\ &= \lim_{h\to 0} \left\{\frac{f(x+h) - f(x)}{h} \cdot g(x+h) + f(x) \cdot \frac{g(x+h) - g(x)}{h}\right\} \end{aligned}$$

이므로, 다음을 만족한다.

$$y' = f'(x)g(x) + f(x)g'(x)$$

(3) 먼저, $\left\{\dfrac{1}{g(x)}\right\}$를 구해보면

$$\left\{\frac{1}{g(x)}\right\}' = \lim_{h\to 0}\frac{1}{h}\left\{\frac{1}{g(x+h)} - \frac{1}{g(x)}\right\}$$
$$= \lim_{h\to 0}\frac{1}{h}\cdot\frac{g(x)-g(x+h)}{g(x+h)g(x)}$$
$$= \lim_{h\to 0}\left\{\frac{-1}{g(x+h)g(x)}\cdot\frac{g(x+h)-g(x)}{h}\right\}$$
$$= -\frac{g'(x)}{g(x)^2}$$

이므로, (2)에 의하여 다음이 성립한다.

$$\left\{f(x)\cdot\frac{1}{g(x)}\right\}' = f'(x)\cdot\frac{1}{g(x)} + f(x)\cdot\left(\frac{1}{g(x)}\right)'$$
$$= \frac{f'(x)g(x)-f(x)g'(x)}{\{g(x)\}^2}$$ ■

예제 4.2.1 임의의 상수 c와 정수 n에 대하여, 다음이 성립함을 보여라.

(1) $(c)' = 0$ (2) $(x^n)' = nx^{n-1}$

| 증명 | (1)은 정의에 의해 명백하므로, (2)에 대해서만 증명하기로 한다.
먼저, n이 자연수일 때 이항정리를 이용하면

$$(x^n)' = \lim_{h\to 0}\frac{(x+h)^n - x^n}{h}$$
$$= \lim_{h\to 0}\frac{{}_nC_0x^n + {}_nC_1x^{n-1}h + \cdots + {}_nC_nh^n - x^n}{h}$$
$$= \lim_{h\to 0}\left\{nx^{n-1} + \frac{n(n-1)}{2}x^{n-2}h + \cdots + h^{n-1}\right\}$$
$$= nx^{n-1}$$

이다. 다음으로, n이 음의 정수인 경우는 $n=-m$이라 두면, m은 자연수이고 $y = x^n = x^{-m} = \frac{1}{x^m}$이므로 정리 4.2.1 (3)에 의하여 다음이 성립한다.

$$y' = -\frac{mx^{m-1}}{(x^m)^2} = -mx^{-m-1} = nx^{n-1}$$

또한, $n=0$이면 (1)에 의해 성립한다. 따라서 임의의 정수 n에 대하여 (2)가 성립한다. ■

예제 4.2.2 다음 각 함수를 미분하여라.

(1) $y = x^9$　　　　(2) $y = 2x^3 + x^2 - 7x$

(3) $y = (x^3 - x^2 + 1)(x^2 + 1)$　　　　(4) $y = \dfrac{x^3}{x+1}$

풀이 (1) $y = x^9$에서 $y' = 9 \cdot x^{9-1} = 9x^8$이다.

(2) $y' = (2x^3)' + (x^2)' - (7x)' = 6x^2 + 2x - 7$

(3) $$\begin{aligned} y' &= (x^3 - x^2 + 1)'(x^2+1) + (x^3 - x^2 + 1)(x^2+1)' \\ &= (3x^2 - 2x)(x^2+1) + (x^3 - x^2 + 1)(2x) \\ &= x^2(5x^2 - 4x + 3) \end{aligned}$$

(4) $$y' = \frac{3x^2(x+1) - x^3 \cdot 1}{(x+1)^2} = \frac{x^2(2x+3)}{(x+1)^2}$$

이제, 합성함수의 도함수를 구하는 방법을 알아보자. 합성함수를 전개하여 도함수를 구할 수도 있지만, 여기서는 전개하지 않고 간단히 미분하는 방법을 소개한다. 이것의 증명은 간단하지 않기 때문에 이 절의 마지막에 있는 '스스로 배우는 코너'에서 상세히 다루기로 한다.

정리 4.2.2

합성함수 미분법

두 함수 $y = g(u)$, $u = f(x)$가 미분가능하면, 합성함수 $y = g(f(x))$도 미분가능하고 다음이 성립한다.

$$\frac{dy}{dx} = \frac{dy}{du}\frac{du}{dx} \quad \text{또는} \quad (g \circ f)'(x) = g'(f(x)) \cdot f'(x)$$

예제 4.2.3 $y = (x^2 + x + 1)^3$을 미분하여라.

풀이 $u = x^2 + x + 1$이라 두면 $y = u^3$이므로, 합성함수 미분법에 의하여

$$\begin{aligned} \frac{dy}{dx} &= \frac{dy}{du}\frac{du}{dx} = (3u^2)(2x+1) \\ &= 3(2x+1)(x^2+x+1)^2 \end{aligned}$$

이다.

예제 4.2.4 $y=\frac{u}{u+1}$, $u=3x^2-1$ 일 때, $\frac{dy}{dx}$를 구하여라.

풀이 $\frac{dy}{du}=\frac{(u+1)-u}{(u+1)^2}=\frac{1}{(u+1)^2}$ 이고 $\frac{du}{dx}=6x$ 이므로, 합성함수 미분법으로 다음을 구할 수 있다.

$$\frac{dy}{dx}=\frac{dy}{du}\frac{du}{dx}=\frac{1}{(u+1)^2}\cdot 6x=\frac{2}{3x^3}$$

예제 4.2.5 임의의 유리수 r에 대하여, $(x^r)'=rx^{r-1}$임을 보여라.

풀이 $y=x^r$이라 두자. 예제 4.2.1 (2)에서 r가 정수일 때, 성립함을 보였다. $r=q/p$, (p, q는 서로소인 정수)라 두면

$$y=x^r=x^{q/p}$$

이다. 따라서 $y^p=x^q$의 양변을 x에 관해서 미분하면

$$\frac{d}{dy}(y^p)\frac{dy}{dx}=\frac{d}{dx}(x^q),\quad 즉\quad py^{p-1}y'=qx^{q-1}$$

이므로, 다음을 얻는다.

$$y'=\frac{q}{p}\frac{x^{q-1}}{y^{p-1}}=\frac{q}{p}\frac{x^{q-1}}{(x^{q/p})^{p-1}}=rx^{r-1}$$

예제 4.2.6 $y=\sqrt[3]{x^3+2x^2+x-5}$ 를 미분하여라.

풀이 $u=x^3+2x^2+x-5$라 두면 $y=u^{1/3}$이므로, 구하려는 도함수는 다음과 같다.

$$\begin{aligned} y' &= \frac{dy}{du}\frac{du}{dx}=\frac{1}{3}u^{-\frac{2}{3}}(3x^2+4x+1) \\ &= \frac{3x^2+4x+1}{3\sqrt[3]{(x^3+2x^2+x-5)^2}} \end{aligned}$$

문제 4.2.1

※ 다음 각 함수를 미분하여라.

(1) $y=x^{-4}$

(2) $y=(x+3)^4(x^2-1)$

(3) $y=\frac{x^2+3x-2}{x^4}$

(4) $y=(x^2+1)\left(x^2+\frac{1}{x}\right)$

(5) $y = (2x-1)\sqrt{x^2+5}$　　　　　(6) $y = (1-x^2)^{-3}$

예로서, $x^2y - x + y = 0$와 같이 $F(x,\ y) = 0$의 형태로 표현된 함수를 음함수(implicit function)라고 한다. 이러한 음함수를 우리가 흔히 사용하는 $y = f(x)$ 형태의 양함수로 바꾸는 것은 쉽지 않다. 그러나 y를 x의 함수로 보고 합성함수 미분법을 사용하면 도함수 $\frac{dy}{dx}$는 쉽게 구할 수 있다. 이와 같은 미분법을 음함수 미분법(differentiation of implicit function)이라 한다.

예제 4.2.7 음함수 $x^2 + y^2 - a^2 = 0$에서 $\frac{dy}{dx}$를 구하여라.

풀이 y를 x의 함수로 보고 양변을 x에 관해서 미분하면

$$2x + 2y\frac{dy}{dx} = 0$$

이므로, $\frac{dy}{dx}$는 다음과 같다.

$$\frac{dy}{dx} = -\frac{x}{y} \qquad (y \neq 0)$$

예제 4.2.8 음함수 $\frac{y}{x} + \frac{x}{y} = 3$에서 $\frac{dy}{dx}$를 구하여라.

풀이 양변에 xy를 곱하면

$$y^2 + x^2 = 3xy$$

이다. 여기서, y를 x의 함수로 보고 양변을 x에 관해서 미분하면

$$\frac{d}{dx}(y^2) + \frac{d}{dx}(x^2) = \frac{d}{dx}(3xy), \quad \text{즉} \quad 2y\frac{dy}{dx} + 2x = 3\left(y + x\frac{dy}{dx}\right)$$

를 얻는다. 따라서 구하려는 $\frac{dy}{dx}$는 다음과 같다.

$$\frac{dy}{dx} = \frac{2x-3y}{3x-2y} \qquad (3x - 2y \neq 0)$$

다른 방법으로, 몫의 미분법을 바로 적용하면

$$\frac{d}{dx}\left(\frac{y}{x}\right)+\frac{d}{dx}\left(\frac{x}{y}\right)=\frac{d}{dx}(3)$$

를 얻는다. 따라서 구하려는 $\dfrac{dy}{dx}$는

$$\frac{dy}{dx}=\frac{y}{x}\qquad(x\neq 0)$$

와 같이 표현됨을 알 수 있다. 실제로

$$\frac{2x-3y}{3x-2y}=\frac{y}{x}\Leftrightarrow x^2+y^2=3xy$$

이다.

다음으로, 역함수의 미분을 구하는 방법을 알아보자.

정리 4.2.3

역함수 미분법

미분가능한 함수 $f(x)$가 역함수 $y=f^{-1}(x)$를 가지면, 다음이 성립한다.

$$\frac{dy}{dx}=\frac{1}{\dfrac{dx}{dy}},\quad \text{즉}\quad (f^{\;1})'(x)=\frac{1}{f'(y)}$$

| 증명 | $y=f^{-1}(x)$의 양변을 y에 관해서 미분하면

$$1=\frac{d}{dy}\{f^{-1}(x)\}=\frac{d}{dx}\{f^{-1}(x)\}\frac{dx}{dy}=\frac{dy}{dx}\cdot\frac{dx}{dy}$$

이다. 따라서 정리가 증명된다. ■

예제 4.2.9 $x=\sqrt{y^2+1}$ 일 때, $\dfrac{dy}{dx}$를 구하여라.

풀이 양변을 y로 미분하면

$$\frac{dx}{dy}=\frac{2y}{2\sqrt{y^2+1}}=\frac{y}{\sqrt{y^2+1}}$$

이므로, 구하려는 $\dfrac{dy}{dx}$는 다음과 같다.

$$\frac{dy}{dx} = \frac{1}{\frac{dx}{dy}} = \frac{\sqrt{y^2+1}}{y} \qquad (y \neq 0)$$

예제 4.2.10 함수 $f(x) = x^3 - 3$일 때, $(f^{-1})'(5)$를 구하여라.

풀이 $f^{-1}(5) = a$라 두면 $f(a) = a^3 - 3 = 5$이고, 따라서

$$a^3 - 8 = (a-2)(a^2+2a+4) = 0$$

이므로, $a = 2$이다. 한편, $f'(x) = 3x^2$이므로, 역함수의 미분법에 의해서 다음을 구할 수 있다.

$$(f^{-1})'(5) = \frac{1}{f'(f^{-1}(5))} = \frac{1}{f'(2)} = \frac{1}{12}$$

두 함수 x, y가 다른 한 변수 t에 의해 $x = f(t)$, $y = g(t)$로 표현되었을 때, t를 **매개변수**(parameter)라 한다. 이와 같이 매개변수로 표시된 함수의 미분에 대해 알아보자.

정리 4.2.4

매개변수표시 함수의 미분법

$x = f(t)$, $y = g(t)$가 각각 t에 관하여 미분가능하고 $f'(t) \neq 0$이면, 다음이 성립한다.

$$\frac{dy}{dx} = \frac{g'(t)}{f'(t)}$$

| 증명 | $\Delta y = g(t+\Delta t) - g(t)$, $\Delta x = f(t+\Delta t) - f(t)$라 두면 가정에 의해 $x = f(t)$는 연속이므로, $\Delta t \to 0$ 이면 $\Delta x \to 0$ 이다. 따라서 다음이 성립한다.

$$\frac{g'(t)}{f'(t)} = \frac{\frac{dy}{dt}}{\frac{dx}{dt}} = \lim_{\Delta t \to 0} \frac{\frac{g(t+\Delta t) - g(t)}{\Delta t}}{\frac{f(t+\Delta t) - f(t)}{\Delta t}}$$

$$= \lim_{\Delta t \to 0} \frac{g(t+\Delta t) - g(t)}{f(t+\Delta t) - f(t)}$$

$$= \lim_{\Delta x \to 0} \frac{\Delta y}{\Delta x} = \frac{dy}{dx}$$

■

예제 4.2.11 $x = \dfrac{u}{1-u^2}$ 이고 $y = \dfrac{u}{1-u}$ 일 때, $\dfrac{dy}{dx}$ 를 구하여라.

풀이 $x'(u) = \dfrac{1+u^2}{(1-u^2)^2}$ 이고 $y'(u) = \dfrac{1}{(1-u)^2}$ 이므로, 도함수는 다음과 같다.

$$\frac{dy}{dx} = \frac{y'(u)}{x'(u)} = \frac{(1+u)^2}{1+u^2}$$

문제 4.2.2

※ 다음 각 함수에서 $\dfrac{dy}{dx}$ 를 구하여라.

(1) $x^3 - 2x^2y - y^3 = 5$

(2) $(x-2)^2 + (y+1)^2 = 4$

(3) $x = y^2 - 2y + 1$

(4) $x = \sqrt[3]{1+y}$

(5) $x = t - 1,\ y = t^2 - 1$

(6) $x = t^2 + t + 1,\quad y = \dfrac{t^2}{2} + t - 1$

4.2 연습문제

1. 다음 각 함수에서 $\dfrac{dy}{dx}$ 를 구하여라.

(1) $y = x\sqrt[3]{x}$

(2) $y = (2+3x)(1-x^2)$

(3) $y = \dfrac{1+x^2}{1-x^2}$

(4) $y = \left(\dfrac{x}{x^2+1}\right)^3$

(5) $y = (x-2x^2+x^3)^4$

(6) $y = \dfrac{1}{1-u}$, $u = \dfrac{1}{1+x}$

2. $y = \dfrac{1}{1-u}$, $u = 3x^2-1$일 때, $x=1$에서 $\dfrac{dy}{dx}$의 값을 구하여라.

3. 다음의 각 음함수에서 $\dfrac{dy}{dx}$ 를 구하여라.

(1) $x^2y^3 = 2$

(2) $(x+2y)^3 = x$

(3) $x^3 - 3axy + y^3 = 0$ (a는 상수)

(4) $\dfrac{1}{x} + \dfrac{1}{y} = x$

4. 역함수 미분법을 이용하여, 다음 각 함수에서 $\dfrac{dy}{dx}$ 를 구하여라.

(1) $x = y^3 + 4y + 2$

(2) $y = \sqrt[3]{3x-1}$

5. 다음 각 함수에서 $\dfrac{dy}{dx}$ 를 구하여라.

(1) $x = 2t-1$, $y = 3-4t^3$

(2) $x = \sqrt{t+3}$, $y = 3t^2$

오차함수를 이용한 합성함수 미분법

함수 $y=f(x)$에 대한 미분의 기하학적인 성질을 살펴보자.

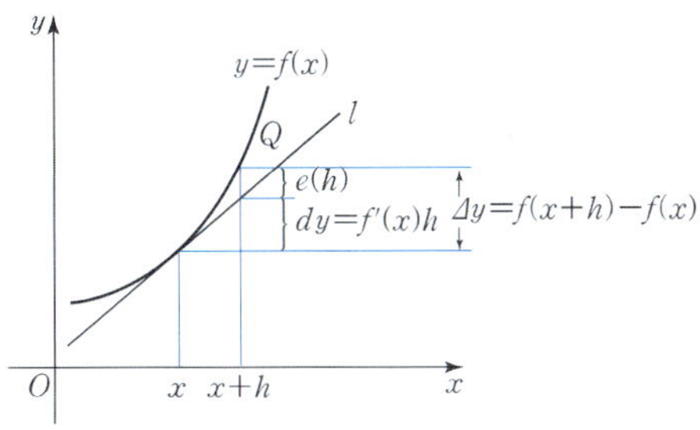

위의 그림에서 보는 바와 같이 점 x에서의 미분 $f'(x)$는 x에서 접선 l의 기울기를 나타낸다. 또한 x에서 $x+h$, $(h \neq 0)$로 변할 때, 함수의 증분은

$$\Delta y = f(x+h) - f(x) \qquad (h \neq 0)$$

이고, 미분은 $dy = f'(x)h$로 주어진다. 함수의 증분과 미분과의 오차를 $e(h)$라 하면

$$e(h) = \Delta y - dy = f(x+h) - f(x) - f'(x)h$$

로 주어진다. 특히, $h=0$일 때는 오차가 $e(0)=0$임을 주목하여라. 이 방정식의 양변을 h로 나눈 후, $h \to 0$로 취하면 다음을 얻는다.

$$\lim_{h \to 0} \frac{e(h)}{h} = 0 \quad \Leftrightarrow \quad \lim_{h \to 0} \frac{f(x+h) - f(x)}{h} = f'(x)$$

따라서 점 x에서 미분 $f'(x)$의 존재성은 0의 근방에서 정의된 오차 $e(h)$가 존재하여

$$\lim_{h \to 0} e(h)/h = 0$$

이 성립함을 의미한다. 이러한 성질을 갖는 함수 e를 오차함수(error function)라고 부른다. 이러한 오차함수를 이용하여 합성함수 미분법(정리 4.2.2)을 증명하려고 한다. 먼저, 오차함수 e에 대한 다음 보조정리를 살펴보자.

(보조정리)

(a) $h \to 0$일 때, $e(h) \to 0$이다. 특히, $e(0)=0$이다.

(b) c_1, c_2는 상수이고 e_1, e_2가 오차함수이면, $c_1 e_1 + c_2 e_2$도 오차함수이다.

(증명)

(a) $e(h) = h \cdot \{e(h)/h\} \to 0 \cdot 0 = 0$

(b) $(c_1 e_1 + c_2 e_2)(h)/h = c_1\{e_1(h)/h\} + c_2\{e_2(h)/h\} \to c_1 0 + c_2 0 = 0$

이제, 합성함수 미분법을 증명해보자.

$g'(f(x))$와 $f'(x)$를 각각 M과 L이라 하자. 그러면 가정에 의하여 오차함수 e_1과 e_2가 존재하여

$$f(x+h) = f(x) + Lh + e_1(h) \quad (h \neq 0)$$
$$g(u+k) = g(u) + Mk + e_2(k) \quad (k \neq 0)$$

을 만족한다. $y = g(f(x))$가 점 x에서 미분가능임을 보이기 위하여 $k = Lh + e_1(h)$라 두면

$$\begin{aligned} g(f(x+h)) &= g(f(x) + Lh + e_1(h)) = g(f(x)+k) \\ &= g(f(x)) + Mk + e_2(k) \\ &= g(f(x)) + MLh + \{Me_1(h) + e_2(Lh + e_1(h))\} \\ &= g(f(x)) + MLh + e(h) \end{aligned}$$

여기서, $e(h) = Me_1(h) + e_2(Lh + e_2(h))$는 오차함수이다. 이는 보조정리 (b)에 의하여 $e_2(Lh + e_2(h))$가 오차함수임을 밝히면 충분하다. $s(h) = Lh + e_1(h)$라 두었을 때, $s(h) = 0$이면 오차함수의 정의에 의해 $e_2(s(h)) = e_2(0) = 0$이다. 만약, $s(h) \neq 0$이면 $s(h)/h = L + e_1(h)/h \to L$이고 $\lim_{h \to 0} \dfrac{e_2(s(h))}{s(h)} = 0$이므로, $h \to 0$일 때

$$\frac{e_2(s(h))}{h} = \frac{e_2(s(h))}{s(h)} \cdot \frac{s(h)}{h} \to 0 \cdot L = 0$$

를 얻는다. 즉, $e_2(Lh + e_2(h))$는 오차함수이다. 마지막으로, 오차함수 e의 성질인

$\lim_{h \to 0} \frac{e(h)}{h} = 0$ 와 $g(f(x+h)) = g(f(x)) + MLh + e(h)$ 로부터 구하고자 하는 결론인

$$(g \circ f)'(x) = ML = g'(f(x)) \cdot f'(x)$$

를 얻을 수 있다(왜 그런가?).

여러분은 합성함수 미분법을 위와 같이 오차함수를 이용하여 왜 어렵게 증명하느냐고 반문할지도 모른다. 사실, 고등학교 수학교과서나 다수의 미분적분학 교재에서는 다음과 같이 간단하게 증명을 하고 있지만, 그 과정에 오류가 있다.

도함수의 정의에서

$$\frac{dy}{dx} = \lim_{\Delta x \to 0} \frac{\Delta y}{\Delta x} = \lim_{\Delta x \to 0} \left(\frac{\Delta y}{\Delta u} \cdot \frac{\Delta u}{\Delta x} \right)$$

이다. 여기서, $u = f(x)$가 연속함수이므로 $\Delta x \to 0$이면 $\Delta u \to 0$이다. 따라서

$$\frac{dy}{dx} = \lim_{\Delta u \to 0} \frac{\Delta y}{\Delta u} \cdot \lim_{\Delta x \to 0} \frac{\Delta u}{\Delta x} = \frac{dy}{du} \frac{du}{dx}$$

라고 주장한다. 그런데 어떤 함수는 특정한 점에서는 위와 같이 $\Delta y / \Delta u$로 나타낼 수가 없는 경우가 있다. 예로서

$$u = f(x) = \begin{cases} x^2 \sin\left(\frac{1}{x}\right) & (x \neq 0) \\ 0 & (x = 0) \end{cases}$$

이라 하고, $y = g(u)$는 임의의 미분가능인 함수라 가정하자. 이때, f는 미분가능한 함수이다. 그런데 $\Delta x = 1/n\pi$, $n = \pm 1, \pm 2, \cdots$에 대하여 $f(\Delta x) = 0$임을 주목하여라.

$$\Delta y|_{x=0} = g(f(0+\Delta x)) - g(f(0)) \text{이고 } \Delta u|_{x=0} = f(0+\Delta x) - f(0)$$

이므로, $x = 0$에서 주어진 합성함수 $y = g(f(x))$의 미분을 구하기 위하여

$$\frac{\Delta y}{\Delta u} = \frac{g(f(0+\Delta x)) - g(f(0))}{f(0+\Delta x) - f(0)}$$

으로 표현하는 것은 의미가 없다. 왜냐하면, 0을 포함하는 어떠한 구간을 선택하더라도 충분히 큰 n을 잡으면, 점 $\Delta x = \pm 1/n\pi$에서 분모가 항상 0이기 때문이다.

4.3 초월함수 미분법

초월함수는 수학을 포함한 자연과학은 물론, 공학의 여러 분야에서도 많이 다루는 중요한 함수이다. 여기서는 삼각함수, 지수함수와 로그함수의 미분에 대해 알아본다.

4.3.1 삼각함수 미분법

밀물과 썰물, 날씨 등의 자연현상은 물론, 심장의 박동 등은 주기적이다. 삼각함수, 즉 사인함수와 코사인함수의 도함수는 이러한 주기적인 변화를 나타내는데 아주 중요한 역할을 한다.

정리 4.3.1

삼각함수 미분법

(1) $(\sin x)' = \cos x$ (2) $(\cos x)' = -\sin x$

(3) $(\tan x)' = \sec^2 x$ (4) $(\csc x)' = -\csc x \cot x$

(5) $(\sec x)' = \sec x \tan x$ (6) $(\cot x)' = -\csc^2 x$

풀이 (1) $y = \sin x$ 라 두고, 삼각함수의 덧셈정리 (정리 2.3.3)를 이용하면

$$\begin{aligned} y' &= \lim_{h \to 0} \frac{\sin(x+h) - \sin x}{h} \\ &= \lim_{h \to 0} \frac{\sin x \cos h + \cos x \sin h - \sin x}{h} \\ &= \lim_{h \to 0} \frac{\sin x (\cos h - 1) + \cos x \sin h}{h} \end{aligned}$$

이다. 한편, 정리 2.6.2에 의하여 $\lim_{h \to 0} \frac{\sin h}{h} = 1$ 이고 예제 2.6.3(1)에 의해 $\lim_{h \to 0} \frac{\cos h - 1}{h} = 0$이므로, $y' = \cos x$ 가 증명된다.

(2) $y = \cos x$ 라 두면, (1)에서와 같이

$$y' = \lim_{h \to 0} \frac{\cos(x+h) - \cos x}{h}$$

$$= \lim_{h\to 0}\frac{\cos x\cos h - \sin x \sin h - \cos x}{h}$$

$$= \lim_{h\to 0}\frac{\cos x(\cos h - 1) - \sin x \sin h}{h} = -\sin x$$

임을 알 수 있다.

또는 다음과 같이 증명할 수도 있다.

$$y' = (\cos x)' = \left\{\sin\left(x+\frac{\pi}{2}\right)\right\}'$$

$$= \cos\left(x+\frac{\pi}{2}\right) = -\sin x$$

(3) $y = \tan x$라 두면, 그 도함수 y'는 다음과 같다.

$$y' = \left(\frac{\sin x}{\cos x}\right)' = \frac{(\sin x)'\cos x - \sin x(\cos x)'}{\cos^2 x}$$

$$= \frac{\cos^2 x + \sin^2 x}{\cos^2 x} = \sec^2 x$$

(4) $y = \csc x$라 두면, 그 도함수 y'는 다음과 같다.

$$y' = \left(\frac{1}{\sin x}\right)' = -\frac{(\sin x)'}{\sin^2 x} = -\csc x \cot x$$

(5) $y = \sec x$라 두면, 그 도함수 y'는 다음과 같다.

$$y' = \left(\frac{1}{\cos x}\right)' = -\frac{(\cos x)'}{\cos^2 x} = \sec x \tan x$$

(6) $y = \cot x$라 두면, 그 도함수 y'는 다음과 같다.

$$y' = \left(\frac{\cos x}{\sin x}\right)' = \frac{-\sin x \sin x - \cos x \cos x}{\sin^2 x}$$

$$= -\frac{1}{\sin^2 x} = -\csc^2 x$$

예제 4.3.1 다음 각 함수를 미분하여라.

(1) $y = \sin^2 x$ (2) $y = \cos x \sin x$

(3) $y = \dfrac{\sin x}{1-\cos x}$ (4) $y = \tan x + \dfrac{1}{3}\tan^3 x$

풀이 (1) $y' = 2\sin x \cos x = \sin 2x$

(2) $y' = -\sin x \sin x + \cos x \cos x = -\sin^2 x + \cos^2 x = \cos 2x$

(3) $y' = \dfrac{\cos x(1-\cos x) - \sin x \sin x}{(1-\cos x)^2} = \dfrac{\cos x - 1}{(1-\cos x)^2} = -\dfrac{1}{1-\cos x}$

(4) $y' = \sec^2 x + \tan^2 x \sec^2 x = \sec^2(1+\tan^2 x) = \sec^4 x$

예제 4.3.2 다음 각 함수에서 $\dfrac{dy}{dx}$를 구하여라.

(1) $y = x^2 \cos x$ (2) $y = \csc \dfrac{1}{x}$ (3) $x \sin y - y \sin x = 0$

풀이 (1) $\dfrac{dy}{dx} = 2x \cos x - x^2 \sin x = x(2\cos x - x \sin x)$

(2) $\dfrac{dy}{dx} = -\csc \dfrac{1}{x} \cot \dfrac{1}{x} \left(\dfrac{1}{x}\right)' = \dfrac{1}{x^2} \csc \dfrac{1}{x} \cot \dfrac{1}{x}$

(3) y를 x의 함수로 보고, 양변을 x에 관해서 미분하면

$$\sin y + x \cos y \frac{dy}{dx} - \left(\frac{dy}{dx} \sin x + y \cos x\right) = 0$$

이다. 즉

$$(\sin x - x \cos y) \frac{dy}{dx} = \sin y - y \cos x$$

이므로, 다음을 얻는다.

$$\frac{dy}{dx} = \frac{\sin y - y \cos x}{\sin x - x \cos y} \quad (\sin x - x \cos y \neq 0)$$

문제 4.3.1

※ 다음 각 함수를 미분하여라.

(1) $y = \sin(x^2+1)$ (2) $y = \sqrt{1+\sin x}$

(3) $y = \sin x \tan x$ (4) $y = \dfrac{1-\cos x}{1+\cos x}$

4.3.2 로그함수와 지수함수 미분법

로그함수의 미분은 정리 2.6.1의 다음 극한을 이용하여, 쉽게 증명할 수 있다.

$$\lim_{x\to\infty}\left(1+\frac{1}{x}\right)^x = e, \quad \lim_{x\to 0}(1+x)^{\frac{1}{x}} = e$$

정리 4.3.2

로그함수 미분법

(1) $(\log_a x)' = \dfrac{1}{x}\log_a e \qquad (a>0,\ a \neq 1,\ x>0)$

(2) $(\ln x)' = \dfrac{1}{x} \qquad (x>0)$

| 증명 | (1) $y=\log_a x$라 두면

$$y' = \lim_{\Delta x \to 0}\frac{\Delta y}{\Delta x} = \lim_{\Delta x \to 0}\frac{\log_a(x+\Delta x)-\log_a x}{\Delta x}$$
$$= \lim_{\Delta x \to 0}\log_a\left(1+\frac{\Delta x}{x}\right)^{\frac{1}{\Delta x}}$$
$$= \lim_{\Delta x \to 0}\log_a\left(1+\frac{\Delta x}{x}\right)^{\frac{x}{\Delta x}\cdot\frac{1}{x}}$$

이다. 여기서, $z=\dfrac{\Delta x}{x}$라 두면, $\Delta x \to 0$일 때 $z \to 0$이고 $\log_a$는 연속함수이므로, 정리 2.6.1에 의하여 다음이 성립한다.

$$y' = \frac{1}{x}\lim_{z \to 0}\log_a(1+z)^{\frac{1}{z}} = \frac{1}{x}\log_a e$$

(2)는 (1)의 결과에 $a=e$를 대입하여 구한다. ■

예제 4.3.3 다음 각 함수를 미분하여라.

(1) $y=\log(3x+2)$　　(2) $y=x\ln x - x$

(3) $y=\dfrac{x}{\ln x}$　　(4) $y=\ln\left(x\sqrt[8]{\dfrac{x-1}{x+1}}\right)$

풀이 (1) $y' = \dfrac{1}{3x+2}(\log e)(3x+2)' = \dfrac{3}{3x+2}\log e$

(2) $y' = \ln x + x\cdot\dfrac{1}{x} - 1 = \ln x$

(3) $y' = \dfrac{\ln x - 1}{(\ln x)^2}$

(4) $y=\ln x + \dfrac{1}{8}\ln(x-1) - \dfrac{1}{8}\ln(x+1)$이므로, 다음을 알 수 있다.

$$y' = \frac{1}{x}+\frac{1}{8(x-1)}-\frac{1}{8(x+1)} = \frac{4x^2+x-4}{4x(x^2-1)}$$

다음 예제에서와 같이, 주어진 함수의 도함수를 직접 구하는 것보다 로그를 취하여 도함수를 구하는 것이 편리한 경우가 종종 있다. 이와 같은 방법을 **로그미분법**(logarithm differentiation)이라 한다.

예제 4.3.4 함수 $y = \dfrac{(x-2)(x+1)^2}{(x+2)^3}$ 을 미분하여라.

풀이 양변의 절댓값에 자연로그를 취하면

$$\ln|y| = \ln|x-2| + 2\ln|x+1| - 3\ln|x+2|$$

이므로, 양변을 x에 관하여 미분하면

$$\begin{aligned}\frac{1}{y}y' &= \frac{1}{x-2} + \frac{2}{x+1} - \frac{3}{x+2} \\ &= \frac{6x}{(x-2)(x+1)(x+2)}\end{aligned}$$

이다. 따라서 다음의 도함수를 얻는다.

$$y' = \frac{6x}{(x-2)(x+1)(x+2)} \cdot y = \frac{6x(x+1)}{(x+2)^4}$$

예제 4.3.5 α가 임의의 실수일 때, $y = x^{\alpha}$ $(x>0)$의 도함수를 구하여라.

풀이 $\ln y = \alpha \ln x$ 의 양변을 x로 미분하면

$$\frac{1}{y}y' = \frac{\alpha}{x}$$

이므로, 다음을 얻는다.

$$y' = \frac{\alpha}{x}y = \frac{\alpha}{x}x^{\alpha} = \alpha x^{\alpha-1}$$

다음 정리의 극한은 지수함수의 미분법 증명에 유용하게 사용된다.

정리 4.3.3

$$\lim_{x \to 0} \frac{e^x - 1}{x} = 1$$

| 증명 | $e^x - 1 = z$라 두면, $e^x = 1 + z$이므로 양변에 자연로그를 취하면 $x = \ln(1+z)$이다. 따라서 다음 극한을 얻는다.

$$\begin{aligned}\lim_{x\to 0}\frac{e^x - 1}{x} &= \lim_{z\to 0}\frac{z}{\ln(1+z)} = \lim_{z\to 0}\frac{1}{\frac{1}{z}\ln(1+z)}\\ &= \lim_{z\to 0}\frac{1}{\ln(1+z)^{1/z}} = 1\end{aligned}$$

■

정리 4.3.4

지수함수 미분법

(1) $(e^x)' = e^x$

(2) $(a^x)' = a^x \ln a \quad (a > 0,\ a \neq 1)$

| 증명 | (1) $y = e^x$이라 두면, $\Delta y = e^{x+\Delta x} - e^x = e^x(e^{\Delta x} - 1)$이므로, 정리 4.3.3에 의하여 다음이 성립한다.

$$\begin{aligned}y' &= \lim_{\Delta x\to 0}\frac{\Delta y}{\Delta x} = \lim_{\Delta x\to 0}\frac{e^x(e^{\Delta x}-1)}{\Delta x}\\ &= e^x\lim_{\Delta x\to 0}\frac{e^{\Delta x}-1}{\Delta x} = e^x\end{aligned}$$

(2) $y = a^x$라 두면, $a^x = e^{x\ln a}$이므로 다음이 성립한다.

$$y' = e^{x\ln a}(x\ln a)' = e^{x\ln a}\ln a = a^x \ln a$$

■

예제 4.3.6 다음 각 함수를 미분하여라.

(1) $y = e^{3-2x}$

(2) $y = 2^{3x}$

(3) $y = e^x \ln x$

(4) $y = e^{\tan 5x}$

풀이

(1) $y' = e^{3-2x}(3-2x)' = -2e^{3-2x}$

(2) $y' = 2^{3x}(\ln 2)(3x)' = 2^{3x}\ln 8$

(3) $y' = e^x \ln x + e^x \dfrac{1}{x} = e^x\left(\ln x + \dfrac{1}{x}\right)$

(4) $y' = e^{\tan 5x}(\tan 5x)'(5x)' = 5\sec^2 5x\, e^{\tan 5x}$

문제 4.3.2

※ 다음 각 함수를 미분하여라.

(1) $y = \log_3(2x+1)$

(2) $y = x \ln x^2$

(3) $y = x^x$

(4) $y = \dfrac{(x+1)^2(x-1)}{(x-2)^2}$

(5) $y = 4^{3x-1}$

(6) $y = xe^x$

(7) $y = e^{x\sin x}$

(8) $y = e^{-x}\ln x$

4.3 연습문제

1. 다음 함수를 미분하여라.

(1) $y = \cos^5 x$

(2) $y = e^x \cos x$

(3) $y = \dfrac{\sin x}{1 + \cos x}$

(4) $y = \dfrac{1 + \sec x}{\tan x}$

(5) $y = x^{1/x}$

(6) $y = \log \sqrt{x^2 + 2x}$

(7) $y = \ln(\ln x)$

(8) $y = \ln(\sin x)$

(9) $y = 2^{x^2 - 1}$

(10) $y = x^{\ln x}$

2. 다음 각 함수에서 $\dfrac{dy}{dx}$를 구하여라.

(1) $y = \dfrac{\sin x - \cos x}{\sin x + \cos x}$

(2) $y = 4\sqrt{1 + \csc x}$

(3) $\sin x + \sin y = xy$

(4) $x \cos y + y \cos x = 1$

(5) $x = a(\cos t + t \sin t),\ y = a(\sin t - t \cos t) \quad (a > 0)$

4.4 도함수의 응용

이 절에서는 미분법에서 유용하게 이용되는 평균값의 정리와 함수의 증가와 감소, 극대와 극소에 대하여 알아본다.

4.4.1 평균값의 정리

미분가능한 함수 $y=f(x)$에서 두 점 $A=(a, f(a))$와 $B=(b, f(b))$를 지나는 직선을 y축을 따라 평행이동하면, $x=a$와 $x=b$ 사이에서 곡선 $y=f(x)$ 위의 한 점 $C=(c, f(c))$에서 접하게 된다. 이 점에서의 접선의 기울기 $f'(c)$는 A와 B를 지나는 직선의 기울기와 같으므로

$$f'(c)=\frac{f(b)-f(a)}{b-a} \qquad (a<c<b)$$

를 만족한다(그림 4.2).

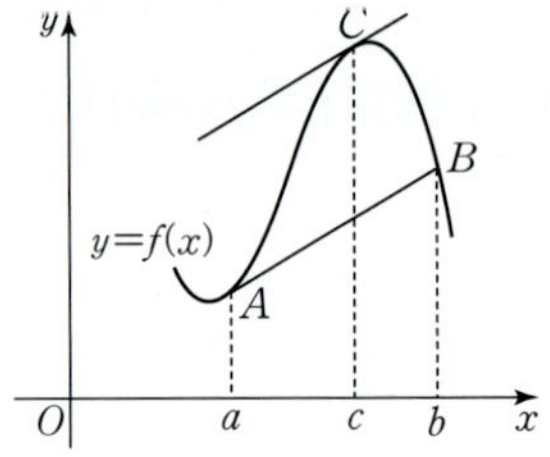

그림 4.2

이로부터, 다음의 평균값의 정리(mean value theorem)를 얻는다. 이 정리의 엄밀한 증명은 생략한다.

정리 4.4.1

평균값의 정리

함수 $f(x)$가 구간 $[a, b]$에서 연속이고, 구간 (a, b)에서 미분가능하면

$$f'(c)=\frac{f(b)-f(a)}{b-a} \qquad (a<c<b)$$

를 만족하는 c가 적어도 하나 존재한다.

예제 4.4.1 $f(x)=x^3+1$에 대하여, 구간 $[1, 2]$에서 평균값의 정리를 설명하여라.

풀이 $f(x)=x^3+1$은 $[1, 2]$에서 연속이고, $(1, 2)$에서 미분가능하다. 평균값의 정리는

$$f'(c)=\frac{f(2)-f(1)}{2-1}=7$$

을 만족하는 c가 $(1, 2)$에서 적어도 하나 존재함을 의미한다. 실제로, $f'(c)=3c^2$이므로 c는 $3c^2=7$를 만족하는 1보다 크고 2보다 작은 수, 즉 $c=\sqrt{7/3}$ 이다(그림 4.3).

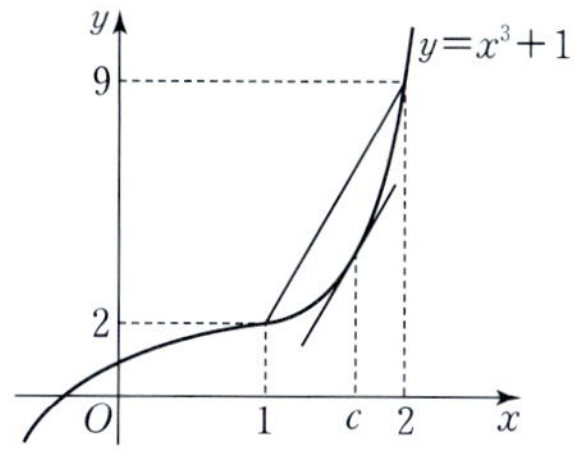

그림 4.3

예제 4.4.2 $f(x)=\sin x$에 대하여, 구간 $[0, 2\pi]$에서 평균값의 정리를 설명하여라.

풀이 $f(x)=\sin x$는 $[0, 2\pi]$에서 연속이고, $(0, 2\pi)$에서 미분가능하다. 평균값이 정리는

$$f'(c)=\frac{f(2\pi)-f(0)}{2\pi-0}=0$$

을 만족하는 c가 $(0, 2\pi)$에서 적어도 하나 존재한다는 것을 말한다. 한편, $f'(c)=\cos c$이므로, c는 $\cos c=0$을 만족하는 0과 2π 사이의 수, 즉

$$c=\frac{\pi}{2} \text{ 또는 } c=\frac{3\pi}{2}$$

이다(그림 4.4).

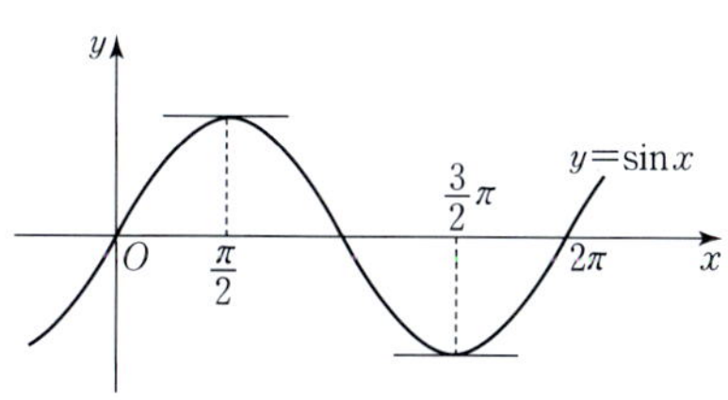

그림 4.4

이제, 평균값의 정리가 어떻게 활용되는지를 알아보자.

정리 4.4.2

함수 $f(x)$가 구간 I에서 미분가능하고 그 도함수가 항상 0이면, $f(x)$는 I에서 상수함수이다.

| 증명 | $x_1, x_2 \in I\ (x_1 < x_2)$라 하면, 평균값의 정리에 의해서

$$f(x_2) = f(x_1) + (x_2 - x_1) f'(c) \qquad (x_1 < c < x_2)$$

를 만족하는 c가 존재한다. 가정에서 $f'(c) = 0$이므로

$$f(x_2) = f(x_1)$$

이다. 따라서 $f(x)$는 I에서 상수함수이다. ■

예제 4.4.3 평균값의 정리를 이용하여 $x > 0$ 일 때, 다음 부등식을 증명하여라.

$$\frac{1}{x+1} < \ln(x+1) - \ln x < \frac{1}{x}$$

풀이 $f(x) = \ln x$라 두면, 함수 $f(x)$는 $x > 0$에서 연속이고 미분가능하다. $[x, x+1]$에서 평균값의 정리를 적용하면

$$f'(c) = \frac{f(x+1) - f(x)}{(x+1) - x} = \ln(x+1) - \ln x \qquad (x < c < x+1)$$

을 만족하는 c가 존재한다. 즉, $f'(x) = \frac{1}{x}$이므로

$$\frac{1}{c} = \ln(x+1) - \ln x \qquad (x < c < x+1)$$

을 만족하는 c가 존재한다. 한편, $0 < x < c < x+1$일 때, $\frac{1}{x+1} < \frac{1}{c} < \frac{1}{x}$이므로

$$\frac{1}{x+1} < \ln(x+1) - \ln x < \frac{1}{x}$$

이 성립한다.

문제 4.4.1

1. 함수 $f(x)=e^{x}$에 대하여, 구간 $[0, 1]$에서 평균값의 정리를 만족하는 상수 c를 구하여라.

2. 평균값의 정리를 이용하여, $x>0$일 때 $0<\ln\dfrac{e^{x}-1}{x}<x$가 성립함을 보여라.

3. 평균값의 정리를 이용하여, $x>0$일 때 $x+1<e^{x}$가 성립함을 보여라.

4.4.2 함수의 증가와 감소

함수 $f(x)$가 구간 I에 속하는 임의의 두 수 x_1, x_2에 대하여, $x_1<x_2$일 때

$f(x_1)<f(x_2)$ 이면, $f(x)$는 I에서 증가(increasing)

$f(x_1)>f(x_2)$ 이면, $f(x)$는 I에서 감소(decreasing)

한다고 한다(그림 4.5).

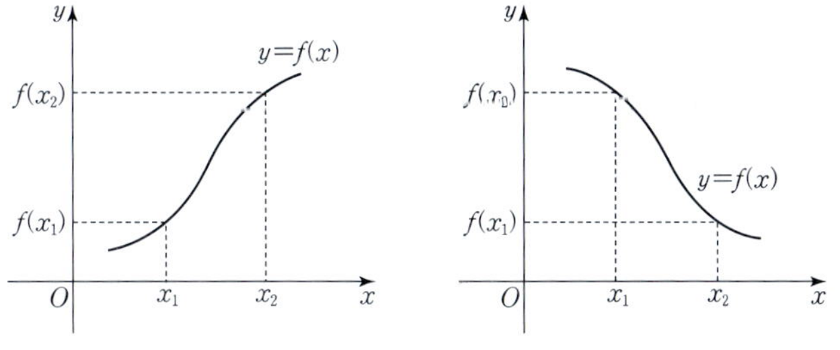

그림 4.5

그리고 함수 $f(x)$가 $x=a$를 중심으로 하는 한 구간에서 증가하면 $f(x)$는 $x=a$에서 증가상태에 있다고 하고, $f(x)$가 $x=a$를 중심으로 하는 한 구간에서 감소하면 $f(x)$는 $x=a$에서 감소상태에 있다고 한다.

이제부터는 미분가능한 함수의 도함수와 증가 및 감소상태와의 관계를 알아보자.

함수 $f(x)$가 $x=a$에서 미분가능하면, 미분계수의 정의에 의하여

$$f'(a)=\lim_{\Delta x\to 0}\frac{f(a+\Delta x)-f(a)}{\Delta x}$$

이므로, $f'(a) \neq 0$인 경우에 Δx의 절댓값이 충분히 작으면

$$f'(a)\text{와 } \frac{f(a+\Delta x)-f(a)}{\Delta x}$$

의 부호가 같아야 한다. 따라서 $f'(a)>0$일 때

$$\frac{f(a+\Delta x)-f(a)}{\Delta x}>0$$

이므로

$$\Delta x>0\text{이면, } f(a+\Delta x)>f(a)$$
$$\Delta x<0\text{이면, } f(a+\Delta x)<f(a)$$

이다. 이는 $f'(a)>0$이면, $f(x)$가 $x=a$에서 증가상태임을 나타낸다.

마찬가지로 $f'(a)<0$이면, $f(x)$가 $x=a$에서 감소상태임을 알 수 있다.

이를 정리하면, 다음의 정리를 얻는다.

정리 4.4.3

함수 $f(x)$가 $x=a$에서 미분가능하다고 하자.

(1) $f'(a)>0$이면, $f(x)$는 $x=a$에서 증가상태이다.

(2) $f'(a)<0$이면, $f(x)$는 $x=a$에서 감소상태이다.

예제 4.4.4 함수 $f(x)=e^x$에서 증가상태와 감소상태를 조사하여라.

풀이 $f'(x)=e^x>0$이므로, $f(x)$는 모든 점에서 증가상태이다.

예로서, $f(x)=x^3$은 $x=0$에서 증가상태이지만, $f'(x)=3x^2$이므로 $f'(0)=0$이다. 또한, $f(x)=-x^3$은 $x=0$에서 감소상태이지만, $f'(x)=-3x^2$이므로 $f'(0)=0$이다. 따라서 정리 4.4.3의 역은 성립하지 않는다.

함수 $f(x)$가 구간에 속하는 임의의 점에서 증가상태이면 구간에서 증가하고, 구간에 속하는 임의의 점에서 감소상태이면 구간에서 감소하므로, 다음의 정리를 얻는다.

정리 4.4.4

함수 $f(x)$가 구간 I에서 미분가능일 때

(1) 구간 I에서 항상 $f'(x) > 0$이면, $f(x)$는 I에서 증가한다.

(2) 구간 I에서 항상 $f'(x) < 0$이면, $f(x)$는 I에서 감소한다.

예제 4.4.5 $f(x) = \dfrac{1}{3}x^3 - 3x^2 + 8x$ 의 증가와 감소를 조사하여라.

풀이 $f'(x) = x^2 - 6x + 8 = (x-2)(x-4)$ 이므로, 다음을 알 수 있다.

$x < 2$	$2 < x < 4$	$4 < x$
$f'(x) > 0$	$f'(x) < 0$	$f'(x) > 0$
증가	감소	증가

따라서 $f(x)$는 $x < 2$와 $4 < x$에서 증가하고, $2 < x < 4$에서 감소한다.

예제 4.4.6 $f(x) = \dfrac{\ln x}{x}$ 의 증가와 감소를 조사하여라.

풀이 $f'(x) = \dfrac{1 - \ln x}{x^2}$ 에서 $0 < x < e$에서는 $f'(x) > 0$이므로 $f(x)$는 증가하고, $e < x$ 에서는 $f'(x) < 0$이므로 $f(x)$는 감소한다.

예제 4.4.7 $x > 0$일 때, $x > \sin x$가 성립함을 보여라.

풀이 $x \geq 1$이면 $x > \sin x$는 분명하므로, $0 < x < 1$일 때 $x > \sin x$가 성립함을 보이자. $f(x) = x - \sin x$라 두면

$$f'(x) = 1 - \cos x$$

이므로, $0 < x < 1$에서 $f'(x) > 0$이다. 따라서 $0 < x < 1$이면 $f(x)$는 증가하고 $f(0) = 0$이므로, $f(x) > 0$이다. 즉, $x > \sin x$가 성립한다.

참고로, $y = x$와 $y = \sin x$의 그래프는 다음과 같다.

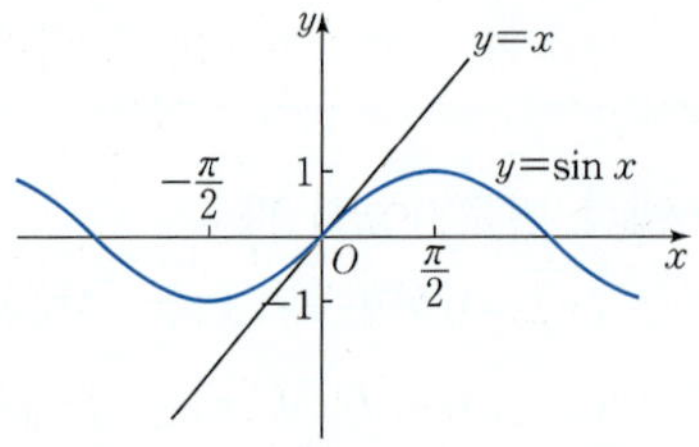

그림 4.6

문제 4.4.2

1. $f(x)=x^2-6x+2$ 의 $x=0$에서 증가상태와 감소상태를 조사하여라.

2. 다음 함수의 증가와 감소를 조사하여라.

(1) $f(x)=x^3-3x$ (2) $f(x)=x+1$

(3) $f(x)=\sqrt{1-x^2}$ (4) $f(x)=x-\ln x$

3. $0<x<\frac{\pi}{2}$ 일 때, $1-x^2<\cos x$가 성립함을 증명하여라.

4.4.3 함수의 극대와 극소

함수 $y=f(x)$에 대하여, $x=a$를 중심으로 하는 어떤 구간에서 $f(a)$가 최댓값이면 $f(x)$는 $x=a$에서 극대(local maximum)라 하고, $f(a)$를 $f(x)$의 극댓값(local maximum value)이라 한다. 한편, $f(a)$가 $x=a$를 중심으로 하는 어떤 구간에서 최솟값이면 $f(x)$는 $x=a$에서 극소(local minimum)라 하고, $f(a)$를 $f(x)$의 극솟값(local minimum value)이라 한다. 극댓값과 극솟값을 합하여 극값(extreme value)이라 한다(그림 4.7 참조).

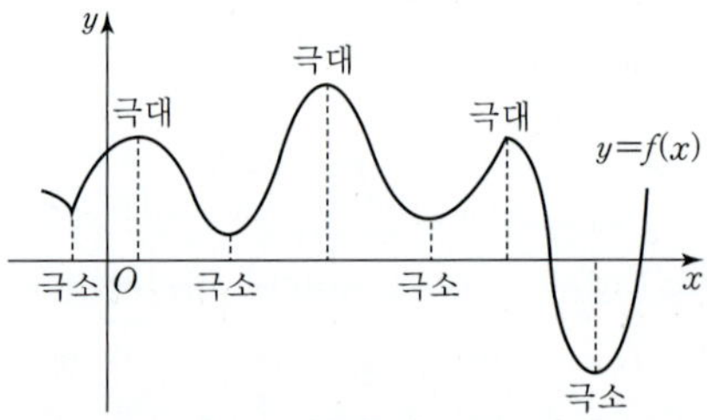

그림 4.7

연속함수 $f(x)$가 $x=a$의 좌우에서 증가상태에서 감소상태로 바뀌면 $f(x)$는 $x=a$에서 극대가 되고, 반대로 $x=a$의 좌우에서 감소상태에서 증가상태로 바뀌면 $f(x)$는 $x=a$에서 극소가 된다. 즉, 연속함수의 미분가능성과 독립적으로 극값은 존재할 수 있다.

정리 4.4.3으로부터, 다음 정리에서와 같이 미분가능한 함수가 극값을 가질 필요조건을 얻는다(그림 4.8).

정리 4.4.5

함수 $y=f(x)$가 $x=a$에서 미분가능할 때, $f(x)$가 $x=a$에서 극대 또는 극소이면 $f'(a)=0$이다.

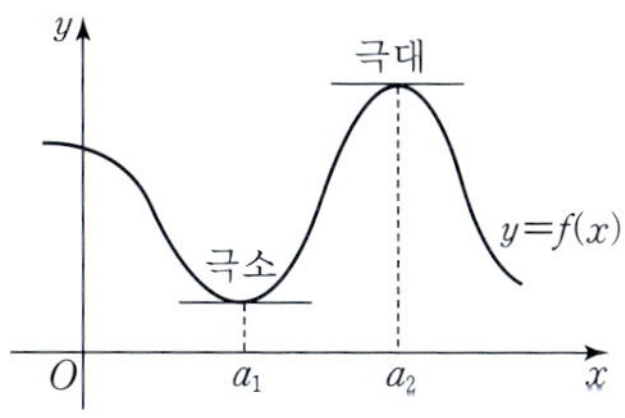

$f'(a_1)=0,\ f'(a_2)=0$

그림 4.8

주의 정리 4.4.5의 역은 성립하지 않는다.

예로서, $f(x)=x^3$은 $f'(x)=3x^2$이므로 $f'(0)=0$이지만, $x=0$에서 극대도 극소도 아니다.

예제 4.4.8 함수 $f(x)=x^3-3x^2-9x+2$는 $x=0$에서 극값을 갖지 않음을 보여라.

풀이 $f'(x)=3x^2-6x-9$에서 $f'(0)=-9\neq 0$이므로, 주어진 함수 $f(x)$는 $x=0$에서 극값을 갖지 않는다.

미분가능한 함수 $y=f(x)$가 $x=a$에서 극값을 가지려면, $x=a$의 좌우에서 함수의 증감상태가 바뀌어야 한다. 따라서 $f(x)$가 $x=a$에서 극값을 가질 때, $f'(x)$의 부호의 변화를 그래프로 살펴보면 다음의 그림 4.9와 같다.

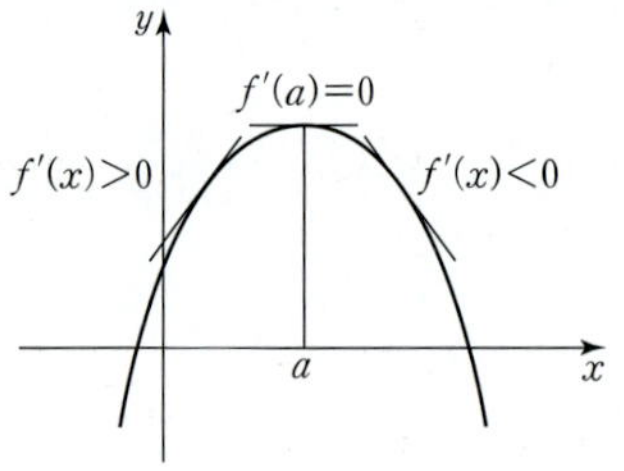

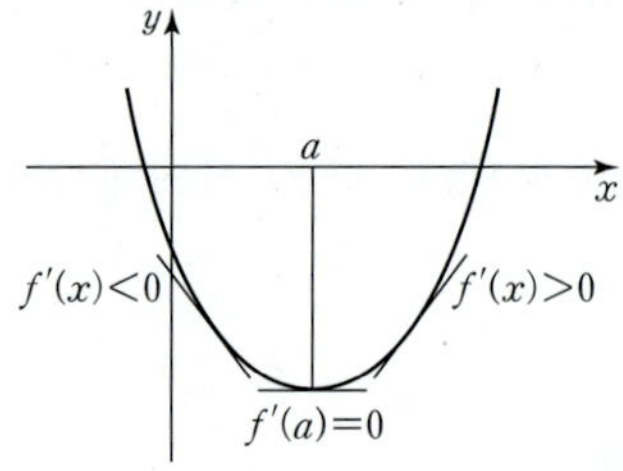

그림 4.9

따라서 $f'(x)$의 부호를 이용하여, $f(x)$의 극대와 극소를 판정하는 다음 정리를 얻는다.

정리 4.4.6

미분가능한 함수 $f(x)$에 대하여, $f'(a)=0$일 때

(1) $x=a$의 좌우에서 $f'(x)$의 부호가 양에서 음으로 바뀌면 $f(x)$는 $x=a$에서 극대이다.

(2) $x=a$의 좌우에서 $f'(x)$의 부호가 음에서 양으로 바뀌면 $f(x)$는 $x=a$에서 극소이다.

예제 4.4.9 삼차함수 $f(x)$가 극값을 갖기 위한 필요충분조건은 $f'(x)$가 서로 다른 두 실근을 가짐을 보여라.

풀이 $f'(x)$가 서로 다른 두 실근 α, β를 갖는다고 하자. 즉, $f'(\alpha)=0$, $f'(\beta)=0$이다. 한편 $f'(x)$는 이차함수이므로 그림 4.9에서와 같이 각각 $x=\alpha$와 $x=\beta$ 좌우에서 $f'(x)$의 부호가 반드시 바뀌어야 한다. 따라서 정리 4.4.6에 의해서 $f(x)$는 $x=\alpha$와 $x=\beta$에서 극값을 갖는다. 반대로 이차함수 $f'(x)$가 중근이나 허근을 가지면 $f'(x)$는 항상 같은 부호를 가져야 하므로 $f(x)$는 극값을 가질 수 없다.

예제 4.4.10 다음 함수의 극값을 구하여라.

(1) $f(x)=2x^3-6x^2+4$ (2) $f(x)=\dfrac{x}{x^2+1}$

(3) $f(x)=xe^x$

풀이 (1) $f'(x)=6x^2-12x=6x(x-2)$이므로, $f(x)$의 증가와 감소를 표로 나타내면 다음과 같다.

x	$x<0$	0	$0<x<2$	2	$2<x$
$f'(x)$	+	0	−	0	+
$f(x)$	↗	4	↘	−4	↗

따라서 $f(x)=2x^3-6x^2+4$는 극댓값 $f(0)=4$와 극솟값 $f(2)=-4$를 갖는다.

(2) $f'(x)=\dfrac{(x^2+1)-x\cdot 2x}{(x^2+1)^2}=-\dfrac{(x-1)(x+1)}{(x^2+1)^2}$이므로, $f(x)$의 증가와 감소를 표로 나타내면 다음과 같다.

x	$x<-1$	−1	$-1<x<1$	1	$1<x$
$f'(x)$	−	0	+	0	−
$f(x)$	↘	−1/2	↗	1/2	↘

따라서 $f(x)=\dfrac{x}{x^2+1}$는 극솟값 $f(-1)=-\dfrac{1}{2}$과 극댓값 $f(1)=\dfrac{1}{2}$을 갖는다.

(3) $f'(x)=e^x+xe^x=e^x(x+1)$이므로, $f(x)$의 증감을 표로 나타내면 다음과 같다.

x	$x<-1$	−1	$-1<x$
$f'(x)$	−	0	+
$f(x)$	↘	$-1/e$	↗

따라서 $f(x)=xe^x$는 극솟값 $f(-1)=-\dfrac{1}{e}$을 갖는다.

예제 4.4.11 부피가 $8\,\mathrm{m}^3$이고 밑면이 정사각형인 직육면체를 만들려고 한다. 직육면체의 겉넓이가 최소가 되도록 밑면의 한 변의 길이를 정하여라.

풀이 밑면의 한 변의 길이를 $x\,\mathrm{m}$ 높이를 $h\,\mathrm{m}$라 하면, 직육면체의 부피는 $hx^2=8$이므로 $h=\dfrac{8}{x^2}$이다. 여기서, 직육면체의 겉넓이를 $f(x)\,\mathrm{m}^2$라 하면

$$f(x)=4hx+2x^2=\frac{32}{x}+2x^2$$

이고

$$f'(x)=\frac{4(x-2)(x^2+2x+4)}{x^2}$$

이다. 따라서 $x>0$일 때, $f(x)$의 증가와 감소를 나타내면 다음과 같다.

x	$0<x<2$	2	$2<x$
$f'(x)$	$-$	0	$+$
$f(x)$	↘	24	↗

그러므로 $x>0$일 때, $f(x)$는 $x=2$에서 최솟값 24를 갖는다. 즉, 구하려는 밑면의 한 변의 길이는 2m이다.

문제 4.4.3

1. $f(x)=x^4-6x^2-8x+1$는 $x=1$에서 극값을 갖지 않음을 보여라.

2. $f(x)=\cos x$는 $0<x<\pi$에서 극값을 갖지 않음을 보여라.

3. 다음 각 함수의 극값을 구하여라.

(1) $f(x)=x^3-6x^2+5$ (2) $f(x)=\dfrac{x+1}{x^2+3}$

(3) $f(x)=\cos x \quad (0<x<2\pi)$ (4) $f(x)=x^2e^x$

4. 가로, 세로, 높이의 합이 12cm이고, 밑면이 정사각형인 직육면체를 만들려고 한다. 이때, 부피를 최대로 하려면 밑면의 한 변의 길이는 몇 cm로 해야 하는가?

4.4 연습문제

1. 함수 $f(x)=x^2$에 대하여, 구간 $[a,\ b]$에서 평균값의 정리를 만족하는 c의 값을 $a,\ b$에 관한 식으로 나타내어라.

2. 함수 $f(x)=\dfrac{e^x+e^{-x}}{2}$에 대하여, 구간 $[-1,\ 1]$에서 평균값의 정리를 설명하여라.

3. 평균값의 정리를 이용하여, $x>1$이면 $x-1<x\ln x$가 성립함을 증명하여라.

4. 평균값의 정리를 이용하여, 다음 부등식을 증명하여라.

$$|\sin x-\sin y|\le|x-y|$$

5. 평균값의 정리를 이용하여, 함수 $f(x)$가 구간 $[a,\ b]$에 연속이고, 구간 $(a,\ b)$에서 미분가능하면, 다음을 만족하는 θ가 존재함을 보여라

$$f(b)=f(a)+f'(a+\theta(b-a))(b-a)\qquad(0<\theta<1)$$

6. 다음 각 함수의 증가와 감소를 조사하여라.

(1) $f(x)=2x^2-4x$ (2) $f(x)=x-\sqrt{x}$

(3) $f(x)=x+\sqrt{4-x^2}$ (4) $f(x)=x\ln x$

7. $0<x<\pi$일 때, $\sin x>x\cos x$가 성립함을 증명하여라.

8. $x\ge 2$일 때, $x>\ln(x^2+x)$가 성립함을 증명하여라.

9. 다음 각 함수의 극값을 구하여라.

(1) $f(x)=\dfrac{1}{3}x^3-3x^2+8x$ (2) $f(x)=3x^4-4x^3-12x^2+15$

(3) $f(x)=x^2\ln x$ (4) $f(x)=x^2e^x$

10. $f(x)=x^3+ax^2+bx+1$가 $x=1$과 $x=-1$에서 극값을 가진다고 한다. 이때, a, b의 값을 구하여라.

11. $f(x)=a\sin x+b\cos x$가 $x=\dfrac{\pi}{3}$에서 극값을 가질 때, $a=\sqrt{3}\,b$임을 보여라.

12. $f(x)=3x^3+(k+2)x^2+kx+1$이 극값을 가질 k의 범위를 구하여라.

13. $f(x)=x^3+kx^2+kx+1$이 극값을 갖지 않도록 k의 범위를 정하여라.

14. 부피가 $2\pi\,\mathrm{cm}^3$인 원기둥에서 겉넓이가 최소가 되는 밑면의 반지름의 길이와 높이를 구하여라.

스스로 배우는 코너

양의 탈을 쓴 늑대, 평균값의 정리

"철학은 이 웅장한 책, 즉 우주에 쓰인다. 이 책은 우리 시야 앞에 항상 펼쳐진 채 서있지만, 그 언어를 이해하고 그 언어를 쓴 문자를 해석하는 법을 먼저 배우지 않으면 이해할 수 없다. 그것은 수학의 언어로 쓰여 있으며, 그 문자는 삼각형, 원 및 그 밖의 기하학적 도형이다. 이것들이 없다면 인간의 힘으로는 단 한 단어도 이해할 수 없으며, 이것들이 없다면 우리는 캄캄한 미로 속에서 방황할 것이다(갈릴레이)."

이 인용문처럼 역사적으로 자연은 기하학적 문자로 쓰인 책에 비유되고 있다. 우주 속에 있는 진리는 수학적 언어로 쓰여 있기에 그 표현은 무척 간결하고 명료하다고 말할 수 있다. 한 예로서, 우리가 물리학에서 배운 에너지 보존의 법칙은 미분 개념을 이용하여 다음과 같이 나타낼 수 있다.

$$\Delta E_{universe} = 0$$

여기서, $E_{universe}$는 우주의 총 에너지를 뜻하고, 기호 Δ는 그리스 문자 델타로 변화량을 나타낸다. 위와 같이 자연 현상들을 수학적 언어로 나타낼 수가 있다. 더욱이, 그 수학적 표현의 힘은 너무나 간결하고 명료하여 내적미를 내포하고 있다. 에너지 보존의 법칙이란 우주의 총 에너지 양은 항상 일정하므로, 에너지의 총 변화량은 언제나 0이라는 의미를 포함한다(예제 4.2.1과 정리 4.4.2).

미분법에서 가장 중요한 정리들 중의 하나가 바로 평균값의 정리이다. 그 이유는 이 정리가 도함수 f'에 대한 정보로부터 주어진 함수 f의 여러 성질들을 유도할 수 있기 때문이다. 평균값의 정리의 중요성을 설명하기 전에 먼저 우리는 이 정리를 왜 평균값이라고 부르는지 그 이유를 다음 예제로서 살펴보자.

(예제) 한 회사원이 급한 업무로 자신의 승용차로 서울에 있는 자기 집에서 자동차 거리측정기의 숫자를 0에 맞춘 후, 오전 8시 6분에 출발하였다. 그는 휴게소에도 들리지 않고 계속 달려 오전 11시 54분에 부산에 있는 목적지에 도착했다고 한다. 그가 목

적지에 도착하여 자동차의 거리측정기를 확인해보니 420(km)이었다. 현행 교통법규로는 자동차의 속력이 110(km/h) 이상이면 과속위반이라고 한다. 평균값의 정리를 이용하여, 이 운전자가 운전하는 도중에 적어도 한 번은 과속하였음을 주장하여라.

(풀이) 시간 단위(h)에 대한 거리함수 $f(t)$를 생각해보자, 정의역은 $[8.1, 11.9]$이고 $f(8.1)=0$, $f(11.9)=420(\text{km})$이다. 이때, 운전자가 달려온 평균속도는

$$\frac{f(11.9)-f(8.1)}{11.9-8.1}=\frac{420}{3.8}=110\frac{10}{19}\ \ (\text{km/h})$$

이므로, 평균값의 정리를 적용하면 $f'(c)=110\dfrac{10}{19}$을 만족하는 $c\in(8.1, 11.9)$가 적어도 하나 존재한다. 이는 운전자가 운행 중에 적어도 한 번은 순간속도가 110 (km/h)을 초과하였음을 의미한다. 여기서, $f'(t)$는 시각 t에서의 순간변화율, 즉 자동차의 순간속도를 뜻한다.

예제에서 평균값의 정리는 미분가능한 함수의 평균변화율과 동일한 값을 갖는 순간변화율(미분계수)이 반드시 존재한다는 것이다. 평균값의 정리는 가끔 '양의 탈을 쓴 늑대'에 비유되기도 한다. 왜냐하면, 겉으로 보기에는 양과 같이 온순해 보이지만, 이 정리의 응용력은 늑대처럼 그 힘이 대단히 광범위하기 때문이다. 예를 들면, 평균값의 정리는 4.4절에서 살펴보았던 함수 부등식의 증명, 함수의 증감 및 극대·극소는 물론, 이 책에서는 다루지 않았지만 어떤 함수의 근의 존재성과 오목·볼록 문제 등에도 이용된다. 이외에도 여러분은 수학을 공부하면서 여러 분야에서 이 정리의 응용을 만날 수 있을 것이고, 그 중요성을 새삼 느끼게 될 것이다.

기본문제

1. $f'(1)=3$인 다항함수 $f(x)$에 대하여, 다음 극한을 구하여라.

(1) $\displaystyle\lim_{h\to 0}\frac{f(1+2h)-f(1+h^2)}{h}$ (2) $\displaystyle\lim_{x\to 1}\frac{x^2f(1)-f(x^2)}{x-1}$ $(f(1)=2)$

2. $f(2)=4,\ f'(2)=3$일 때, 함수 $y=x^2\sqrt{f(x)}$의 $x=2$에서의 미분계수를 구하여라.

3. 함수 $y=x\sqrt{1+x}\ (x>0)$의 역함수의 도함수를 구하여라.

4. $f(x)=(x+\sqrt{1+x^2})^{10}$일 때, $f'(1)f'(-1)$의 값을 구하여라.

5. $x=\cos y\ (0<y<\pi)$일 때, $\dfrac{dy}{dx}$를 x에 관한 식으로 나타내어라.

6. 직선 $y=mx$를 원점을 중심으로 $-45°$ 회전하여 얻은 직선이 곡선 $y=\ln x$에 접할 때, 상수 m을 구하여라.

7. $0<x<\pi$에서 두 곡선 $y=a-\cos^3x,\ y=3\sin x$가 접할 때, 상수 a를 구하여라.

8. 다음과 같이 정의된 함수 f가 $x=1$에서 미분가능할 때, 상수 $a,\ b$를 구하여라.

$$f(x)=\begin{cases}ax^2+1 & (x\le 1)\\ \ln bx & (x>1)\end{cases}$$

9. 평균값의 정리를 이용하여, 다음 극한을 구하여라.

$$\lim_{x\to 0^+}\frac{\sin x-\sin(\sin x)}{x-\sin x}$$

10. 미분가능한 함수 $f(x)$에 대하여 $\displaystyle\lim_{x\to\infty}f'(x)=2$일 때, 다음 극한을 구하여라.

$$\lim_{x\to\infty}\{f(x+1)-f(x)\}$$

11. 함수 $f(x)=x-\frac{1}{2}x^2-\ln(1+x)$는 $(-1,\ \infty)$에서 감소함수임을 증명하여라.

12. 함수 $f(x)=e^{-x}(\sin x+\cos x)$에 대하여, 다음 물음에 답하여라.

(1) $x>0$인 범위에서 $f(x)$의 극댓값과 그 때의 x의 값을 모두 구하여라.

(2) (1)에서 구한 극댓값을 x의 값이 작은 것부터 차례로 $a_1,\ a_2,\ a_3,\ \cdots$이라 할 때, $\sum_{n=1}^{\infty}a_n$을 구하여라.

심화문제

제4장 종합문제

13. 함수 $f(x)$가 임의의 두 실수 x, y에 대하여, $f(x+y)=f(x)+f(y)$를 만족하고 $f'(0)=2$일 때, $f'(x)$를 구하여라.

14. $G(t)=g(f(t))$, $g'(t)=\dfrac{1}{t^2+1}$, $f'(t)=\dfrac{10}{t^4+1}$이고 $f(0)=3$일 때, $G'(0)$의 값을 구하여라.

15. $f(x)=\ln x$, $g(x)=\sqrt{x^2+1}$일 때, 함수 $(f^{-1}\circ g)(x)$의 $x=1$에서의 미분계수를 구하여라.

16. 곡선 $y=\dfrac{2}{3}\sin 2x+x^2$ 위의 점 $(0, 0)$에서의 접선과 x축으로 이루어지는 예각을 이등분하는 직선의 기울기를 구하여라.

17. 곡선 $y=e^{2x}$ 위의 점 $P(a, e^{2a})$에서의 접선과 x축의 교점을 Q, P에서 x축에 내린 수선의 발을 R이라 할 때, $\triangle PQR$의 넓이는 4이다. 이때, 상수 a의 값을 구하여라.

18. 곡선 $y=\cos x$ 위의 점 $P(t, \cos t)$를 지나고 P에서의 법선이 y축과 만나는 점의 y좌표를 $f(t)$라 할 때, $\lim_{t\to 0} f(t)$의 값을 구하여라.

19. 다음과 같이 정의된 함수 $f(x)$에 대하여, $f'(x)$를 구하고 $x=0$에서의 $f'(x)$의 연속성을 조사하여라.

$$f(x)=\begin{cases} x^2\sin\dfrac{1}{x} & (x\neq 0) \\ 0 & (x=0) \end{cases}$$

20. 자연수 n에 대하여, 함수 $f_n(x)=n\ln x+\dfrac{n+1}{x}+n^2\sin^2\dfrac{1}{n}-n$의 극솟값을 a_n이라고 할 때, $\lim_{n\to\infty} a_n$을 구하여라.

제 5 장

적분법과 응용

평면도형의 넓이와 입체도형의 부피를 어떻게 하면 빠르고 정확하게 구할 수 있을까? 하는 문제는 고대 수학자들의 가장 큰 관심사 중의 하나이었다. 아르키메데스(Archimedes, 287 ~212 B.C.)는 포물선과 직선으로 둘러싸인 영역의 넓이를 구하는 등 많은 도형의 넓이를 구하였으나, 현재의 적분과는 다른 실진법을 사용하였으며, 케플러(J. Kepler, 1571~1630)는 무한급수의 개념으로 구적법을 생각하였다.

뉴턴과 라이프니츠는 구적법과 접선법이 역관계에 있음을 밝힘으로써 독립적으로 발전되던 두 분야의 관계를 확립하였다. 19세기에 이르러 기하학적 기초에서 벗어나 현대적 적분을 확립시킨 사람은 리만(G. F. B. Riemann, 1826~1866)이다. 그는 연속, 불연속의 조건 없이 제한된 조건을 만족하는 함수에 대한 "리만 합"의 극한으로 정적분을 정의하여 그 체계를 확립하였다. 적분법은 건축 설계도에서 넓이를 구하고 건물의 용적을 계산하며, 다리를 놓는 등 여러 분야에서 다양하게 활용되고 있다.

5.1 부정적분

함수 $f(x)$가 함수 $F(x)$의 도함수일 때, 즉

$$\frac{d}{dx}(F(x)) = f(x)$$

이면

$$\int f(x)\,dx = F(x) + C \qquad (C\text{는 상수})$$

로 나타내고 이를 $f(x)$의 부정적분(indefinite integral)이라 한다. 이때, C를 적분상수(integral coefficient), $f(x)$를 피적분함수(integrand), x를 적분변수(integral variable)라고 한다.

이 절에서는 x^{α}, 삼각함수, 지수함수와 분수함수 등의 여러 함수에 대한 부정적분과 치환적분법 및 부분적분법에 대해 알아본다.

5.1.1 여러 가지 함수의 부정적분

함수 $f(x)$의 부정적분을 다시 미분하면 $f(x)$를 얻을 수 있다. 즉

$$\frac{d}{dx}\left(\int f(x)\,dx\right)=f(x)$$

이다. 따라서 부정적분은 미분법의 성질에 의해 다음의 선형성을 갖는다.

정리 5.1.1

부정적분의 선형성

(1) $\int kf(x)\,dx=k\int f(x)\,dx \qquad$ (k는 상수)

(2) $\int \{f(x)+g(x)\}\,dx=\int f(x)\,dx+\int g(x)\,dx$

먼저, $\alpha\neq-1$인 임의의 실수 α에 대하여, x^{α}의 부정적분을 알아보자.

$$\frac{d}{dx}\left(\frac{x^{\alpha+1}}{\alpha+1}\right)=x^{\alpha}$$

이므로, 부정적분의 정의에 의하여

$$\int x^{\alpha}\,dx=\frac{x^{\alpha+1}}{\alpha+1}+C \qquad (\alpha\neq-1)$$

이다. 또한

$$\frac{d}{dx}(\ln|x|)=\frac{1}{x}$$

으로부터

$$\int\frac{1}{x}\,dx=\ln|x|+C$$

임을 알 수 있다. 따라서 다음의 적분공식이 성립한다.

(1) $\int x^{\alpha}\,dx=\frac{x^{\alpha+1}}{\alpha+1}+C \qquad (\alpha\neq-1)$

(2) $\int x^{-1}\,dx=\int\frac{1}{x}\,dx=\ln|x|+C$

예제 5.1.1 다음 부정적분을 구하여라.

(1) $\int x^2 dx$ (2) $\int x\sqrt{x}\, dx$ (3) $\int \frac{1}{x^2} dx$

풀이 (1) $\int x^2 dx = \frac{1}{3}x^3 + C$

(2) $\int x\sqrt{x}\, dx = \int x^{\frac{3}{2}} dx = \frac{2}{5}x^{\frac{5}{2}} + C$

(3) $\int \frac{1}{x^2} dx = \int x^{-2} dx = -\frac{1}{x} + C$

예제 5.1.2 다음 부정적분을 구하여라.

(1) $\int (3x^2 - 2x)\, dx$ (2) $\int \left(2\sqrt{x} - \frac{2}{x}\right) dx$

(3) $\int \left(x + \frac{1}{x}\right)^2 dx$ (4) $\int \frac{(\sqrt{x}-2)^2}{x} dx$

풀이 (1) $\int (3x^2 - 2x)\, dx = 3\int x^2 dx - 2\int x\, dx = x^3 - x^2 + C$

(2) $\int (2\sqrt{x} - \frac{2}{x})\, dx = 2\int \sqrt{x}\, dx - 2\int \frac{1}{x} dx = \frac{4}{3}x^{\frac{3}{2}} - 2\ln|x| + C$

(3) $\int \left(x + \frac{1}{x}\right)^2 dx = \int \left(x^2 + 2 + \frac{1}{x^2}\right) dx = \frac{x^3}{3} + 2x - \frac{1}{x} + C$

(4) $\int \frac{(\sqrt{x}-2)^2}{x} dx = \int \frac{x - 4\sqrt{x} + 4}{x} dx = x - 8\sqrt{x} + 4\ln|x| + C$

문제 5.1.1

※ 다음 부정적분을 구하여라.

(1) $\int x^2\sqrt{x}\, dx$ (2) $\int \frac{1}{\sqrt{x}} dx$ (3) $\int \frac{x^2 + 2x - 2}{x^3} dx$

다음으로, 삼각함수의 부정적분에 대해서 알아보자.

$\frac{d}{dx}(\cos x) = -\sin x$ 이므로, $\int \sin x\, dx = -\cos x + C$이다.

$\frac{d}{dx}(\sin x) = \cos x$ 이므로, $\int \cos x\, dx = \sin x + C$이다.

$\frac{d}{dx}(\tan x) = \sec^2 x$이므로, $\int \sec^2 x\, dx = \tan x + C$이다.

$\frac{d}{dx}(\cot x) = -\csc^2 x$이므로, $\int \csc^2 x\, dx = -\cot x + C$이다.

이로부터 삼각함수에 대한 다음의 적분공식을 얻는다.

삼각함수 부정적분

(1) $\int \sin x\, dx = -\cos x + C$ (2) $\int \cos x\, dx = \sin x + C$

(3) $\int \csc^2 x\, dx = -\cot x + C$ (4) $\int \sec^2 x\, dx = \tan x + C$

예제 5.1.3 다음 부정적분을 구하여라.

(1) $\int (3\sin x - 2\cos x)\, dx$ (2) $\int \tan^2 x\, dx$

(3) $\int \cos^2 x\, dx$ (4) $\int \frac{1 - x\sin x}{x}\, dx$

풀이 (1) $\int (3\sin x - 2\cos x)\, dx = -3\cos x - 2\sin x + C$

(2) $\int \tan^2 x\, dx = \int (\sec^2 x - 1)\, dx = \tan x - x + C$

(3) $\int \cos^2 x\, dx = \int \frac{1+\cos 2x}{2}\, dx = \frac{x}{2} + \frac{1}{4}\sin 2x + C$

(4) $\int \frac{1 - x\sin x}{x}\, dx = \int \frac{1}{x}\, dx - \int \sin x\, dx = \ln|x| + \cos x + C$

지수함수의 부정적분은 다음의 미분법으로부터 쉽게 구할 수 있다.

$\frac{d}{dx}(e^x) = e^x$이므로, $\int e^x\, dx = e^x + C$이다.

$\frac{d}{dx}(a^x) = a^x \ln a$로부터, $\int a^x\, dx = \frac{a^x}{\ln a} + C \ (a > 0,\ a \neq 1)$이다.

따라서 지수함수에 대한 다음의 적분공식을 얻는다.

지수함수 부정적분

(1) $\int e^x\,dx = e^x + C$ (2) $\int a^x\,dx = \dfrac{a^x}{\ln a} + C \quad (a>0,\ a\neq 1)$

예제 5.1.4 다음 부정적분을 구하여라.

(1) $\int 3^x\,dx$ (2) $\int (e^x - 1)\,dx$

(3) $\int a^{2x}\,dx \ (a>0,\ a\neq 1)$ (4) $\int (e^{x-2} - x)\,dx$

풀이 (1) $\int 3^x\,dx = \dfrac{3^x}{\ln 3} + C$

(2) $\int (e^x - 1)\,dx = e^x - x + C$

(3) $\int a^{2x}\,dx = \int (a^2)^x\,dx = \dfrac{(a^2)^x}{\ln a^2} + C = \dfrac{a^{2x}}{2\ln a} + C$

(4) $\int (e^{x-2} - x)\,dx = \int e^{x-2}\,dx - \int x\,dx = e^{x-2} - \dfrac{x^2}{2} + C$

문제 5.1.2

※ 다음 부정적분을 구하여라.

(1) $\int \left(\dfrac{1 - x\cos x}{x}\right)dx$ (2) $\int \dfrac{\sin^2 x}{1-\cos x}\,dx$

(3) $\int \dfrac{1}{1-\sin^2 x}\,dx$ (4) $\int \sin^2 \dfrac{x}{2}\,dx$

(5) $\int \dfrac{e^{2x}-1}{e^x - 1}\,dx$ (6) $\int e^{-2x}\,dx$

(7) $\int (\sec^2 x + 2^x)\,dx$ (8) $\int (x + e^x - \sin^2 x)\,dx$

다음으로, 분수함수의 부정적분에 대해 알아보자.

임의의 분수함수 $\dfrac{g(x)}{f(x)}$ ($f(x)$, $g(x)$는 다항함수)는 일반적으로

$$\frac{g(x)}{f(x)} = p(x) + \frac{g_1(x)}{f(x)} \qquad (g_1(x)\text{의 차수} < f(x)\text{의 차수})$$

의 형태로 나타낼 수 있다. 이때, 다항함수 $p(x)$는 x에 관해 쉽게 적분할 수 있으므로, 분수함수 $\dfrac{g_1(x)}{f(x)}$를 적분하는 방법을 알아야 한다.

다음 예제를 통하여, 분수함수를 적분하는 방법을 생각해보자.

예제 5.1.5 다음 부정적분을 구하여라.

(1) $\displaystyle\int \frac{x^3-1}{x-1}\,dx$ (2) $\displaystyle\int \frac{x^3-x^2+x-1}{x^2+1}\,dx$

(3) $\displaystyle\int \frac{x+2}{x+1}\,dx$ (4) $\displaystyle\int \frac{x^2}{x+1}\,dx$

풀이 (1) $\displaystyle\int \frac{x^3-1}{x-1}\,dx = \int (x^2+x+1)\,dx = \frac{x^3}{3}+\frac{x^2}{2}+x+C$

(2) $\displaystyle\int \frac{x^3-x^2+x-1}{x^2+1}\,dx = \int \frac{(x^2+1)(x-1)}{x^2+1}\,dx = \frac{1}{2}x^2-x+C$

(3) $\displaystyle\int \frac{x+2}{x+1}\,dx = \int \left(1+\frac{1}{x+1}\right)dx = x+\ln|x+1|+C$

(4) $\displaystyle\int \frac{x^2}{x+1}\,dx = \int \left(x-1+\frac{1}{x+1}\right)dx = \frac{x^2}{2}-x+\ln|x+1|+C$

이제, 분자의 차수가 분모의 차수보다 작은 분수함수를 적분하는 방법에 대해 알아보자. 예로서, 분수함수 $\dfrac{x+4}{x^2-x-2}$를

$$\frac{x+4}{x^2-x-2} = \frac{A}{x-2}+\frac{B}{x+1}$$

라 두면, $A=2$, $B=-1$을 얻는다. 이러한 형태로 분수함수를 변형하는 것을 부분분수(partial fraction) 분해한다고 한다. 일반적으로, 분모 $f(x)$가 이차 이상의 다항식인 경우 분수함수를 적당한 형태의 부분분수로 분해하여 부정적분을 구한다. 여기서는 간단한 분수함수의 경우에 대해서만 다룬다.

예제 5.1.6 다음 부정적분을 구하여라.

(1) $\displaystyle\int \frac{x+4}{x^2-x-2}\,dx$ (2) $\displaystyle\int \frac{4}{x^2-4}\,dx$

(3) $\displaystyle\int \frac{1}{(x-2)(x+3)}\,dx$ (4) $\displaystyle\int \frac{2x}{x^2-1}\,dx$

풀이 (1) $$\int \frac{x+4}{x^2-x-2}dx = \int\left(\frac{2}{x-2}-\frac{1}{x+1}\right)dx$$
$$= 2\ln|x-2| - \ln|x+1| + C$$
$$= \ln\frac{(x-2)^2}{|x+1|} + C$$

(2) $$\int \frac{4}{x^2-4}dx = \int\left(\frac{1}{x-2}-\frac{1}{x+2}\right)dx$$
$$= \ln|x-2| - \ln|x+2| + C$$
$$= \ln\left|\frac{x-2}{x+2}\right| + C$$

(3) $$\int \frac{1}{(x-2)(x+3)}dx = \int \frac{1}{5}\left(\frac{1}{x-2}-\frac{1}{x+3}\right)dx$$
$$= \frac{1}{5}(\ln|x-2| - \ln|x+3|) + C$$
$$= \frac{1}{5}\ln\left|\frac{x-2}{x+3}\right| + C$$

(4) $$\int \frac{2x}{x^2-1}dx = \int \frac{1}{x-1}dx + \int \frac{1}{x+1}dx$$
$$= \ln|x-1| + \ln|x+1| + C$$
$$= \ln|x^2-1| + C$$

문제 5.1.3

※ 다음 부정적분을 구하여라.

(1) $\int \frac{x^2+2x-3}{x-1}dx$

(2) $\int \frac{x^3-1}{x^2+x+1}dx$

(3) $\int \frac{x^3+1}{x^2-x+1}dx$

(4) $\int \frac{x-2}{x-3}dx$

(5) $\int \frac{1}{(x-3)(x+2)}dx$

(6) $\int \frac{1}{(x-1)(x+2)}dx$

(7) $\int \frac{x+3}{x^2-2x-3}dx$

(8) $\int \frac{3x}{x^2-9}dx$

5.1.2 치환적분법과 부분적분법

예를 들어, 부정적분

$$\int (2x+1)^{100}dx$$

를 구하고자할 때, $(2x+1)^{100}$을 모두 전개하여 구할 수도 있을 것이다. 그러나 이것은 너무나 많은 시간이 필요하며 비효율적이다. 이러한 문제를 해결하기 위하여 다음의 치환적분법을 생각해보자.

치환적분법

$u=f(x)$가 미분가능한 함수이면, $du=f'(x)\,dx$이므로

$$\int g(f(x))f'(x)\,dx = \int g(u)\,du$$

이다. 이와 같은 방법으로 적분을 구하는 것을 치환적분법(integration by substitution)이라 한다.

예제 5.1.7 다음 부정적분을 구하여라.

(1) $\int (2x+1)^{100}\,dx$ (2) $\int \sqrt{1-t}\;dt$

(3) $\int \sin^2 x \cos x\,dx$ (4) $\int \sin 2x \cos x\,dx$

풀이 (1) $u=2x+1$로 두면, $dx=\frac{1}{2}du$이므로 부정적분은 다음과 같다.

$$\int (2x+1)^{100}dx = \frac{1}{2}\int u^{100}du = \frac{1}{202}u^{101}+C$$
$$= \frac{1}{202}(2x+1)^{101}+C$$

(2) $u=1-t$로 두면, $dt=-du$이므로 부정적분은 다음과 같다.

$$\int \sqrt{1-t}\;dt = -\int \sqrt{u}\;du = -\frac{2}{3}u^{\frac{3}{2}}+C$$
$$= -\frac{2}{3}(1-t)^{\frac{3}{2}}+C$$

(3) $u=\sin x$로 두면, $\cos x\,dx=du$이므로 부정적분은 다음과 같다.

$$\int \sin^2 x \cos x\,dx = \int u^2 du = \frac{1}{3}u^3+C$$
$$= \frac{1}{3}\sin^3 x + C$$

(4) $u=\cos x$로 두면, $-\sin x\,dx=du$이고 $\sin 2x \cos x = 2\sin x \cos^2 x$이므로, 부정적분은 다음과 같다.

$$\int \sin 2x \cos x \, dx = 2\int \sin x \cos^2 x \, dx = -2\int u^2 du$$
$$= -\frac{2}{3}u^3 + C = -\frac{2}{3}\cos^3 x + C$$

부분적분법

두 함수 $f(x)$, $g(x)$가 미분가능할 때

$$\{f(x)g(x)\}' = f'(x)g(x) + f(x)g'(x)$$

이므로

$$f(x)g'(x) = \{f(x)g(x)\}' - f'(x)g(x)$$

이다. 따라서 양변을 x에 관해서 적분하면

$$\int f(x)g'(x)\,dx = \int \{f(x)g(x)\}'\,dx - \int f'(x)g(x)\,dx$$
$$= f(x)g(x) - \int f'(x)g(x)\,dx$$

이다. 이러한 방법으로 적분을 구하는 것을 부분적분법(integration by parts)이라 한다.

예제 5.1.8 다음을 적분하여라.

(1) $\int x e^x \, dx$ (2) $\int \ln x \, dx$ (3) $\int \sin^3 x \, dx$

풀이 (1) $\int x e^x \, dx = \int x (e^x)' \, dx = x e^x - \int e^x \, dx = x e^x - e^x + C$

(2) $\int \ln x \, dx = \int \ln x \, (x)' \, dx = x \ln x - \int 1 \, dx = x \ln x - x + C$

(3) $f(x) = \sin^2 x$, $g'(x) = \sin x$라 두면, $f'(x) = 2\sin x \cos x$, $g(x) = -\cos x$이므로

$$\int \sin^3 dx = \int \sin^2 x \sin x \, dx$$
$$= -\sin^2 x \cos x + \int 2\sin x \cos^2 x \, dx$$
$$= -\sin^2 x \cos x + 2\int \sin x (1 - \sin^2 x) \, dx$$
$$= -\sin^2 x \cos x - 2\cos x - 2\int \sin^3 x \, dx$$

이다. 따라서 구하려는 부정적분은 다음과 같다.

$$\int \sin^3 x \, dx = -\frac{1}{3}\cos x (\sin^2 x + 2) + C$$

문제 5.1.4

1. 다음 부정적분을 치환적분법으로 구하여라.

(1) $\int (4x-1)^3\,dx$　　(2) $\int x^2(x^3+1)^3\,dx$

(3) $\int \sqrt{2x-1}\,dx$　　(4) $\int (2x-1)\sqrt{2x-1}\,dx$

(5) $\int x e^{x^2}dx$　　(6) $\int \sin x\cos^2 x\,dx$

2. 다음 부정적분을 부분적분법으로 구하여라.

(1) $\int x\ln x\,dx$　　(2) $\int x^2\ln x\,dx$

(3) $\int \cos^3 x\,dx$　　(4) $\int xe^{3x}\,dx$

(5) $\int \sec^2 x\tan x\,dx$　　(6) $\int x(\ln x)^2\,dx$

5.1 연습문제

1. 다음 부정적분을 구하여라.

(1) $\int (5x^4 - 3x^2 + 6)\,dx$

(2) $\int 2x(x-1)^3\,dx$

(3) $\int (4\sin t + 2\cos t)\,dt$

(4) $\int \left(\frac{1}{t^2} - \cos t\right)dt$

(5) $\int \frac{x^5 + 2x^2 - 1}{x^4}\,dx$

(6) $\int \frac{x^3 - 2}{x+1}\,dx$

(7) $\int \frac{2}{(x-1)(x+5)}\,dx$

(8) $\int \frac{4x-5}{x^2 - 5x + 6}\,dx$

2. $\frac{d}{dx}F(x) = 2x - 1$, $F(0) = 1$을 만족하는 함수 $F(x)$를 구하여라.

3. 다음 부정적분을 구하여라.

(1) $\int \sqrt{1-2x}\,dx$

(2) $\int x^5\sqrt{1-x^3}\,dx$

(3) $\int \sqrt{\tan x}\,\sec^2 x\,dx$

(4) $\int \frac{\sin x \cos x}{1-\cos x}\,dx$

(5) $\int \frac{\sin x}{\sin^2 x - 3\cos^2 x}\,dx$

(6) $\int x^3 \ln x\,dx$

(7) $\int x^2 e^x\,dx$

(8) $\int e^{ax}\cos bx\,dx$

5.2 정적분

이 절에서는 정적분을 정의하여 부정적분과의 관계를 살펴보고, 정적분의 기본정리를 이용하여 정적분을 구하는 방법을 알아본다.

5.2.1 구분구적법과 정적분

한 도형의 넓이나 부피를 구하려는 경우, 주어진 도형을 넓이나 부피를 알고 있는 도형으로 세분하여 근삿값을 구한 다음, 이 근삿값의 극한을 계산하여 도형의 넓이나 부피를 구하는 방법을 구분구적법(measuration by parts)이라 한다.

예로, 포물선 $y = x^2$과 x축 및 직선 $x = 1$로 둘러싸인 영역의 넓이를 다음 두 가지 방법의 구분구적법으로 구해보자.

먼저, 그림 5.1에서와 같이, 구간 $[0, 1]$을 n등분하여 곡선 $y = x^2$에 외접하는 직사각형들의 넓이의 합을 생각해보자. 각 직사각형의 가로의 길이는 $\frac{1}{n}$이고 세로의 길이는 각 직사각형 오른쪽 변의 x좌표를 주어진 포물선 $y = x^2$에 대입한 함숫값이다. 따라서

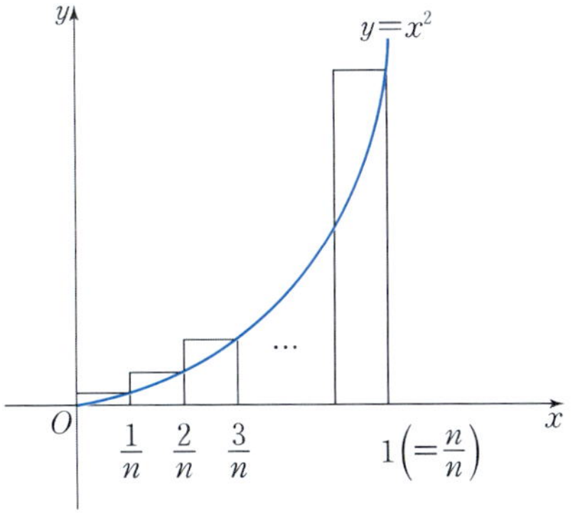

그림 5.1

$$\text{첫 번째 외접 직사각형 넓이} = \frac{1}{n} \times \left(\frac{1}{n}\right)^2$$

$$\text{두 번째 외접 직사각형 넓이} = \frac{1}{n}\times\left(\frac{2}{n}\right)^2$$

$$\text{세 번째 외접 직사각형 넓이} = \frac{1}{n}\times\left(\frac{3}{n}\right)^2$$

$$\vdots$$

$$n\,\text{번째 외접 직사각형 넓이} = \frac{1}{n}\times\left(\frac{n}{n}\right)^2$$

이므로, 이들 n개의 외접 직사각형 넓이의 합 S_n은

$$\begin{aligned} S_n &= \frac{1}{n}\left(\frac{1}{n}\right)^2 + \frac{1}{n}\left(\frac{2}{n}\right)^2 + \frac{1}{n}\left(\frac{3}{n}\right)^2 + \cdots + \frac{1}{n}\left(\frac{n}{n}\right)^2 \\ &= \frac{1}{n^3}(1^2+2^2+3^2+\cdots+n^2) = \frac{1}{n^3}\left\{\frac{n(n+1)(2n+1)}{6}\right\} \end{aligned}$$

로 주어진다. 그러므로 구하려는 넓이 S는 다음과 같다.

$$S = \lim_{n\to\infty}\frac{n(n+1)(2n+1)}{6n^3} = \frac{1}{3}$$

다음으로, 그림 5.2에서와 같이, 구간 $[0, 1]$을 n등분하여 곡선 $y=x^2$에 내접하는 직사각형들의 넓이의 합을 생각해보자. 각 직사각형의 가로의 길이는 $\frac{1}{n}$이고 세로의 길이는 각 직사각형 왼쪽 변의 x좌표를 $y=x^2$에 대입한 함숫값이다. 따라서

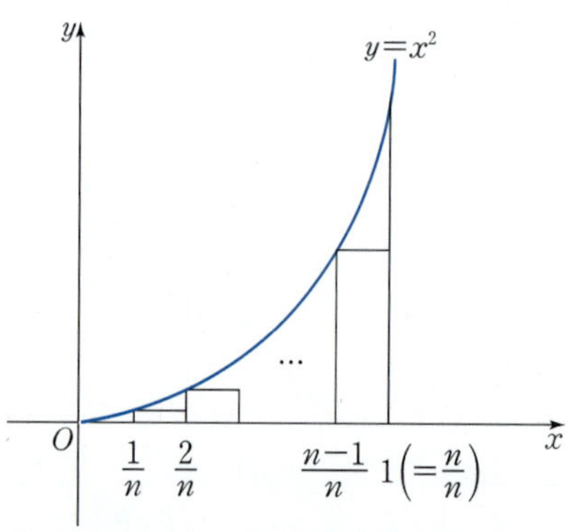

그림 5.2

$$\text{첫 번째 내접 직사각형 넓이} = \frac{1}{n}\times\left(\frac{0}{n}\right)^2$$

$$\text{두 번째 내접 직사각형 넓이} = \frac{1}{n}\times\left(\frac{1}{n}\right)^2$$

$$\text{세 번째 내접 직사각형 넓이} = \frac{1}{n} \times \left(\frac{2}{n}\right)^2$$

$$\vdots$$

$$n\text{번째 내접 직사각형 넓이} = \frac{1}{n} \times \left(\frac{n-1}{n}\right)^2$$

이므로, 이들 내접 직사각형 모두의 넓이의 합 S_n은

$$\begin{aligned} S_n &= \frac{1}{n}\left(\frac{0}{n}\right)^2 + \frac{1}{n}\left(\frac{1}{n}\right)^2 + \frac{1}{n}\left(\frac{2}{n}\right)^2 + \cdots + \frac{1}{n}\left(\frac{n-1}{n}\right)^2 \\ &= \frac{1}{n^3}\{1^2 + 2^2 + 3^2 + \cdots + (n-1)^2\} = \frac{1}{n^3}\left\{\frac{n(n-1)(2n-1)}{6}\right\} \end{aligned}$$

로 주어진다. 그러므로 구하려는 넓이 S는 다음과 같다.

$$S = \lim_{n\to\infty} \frac{n(n-1)(2n-1)}{6n^3} = \frac{1}{3}$$

따라서 위의 두 가지 접근 방법의 결과는 같음을 알 수 있다.

예제 5.2.1 포물선 $y = x^2$과 x축 및 직선 $x = 2$로 둘러싸인 영역의 넓이를 구분구적법으로 구하여라.

풀이 구간 $[0, 2]$를 n등분하여 곡선 $y = x^2$에 외접하는 직사각형들의 넓이의 합을 생각해 보자. 각 직사각형의 가로의 길이는 $\frac{2}{n}$이고 세로의 길이는 각 직사각형 오른쪽 변의 x좌표를 $y = x^2$에 대입한 함숫값이므로, 이들 n개의 직사각형 넓이의 합 S_n은

$$\begin{aligned} S_n &= \frac{2}{n}\left(\frac{2}{n}\right)^2 + \frac{2}{n}\left(\frac{4}{n}\right)^2 + \frac{2}{n}\left(\frac{6}{n}\right)^2 + \cdots + \frac{2}{n}\left(\frac{2n}{n}\right)^2 \\ &= \frac{8}{n^3}(1^2 + 2^2 + 3^2 + \cdots + n^2) \\ &= \frac{8}{n^3}\left\{\frac{n(n+1)(2n+1)}{6}\right\} \end{aligned}$$

로 주어진다. 그러므로 구하려는 넓이 S는 다음과 같다.

$$S = 8\lim_{n\to\infty} \frac{n(n+1)(2n+1)}{6n^3} = \frac{8}{3}$$

문제 5.2.1

※ 다음에 주어진 각 영역의 넓이를 구분구적법으로 구하여라.

(1) 직선 $y=x$와 x축 및 직선 $x=2$로 둘러싸인 영역

(2) 곡선 $y=x^3$과 x축 및 직선 $x=1$로 둘러싸인 영역

이제, $f(x)$가 구간 $[a,\ b]$에서 $f(x)>0$인 연속함수라고 가정하자. 그림 5.3에서와 같이 $[a,\ b]$의 한 분할

$$a=x_0<x_1<x_2<\cdots<x_{n-1}<x_n=b$$

에 대하여, 각 구간 $[x_{i-1},\ x_i]$에서 임의의 점 x_i^*를 택하고 $\Delta x_i=x_i-x_{i-1}$라 두면, 구분구적법에 의해 곡선 $y=f(x)$와 직선 $x=a,\ x=b,\ x$축으로 둘러싸인 도형의 넓이 S는 다음과 같이 나타낼 수 있다.

$$S=\lim_{\max \Delta x_i \to 0}\sum_{i=1}^{n} f(x_i^*)\,\Delta x_i$$

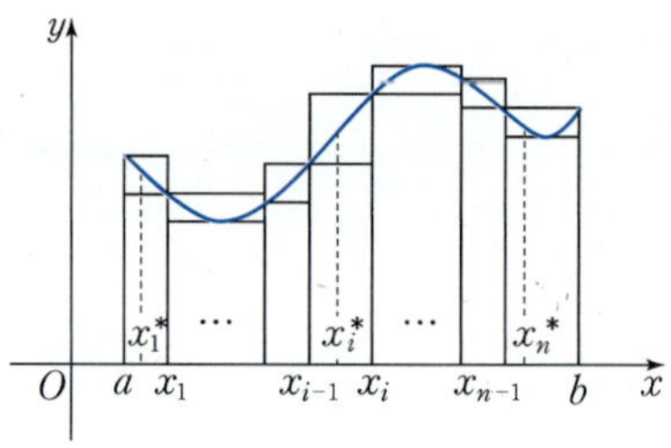

그림 5.3

일반적으로, $f(x)$가 구간 $[a,b]$에서 연속이면, 그림 5.4에서와 같이

$$\lim_{\max \Delta x_i \to 0}\sum_{i=1}^{n} f(x_i^*)\,\Delta x_i$$

는 x축 위쪽에 있는 도형의 넓이와 x축 아래쪽에 있는 도형의 넓이에 음(−)의 부호를 붙여 합한 값이 된다. 이 극한을 $x=a$에서 b까지 $f(x)$의 정적분(definite integral)이라 하고, 다음과 같이 나타낸다.

$$\int_a^b f(x)\,dx=\lim_{\max \Delta x_i \to 0}\sum_{i=1}^{n} f(x_i^*)\,\Delta x_i$$

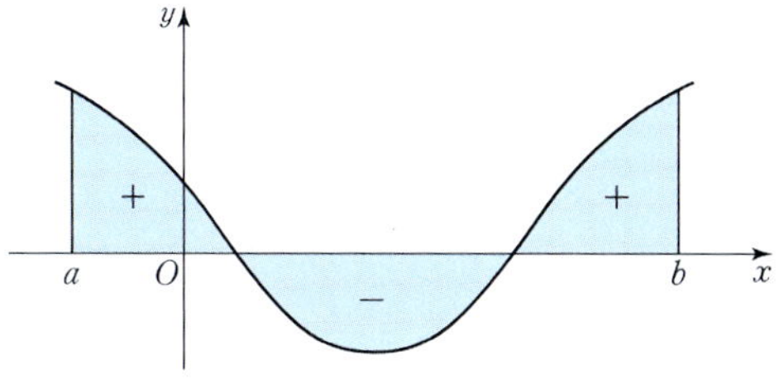

그림 5.4

5.2.2 정적분의 성질

이제부터는 특별한 언급이 없으면, 모든 피적분함수는 주어진 구간에서 연속이라고 가정한다.

정리 5.2.1

(1) $\int_a^b kf(x)\,dx = k\int_a^b f(x)\,dx \quad$ (k는 상수)

(2) $\int_a^b \{f(x)+g(x)\}\,dx = \int_a^b f(x)\,dx + \int_a^b g(x)\,dx$

| 증명 | (1) $F(x)=kf(x)$라 두면, 다음을 만족한다.

$$\begin{aligned}\int_a^b kf(x)\,dx &= \lim_{\max \Delta x_i \to 0} \sum_{i=1}^{n} F(x_i^*)\,\Delta x_i \\ &= k \lim_{\max \Delta x_i \to 0} \sum_{i=1}^{n} f(x_i^*)\,\Delta x_i = k\int_a^b f(x)\,dx\end{aligned}$$

(2) $F(x)=f(x)+g(x)$라 두면 $F(x_i^*)=f(x_i^*)+g(x_i^*)$이므로, (1)과 같은 방법으로 증명할 수 있다. ■

참고 이전까지는 $a<b$일 때, 구간 $[a,b]$에서 함수 $f(x)$의 정적분을 정의하였으나, $a>b$ 또는 $a=b$인 경우는 다음과 같이 정의한다. 이와 같이 확장된 정적분에 대해서도 정리 5.2.1이 성립함은 명백하다.

$$\int_a^b f(x)\,dx = -\int_b^a f(x)\,dx \qquad (a>b)$$

$$\int_a^a f(x)\,dx = 0$$

정리 5.2.2

구간 $[a, b]$에서 $f(x) \geq g(x)$이면, 다음이 성립한다.

$$\int_a^b f(x)\,dx \geq \int_a^b g(x)\,dx$$

|증명| $\displaystyle\int_a^b f(x)\,dx - \int_a^b g(x)\,dx = \int_a^b \{f(x) - g(x)\}\,dx$

$$= \lim_{\max \Delta x_i \to 0} \sum_{i=1}^{n} \left\{f(x_i^*) - g(x_i^*)\right\} \Delta x_i \geq 0$$

로부터, 정리가 증명된다. ■

다음의 정리는 미분법에서의 평균값의 정리와 그 성질이 유사하다. 따라서 이를 적분에 관한 평균값의 정리라고 한다.

정리 5.2.3

구간 $[a, b]$에서 함수 $f(x)$가 연속이면

$$\int_a^b f(x)\,dx = f(c)(b-a)$$

를 만족하는 c가 구간 $[a, b]$에 적어도 하나 존재한다.

|증명| $f(x)$가 $[a, b]$에서 연속이므로, $f(x)$는 주어진 구간에서 최댓값 M과 최솟값 m을 갖는다. 한편, $m \leq f(x) \leq M$이므로

$$m(b-a) \leq \int_a^b f(x)\,dx \leq M(b-a)$$

를 만족한다. 즉

$$m \leq \frac{1}{b-a}\int_a^b f(x)\,dx \leq M$$

이므로, 사이값의 정리에서

$$\frac{1}{b-a}\int_a^b f(x)\,dx = f(c) \qquad (a \leq c \leq b)$$

를 만족하는 c가 적어도 하나 존재한다. 따라서 정리에 주어진 식을 얻는다.

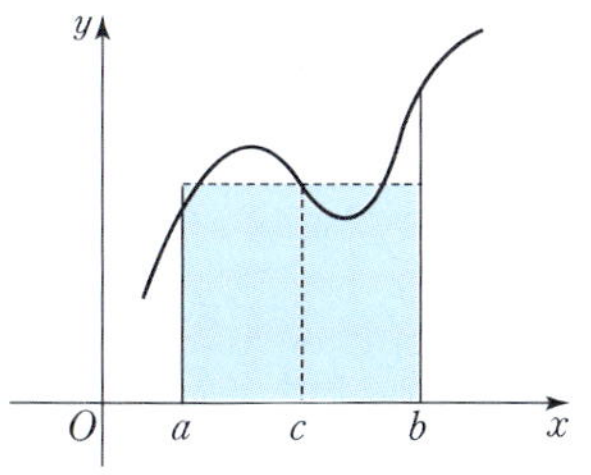

그림 5.5

■

정리 5.2.4

$$\int_a^b f(x)\,dx = \int_a^c f(x)\,dx + \int_c^b f(x)\,dx$$

| 증명 | $a<c<b$인 경우를 증명하면, 나머지 경우는 정의의 확장을 이용하여 쉽게 증명할 수 있다. c를 하나의 분점 x_m으로 하는 $[a, b]$의 한 분할

$$a = x_0 < \cdots < x_m = c < \cdots < x_n = b$$

에서 $x_{i-1} \le x_i^* \le x_i$라 하면

$$\sum_{i=1}^{n} f(x_i^*)\,\Delta x_i = \sum_{i=1}^{m} f(x_i^*)\,\Delta x_i + \sum_{i=m+1}^{n} f(x_i^*)\,\Delta x_i$$

로 나타낼 수 있다. 따라서

$$\begin{aligned}\int_a^b f(x)\,dx &= \lim_{\max \Delta x_i \to 0} \sum_{i=1}^{n} f(x_i^*)\,\Delta x_i \\ &= \lim_{\max \Delta x_i \to 0} \left\{ \sum_{i=1}^{m} f(x_i^*)\,\Delta x_i + \sum_{i=m+1}^{n} f(x_i^*)\,\Delta x_i \right\} \\ &= \int_a^c f(x)\,dx + \int_c^b f(x)\,dx\end{aligned}$$

가 성립한다. ■

5.2.3 미적분의 기본정리

함수 $f(x)$가 구간 $[a, b]$에서 연속일 때, $[a, b]$에 속하는 한 점 x에 대해서

$$\int_a^x f(t)\,dt$$

의 값은 유일하게 정해진다. 따라서

$$F(x) = \int_a^x f(t)\,dt$$

로 정의하면, $F(x)$는 구간 $[a, b]$에서 x에 관한 함수이다. 그리고

$$F(x+\Delta x) - F(x) = \int_a^{x+\Delta x} f(t)\,dt - \int_a^x f(t)\,dt = \int_x^{x+\Delta x} f(t)\,dt$$

이므로, 적분에 관한 평균값의 정리(정리 5.2.3)에 의해

$$\frac{F(x+\Delta x) - F(x)}{\Delta x} = \frac{1}{\Delta x}\int_x^{x+\Delta x} f(t)\,dt = f(c)$$

를 만족하는 c가 구간 $[x, x+\Delta x]$에 적어도 하나 존재한다. 따라서 $\Delta x \to 0$이면 $c \to x$이고 $f(x)$가 연속이므로, 다음을 만족한다.

$$F'(x) = \lim_{\Delta x \to 0} \frac{F(x+\Delta x) - F(x)}{\Delta x} = \lim_{c \to x} f(c) = f(x)$$

이로부터, 다음의 정리를 얻는다.

정리 5.2.5

$f(x)$가 구간 $[a, b]$에서 연속함수이면, $F(x) = \int_a^x f(t)\,dt$는 $f(x)$의 한 부정적분이다. 따라서 모든 연속함수는 부정적분을 갖는다.

다음 정리는 정적분과 부정적분과의 관계를 알 수 있는 아주 유용한 정리이다.

정리 5.2.6

구간 $[a, b]$에서 연속인 함수 $f(x)$의 한 부정적분을 $G(x)$라 하면, 다음이 성립한다.

$$\int_a^b f(x)\,dx = G(b) - G(a)$$

| 증명 | $F(x) = \int_a^x f(t)\,dt$는 $f(x)$의 한 부정적분이므로

$$F(x) = G(x) + C$$

이고

$$F(a)=\int_a^a f(t)\,dt=0,\quad \text{즉}\ G(a)+C=0$$

이다. 따라서 다음이 성립한다.

$$\int_a^b f(x)\,dx=F(b)=G(b)+C=G(b)-G(a)$$

■

참고 | $G(b)-G(a)$를 기호 $[G(x)]_a^b$로 종종 표기하여 사용한다.

예제 5.2.2 다음 정적분을 구하여라.

(1) $\int_1^2 x^2\,dx$ (2) $\int_1^4 \sqrt{x}\,dx$ (3) $\int_1^2 \frac{2x+1}{x^2}\,dx$

풀이 (1) $\int_1^2 x^2\,dx=\left[\frac{1}{3}x^3\right]_1^2=\frac{8}{3}-\frac{1}{3}=\frac{7}{3}$

(2) $\int_1^4 \sqrt{x}\,dx=\left[\frac{2}{3}x^{\frac{3}{2}}\right]_1^4=\frac{16}{3}-\frac{2}{3}=\frac{14}{3}$

(3) $\int_1^2 \frac{2x+1}{x^2}\,dx=\int_1^2\left(\frac{2}{x}+\frac{1}{x^2}\right)dx=2\int_1^2\frac{1}{x}\,dx+\int_1^2\frac{1}{x^2}\,dx$

$$=2[\ln x]_1^2+\left[-\frac{1}{x}\right]_1^2=2\ln 2+\frac{1}{2}$$

예제 5.2.3 정적분 $\int_0^2 |\sqrt{x}-1|\,dx$을 구하여라.

풀이 $\int_0^2|\sqrt{x}-1|\,dx=\int_0^1(-\sqrt{x}+1)\,dx+\int_1^2(\sqrt{x}-1)\,dx$

$$=\left[-\frac{2}{3}x^{3/2}+x\right]_0^1+\left[\frac{2}{3}x^{3/2}-x\right]_1^2$$

$$=\left(-\frac{2}{3}+1\right)+\left\{\left(\frac{4}{3}\sqrt{2}-2\right)-\left(\frac{2}{3}-1\right)\right\}$$

$$=\frac{4(\sqrt{2}-1)}{3}$$

문제 5.2.2

※ 다음 정적분을 구하여라.

(1) $\displaystyle\int_1^4 x\sqrt{x}\,dx$ (2) $\displaystyle\int_0^{\pi/2}\sin x\,dx$ (3) $\displaystyle\int_1^{e^2}\frac{1}{x}\,dx$

(4) $\displaystyle\int_0^1 \frac{e^x - e^{-x}}{2}\,dx$ (5) $\displaystyle\int_{1/e}^{e}\frac{|x-1|}{x}\,dx$ (6) $\displaystyle\int_1^8 \frac{|x-2|}{x^2}\,dx$

5.2.4 정적분의 계산

다음으로, 치환적분법과 부분적분법을 이용한 정적분의 계산에 대해서 알아보자.

치환적분법

정적분 $\int_a^b f(x)\,dx$를 치환 $x=\phi(t)$를 이용하여 구해보자. t가 α에서 β까지 움직일 때, $\phi(t)$가 부호가 일정한 연속인 도함수를 가진다고 하자. 단, $\phi(\alpha)=a$, $\phi(\beta)=b$이다. 이때, $f(x)$의 한 부정적분을 $F(x)$라 하면

$$\frac{d}{dt}F(\phi(t)) = F'(\phi(t))\phi'(t) = f(\phi(t))\phi'(t)$$

이므로, 다음이 성립한다.

$$\begin{aligned}\int_\alpha^\beta f(\phi(t))\,\phi'(t)\,dt &= [F(\phi(t))]_\alpha^\beta \\ &= F(b) - F(a) = \int_a^b f(x)\,dx\end{aligned}$$

예제 5.2.4 다음 정적분을 구하여라.

(1) $\displaystyle\int_0^1 (2x+1)^3\,dx$ (2) $\displaystyle\int_0^1 \sqrt{1-t}\,dt$ (3) $\displaystyle\int_0^{\pi/2}\sin^3 x\cos x\,dx$

풀이 (1) $u=2x+1$로 두면 $du=2dx$이고, $x=0$일 때 $u=1$, $x=1$일 때 $u=3$이므로, 다음이 성립한다.

$$\begin{aligned}\int_0^1 (2x+1)^3\,dx &= \int_1^3 u^3\cdot\frac{1}{2}\,du \\ &= \frac{1}{2}\int_1^3 u^3\,du = \frac{1}{8}[u^4]_1^3 = 10\end{aligned}$$

(2) $u=1-t$로 두면 $dt=-dt$이고, $t=0$일 때 $u=1$, $t=1$일 때 $u=0$이므로, 다음이 성립한다.

$$\begin{aligned}\int_0^1 \sqrt{1-t}\,dt &= \int_1^0 \sqrt{u}\cdot(-du)\\ &= \int_0^1 \sqrt{u}\,du = \left[\frac{2}{3}u^{3/2}\right]_0^1 = \frac{2}{3}\end{aligned}$$

(3) $t=\sin x$로 두면 $dt=\cos x\,dx$이고 $x=0$일 때 $t=0$, $x=\frac{\pi}{2}$일 때 $t=1$이므로, 다음이 성립한다.

$$\int_0^{\pi/2} \sin^3 x\cos x\,dx = \int_0^1 t^3\,dt = \left[\frac{t^4}{4}\right]_0^1 = \frac{1}{4}$$

예제 5.2.5 $f(x)$가 짝함수이면

$$\int_{-a}^{a} f(x)\,dx = 2\int_0^a f(x)\,dx$$

이고, $f(x)$가 홀함수이면

$$\int_{-a}^{a} f(x)\,dx = 0$$

임을 보여라.

|증명| $x=-t$라 두면

$$\int_{-a}^{0} f(x)\,dx = \int_a^0 f(-t)(-1)\,dt = \int_0^a f(-t)dt = \int_0^a f(-x)\,dx$$

이므로

$$\begin{aligned}\int_{-a}^{a} f(x)\,dx &= \int_{-a}^{0} f(x)\,dx + \int_0^a f(x)\,dx\\ &= \int_0^a \{f(-x)+f(x)\}\,dx\end{aligned}$$

이다. 여기서

$f(x)$가 짝함수이면 $f(-x)+f(x)=2f(x)$
$f(x)$가 홀함수이면 $f(-x)+f(x)=0$

이므로, 예제가 증명된다. ■

문제 5.2.3

※ 다음 정적분을 구하여라.

(1) $\displaystyle\int_0^1 (4x-1)^3\,dx$ (2) $\displaystyle\int_{1/2}^1 \sqrt{2x-1}\,dx$ (3) $\displaystyle\int_0^3 \frac{x}{\sqrt{4-x}}\,dx$

(4) $\displaystyle\int_0^{\pi/4} \tan x\,dx$ (5) $\displaystyle\int_0^{\pi/2} \cos^3 x\,dx$ (6) $\displaystyle\int_1^e \frac{\ln x}{x}\,dx$

부분적분법

두 함수 $f(x)$, $g(x)$가 구간 $[a, b]$에서 연속인 도함수를 가진다고 하자.

$$\{f(x)g(x)\}' = f'(x)g(x) + f(x)g'(x)$$

이므로

$$\int_a^b \{f(x)g'(x) + f'(x)g(x)\}dx = [f(x)g(x)]_a^b$$

이다. 따라서 다음이 성립한다.

$$\int_a^b f(x)g'(x)\,dx = [f(x)g(x)]_a^b - \int_a^b f'(x)g(x)\,dx$$

예제 5.2.6 정적분 $\displaystyle\int_0^1 x e^x\,dx$를 구하여라.

풀이 $\displaystyle\int_0^1 x e^x\,dx = \int_0^1 x(e^x)'\,dx = [x e^x]_0^1 - \int_0^1 e^x\,dx = (e-0)-(e-1) = 1$

문제 5.2.4

※ 다음 정적분을 구하여라.

(1) $\displaystyle\int_0^{\pi/2} x\sin x\,dx$ (2) $\displaystyle\int_0^{\pi/2} e^x \sin x\,dx$ (3) $\displaystyle\int_1^e \frac{\ln x}{x^2}\,dx$

(4) $\displaystyle\int_1^2 x\ln x\,dx$ (5) $\displaystyle\int_1^2 x^3 \ln x\,dx$ (6) $\displaystyle\int_0^1 x^2 e^x\,dx$

정적분을 이용한 극한의 계산

정적분의 정의로부터, 구간 $[a,\ b]$에서 $\Delta x = \dfrac{b-a}{n}$, $x_k^* = (b-a)\dfrac{k}{n}$라 두면

$$\lim_{n\to\infty} \sum_{k=1}^{n} f\left(a + \frac{(b-a)k}{n}\right)\frac{b-a}{n} = \int_a^b f(x)\,dx$$

임을 알 수 있다.

이러한 사실을 이용하여, 다음 예제의 극한을 구해보자.

예제 5.2.7 다음 극한을 구하여라.

$$\lim_{n\to\infty} \frac{1}{n}\left(\sqrt{\frac{1}{n}} + \sqrt{\frac{2}{n}} + \cdots + \sqrt{\frac{n}{n}}\right)$$

풀이 $\displaystyle \lim_{n\to\infty} \frac{1}{n}\left(\sqrt{\frac{1}{n}} + \sqrt{\frac{2}{n}} + \cdots + \sqrt{\frac{n}{n}}\right) = \lim_{n\to\infty}\sum_{k=1}^{n}\sqrt{\frac{k}{n}}\cdot\frac{1}{n}$

$$= \int_0^1 \sqrt{x}\,dx = \left[\frac{2}{3}x^{3/2}\right]_0^1 = \frac{2}{3}$$

예제 5.2.8 다음 극한을 구하여라.

$$\lim_{n\to\infty} \frac{1}{n^5}\left((n+1)^4 + (n+2)^4 + (n+3)^4 + \cdots + (2n)^4\right)$$

풀이 $\displaystyle \lim_{n\to\infty}\frac{1}{n}\left(\left(1+\frac{1}{n}\right)^4 + \left(1+\frac{2}{n}\right)^4 + \left(1+\frac{3}{n}\right)^4 + \cdots + \left(1+\frac{n}{n}\right)^4\right)$

$$= \lim_{n\to\infty}\sum_{k=1}^{n}\left(1+\frac{k}{n}\right)^4\cdot\frac{1}{n}$$

$$= \int_1^2 x^4\,dx = \left[\frac{1}{5}x^5\right]_1^2 = \frac{31}{5}$$

$\left(\text{또는, } = \displaystyle\int_0^1 (1+x)^4\,dx = \left[\frac{1}{5}(1+x)^5\right]_0^1 = \frac{31}{5}\right)$

문제 5.2.5

※ 다음 극한을 구하여라.

(1) $\lim_{n\to\infty} \frac{1}{n^4}(1^3+2^3+3^3+\cdots+n^3)$

(2) $\lim_{n\to\infty} \frac{1}{n}\left\{\left(1+\frac{1}{n}\right)^2+\left(1+\frac{2}{n}\right)^2+\cdots+\left(1+\frac{n}{n}\right)^2\right\}$

(3) $\lim_{n\to\infty} \frac{1}{n}\left(\sin\frac{\pi}{n}+\sin\frac{2\pi}{n}+\cdots+\sin\frac{n\pi}{n}\right)$

5.2 연습문제

1. 다음 정적분을 구하여라.

(1) $\displaystyle\int_0^1 (x+1)^4\,dx$

(2) $\displaystyle\int_1^2 \frac{1-2x^2}{x^3}\,dx$

(3) $\displaystyle\int_0^{\pi/2} (\cos^2 x - \cos x)\,dx$

(4) $\displaystyle\int_2^3 \frac{1}{x^2-1}\,dx$

(5) $\displaystyle\int_0^{\pi/2} x^2 \sin x\,dx$

(6) $\displaystyle\int_1^e x \ln x\,dx$

(7) $\displaystyle\int_0^{\pi/2} \sin^4 x \cos x\,dx$

(8) $\displaystyle\int_0^{\pi} \sin^3 x \cos^2 x\,dx$

2. 다음 함수의 x에 관한 도함수를 구하여라.

(1) $\displaystyle\int_1^x \sqrt{4+t^6}\,dt$

(2) $\displaystyle\int_x^5 \sqrt{1+t^4}\,dt$

3. 다음 조건을 만족하는 함수 $f(x)$를 구하여라.

$$f(x) = \frac{1}{x} + \int_1^3 t f(t)\,dt$$

4. $n \to \infty$일 때, 다음 극한을 구하여라.

(1) $\displaystyle\sum_{k=1}^{n} \frac{1}{n+k}$

(2) $\displaystyle\frac{1}{n}\sum_{k=1}^{n} e^{\frac{k}{n}}$

5.3 정적분의 응용

이 절에서는 정적분을 이용하여 곡선으로 둘러싸인 평면도형의 넓이와 입체도형의 부피를 구하는 방법에 대해서 알아본다.

5.3.1 평면도형의 넓이

함수 $y=f(x)$가 x축의 구간 $[a, b]$에서 연속이고 $f(x) \geq 0$일 때, 곡선 $y=f(x)$, 직선 $x=a$, $x=b$와 x축으로 둘러싸인 도형의 넓이는 $x=a$에서 $x=b$까지 $f(x)$의 정적분으로 주어진다. 마찬가지로 함수 $x=g(y)$가 y축의 구간 $[c, d]$에서 연속이고 $g(y) \geq 0$이면, 곡선 $x=g(y)$, 직선 $y=c$, $y=d$와 y축으로 둘러싸인 도형의 넓이는 $y=c$에서 $y=d$까지 $g(y)$의 정적분의 값과 같다. 따라서 정적분의 성질을 이용하면, 여러 가지 평면도형의 넓이를 쉽게 구할 수 있다.

예제 5.3.1 포물선 $y=2x-x^2$과 x축으로 둘러싸인 도형의 넓이를 구하여라.

풀이 $y=2x-x^2=x(2-x)$이므로, 구하려는 넓이 S는 $y=2x-x^2$과 직선 $x=0$, $x=2$ 및 x축으로 둘러싸인 도형의 넓이와 같다. 따라서

$$S=\int_0^2 (2x-x^2)\,dx=\left[x^2-\frac{x^3}{3}\right]_0^2=\frac{4}{3}$$

다음으로, 구간 $[a, b]$에서 두 함수 $f(x)$와 $g(x)$로 둘러싸인 도형의 넓이를 알아보자. 그림 5.6에서 도형 S_1과 S_2의 넓이는 각각

$$S_1=\int_a^c \{f(x)-g(x)\}\,dx, \quad S_2=\int_c^b \{g(x)-f(x)\}\,dx$$

이므로, $[a, b]$에서 $f(x)$와 $g(x)$로 둘러싸인 도형의 넓이 S는

$$S=S_1+S_2=\int_a^b |f(x)-g(x)|\,dx$$

이다.

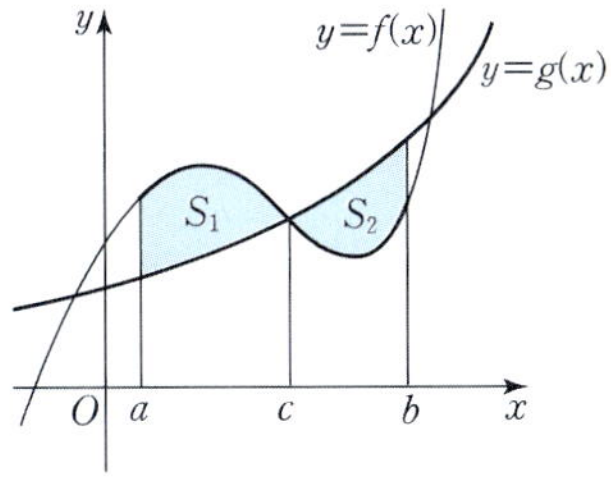

그림 5.6

예제 5.3.2 직선 $y=x+6$과 포물선 $y=x^2$으로 둘러싸인 도형의 넓이를 구하여라.

풀이 $y=x+6$과 $y=x^2$의 교점을 구하면 $(-2, 4)$와 $(3, 9)$이다. 따라서 구하려는 넓이 S는

$$S = \int_{-2}^{3} |x+6-x^2| dx = \int_{-2}^{3} (x+6-x^2)\, dx$$
$$= \left[\frac{x^2}{2} + 6x - \frac{x^3}{3}\right]_{-2}^{3} = \frac{125}{3}$$

이다(그림 5.7 참조).

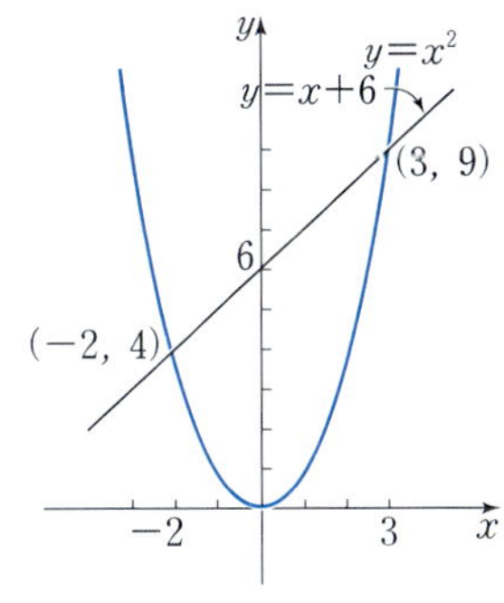

그림 5.7

예제 5.3.3 두 곡선 $y=\sqrt{x}$, $y=\dfrac{1}{x}$ 및 직선 $x=2$로 둘러싸인 도형의 넓이를 구하여라.

풀이 두 곡선의 교점의 x좌표는 방정식 $\sqrt{x}=\dfrac{1}{x}$의 해이므로, $x=1$이다. 따라서 구하려는 넓이 S는 다음과 같나.

$$S = \int_{1}^{2} \left|\sqrt{x} - \frac{1}{x}\right| dx = \int_{1}^{2} \left(\sqrt{x} - \frac{1}{x}\right) dx$$
$$= \left[\frac{2}{3}x^{\frac{3}{2}} - \ln x\right]_{1}^{2} = \frac{2}{3}(2\sqrt{2}-1) - \ln 2$$

문제 5.3.1

※ 다음에 주어진 도형의 넓이를 구하여라.

(1) 포물선 $x=y^2-3$과 y축으로 둘러싸인 도형

(2) 포물선 $y^2=x$와 직선 $x-y=2$로 둘러싸인 영역

(3) 두 곡선 $y=e^x$, $y=e^{-x}$과 두 직선 $x=-1$, $x=1$로 둘러싸인 도형

(4) 두 곡선 $y=e^x$, $y=\ln x$와 두 직선 $y=1$, $y=4$로 둘러싸인 도형

5.3.2 입체도형의 부피

한 입체가 주어졌을 때, 두 평면 $X=a$와 $X=b$ 사이에 있는 도형의 부피 V를 구해 보자. 두 평면 $X=a$와 $X=x$ 사이에 있는 도형의 부피를 $V(x)$라 두면

$$V(b)=V, \quad V(a)=0$$

이다. 또한, 평면 $X=x$로 이 입체를 잘랐을 때의 단면의 넓이 $D(x)$는 x에 관한 연속함수라 가정하자. 구간 $[x, x+\Delta x]$에 대응하는 도형의 부피를 ΔV, 이 구간에서 $D(x)$의 최솟값을 m, 최댓값을 M이라 하면, $\Delta x>0$일 때

$$m\Delta x \le \Delta V \le M\Delta x$$

을 만족한다. 즉, 다음이 성립한다.

$$m \le \frac{\Delta V}{\Delta x} \le M$$

한편, $D(x)$는 연속함수이므로 $\Delta x \to 0$일 때, $m \to D(x)$이고 $M \to D(x)$이다. 따라서

$$\frac{dV}{dx}=\lim_{\Delta x \to 0}\frac{\Delta V}{\Delta x}=D(x)$$

가 성립한다. 그러므로

$$\int_a^b D(x)\,dx = V(b)-V(a)=V$$

이다.

예제 5.3.4 밑면은 반지름이 a인 원이고, 밑면의 한 지름에 수직인 평면으로 잘랐을 때의 단면이 정사각형인 입체도형의 부피를 구하여라.

풀이 주어진 도형을 그림 5.8과 같은 위치에 놓고, 평면 $Y=y$로 잘랐을 때의 단면의 넓이를 $D(y)$라 하면

$$D(y) = 4x^2 = 4(a^2 - y^2)$$

이므로, 구하려는 입체의 부피 V는 다음과 같다.

$$V = \int_{-a}^{a} D(y)\,dy = 4\int_{-a}^{a} (a^2 - y^2)\,dy = \frac{16}{3}a^3$$

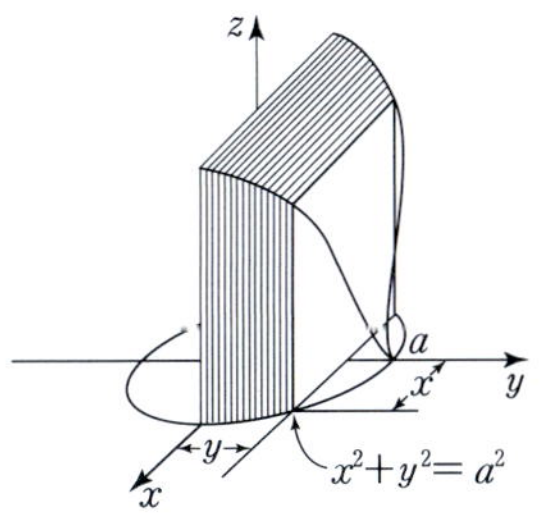

그림 5.8

회전체의 부피

다음으로 그림 5.9에서와 같이 x축의 구간 $[a, b]$에서 곡선 $y=f(x)$를 x축의 둘레로 회전시킬 때 생기는 회전체의 부피 V는 단면의 넓이가 $\pi\{f(x)\}^2$이므로

$$V = \pi\int_{a}^{b} \{f(x)\}^2\,dx$$

로 주어진다.

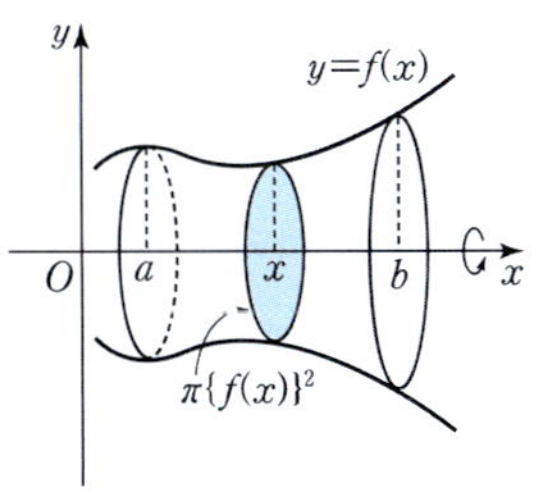

그림 5.9

그리고 y축의 구간 $[c, d]$에서 곡선 $x = g(y)$를 y축의 둘레로 회전시킬 때 생기는 회전체의 부피 V는 다음과 같다.

$$V = \pi \int_c^d \{g(y)\}^2 \, dy$$

예제 5.3.5 반지름이 1인 구의 부피를 구하여라.

풀이 반지름이 1인 구는 중심이 원점이고 반지름이 1인 원을 x축의 구간 $[-1, 1]$에서 x축을 중심으로 회전시킬 때 생기는 회전체와 같으므로, 구하려는 구의 부피 V는 다음과 같다.

$$\begin{aligned} V &= \pi \int_{-1}^{1} y^2 \, dx = \pi \int_{-1}^{1} (1 - x^2) \, dx \\ &= 2\pi \int_0^1 (1 - x^2) \, dx = 2\pi \left[x - \frac{x^3}{3} \right]_0^1 = \frac{4}{3}\pi \end{aligned}$$

예제 5.3.6 포물선 $y^2 = 8x$를 x축의 둘레로 회전시켜 생기는 포물면과 평면 $x = 5$로 둘러싸인 도형의 부피를 구하여라.

풀이 구하려는 부피 V는 다음과 같다.

$$V = \pi \int_0^5 y^2 \, dx = \pi \int_0^5 8x \, dx = 4\pi \left[x^2 \right]_0^5 = 100\pi$$

예제 5.3.7 타원 $\dfrac{x^2}{a^2} + \dfrac{y^2}{b^2} = 1 \ (a > 0, \ b > 0)$를 y축의 둘레로 회전시킬 때 생기는 회전체 V의 부피를 구하여라.

풀이 y축의 구간 $[-b, b]$에서 $x = \dfrac{a}{b}\sqrt{b^2 - y^2}$를 y축을 둘레로 회전시킬 때의 부피 V는 다음과 같다.

$$\begin{aligned} V &= \int_{-b}^{b} \pi x^2 \, dy = \int_{-b}^{b} \pi \frac{a^2}{b^2}(b^2 - y^2) \, dy \\ &= \frac{2\pi a^2}{b^2} \int_0^b (b^2 - y^2) \, dy = \frac{2\pi a^2}{b^2} \left[b^2 y - \frac{y^3}{3} \right]_0^b = \frac{4}{3}\pi a^2 b \end{aligned}$$

문제 5.3.2

1. 다음 입체도형의 부피를 구하여라.

(1) 반지름이 a인 구면

(2) 밑면은 한 변의 길이가 a인 정사각형이고, 높이가 h인 사각뿔

2. 다음의 각 곡선을 x축의 둘레로 회전하였을 때 생기는 회전체의 부피를 구하여라.

(1) $y = \sin x \quad (0 \leq x \leq \pi)$

(2) $\dfrac{x^2}{4} + \dfrac{y^2}{9} = 1$

5.3 연습문제

1. 곡선 $y=\ln(x+2)$, 두 직선 $x=-1$, $x=2$와 x축으로 둘러싸인 도형의 넓이를 구하여라.

2. 곡선 $x=\sqrt{y^3}$과 y축 그리고 $y=1$로 둘러싸인 도형의 넓이를 구하여라.

3. 두 곡선 $y=e^x$, $y=\sin x$와 두 직선 $x=0$, $x=\dfrac{\pi}{2}$로 둘러싸인 도형의 넓이를 구하여라.

4. 두 곡선 $y=\sin x$, $y=\cos x$와 y축으로 둘러싸인 도형을 x축의 구간 $[0, \pi/4]$에서 x축의 둘레로 회전시켜서 생기는 회전체의 부피를 구하여라.

5. 곡선 $y=e^x$에 원점에서 그은 접선과 주어진 곡선 및 y축으로 둘러싸인 도형을 y축의 둘레로 회전시켜서 생기는 회전체의 부피를 구하여라.

리만의 생애와 업적

19세기에는 수학의 엄밀화 추세와 더불어 오늘날의 수학에서 매우 뚜렷해진 추상적인 일반화의 경향이 대두되었다. 아마 19세기의 어떤 수학자보다 독일의 수학자 리만(G. F. B. Riemann, 1826~1866)은 이러한 현대수학의 특징에 더 많은 영향을 끼쳤다. 그는 수많은 수학 분야, 특히 기하학과 함수론에 깊은 영향을 미쳤으며, 후학들에게 보다 높은 수준의 발전에 대한 생각을 이보다 더 풍부하게 물려준 수학자는 거의 없을 것이다.

리만은 1826년, 하노버(Hanover)의 조그만 마을에서 루터교 목사의 아들로 태어났으며, 그는 베를린대학과 괴팅겐대학에서 좋은 교육을 받았다. 그는 괴팅겐대학에서 복소함수론 분야의 뛰어난 논문으로 박사학위를 받았다. 이 논문에서 복소변수를 가지는 함수의 해석적인 성질과 해석학에 위상적인 고찰을 소개한 리만곡면의 매우 유용한 개념을 보증하는 소위 코시-리만 방정식(비록 리만시대 이전에 알려졌지만)이 나온다. 리만은 20세기에 더 일반적인 르벡(Lebesgue)적분으로, 그 후 적분의 보다 더 깊은 일반화에 이른, 현재 우리가 리만적분으로 알고 있는 것의 정의에 의하여 적분가능성의 개념을 명백히 하였다.

리만은 1854년 괴팅겐대학의 '무급강사'가 되었고, 일반적인 관례의 절차로 '대학 교사자격'을 얻기 위해서 그는 교수진 앞에서 논문을 발표하라는 요청을 받았다. 그때 발표한 리만의 강연은 기하학 전체에 대하여 깊고 폭넓게 고찰했다는 점에서 수학사상 가장 유명한 시험강연이 되었으며, 다른 사람의 연구에 별로 관심을 보이지 않았던 가우스(C. F. Gauss, 1777~1855)의 관심과 주목을 끌었다. 이 강연의 제목은《기하학의 기초를 이루는 가설에 대하여(Über die Hypothesen welche der Geometrie zu Grunde liegen)》였다. 그러나 이것은 어떤 특정한 예에 대하여 기술한 것이 아니라 임의의 종류의 공간에 관한 임의의 차원의 다양체에 관한 연구로써 기하학을 받아들이는 매우 포괄적인 생각을 나타낸 것이었다. 리만의 출발점은 무한히 가까운 두 점 사이의 거리에 대한 공식이었다. 유클리드 공간에서 거리는

$$ds^2 = dx^2 + dy^2 + dz^2$$

로 주어지지만 그 밖에 무수히 많은 거리공식들이 사용될 수 있다는 사실을 지적했다. 물론, 이 경우에 사용되는 거리가 그 공간, 곧 기하학적인 성질을 결정하게 될 것이다. 예를 들면, 거리가 다음 식으로 주어진 공간을 이른바 리만공간이라고 한다.

$$\begin{aligned} ds^2 = &\ g_{11}dx^2 + g_{12}dx\,dy + g_{13}dx\,dz \\ &+ g_{21}dy\,dx + g_{22}dy^2 + g_{23}dy\,dz \\ &+ g_{31}dz\,dx + g_{32}dz\,dy + g_{33}dz^2 \end{aligned}$$

여기서, g는 상수이거나 더 일반적으로는 x, y, z의 함수이다. 실제로, 유클리드 공간은 $g_{11} = g_{22} = g_{33} = 1$이고 다른 모든 g는 0인 아주 특별한 경우에 불과하다. 후에 아인슈타인과 그 밖의 사람들이 리만의 공간과 기하학의 폭넓은 개념이 일반 상대성이론에 필요한 수학적 토양임을 알게 되었다. 리만 자신도 이론 물리학의 다방면에 공헌하였는데, 예를 들어 그는 충격파의 수학적인 논법을 최초로 도입했다.

리만의 연구 분야는 수학과 물리학으로 나눈다. 디리클레(P. G. L. Dirichlet, 1805~1859)를 계승할 무렵에는 5편의 논문을 발표했는데, 그 중에서 두 편은 물리학 문제에 관한 것이었다. 이후의 연구에서도 이와 비슷하게 분야가 나뉘었다. 그러나 개념적으로 볼 때, 그들은 구분되는 것이 아니라 공통점이 지배적이었다. 수학문헌에서 소위 리만제타함수(Riemann zeta function)와 이와 관련된 리만가설(Riemann hypothesis)은 유명하다. 후자는 정수론에서의 페르마의 "마지막 정리"와 비교되는 고전적 해석학에서의 유명한 미해결 추측이다. 오일러는 소수에 관한 정리와 디리클레 급수의 특별한 경우인 다음 급수의 관계에 주목하였다.

$$\frac{1}{1^s} + \frac{1}{2^s} + \cdots + \frac{1}{n^s} + \cdots$$

여기서, s는 정수이다. 리만은 s가 복소수 $\sigma + i\tau$인 경우에 위와 동일한 급수를 연구하였다. 그 급수의 합을 제타함수 $\zeta(s)$로 정의하는데, 그것은 리만의 제타함수로 알려졌다.

리만은 1859년경 제타함수의 모든 허수 제로는 실수부분으로 $\sigma = 1/2$을 갖는다고 추측하였다. 1914년에 영국의 정수론자 하아디(G. H. Hardy, 1877~1947)경은 $\zeta(s)$는 $\sigma = 1/2$

인 제로를 무수히 많이 가진다는 사실을 보이는데 성공하였으나, 1세기 이상이 지난 현재까지 원래의 리만 추측은 풀리지 않고 있다. 힐베르트는 리만 가설의 해결을 그의 유명한 파리문제 23개 중에 하나로 택했다.

리만은 1857년에 괴팅겐대학 조교수로 임명되었고, 1859년 가우스의 뒤를 이어 괴팅겐대학의 교수직을 승계했던 디리클레의 예기치 못한 죽음으로 제자였던 그가 디리클레의 뒤를 이어 정교수가 되었다. 리만은 40세의 젊은 나이에 건강을 회복하기 위하여 찾아간 북부 이탈리아에서 폐결핵으로 사망하였다.[3)]

3) Howard Eves, *An Introduction to the History of Mathematics, 5th edition*, 1983, Sauders College Publ., Philadelphia, pp. 427-429: 이우영 · 신항균 옮김, 《수학사》, 경문사, 1995, pp. 520-523.

기본문제

제5장 종합문제

1. $f(x)=\int(x\ln x+e^x+x+1)\,dx$일 때, $\lim_{h\to 0}\frac{f(1+2h)-f(1)}{h}$을 구하여라.

2. $f(x)$를 적분하는 문제를 잘못 생각하여 $f(x)$를 미분하여 $x^{-3/2}$을 얻었다고 한다. $f(1)=0$이라 할 때, 올바른 답을 구하여라.

3. 0이 아닌 실수 전체에 정의된 미분가능한 함수 $f(x)$가 항상 $f(x)+xf'(x)=\cos x$를 만족한다고 가정하자. $f(\pi)=0$일 때, $\lim_{x\to 0}f(x)$의 값을 구하여라.

4. 다음의 세 조건을 모두 만족하는 미분가능한 함수 $f(x)$를 구하여라.

(i) $\frac{f'(x)}{f(x)}+\frac{f'(x)}{1-f(x)}=2$　　(ii) $f(0)=\frac{1}{2}$　　(iii) $0<f(x)<1$

5. $I_n=\int(\ln x)^n\,dx$ (n은 자연수)일 때, $I_n=x(\ln x)^n-nI_{n-1}$이 성립함을 보여라.

6. $a_n=(\ln 3)\int_0^n 3^x\,dx$ $(n=0,\ 1,\ 2,\ \ldots)$일 때, $\sum_{n=0}^{\infty}\frac{1}{1+a_n}$을 구하여라.

7. $f(x)=2x\ln x+x^2-4x+3$일 때, 다음 정적분을 구하여라.

$$\int_0^4 f(x)dx-\int_3^4 f(x)dx+\int_1^2 f(x)dx$$

8. 함수 $f(x)=ax^2+bx+1\ (a\neq 0)$이 $\int_{-\pi}^{\pi}f(x)\sin x\,dx=0$를 만족하고 곡선 $y=f(x)$가 직선 $y=x$에 접할 때, 상수 a, b의 값을 구하여라.

9. 함수 $f(x)$는 임의의 실수 x에 대해 $f(x)=f(x+2)$를 만족하고 $-1\le x\le 1$일 때, $f(x)=|x|$라 하자. 이때, $\int_0^2 e^x f(x)\,dx$를 구하여라.

10. 두 함수 $f(x) = ax + b$와 $g(x) = e^x$가 다음을 만족할 때, $f(x)$를 구하여라.

$$f(g(x)) = \int_0^x f(t)g(t)dt - xe^x + 3$$

11. 두 곡선 $y = \sqrt[n+1]{x}$, $y = \sqrt[n]{x}$로 둘러싸인 도형의 넓이를 S_n이라 할 때, 급수 $\sum_{n=1}^{\infty} S_n$을 구하여라.

12. 두 직선 $x = p$, $x = q$와 x축 및 곡선 $y = \log_a x$로 둘러싸인 부분을 곡선 $y = \log_b x$가 두 부분으로 나눌 때, 위 부분을 A, 아래 부분을 B라 하자. A와 B의 넓이를 각각 α와 β라고 할 때, $\frac{\alpha}{\beta}$의 값을 구하여라. 여기서, $1 < a < b$, $1 < p < q$이다.

13. 곡선 $y = e^x$과 원점에서 이 곡선에 그은 접선과 직선 $x = -a$ $(a > 0)$ 및 x축으로 둘러싸인 도형의 넓이를 S라 할 때, $\lim_{a \to \infty} S$를 구하여라.

14. 좌표공간에 세 점 $(1, 0, 0)$, $(0, 1, 1)$, $(0, 0, 1)$을 꼭지점으로 하는 삼각형을 z축의 둘레로 회전시켜 생기는 입체의 부피를 구하여라.

15. $a > 1$일 때, 타원 $x^2 + a(a-1)y^2 = a^2$을 x축의 둘레로 회전시켜 생기는 회전체의 부피를 최소로 하는 상수 a의 값을 구하여라.

심화문제

제5장 종합문제

16. $\frac{dx}{dt}=1$, $\frac{dy}{dt}=t$를 만족하고, $t=0$일 때 $x=0$, $y=-2$가 되는 t의 함수 x, y를 구하여라. 또한, $0 \le t \le 2$일 때, 점 (x, y)가 그리는 곡선을 그래프로 나타내어라.

17. $x>0$에서 정의된 한 함수 $f(x)$의 부정적분을 $F(x)$라고 할 때

$$F(x)=xf(x)-x^2\sin x,\quad F\left(\frac{\pi}{2}\right)=\frac{\pi}{2}$$

를 만족한다고 한다. 이때, $f(\pi)$를 구하여라.

18. $S_n=\int_1^{e^n}\frac{\ln x}{x}dx$ (n은 자연수)일 때, $\sum_{n=1}^{\infty}\frac{1}{\sqrt{S_n S_{n+1}}}$을 구하여라.

19. $0 \le x \le \frac{\pi}{2}$에서 정의된 함수 $f(x)=\cos x$의 역함수를 $g(x)$라고 할 때, $y=g(x)$, x축 및 y축으로 둘러싸인 도형의 넓이를 구하여라.

20. 두 부등식 $x^2+(y-\sqrt{2})^2 \le 2$, $y \le x$를 만족하는 평면도형을 직선 $y=x$를 축으로 회전시켜 생기는 입체의 부피를 구하여라.

[**힌트**: $x^2+(y-1)^2 \le 2$와 $y \le 0$으로 둘러싸인 도형을 x축의 둘레로 회전시켜 생기는 회전체의 부피를 구하는 문제로 바꾸어 생각하여라.]

부록

A. 수표

B. 수학공식

C. 함수의 그래프

D. 단원별 보충문제

[그리스 문자]

A	α	Alpha	P	ρ	Rho
B	β	Beta	Σ	σ	Sigma
Γ	γ	Gamma	T	τ	Tau
Δ	δ	Delta	Y	υ	Upsilon
N	ν	Nu	I	ι	Iota
Ξ	ξ	Xi	K	κ	Kappa
O	o	Omicron	Λ	λ	Lambda
Π	π	Pi	M	μ	Mu
E	ϵ	Epsilon	Φ	ϕ	Phi
Z	ζ	Zeta	X	χ	Chi
H	η	Eta	Ψ	ψ	Psi
Θ	θ	Theta	Ω	ω	Omega

A 수표

A.1 상용로그표

N	0	1	2	3	4	5	6	7	8	9
1.0	0.0000	0.0043	0.0086	0.0128	0.0170	0.0212	0.0253	0.0294	0.0334	0.0374
1.1	0.0414	0.0453	0.0492	0.0531	0.0569	0.0607	0.0645	0.0682	0.0719	0.0755
1.2	0.0792	0.0828	0.0864	0.0899	0.0934	0.0969	0.1004	0.1038	0.1072	0.1106
1.3	0.1139	0.1173	0.1206	0.1239	0.1271	0.1303	0.1335	0.1367	0.1399	0.1430
1.4	0.1461	0.1492	0.1523	0.1553	0.1584	0.1614	0.1644	0.1673	0.1703	0.1732
1.5	0.1761	0.1790	0.1818	0.1847	0.1875	0.1903	0.1931	0.1959	0.1987	0.2014
1.6	0.2041	0.2068	0.2095	0.2122	0.2148	0.2175	0.2201	0.2227	0.2253	0.2279
1.7	0.2304	0.2330	0.2355	0.2380	0.2405	0.2430	0.2455	0.2480	0.2504	0.2529
1.8	0.2553	0.2577	0.2601	0.2625	0.2648	0.2672	0.2695	0.2718	0.2742	0.2765
1.9	0.2788	0.2810	0.2833	0.2856	0.2878	0.2900	0.2923	0.2945	0.2967	0.2989
2.0	0.3010	0.3032	0.3054	0.3075	0.3096	0.3118	0.3139	0.3160	0.3181	0.3201
2.1	0.3222	0.3243	0.3263	0.3284	0.3304	0.3324	0.3345	0.3365	0.3385	0.3404
2.2	0.3424	0.3444	0.3464	0.3483	0.3502	0.3522	0.3541	0.3560	0.3579	0.3598
2.3	0.3617	0.3636	0.3655	0.3674	0.3692	0.3711	0.3729	0.3747	0.3766	0.3784
2.4	0.3802	0.3820	0.3838	0.3856	0.3874	0.3892	0.3909	0.3927	0.3945	0.3962
2.5	0.3979	0.3997	0.4014	0.4031	0.4048	0.4065	0.4082	0.4099	0.4116	0.4133
2.6	0.4150	0.4166	0.4183	0.4200	0.4216	0.4232	0.4249	0.4265	0.4281	0.4298
2.7	0.4314	0.4330	0.4346	0.4362	0.4378	0.4393	0.4409	0.4425	0.4440	0.4456
2.8	0.4472	0.4487	0.4502	0.4518	0.4533	0.4548	0.4564	0.4579	0.4594	0.4609
2.9	0.4624	0.4639	0.4654	0.4669	0.4683	0.4698	0.4713	0.4728	0.4742	0.4757
3.0	0.4771	0.4786	0.4800	0.4814	0.4829	0.4843	0.4857	0.4871	0.4886	0.4900
3.1	0.4914	0.4928	0.4942	0.4955	0.4969	0.4983	0.4997	0.5011	0.5024	0.5038
3.2	0.5051	0.5065	0.5079	0.5092	0.5105	0.5119	0.5132	0.5145	0.5159	0.5172
3.3	0.5185	0.5198	0.5211	0.5224	0.5237	0.5250	0.5263	0.5276	0.5289	0.5302
3.4	0.5315	0.5328	0.5340	0.5353	0.5366	0.5378	0.5391	0.5403	0.5416	0.5428
3.5	0.5441	0.5453	0.5465	0.5478	0.5490	0.5502	0.5514	0.5527	0.5539	0.5551
3.6	0.5563	0.5575	0.5587	0.5599	0.5611	0.5623	0.5635	0.5647	0.5658	0.5670
3.7	0.5682	0.5694	0.5705	0.5717	0.5729	0.5740	0.5752	0.5763	0.5775	0.5786
3.8	0.5798	0.5809	0.5821	0.5832	0.5843	0.5855	0.5866	0.5877	0.5888	0.5899
3.9	0.5911	0.5922	0.5933	0.5944	0.5955	0.5966	0.5977	0.5988	0.5999	0.6010
4.0	0.6021	0.6031	0.6042	0.6053	0.6064	0.6075	0.6085	0.6096	0.6107	0.6117
4.1	0.6128	0.6138	0.6149	0.6160	0.6170	0.6180	0.6191	0.6201	0.6212	0.6222
4.2	0.6232	0.6243	0.6253	0.6263	0.6274	0.6284	0.6294	0.6304	0.6314	0.6325
4.3	0.6335	0.6345	0.6355	0.6365	0.6375	0.6385	0.6395	0.6405	0.6415	0.6425
4.4	0.6435	0.6444	0.6454	0.6464	0.6474	0.6484	0.6493	0.6503	0.6513	0.6522
4.5	0.6532	0.6542	0.6551	0.6561	0.6571	0.6580	0.6590	0.6599	0.6609	0.6618
4.6	0.6628	0.6637	0.6646	0.6656	0.6665	0.6675	0.6684	0.6693	0.6702	0.6712
4.7	0.6721	0.6730	0.6739	0.6749	0.6758	0.6767	0.6776	0.6785	0.6794	0.6803
4.8	0.6812	0.6821	0.6830	0.6839	0.6848	0.6857	0.6866	0.6875	0.6884	0.6893
4.9	0.6902	0.6911	0.6920	0.6928	0.6937	0.6946	0.6955	0.6964	0.6972	0.6981
5.0	0.6990	0.6998	0.7007	0.7016	0.7024	0.7033	0.7042	0.7050	0.7059	0.7067
5.1	0.7076	0.7084	0.7093	0.7101	0.7110	0.7118	0.7126	0.7135	0.7143	0.7152
5.2	0.7160	0.7168	0.7177	0.7185	0.7193	0.7202	0.7210	0.7218	0.7226	0.7235
5.3	0.7243	0.7251	0.7259	0.7267	0.7275	0.7284	0.7292	0.7300	0.7308	0.7316
5.4	0.7324	0.7332	0.7340	0.7348	0.7356	0.7364	0.7372	0.7380	0.7388	0.7396

상용로그표(계속)

N	0	1	2	3	4	5	6	7	8	9
5.5	0.7404	0.7412	0.7419	0.7427	0.7435	0.7443	0.7451	0.7459	0.7466	0.7474
5.6	0.7482	0.7490	0.7497	0.7505	0.7513	0.7520	0.7528	0.7536	0.7543	0.7551
5.7	0.7559	0.7566	0.7574	0.7582	0.7589	0.7597	0.7604	0.7612	0.7619	0.7627
5.8	0.7634	0.7642	0.7649	0.7657	0.7664	0.7672	0.7679	0.7686	0.7694	0.7701
5.9	0.7709	0.7716	0.7723	0.7731	0.7738	0.7745	0.7752	0.7760	0.7767	0.7774
6.0	0.7782	0.7789	0.7796	0.7803	0.7810	0.7818	0.7825	0.7832	0.7839	0.7846
6.1	0.7853	0.7860	0.7868	0.7875	0.7882	0.7889	0.7896	0.7903	0.7910	0.7917
6.2	0.7924	0.7931	0.7938	0.7945	0.7952	0.7959	0.7966	0.7973	0.7980	0.7987
6.3	0.7993	0.8000	0.8007	0.8014	0.8021	0.8028	0.8035	0.8041	0.8048	0.8055
6.4	0.8062	0.8069	0.8075	0.8082	0.8089	0.8096	0.8102	0.8109	0.8116	0.8122
6.5	0.8129	0.8136	0.8142	0.8149	0.8156	0.8162	0.8169	0.8176	0.8182	0.8189
6.6	0.8195	0.8202	0.8209	0.8215	0.8222	0.8228	0.8235	0.8241	0.8248	0.8254
6.7	0.8261	0.8267	0.8274	0.8280	0.8287	0.8203	0.8299	0.8306	0.8312	0.8319
6.8	0.8325	0.8331	0.8338	0.8344	0.8351	0.8357	0.8363	0.8370	0.8376	0.8382
6.9	0.8388	0.8395	0.8401	0.8407	0.8414	0.8420	0.8426	0.8432	0.8439	0.8445
7.0	0.8451	0.8457	0.8463	0.8470	0.8476	0.8482	0.8488	0.8494	0.8500	0.8506
7.1	0.8513	0.8519	0.8525	0.8531	0.8537	0.8543	0.8549	0.8555	0.8561	0.8567
7.2	0.8573	0.8579	0.8585	0.8591	0.8597	0.8603	0.8609	0.8615	0.8621	0.8627
7.3	0.8633	0.8639	0.8645	0.8651	0.8675	0.8663	0.8669	0.8675	0.8681	0.8686
7.4	0.8692	0.8698	0.8704	0.8710	0.8716	0.8772	0.8727	0.8733	0.8739	0.8745
7.5	0.8751	0.8756	0.8762	0.8768	0.8774	0.8779	0.8785	0.8791	0.8797	0.8802
7.6	0.8808	0.8814	0.8820	0.8825	0.8831	0.8837	0.8842	0.8848	0.8854	0.8859
7.7	0.8865	0.8871	0.8876	0.8882	0.8887	0.8893	0.8899	0.8904	0.8910	0.8915
7.8	0.8921	0.8927	0.8932	0.8938	0.8943	0.8949	0.8954	0.8960	0.8965	0.8971
7.9	0.8976	0.8982	0.8987	0.8993	0.8998	0.9004	0.9009	0.9015	0.9020	0.9025
8.0	0.9031	0.9036	0.9042	0.9047	0.9053	0.9058	0.9063	0.9069	0.9074	0.9079
8.1	0.9085	0.9090	0.9096	0.9101	0.9106	0.9112	0.9117	0.9122	0.9128	0.9133
8.2	0.9138	0.9143	0.9149	0.9154	0.9159	0.9165	0.9170	0.9175	0.9180	0.9186
8.3	0.9191	0.9196	0.9201	0.9206	0.9212	0.9217	0.9222	0.9227	0.9232	0.9238
8.4	0.9243	0.9248	0.9253	0.9258	0.9263	0.9269	0.9274	0.9279	0.9284	0.9289
8.5	0.9294	0.9299	0.9304	0.9309	0.9315	0.9320	0.9325	0.9330	0.9335	0.9340
8.6	0.9345	0.9350	0.9355	0.9360	0.9365	0.9370	0.9375	0.9380	0.9385	0.9390
8.7	0.9395	0.9400	0.9405	0.9410	0.9415	0.9420	0.9425	0.9430	0.9435	0.9440
8.8	0.9445	0.9450	0.9455	0.9460	0.9465	0.9469	0.9474	0.9479	0.9484	0.9489
8.9	0.9494	0.9499	0.9504	0.9509	0.9513	0.9518	0.9523	0.9528	0.9533	0.9538
9.0	0.9542	0.9547	0.9552	0.9557	0.9562	0.9566	0.9571	0.9576	0.9581	0.9586
9.1	0.9590	0.9595	0.9600	0.9605	0.9609	0.9614	0.9619	0.9624	0.9628	0.9633
9.2	0.9638	0.9643	0.9647	0.9652	0.9657	0.9661	0.9666	0.9671	0.9675	0.9680
9.3	0.9685	0.9689	0.9694	0.9699	0.9703	0.9708	0.9713	0.9717	0.9722	0.9727
9.4	0.9731	0.9736	0.9741	0.9745	0.9750	0.9754	0.9759	0.9763	0.9768	0.9773
9.5	0.9777	0.9782	0.9786	0.9791	0.9795	0.9800	0.9805	0.9809	0.9814	0.9818
9.6	0.9823	0.9827	0.9832	0.9836	0.9841	0.9845	0.9850	0.9854	0.9859	0.9863
9.7	0.9868	0.9872	0.9877	0.9881	0.9886	0.9890	0.9894	0.9899	0.9903	0.9908
9.8	0.9912	0.9917	0.9921	0.9926	0.9930	0.9934	0.9939	0.9943	0.9948	0.9952
9.9	0.9956	0.9961	0.9965	0.9969	0.9974	0.9978	0.9983	0.9987	0.9991	0.9996

A.2 자연로그표

N	0	1	2	3	4	5	6	7	8	9
1.0	0.0000	0.0100	0.0193	0.0296	0.0392	0.0488	0.0583	0.0677	0.0770	0.0862
1.1	0.0953	0.1044	0.1133	0.1222	0.1310	0.1398	0.1484	0.1570	0.1655	0.1740
1.2	0.1823	0.1906	0.1989	0.2070	0.2151	0.2231	0.2311	0.2390	0.2469	0.2546
1.3	0.2624	0.2700	0.2776	0.2852	0.2927	0.3001	0.3075	0.3148	0.3221	0.3293
1.4	0.3365	0.3436	0.3507	0.3577	0.3646	0.3716	0.3784	0.3853	0.3920	0.3988
1.5	0.4055	0.4121	0.4187	0.4253	0.4318	0.4383	0.4447	0.4511	0.4574	0.4637
1.6	0.4700	0.4762	0.4824	0.4886	0.4947	0.5008	0.5008	0.5128	0.5188	0.5247
1.7	0.5306	0.5365	0.5423	0.5481	0.5539	0.5596	0.5653	0.5710	0.5766	0.5822
1.8	0.5878	0.5933	0.5988	0.6043	0.6098	0.6152	0.6206	0.6259	0.6313	0.6366
1.9	0.6419	0.6471	0.6523	0.6575	0.6627	0.6678	0.6729	0.6780	0.6831	0.6881
2.0	0.6931	0.6981	0.7031	0.7080	0.7129	0.7178	0.7227	0.7275	0.7324	0.7372
2.1	0.7419	0.7467	0.7514	0.7561	0.7608	0.7655	0.7701	0.7747	0.7793	0.7839
2.2	0.7885	0.7930	0.7975	0.8020	0.8065	0.8109	0.8154	0.8189	0.8242	0.8286
2.3	0.8329	0.8372	0.8416	0.8459	0.8502	0.9544	0.8587	0.8629	0.8671	0.8713
2.4	0.8755	0.8796	0.8838	0.8879	0.8920	0.8961	0.9002	0.9042	0.9083	0.9120
2.5	0.9163	0.9203	0.9243	0.9282	0.9322	0.9361	0.9400	0.9439	0.9478	0.9517
2.6	0.9555	0.9594	0.9632	0.9670	0.9708	0.9746	0.9783	0.9821	0.9858	0.9895
2.7	0.9933	0.9969	1.0006	1.0043	1.0080	1.0116	1.0152	1.0188	1.0225	1.0260
2.8	1.0296	1.0332	1.0367	1.0403	1.0438	1.0473	1.0508	1.0543	1.0578	1.0613
2.9	1.0647	1.0682	1.0716	1.0750	1.0784	1.0818	1.0852	1.0886	1.0919	1.0953
3.0	1.0986	1.1019	1.1053	1.1086	1.1119	1.1151	1.1184	1.1217	1.1249	1.1282
3.1	1.1314	1.1346	1.1378	1.1410	1.1442	1.1474	1.1506	1.1537	1.1569	1.1600
3.2	1.1632	1.1663	1.1694	1.1725	1.1756	1.1787	1.1817	1.1848	1.1878	1.1909
3.3	1.1939	1.1969	1.2000	1.2030	1.2060	1.2090	1.2119	1.2149	1.2179	1.2208
3.4	1.2238	1.2267	1.2296	1.2326	1.2355	1.2384	1.2413	1.2442	1.2470	1.2499
3.5	1.2528	1.2556	1.2585	1.2613	1.2641	1.2669	1.2698	1.2726	1.2754	1.2782
3.6	1.2806	1.2837	1.2865	1.2892	1.2920	1.2947	1.2975	1.3002	1.3029	1.3056
3.7	1.3083	1.3110	1.3137	1.3164	1.3191	1.3218	1.3244	1.3271	1.3297	1.3324
3.8	1.3350	1.3376	1.3403	1.3429	1.3455	1.3481	1.3507	1.3533	1.3558	1.3584
3.9	1.3610	1.3635	1.3661	1.3686	1.3712	1.3737	1.3762	1.3788	1.3813	1.3838
4.0	1.3863	1.3888	1.3913	1.3938	1.3962	1.3987	1.4012	1.4036	1.4061	1.4085
4.1	1.4110	1.4134	1.4159	1.4183	1.4207	1.4231	1.4255	1.4279	1.4303	1.4327
4.2	1.4351	1.4375	1.4398	1.4422	1.4446	1.4469	1.4493	1.4516	1.4540	1.4563
4.3	1.4586	1.4609	1.4633	1.4656	1.4679	1.4702	1.4725	1.4748	1.4770	1.4793
4.4	1.4816	1.4839	1.4861	1.4884	1.4907	1.4929	1.4951	1.4974	1.4996	1.5019
4.5	1.5041	1.5063	1.5085	1.5107	1.5129	1.5151	1.5173	1.5195	1.5217	1.5239
4.6	1.5261	1.5282	1.5304	1.5326	1.5347	1.5369	1.5390	1.5412	1.5433	1.5454
4.7	1.5476	1.5497	1.5518	1.5539	1.5560	1.5581	1.5602	1.5623	1.5644	1.5665
4.8	1.5686	1.5707	1.5728	1.5748	1.5769	1.5790	1.5810	1.5831	1.5851	1.5872
4.9	1.5892	1.5913	1.5933	1.5953	1.5974	1.5994	1.6014	1.6034	1.6054	1.6074
5.0	1.6094	1.6114	1.6134	1.6154	1.6147	1.6194	1.6214	1.6233	1.6253	1.6273
5.1	1.6292	1.6312	1.6332	1.6351	1.6371	1.6390	1.6409	1.6429	1.6448	1.6467
5.2	1.6487	1.6506	1.6525	1.6544	1.6563	1.6582	1.6601	1.6620	1.6639	1.6658
5.3	1.6677	1.6696	1.6715	1.6734	1.6752	1.6771	1.6790	1.6808	1.6827	1.6845
5.4	1.6864	1.6882	1.6901	1.6919	1.6938	1.6956	1.6974	1.6993	1.7011	1.7029
5.5	1.7047	1.7066	1.7084	1.7102	1.7120	1.7138	1.7156	1.7174	1.7192	1.7210
5.6	1.7228	1.7246	1.7263	1.7281	1.7299	1.7317	1.7334	1.7352	1.7370	1.7387

자연로그표(계속)

N	0	1	2	3	4	5	6	7	8	9
5.7	1.7405	1.7422	1.7440	1.7457	1.7457	1.7492	1.7509	1.7527	1.7544	1.7561
5.8	1.7579	1.7596	1.7613	1.7630	1.7647	1.7664	1.7681	1.7699	1.7771	1.7733
5.9	1.7750	1.7766	1.7783	1.7800	1.7817	1.7834	1.7851	1.7867	1.7884	1.7901
6.0	1.7918	1.7934	1.7951	1.7967	1.7984	1.8001	1.8017	1.8034	1.8050	1.8066
6.1	1.8083	1.8099	1.8116	1.8132	1.8148	1.8165	1.8181	1.8197	1.8213	1.8229
6.2	1.8245	1.8262	1.8278	1.8294	1.8310	1.8326	1.8342	1.8358	1.8374	1.8390
6.3	1.8405	1.8421	1.8437	1.8453	1.8469	1.8485	1.8500	1.8516	1.8532	1.8547
6.4	1.8563	1.8579	1.8594	1.8610	1.8625	1.8641	1.8656	1.8672	1.8687	1.8703
6.5	1.8718	1.8733	1.8749	1.8764	1.8779	1.8795	1.8810	1.8825	1.8840	1.8856
6.6	1.8871	1.8886	1.8901	1.8916	1.8931	1.8946	1.8961	1.8976	1.8991	1.9006
6.7	1.9021	1.9036	1.9051	1.9066	1.9081	1.9095	1.9110	1.9125	1.9140	1.9155
6.8	1.9169	1.9184	1.9199	1.9213	1.9228	1.9242	1.9257	1.9272	1.9286	1.9301
6.9	1.9315	1.9330	1.9344	1.9359	1.9373	1.9387	1.9402	1.9416	1.9430	1.9445
7.0	1.9459	1.9473	1.9488	1.9502	1.9516	1.9530	1.9544	1.9559	1.9573	1.9587
7.1	1.9601	1.9615	1.9629	1.9643	1.9657	1.9671	1.9685	1.9699	1.9713	1.9727
7.2	1.9741	1.9755	1.9769	1.9782	1.9796	1.9810	1.9824	1.9838	1.9851	1.9865
7.3	1.9879	1.9892	1.9906	1.9920	1.9933	1.9947	1.9961	1.9974	1.9988	2.0001
7.4	2.0015	2.0028	2.0042	2.0055	2.0069	2.0082	2.0096	2.0109	2.0122	2.0136
7.5	2.0149	2.0162	2.0176	2.0189	2.0202	2.0215	2.0229	2.0242	2.0255	2.0268
7.6	2.0281	2.0295	2.0308	2.0321	2.0334	2.0347	2.0360	2.0373	2.0386	2.0399
7.7	2.0412	2.0425	2.0438	2.0451	2.0464	2.0477	2.0490	2.0503	2.0516	2.0528
7.8	2.0541	2.0554	2.0567	2.0580	2.0592	2.0605	2.0618	2.0631	2.0643	2.0656
7.9	2.0669	2.0681	2.0694	2.0707	2.0719	2.0732	2.0744	2.0757	2.0769	2.0782
8.0	2.0794	2.0807	2.0819	2.0832	2.0844	2.0857	2.0869	2.0882	2.0894	2.0909
8.1	2.0919	2.0931	2.0943	2.0956	2.0968	2.0980	2.0992	2.1005	2.1017	2.1026
8.2	2.1041	2.1054	2.1066	2.1078	2.1090	2.1102	2.1114	2.1126	2.1138	2.1150
8.3	2.1163	2.1175	2.1187	2.1199	2.1211	2.1223	2.1235	2.1247	2.1258	2.1270
8.4	2.1282	2.1294	2.1306	2.1318	2.1330	2.1342	2.1353	2.1365	2.1377	2.1389
8.5	2.1401	2.1412	2.1424	2.1436	2.1448	2.1495	2.1471	2.1483	2.1494	2.1506
8.6	2.1518	2.1529	2.1541	2.1552	2.1564	2.1576	2.1587	2.1599	2.1610	2.1622
8.7	2.1633	2.1645	2.1656	2.1668	2.1679	2.1691	2.1702	2.1713	2.1725	2.1736
8.8	2.1748	2.1759	2.1770	2.1782	2.1796	2.1804	2.1815	2.1827	2.1838	2.1849
8.9	2.1861	2.1872	2.1883	2.1894	2.1905	2.1917	2.1928	2.1939	2.1950	2.1961
9.0	2.1972	2.1983	2.1994	2.2006	2.2017	2.2028	2.2039	2.2050	2.2061	2.2072
9.1	2.2083	2.2094	2.2105	2.2116	2.2127	2.2138	2.2148	2.2159	2.2170	2.2181
9.2	2.2192	2.2203	2.2214	2.2225	2.2235	2.2246	2.2257	2.2268	2.2279	2.2289
9.3	2.2300	2.2311	2.2322	2.2332	2.2343	2.2354	2.2364	2.2375	2.2386	2.2396
9.4	2.2407	2.2418	2.2428	2.2439	2.2450	2.2460	2.2471	2.2481	2.2492	2.2502
9.5	2.2513	2.2523	2.2534	2.2544	2.2555	2.2565	2.2576	2.2586	2.2597	2.2607
9.6	2.2618	2.2628	2.2638	2.2649	2.2659	2.2670	2.2680	2.2690	2.2701	2.2711
9.7	2.2721	2.2732	2.2742	2.2752	2.2762	2.2773	2.2783	2.2793	2.2803	2.2814
9.8	2.2824	2.2834	2.2844	2.2854	2.2865	2.2875	2.2885	2.2895	2.2905	2.2915
9.9	2.2925	2.2935	2.2946	2.2956	2.2966	2.2976	2.2986	2.2996	2.3006	2.3016

A.3 삼각함수표

Deg.	Rad.	Sin	Cos	Tan	Cot		
0	0.0000	0.0000	1.0000	0.0000		1.5708	90
1	0.0175	0.0175	0.9998	0.0175	57.290	1.5503	89
2	0.0349	0.0349	0.9994	0.0349	28.636	1.5359	88
3	0.0524	0.0523	0.9986	0.0524	19.081	1.5184	87
4	0.0698	0.0698	0.9976	0.0699	14.301	1.5010	86
5	0.0873	0.0872	0.9962	0.0875	11.430	1.4935	85
6	0.1047	0.1045	0.9945	0.1051	9.5144	1.4661	84
7	0.1222	0.1219	0.9925	0.1228	8.1443	1.4486	83
8	0.1396	0.1392	0.9903	0.1405	7.1154	1.4312	82
9	0.1571	0.1564	0.9877	0.1584	6.3138	1.4137	81
10	0.1745	0.1736	0.9848	0.1763	5.6713	1.3663	80
11	0.1920	0.1908	0.9816	0.1944	5.1446	1.3788	79
12	0.2094	0.2079	0.9781	0.2126	4.7046	1.3614	78
13	0.2269	0.2250	0.9744	0.2309	4.3315	1.3439	77
14	0.2443	0.2419	0.9703	0.2493	4.0108	1.3265	76
15	0.2618	0.2588	0.9659	0.2679	3.7321	1.3090	75
16	0.2793	0.2756	0.9613	0.2867	3.4874	1.2915	74
17	0.2967	0.2924	0.9563	0.3057	3.2709	1.2741	73
18	0.3142	0.3090	0.9511	0.3249	3.0777	1.2566	72
19	0.3316	0.3256	0.9455	0.3443	2.9042	1.2392	71
20	0.3491	0.3420	0.9397	0.3640	2.7475	1.2217	70
21	0.3665	0.3584	0.9336	0.3839	2.6051	1.2043	69
22	0.3840	0.3746	0.9272	0.4040	2.4751	1.1868	68
23	0.4014	0.3907	0.9205	0.4245	2.3559	1.1694	67
24	0.4189	0.4067	0.9135	0.4452	2.2460	1.1519	66
25	0.4363	0.4226	0.9063	0.4663	2.1445	1.1345	65
26	0.4538	0.4384	0.8988	0.4877	2.0503	1.1170	64
27	0.4712	0.4540	0.8910	0.5095	1.9626	1.0996	63
28	0.4887	0.4695	0.8829	0.5317	1.8807	1.0821	62
29	0.5061	0.4848	0.8746	0.5543	1.8040	0.0547	61
30	0.5236	0.5000	0.8660	0.5774	1.7321	1.0472	60
31	0.5411	0.5150	0.8572	0.6009	1.6643	1.0297	59
32	0.5585	0.5299	0.8480	0.6249	1.6003	1.0123	58
33	0.5760	0.5446	0.8387	0.6494	1.5399	0.9948	57
34	0.5934	0.5592	0.8290	0.6745	1.4826	0.9774	56
35	0.6109	0.5736	0.8192	0.7002	1.4281	0.9599	55
36	0.6283	0.5878	0.8090	0.7265	1.3764	0.9425	54
37	0.6458	0.6018	0.7986	0.7536	1.3270	0.9250	53
38	0.6632	0.6157	0.7880	0.7813	1.2799	0.9706	52
39	0.6807	0.6293	0.7771	0.8098	1.2349	0.8901	51
40	0.6981	0.6428	0.7660	0.8391	1.1918	0.8727	50
41	0.7156	0.6561	0.7547	0.8693	1.1504	0.8552	49
42	0.7330	0.6691	0.7431	0.9004	1.1105	0.8378	48
43	0.7505	0.6820	0.7314	0.9325	1.0724	0.8203	47
44	0.7679	0.6947	0.7193	0.9657	1.0355	0.8029	46
45	0.7854	0.7071	0.7071	1.0000	1.0000	0.7854	45
		Cos	Sin	Cot	Tan	Rad.	Deg.

B | 수학공식

B.1 순열과 조합

(1) 서로 다른 n개에서 r개를 택하는 순열의 수

$$ {}_nP_r = \frac{n!}{(n-r)!} \quad (\text{단, } 0 \le r \le n) $$

(2) 서로 다른 n개에서 r개를 택하는 조합의 수

$$ {}_nC_r = \frac{{}_nP_r}{r!} = \frac{n!}{r!(n-r)!} \quad (\text{단, } 0 \le r \le n) $$

(3) 이항정리 : 임의의 자연수 n에 대하여

$$ (a+b)^n = \sum_{r=0}^{n} {}_nC_r\, a^{n-r} b^r $$

B.2 수열과 급수의 합

(1) 첫째항이 a_1이고, 공차가 d인 등차수열

일반항 : $a_n = a+(n-1)d$, 제n항까지의 합 : $S_n = \dfrac{n\{2a+(n-1)d\}}{2}$

(2) 첫째항 a_1이고, 공비가 r인 등비수열

일반항 : $a_n = a\,r^{n-1}$, 제n항까지의 합 : $S_n = \begin{cases} \dfrac{a(r^n-1)}{r-1}, & r \ne 1 \\ na, & r = 1 \end{cases}$

(3) $\displaystyle\sum_{k=1}^{n} k = \frac{n(n+1)}{2}$, $\displaystyle\sum_{k=1}^{n} k^2 = \frac{n(n+1)(2n+1)}{6}$, $\displaystyle\sum_{k=1}^{n} k^3 = \left\{\frac{n(n+1)}{2}\right\}^2$

(4) (수열의 극한정리) $\lim\limits_{n\to\infty} a_n = a$이고 $\lim\limits_{n\to\infty} b_n = b$이면

① $\lim\limits_{n\to\infty}(a_n+b_n) = a+b$ ② $\lim\limits_{n\to\infty} a_n b_n = ab$

③ $\lim\limits_{n\to\infty}(ka_n) = ka$ (k는 상수) ④ $\lim\limits_{n\to\infty} \dfrac{a_n}{b_n} = \dfrac{a}{b}$ $(b \ne 0)$

(5) $\lim\limits_{n\to\infty}\left(1+\dfrac{1}{n}\right)^n = e \fallingdotseq 2.7182818284590\cdots$

(6) 등비급수 $a+ar+ar^2+\cdots+ar^{n-1}+\cdots$ $(a \ne 0)$는 $|r|<1$이면 $\dfrac{a}{1-r}$에 수렴하고,

$|r| \ge 1$이면 발산

B.3 지수와 로그

$a>0$, $b>0$이고 m, n, p가 양의 정수이면

(1) $\sqrt[n]{a}\,\sqrt[n]{b} = \sqrt[n]{ab}$ (2) $\dfrac{\sqrt[n]{a}}{\sqrt[n]{b}} = \sqrt[n]{\dfrac{a}{b}}$

(3) $(\sqrt[n]{a})^m = \sqrt[n]{a^m}$ (4) $\sqrt[np]{a^{mp}} = \sqrt[n]{a^m}$

$a>0$, $a\neq 1$, $x>0$, $y>0$이고 n이 실수이면

(5) $\log_a 1 = 0$, $\log_a a = 1$ (6) $\log_a xy = \log_a x + \log_a y$

(7) $\log_a \dfrac{x}{y} = \log_a x - \log_a y$ (8) $\log_a x^n = n\log_a x$

더욱이 b, c는 1이 아닌 양수, m은 실수이면

(9) $\log_a b = \dfrac{\log_c b}{\log_c a}$ (10) $\log_a b = \dfrac{1}{\log_b a}$

(11) $a^{\log_a x} = x$, $a^{\log_b x} = x^{\log_b a}$ (12) $\log_{a^n} b^m = \dfrac{m}{n}\log_a b$

B.4 삼각함수

[특수각의 삼각비]

라디안(각도)	0(0°)	π/6(30°)	π/4(45°)	π/3(60°)	π/2(90°)	π(180°)	3π/2(270°)
sin	0	1/2	$1/\sqrt{2}$	$\sqrt{3}/2$	1	0	1
cos	1	$\sqrt{3}/2$	$1/\sqrt{2}$	1/2	0	−1	0
tan	0	$1/\sqrt{3}$	1	$\sqrt{3}$	∞	0	−∞

[기본공식]

(1) $\sin^2\theta + \cos^2\theta = 1$ $1+\tan^2\theta = \sec^2\theta$ $1+\cot^2\theta = \operatorname{cosec}^2\theta$

(2) $\sin(2n\pi+\theta) = \sin\theta$ $\cos(2n\pi+\theta) = \cos\theta$ $\tan(n\pi+\theta) = \tan\theta$

(3) $\sin(-\theta) = -\sin\theta$ $\cos(-\theta) = \cos\theta$ $\tan(-\theta) = -\tan\theta$

(4) $\sin(\pi\pm\theta) = \mp\sin\theta$ $\cos(\pi\pm\theta) = -\cos\theta$ $\tan(\pi\pm\theta) = \pm\tan\theta$

(5) $\sin\left(\dfrac{\pi}{2}\pm\theta\right) = \cos\theta$ $\cos\left(\dfrac{\pi}{2}\pm\theta\right) = \mp\sin\theta$ $\tan\left(\dfrac{\pi}{2}\pm\theta\right) = \mp\cot\theta$

[덧셈정리]

(6) $\sin(\alpha\pm\beta) = \sin\alpha\cos\beta \pm \cos\alpha\sin\beta$

(7) $\cos(\alpha\pm\beta) = \cos\alpha\cos\beta \mp \sin\alpha\sin\beta$

(8) $\tan(\alpha\pm\beta) = \dfrac{\tan\alpha \pm \tan\beta}{1\mp\tan\alpha\cdot\tan\beta}$

[배각공식]

(9) $\sin 2\alpha = 2\sin\alpha\cos\alpha$

(10) $\cos 2\alpha = \cos^2\alpha - \sin^2\alpha = 1 - 2\sin^2\alpha = 2\cos^2\alpha - 1$

(11) $\tan 2\alpha = \dfrac{2\tan\alpha}{1-\tan^2\alpha}$

[반각공식]

(12) $\sin^2\dfrac{\alpha}{2} = \dfrac{1-\cos\alpha}{2}$ (13) $\cos^2\dfrac{\alpha}{2} = \dfrac{1+\cos\alpha}{2}$ (14) $\tan^2\dfrac{\alpha}{2} = \dfrac{1-\cos\alpha}{1+\cos\alpha}$

[곱을 합 또는 차로 고치는 공식]

(15) $\sin\alpha\cos\beta = \dfrac{1}{2}\{\sin(\alpha+\beta) + \sin(\alpha-\beta)\}$

(16) $\cos\alpha\sin\beta = \dfrac{1}{2}\{\sin(\alpha+\beta) - \sin(\alpha-\beta)\}$

(17) $\cos\alpha\cos\beta = \dfrac{1}{2}\{\cos(\alpha+\beta) + \cos(\alpha-\beta)\}$

(18) $\sin\alpha\sin\beta = -\dfrac{1}{2}\{\cos(\alpha+\beta) - \cos(\alpha-\beta)\}$

[합 또는 차를 곱으로 고치는 공식]

(19) $\sin\alpha + \sin\beta = 2\sin\dfrac{\alpha+\beta}{2}\cos\dfrac{\alpha-\beta}{2}$

(20) $\sin\alpha - \sin\beta = 2\cos\dfrac{\alpha+\beta}{2}\sin\dfrac{\alpha-\beta}{2}$

(21) $\cos\alpha + \cos\beta = 2\cos\dfrac{\alpha+\beta}{2}\cos\dfrac{\alpha-\beta}{2}$

(22) $\cos\alpha - \cos\beta = -2\sin\dfrac{\alpha+\beta}{2}\sin\dfrac{\alpha-\beta}{2}$

B.5 함수의 극한

(1) (함수의 극한정리) $\lim_{x\to a} f(x) = L$이고 $\lim_{x\to a} g(x) = M$이면

① $\lim_{x\to a}\{f(x)+g(x)\} = L+M$ ② $\lim_{x\to a}\{f(x)g(x)\} = LM$

③ $\lim_{x\to a} kf(x) = kL$ (단, k는 상수) ④ $\lim_{x\to a}\dfrac{f(x)}{g(x)} = \dfrac{L}{M}$ $(M \neq 0)$

(2) $\lim_{x\to\pm\infty}\left(1+\dfrac{1}{x}\right)^x = e$, $\lim_{x\to 0}(1+x)^{\frac{1}{x}} = e$

(3) $\lim_{x\to 0}\dfrac{\sin x}{x} = 1$ (단, x의 단위는 라디안)

B.6 직선과 평면의 방정식

(1) 점 $P_0(x_0, y_0, z_0)$를 지나고 벡터 $\mathbf{d}=(d_1, d_2, d_3)\neq\mathbf{0}$와 평행인 직선의 방정식

① 벡터방정식 : $\mathbf{r}=\mathbf{r}_0+t\mathbf{d}$

(단, $\mathbf{r}_0, \mathbf{r}$은 각각 P_0와 직선 위의 임의의 점 $P(x, y, z)$의 위치벡터)

② 매개변수방정식 : $x=x_0+d_1t$, $y=y_0+d_2t$, $z=z_0+d_3t$, t는 실수

③ 대칭방정식 : $\dfrac{x-x_0}{d_1}=\dfrac{y-y_0}{d_2}=\dfrac{z-z_0}{d_3}$

(2) 점 $P_0(x_0, y_0, z_0)$를 지나고 벡터 $\mathbf{n}=\begin{pmatrix}a\\b\\c\end{pmatrix}$에 수직인 평면의 방정식 :

$$a(x-x_0)+b(y-y_0)+c(z-z_0)=0$$

B.7 미분법

(1) $c'=0$ (c는 상수)

(2) $\{kf(x)\}'=kf'(x)$ (k는 상수)

(3) $\{f(x)\pm g(x)\}'=f'(x)\pm g'(x)$

(4) $\{f(x)g(x)\}'=f'(x)g(x)+f(x)g'(x)$

(5) $\left\{\dfrac{f(x)}{g(x)}\right\}'=\dfrac{f'(x)g(x)-f(x)g'(x)}{g(x)^2}$

(6) $(x^{\alpha})'=\alpha x^{\alpha-1}$ (α는 실수)

(7) (합성함수 미분법)

$y=g(u)$와 $u=f(x)$가 미분가능하면, $\dfrac{dy}{dx}=\dfrac{dy}{du}\dfrac{du}{dx}$이다.

(8) (역함수 미분법)

$\dfrac{dx}{dy}=\dfrac{1}{dy/dx}$ $\left(\dfrac{dy}{dx}\neq 0\right)$

(9) (매개변수표시 함수의 미분법)

$x=f(t)$와 $y=g(t)$가 t에 관해서 미분가능하고 $f'(t)\neq 0$이면, $\dfrac{dy}{dx}=\dfrac{g'(t)}{f'(t)}$이다.

(10) $(\sin x)'=\cos x$ $(\cos x)'=-\sin x$

(11) $(\tan x)'=\sec^2 x$ $(\cot x)'=-\csc^2 x$

(12) $(\sec x)'=\sec x\tan x$ $(\csc x)'=-\csc x\cot x$

(13) $(\log_a x)'=\dfrac{1}{x}\log_a e$ $(\ln x)'=\dfrac{1}{x}$

(14) $(e^x)'=e^x$ $(a^x)'=a^x\ln a$

B.8 적분법

(1) $\int x^{\alpha} dx = \frac{x^{\alpha+1}}{\alpha+1} + C$ ($\alpha \neq -1$인 실수)

(2) $\int \frac{1}{x} dx = \ln|x| + C$

(3) $\int (ax+b)^{\alpha} dx = \frac{(ax+b)^{\alpha+1}}{a(\alpha+1)} + C$ ($\alpha \neq -1$인 실수)

(4) $\int \frac{1}{ax+b} dx = \frac{1}{a}\ln|ax+b| + C$

(5) $\int \frac{f'(x)}{f(x)} dx = \ln|f(x)| + C$

(6) $\int \frac{x}{ax+b} dx = \frac{1}{a^2}\{(ax+b) - b\ln|ax+b|\} + C$

(7) $\int \frac{1}{x(ax+b)} dx = -\frac{1}{b}\ln\left|\frac{ax+b}{x}\right| + C$

(8) $\int \sin x \, dx = -\cos x + C$

(9) $\int \sin^2 x \, dx = \frac{1}{2}x - \frac{1}{4}\sin 2x + C$

(10) $\int \sin^3 x \, dx = -\cos x + \frac{1}{3}\cos^3 x + C$

(11) $\int \cos x \, dx = \sin x + C$

(12) $\int \cos^2 x \, dx = \frac{1}{2}x + \frac{1}{4}\sin 2x + C$

(13) $\int \cos^3 x \, dx = \sin x - \frac{1}{3}\sin^3 x + C$

(14) $\int \tan x \, dx = -\ln|\cos x| + C$

(15) $\int \cot x \, dx = \ln|\sin x| + C$

(16) $\int \sec x \, dx = \ln|\sec x + \tan x| + C$

(17) $\int \sec^2 x \, dx = \tan x + C$

(18) $\int \csc x \, dx = \ln|\csc x - \cot x| + C$

(19) $\int \csc^2 x \, dx = -\cot x + C$

(20) $\int \sec x \tan x \, dx = \sec x + C$

(21) $\int \csc x \cot x \, dx = -\csc x + C$

(22) $\int e^x dx = e^x + C$

(23) $\int a^x dx = \frac{a^x}{\ln a} + C$

(24) $\int x e^x dx = x e^x - e^x + C$

(25) $\int x^2 \sin x \, dx = 2x \sin x - (x^2 - 2)\cos x + C$

(26) $\int x \sin x \, dx = \sin x - x \cos x + C$

(27) $\int x^2 \cos x \, dx = (x^2 - 2)\sin x + 2x \cos x + C$

(28) $\int x \cos x \, dx = \cos x + x \sin x + C$

C 함수의 그래프

(1) $y = \sin x$

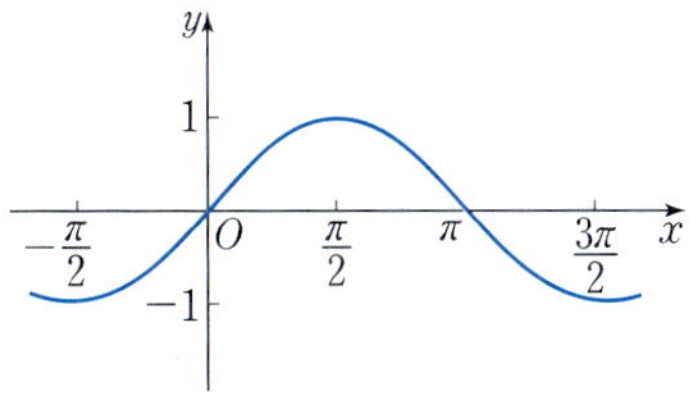

(2) $y = \cos x$

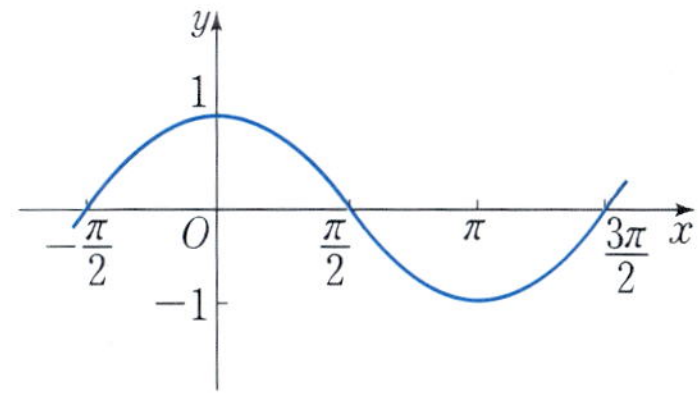

(3) $y = \tan x$

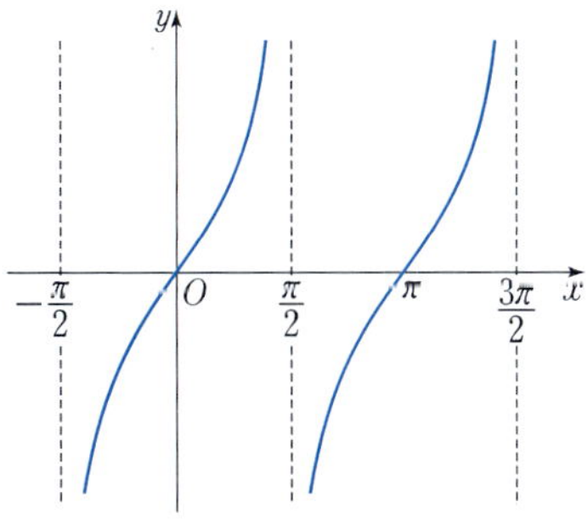

(4) $y = \sec x$

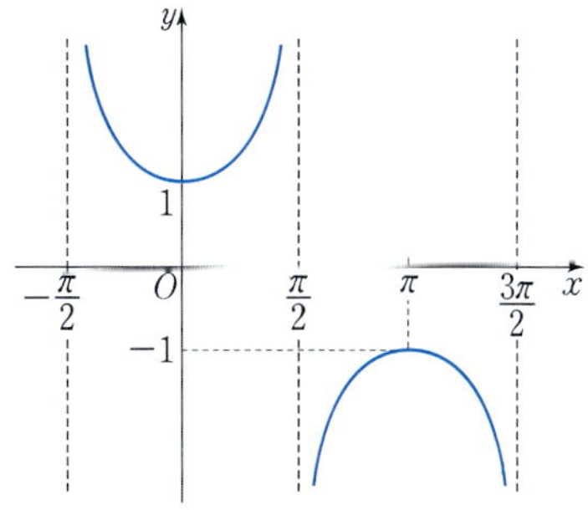

(5) $y = \csc x$

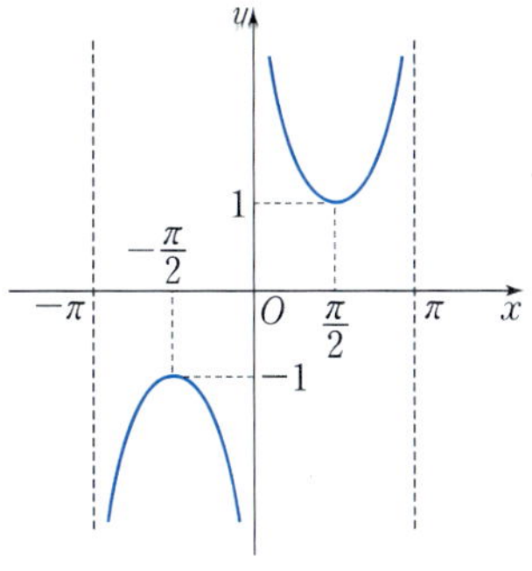

(6) $y = \cot x$

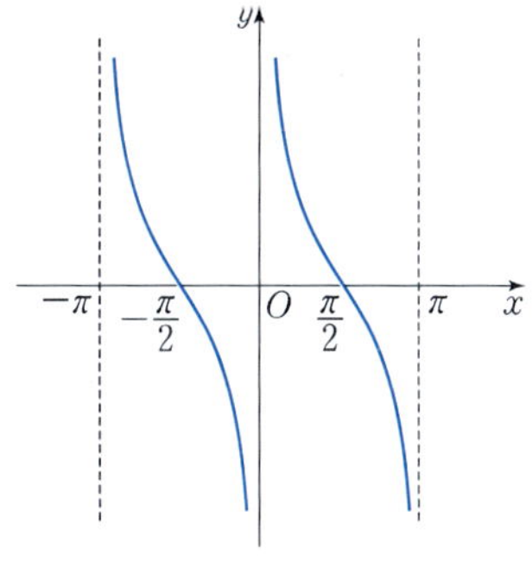

(7) $y = \sin^{-1} x$

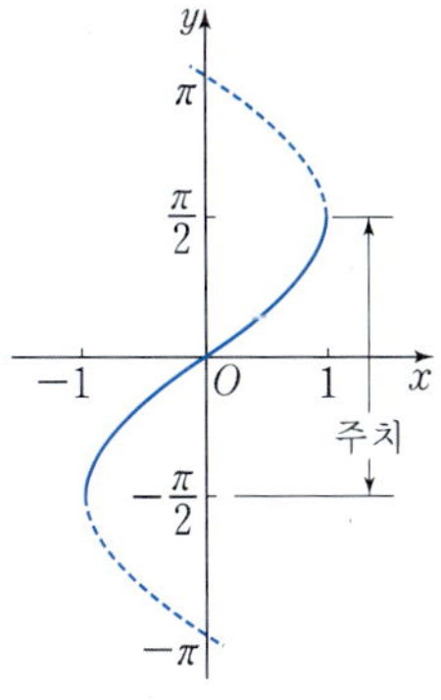

(8) $y = \cos^{-1} x$

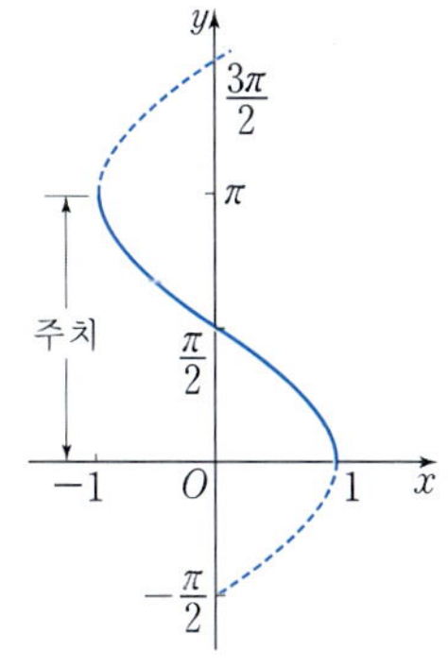

(9) $y=\tan^{-1}x$

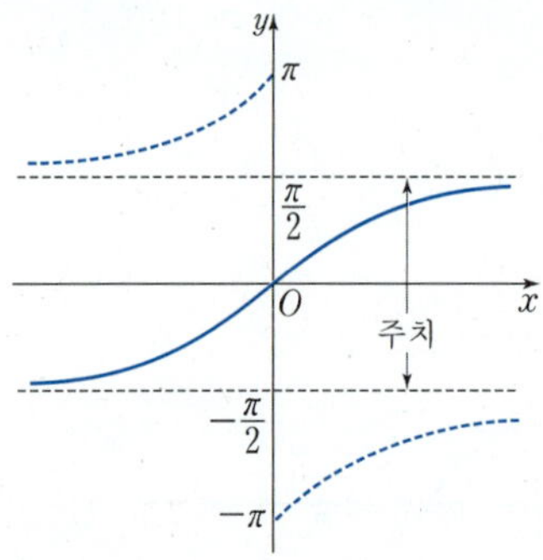

(10) $y=\sec^{-1}x$

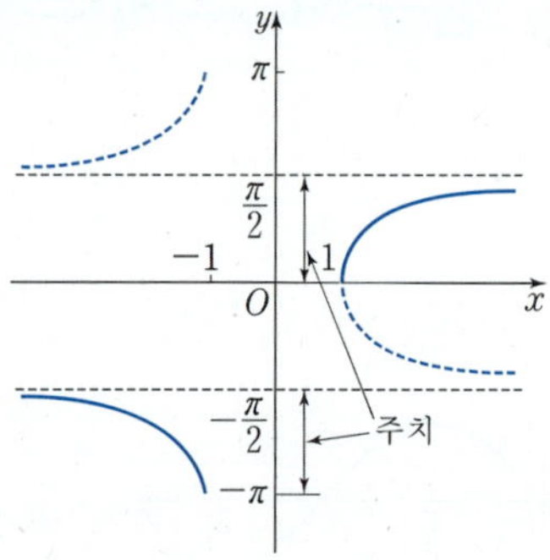

(11) $y=\csc^{-1}x$

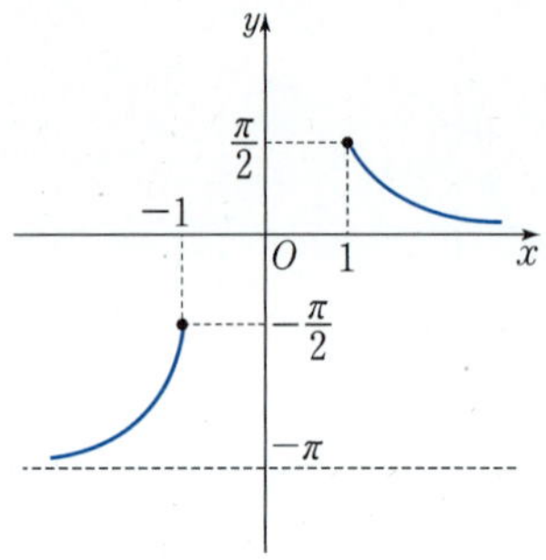

(12) $y=\cot^{-1}x$

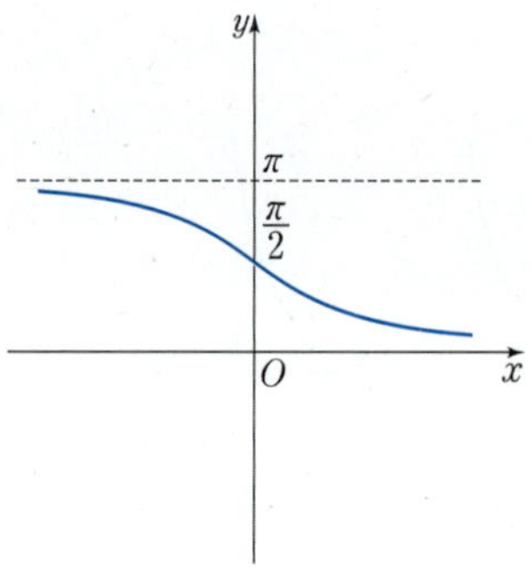

(13) $y=\log_a x\ (a>1)$

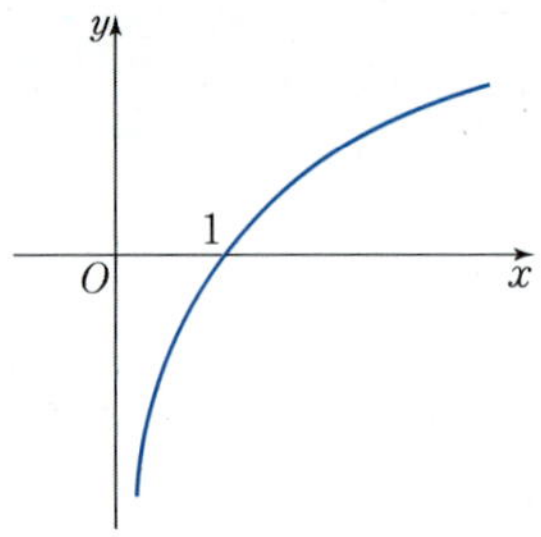

(14) $y=e^x$

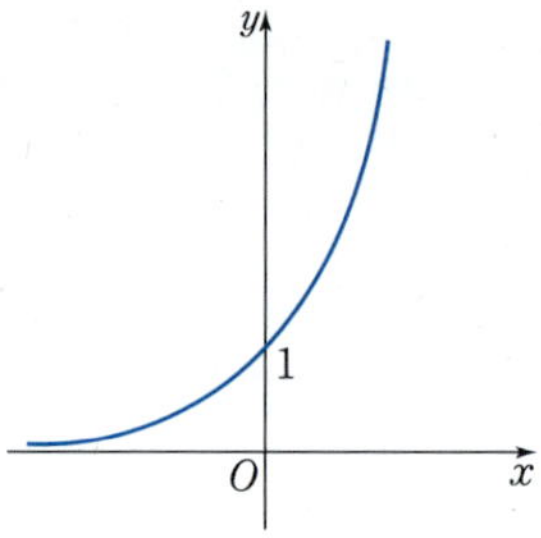

(15) $y=\sinh x$

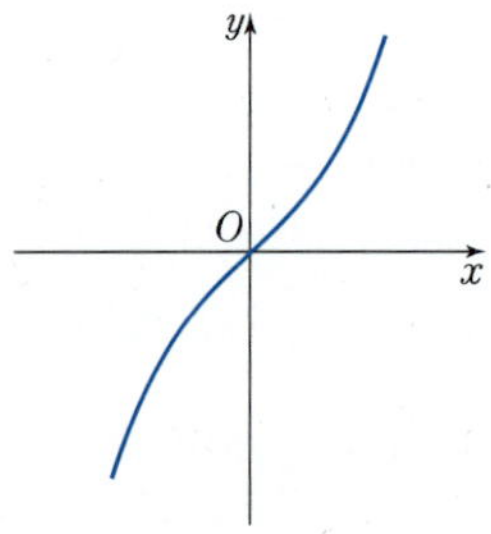

(16) $y=\cosh x$

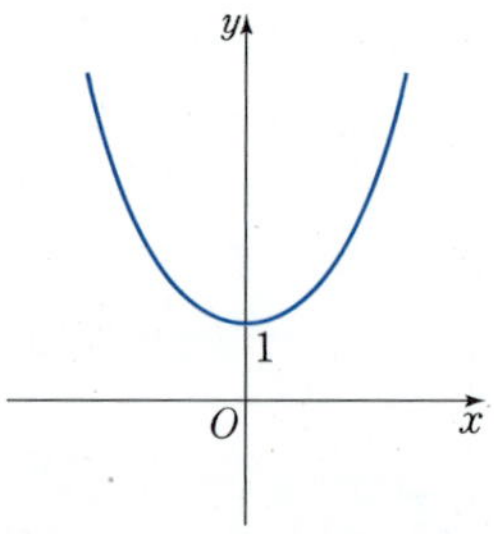

(17) $y=ax^3\ (a>0)$

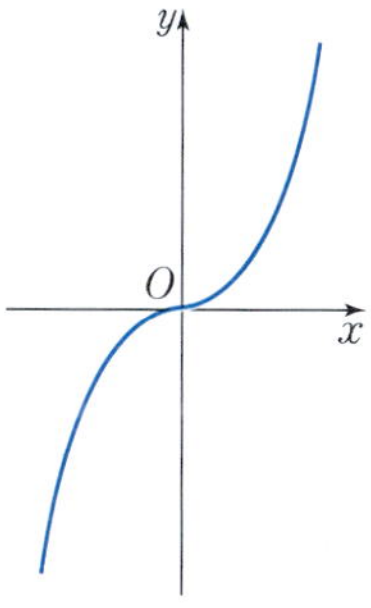

(18) $y^2=ax^3\ (a>0)$

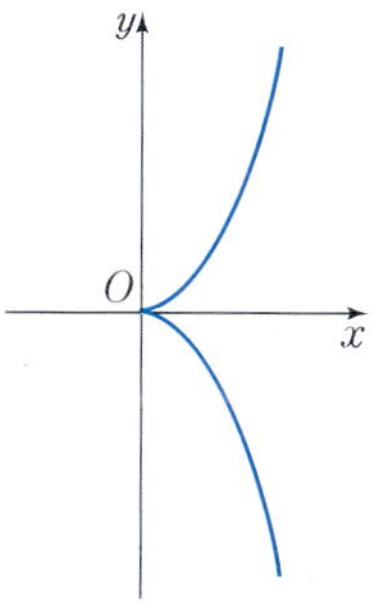

(19) $y=e^{-x^2}$

(확률곡선)

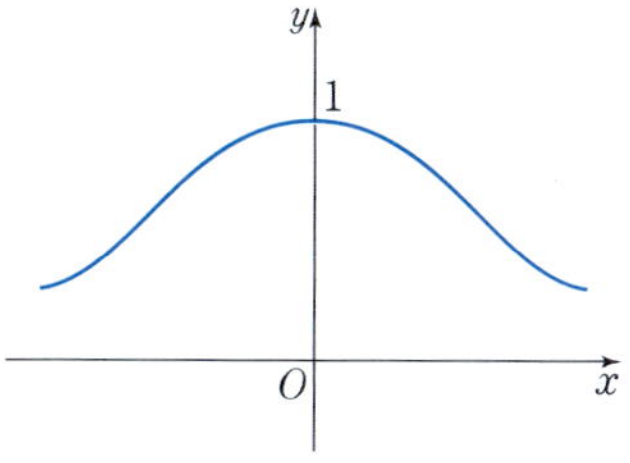

(20) $x^{\frac{1}{2}}+y^{\frac{1}{2}}=a^{\frac{1}{2}}$

(포물호)

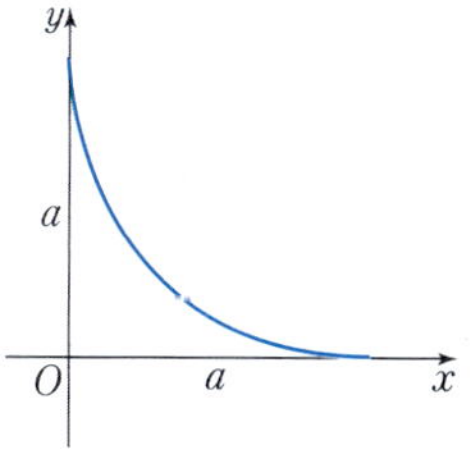

(21) $x^3+y^3-3axy=0$

(데카르트의 잎사귀선)

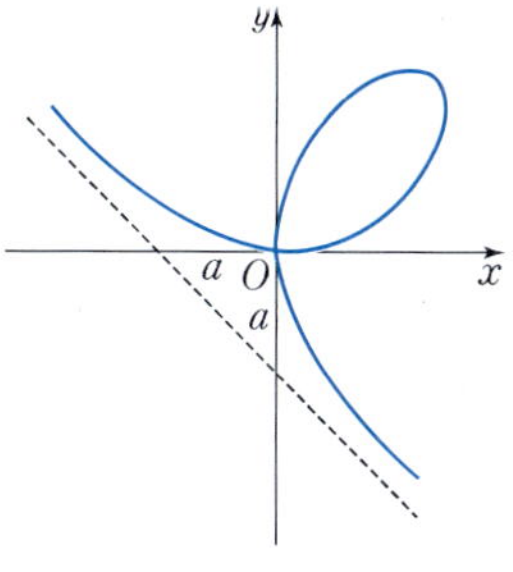

(22) $y^2=x^3/(2a-x)$

(디오클레스의 질주선)

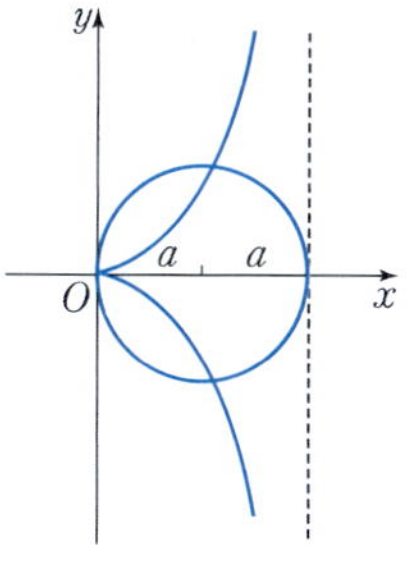

(23) $x^{\frac{2}{3}}+y^{\frac{2}{3}}=a^{\frac{2}{3}}$

(성망형)

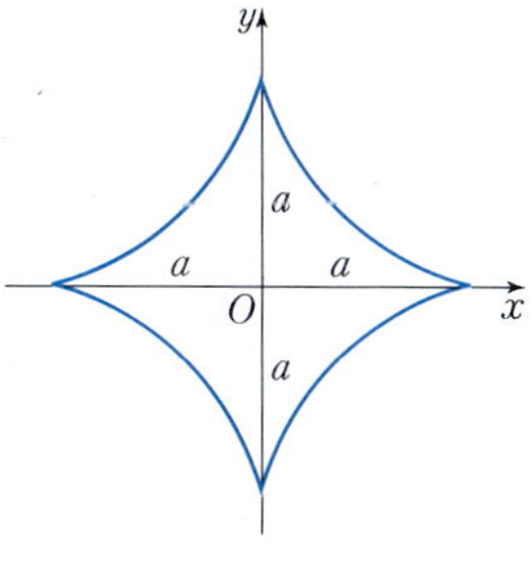

(24) $x^2y=4a^2(2a-y)$

(아네시의 우이선)

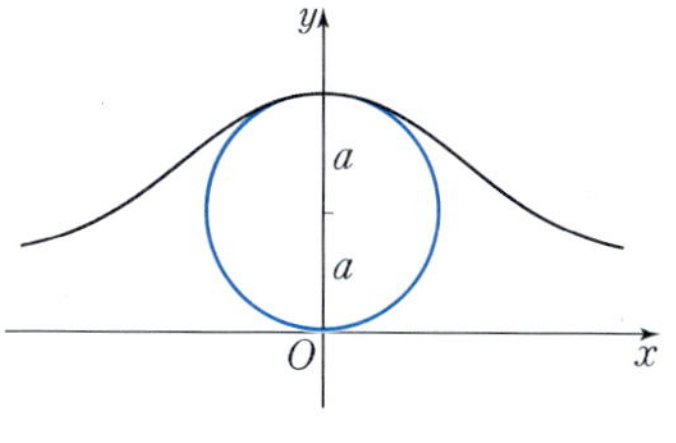

(25) $r = a(1-\cos\theta)$

(심장형)

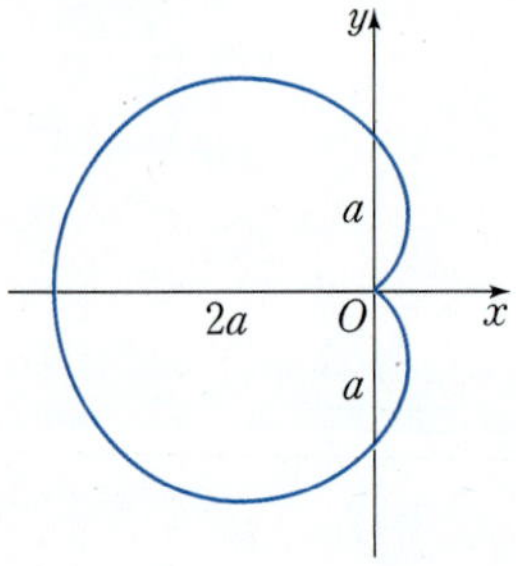

(26) $r = a\theta$

(아르키메데스의 나선)

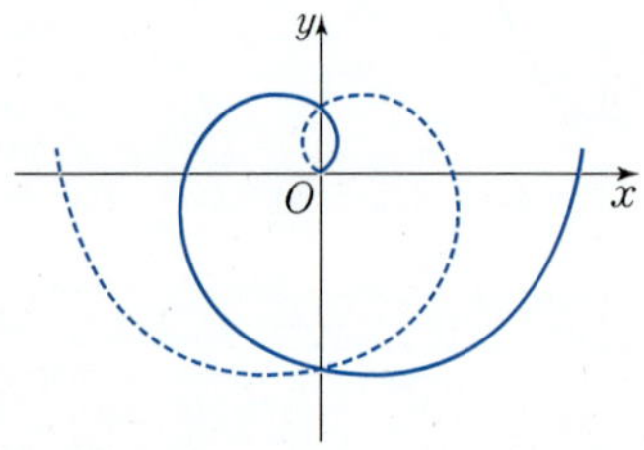

(27) $r\theta = a$

(쌍곡나선)

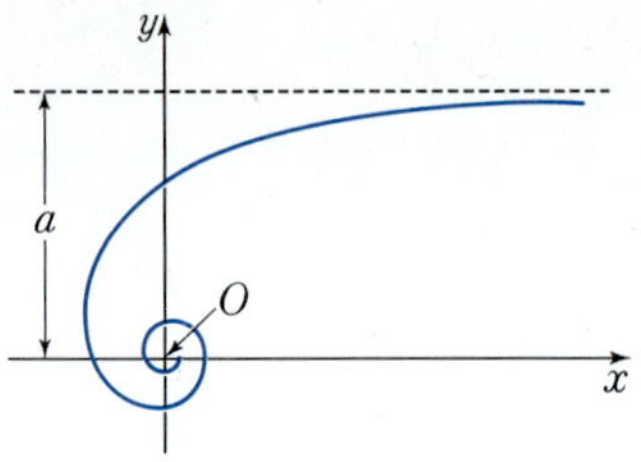

(28) $r^2 = a^2\cos 2\theta$

(베르누이의 연주형)

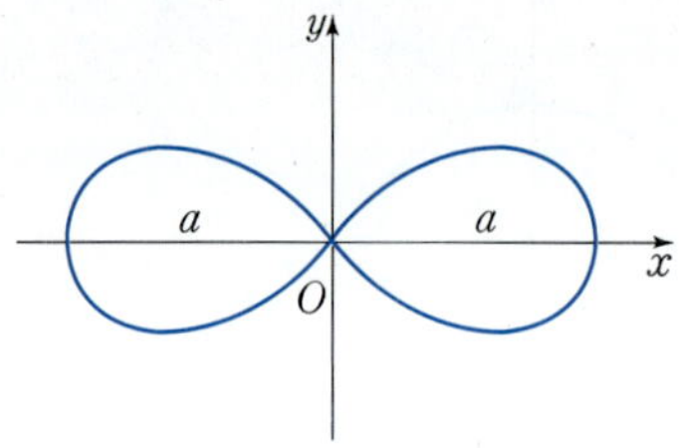

(29) $r = a\csc\theta - b\ (a < b)$

(니코메데스의 나사선)

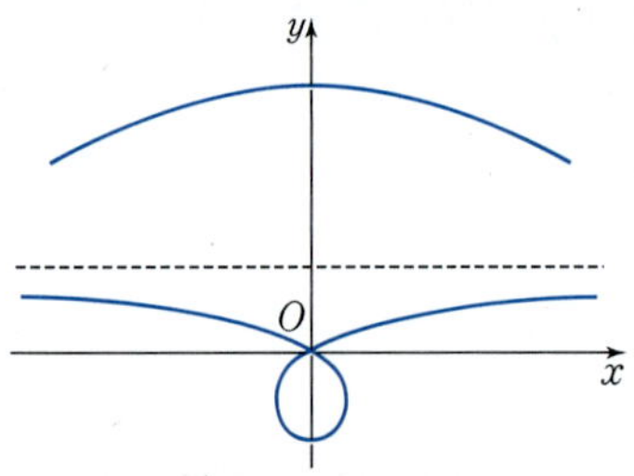

(30) $r = a\sin 3\theta$

(3엽장미신)

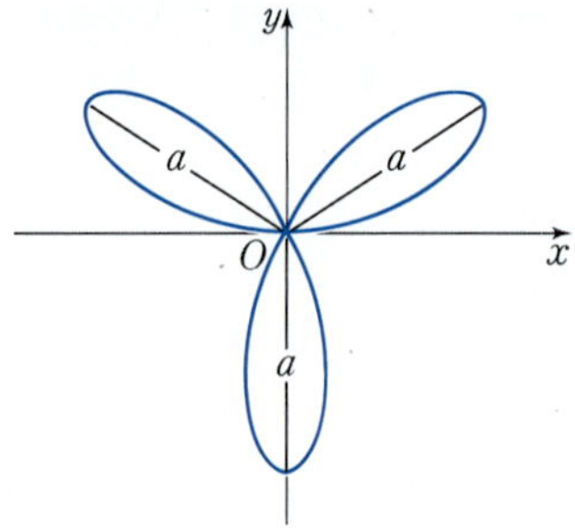

(31) $r = a\sin 2\theta$

(4엽장미선)

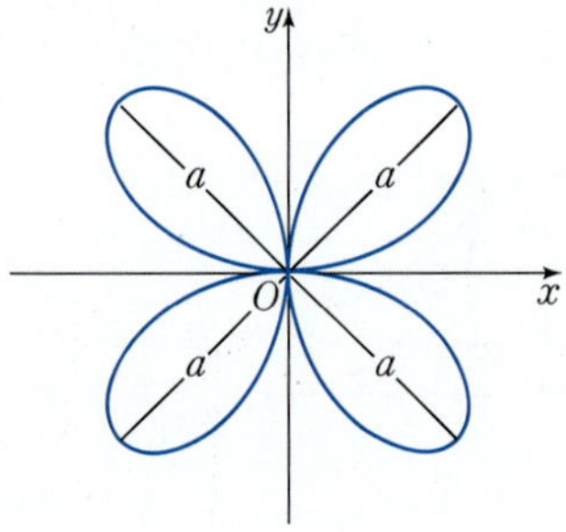

(32) $x = a(\theta - \sin\theta),\ y = a(1-\cos\theta)$

(굴렁쇠선 또는 사이클로이드)

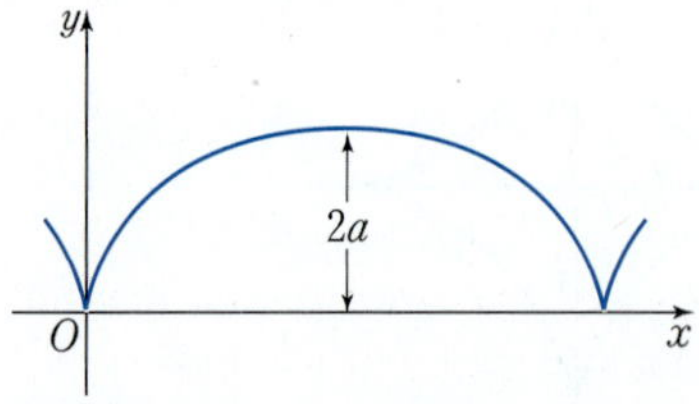

D 단원별 보충문제

제1장 집합과 수열

1.1 집합

1. 세 집합 $A=\{1, 3, 6, 9\}$, $B=\{1, 3, 5, 7\}$와 $C=\{3, 5, 7, 9\}$에 대하여, 다음 분배법칙을 확인하여라.

(1) $A\cap(B\cup C)=(A\cap B)\cup(A\cap C)$

(2) $A\cup(B\cap C)=(A\cup B)\cap(A\cup C)$

2. 전체집합 $U=\{1, 2, 3, 4, 5, 6\}$의 두 부분집합 $A=\{1, 2, 5, 6\}$과 $B=\{2, 4, 5\}$에 대하여, 다음 드모르간 법칙을 확인하여라.

(1) $(A\cap B)^c=A^c\cup B^c$　　　(2) $(A\cup B)^c=A^c\cap B^c$

3. 다음의 일반화된 배분법칙을 증명하여라.

(1) $A\cap\left(\bigcup_{i\in I}B_i\right)=\bigcup_{i\in I}(A\cap B_i)$　　　(2) $A\cup\left(\bigcap_{i\in I}B_i\right)=\bigcap_{i\in I}(A\cup B_i)$

4. 다음의 일반화된 드모르간 법칙을 증명하여라.

(1) $\left(\bigcup_{i\in I}A_i\right)^c=\bigcap_{i\in I}A_i^c$　　　(2) $\left(\bigcap_{i\in I}A_i\right)^c=\bigcup_{i\in I}A_i^c$

5. $A\triangle B=(A-B)\cup(B-A)$로 정의할 때, 다음을 증명하여라.

(1) $A\triangle A=\varnothing$, $A\triangle\varnothing=A$

(2) $A\triangle B=\varnothing \Leftrightarrow A=B$

(3) $(A\cup C)\triangle(B\cup C)=(A\triangle B)-C$

1.2 명제

6. 전체집합 $U=\{1, 2, 3, \ldots, 18\}$에 대하여, 다음 조건에 대한 진리집합을 구하여라.

(1) p: x는 4의 배수이다.

(2) q: $x^2-8x+12 \geq 0$

(3) r: x는 18의 약수이다.

7. 다음 명제의 참 또는 거짓을 판별하여라.

(1) 모든 실수 x에 대해서 $x^2-8x+12 \leq 0$이다.

(2) 어떤 실수 x에 대해서는 $x^2-2x+6 \geq 0$이다.

(3) 어떤 실수 x에 대해서는 $x^2-7x+12=0$이다.

8. 다음 명제의 역과 대우를 말하고, 참과 거짓을 판별하여라.

(1) 실수 x에 대하여, $-1 < x < 4$이면 $0 < x < 2$이다.

(2) 실수 x에 대하여, $x^2=8$이면 $x^2-5x \geq 3$이다.

(3) 자연수 n^2이 9의 배수이면, n은 3의 배수이다.

9. 전체집합 U에서 정의된 두 조건 p, q의 진리집합을 각각 P와 Q라 하자. 명제 $p \to \sim q$가 참일 때, 다음 중에서 항상 옳은 것을 구하여라.

① $P \cup Q = P$　　② $P \cap Q = \varnothing$　　③ $P \cup Q^c = P$

④ $P - Q = \varnothing$　　⑤ $Q - P = \varnothing$

10. 명제의 대우를 이용하여, 자연수 m, n에 대하여 mn이 짝수이면 m 또는 n이 짝수임을 증명하여라.

1.3 수열의 정의

11. 등비수열 $\{a_n\}$에 대하여 $a_2=2$, $a_5=54$일 때, a_3의 값을 구하여라.

12. 수열 $\{a_n\}$이 $a_1=1$이고 $2a_{n+1}=3a_n-1$ $(n=1, 2, 3, \ldots)$을 만족할 때, a_5의 값을 구하여라.

13. $\displaystyle\sum_{k=1}^{n} a_k = \frac{1}{3}n(n+1)(n+2)$일 때, $\displaystyle\sum_{k=1}^{100} \frac{1}{a_k}$을 구하여라.

14. $\displaystyle\sum_{k=1}^{n} \frac{1}{k(k+1)(k+2)}$의 값을 구하여라.

1.4 수열의 극한

15. 다음 수열의 수렴과 발산을 조사하여라.

(1) $\left\{\dfrac{n-1}{n}\right\}$　　(2) $\left\{\dfrac{2n-1}{n^2}\right\}$　　(3) $\left\{(-1)^n\dfrac{2n+3}{n}\right\}$

16. 다음 극한을 구하여라.

(1) $\lim\limits_{n\to\infty}\dfrac{2n-5}{\sqrt{n^2+1}+n}$　　(2) $\lim\limits_{n\to\infty}\dfrac{2}{\sqrt{n^2+n}-n}$

(3) $\lim\limits_{n\to\infty}\dfrac{\sqrt{4n+1}-\sqrt{4n-1}}{\sqrt{n+1}-\sqrt{n-1}}$

17. 다음 등식이 성립하도록 상수 a, b의 값을 정하여라.

$$\lim_{n\to\infty}(\sqrt{n^2+2n-3}-an+b)=3$$

18. $\lim\limits_{n\to\infty}\dfrac{4(1^3+2^3+\cdots+n^3)}{5n^4+3n^2}$을 구하여라.

19. $\lim\limits_{n\to\infty}\left\{\left(1+\dfrac{1}{2n}\right)\left(1+\dfrac{1}{3n}\right)\right\}^{6n}$을 구하여라.

1.5 급수의 수렴

20. 급수 $\sum\limits_{n=1}^{\infty}\dfrac{1}{(n+2)(n+3)}$의 수렴, 발산을 조사하고, 수렴하면 그 합을 구하여라.

21. 등비급수 $\sum\limits_{n=1}^{\infty}\left(\dfrac{r}{5}\right)^{n-1}$이 수렴할 조건을 구하여라.

22. $\sum\limits_{n=1}^{\infty}\dfrac{3^n+4^4}{7^n}$을 구하여라.

23. 다음 급수의 합을 구하여라.

$$\frac{1}{2}+\frac{1}{2+4}+\frac{1}{2+4+6}+\frac{1}{2+4+6+8}+\cdots$$

24. 수열 $\{a_n\}$에 대하여 $\sum_{n=1}^{\infty}\frac{a_n}{n}$이 수렴할 때, $\lim_{n\to\infty}\frac{2n-a_n}{3n+2a_n}$의 값을 구하여라.

25. 등비수열 $\{a_n\}$에 대하여 $\sum_{n=1}^{\infty}a_n=\alpha$, $\sum_{n=1}^{\infty}a_n^2=\beta$일 때, 일반항 a_n을 α, β로 나타내어라. (단, $\beta\neq 0$)

제2장 함수와 연속

2.1 함수

1. 실수 집합에서 실수 집합으로의 세 함수 $f(x)=x-1$, $g(x)=2x$, $h(x)=x^2$에 대하여, 다음의 각 함수를 구하여라.

(1) $g\circ f$　　(2) $f\circ g$

(3) $h\circ(g\circ f)$　　(4) $(h\circ g)\circ f$

(5) $f\circ f\circ f$　　(6) $f\circ f\circ\cdots\circ f$　(n개의 합성)

2. 집합 $X=\{1, 2, 3, 4, 5\}$에 대하여, 함수 $f: X\to X$를

$$f(x)=\begin{cases} x+2 & (x\le 3) \\ 1 & (x=4) \\ 2 & (x=5)\end{cases}$$

와 같이 정의한다. 또한, 함수 $g: X\to X$가 $g(1)=5$이고 $f\circ g=g\circ f$를 만족시킬 때, $g(3)$ 및 $g(5)$의 값을 구하여라.

3. 다음 함수는 $R\to R$로의 단사함수임을 보여라.

(1) $f(x)=2x+3$　　(2) $f(x)=x-3$

4. $f(x)=\frac{ax+b}{x+c}$일 때, $(f\circ f)(x)=x$가 성립할 a, b, c의 조건을 다음에서 택하여라.

(1) $a=c,\ b=ac$　　(2) $b\neq ac$　　(3) $b=ac,\ a\neq c$

(4) $c=-a,\ b\neq -a^2$　　(5) $c=-a$

5. $f(x)=\frac{1}{1+x}$일 때, $(f\circ g)(x)=x+1$, $(h\circ f)(x)=x+2$를 만족하는 함수 $g(x)$,

$h(x)$에 대하여 이들의 곱 $g(x) \cdot h(x)$를 구하여라.

2.2 지수함수와 로그함수

6. 다음의 지수방정식을 풀어라.

(1) $\left(\frac{1}{3}\right)^{2-x} = \frac{1}{9\sqrt[5]{3}}$ (2) $4^{x+1} - 9 \cdot 2^x + 2 = 0$

7. $a=9, b=4$일 때, $(\sqrt[4]{a}+\sqrt[4]{b})(\sqrt[4]{a}-\sqrt[4]{b})$의 값을 구하여라.

8. x, y가 양의 실수이고 $A = \log_2 \frac{x^2}{y^3}$, $B = \log_2 \frac{y^2}{x^3}$일 때, $3A + 2B = a\log_2 x + b\log_2 y$를 만족하는 실수 a, b를 구하여라.

9. 이차방정식 $x^2 - 4x + 1 = 0$의 두 근이 α, β일 때, $\log_2\left(\frac{1}{\alpha}+\frac{1}{\beta}\right)$의 값을 구하여라.

10. 다음 각 함수의 역함수를 구하여라.

(1) $y = 3^x$ (2) $y = 10^{2x+3}$

(3) $y = \log x$ (4) $y = \log_3(x-1)$

2.3 삼각함수

11. 삼각함수의 덧셈정리를 이용하여, 다음 값을 구하여라.

(1) $\sin 75° \cos 15°$ (2) $\cos 75° \cos 15°$

(3) $\sin 75° + \sin 15°$ (4) $\cos 75° - \cos 15°$

12. $\cos\theta = \frac{1}{3}$일 때, $\sin 3\theta \sin\theta$의 값을 구하여라.

13. $\sin\theta - \cos\theta = \frac{1}{\sqrt{2}}$일 때, 다음 값을 각각 구하여라.

(1) $\frac{1}{\sin\theta} - \frac{1}{\cos\theta}$ (2) $\frac{\csc\theta}{\sec\theta - \tan\theta} + \frac{\csc\theta}{\sec\theta + \tan\theta}$

(3) $\tan^2\theta + \frac{1}{\tan^3\theta}$ (4) $\frac{1}{\cos\theta}\left(\tan\theta - \frac{1}{\tan^2\theta}\right)$

14. 함수 $f(x)=\cos^2 x+\sqrt{3}\sin x\cos x$의 최댓값을 구하여라.

15. $x^2+y^2=2,\ x\sin\theta+y\cos\theta=1$일 때, $x\cos\theta-y\sin\theta$의 값을 구하여라.

2.4 함수의 극한

16. 다음 극한을 구하여라.

(1) $\displaystyle\lim_{x\to 0}\frac{x^3-8}{x-2}$ (2) $\displaystyle\lim_{x\to 0}\frac{x}{\sqrt{x+9}-3}$

(3) $\displaystyle\lim_{x\to 0}\frac{\sqrt{1+x+x^2}+x-1}{x}$ (4) $\displaystyle\lim_{x\to\infty}\frac{3x^3-5x+2}{x^2+1}$

17. 다항함수 $f(x)$에 대하여 $\displaystyle\lim_{x\to 1}\frac{8(x^4-1)}{(x^2-1)f(x)}=1$일 때, $f(1)$을 구하여라.

18. 모든 실수 x에 대하여 두 함수 $f(x)$와 $g(x)$가 다음과 같이 정의될 때, $\displaystyle\lim_{x\to 0}(g\circ f)(x)$의 값을 구하여라.

$$f(x)=\begin{cases}2x-1 & (x\neq 0)\\ 2 & (x=0)\end{cases},\quad g(x)=\cos\pi x$$

2.5 함수의 연속

19. 다음의 각 함수가 $x=1$에서 연속인지 불연속인지 조사하여라.

(1) $f(x)=\begin{cases}\dfrac{x^2+2x-3}{x-1} & (x\neq 1)\\ 4 & (x=1)\end{cases}$ (2) $g(x)=\begin{cases}\dfrac{x|x-1|}{x-2} & (x\neq 1)\\ 2 & (x=1)\end{cases}$

20. 다음과 같이 정의된 함수 $f(x)$가 모든 실수 x에서 연속일 때, 상수 a, b의 합 $a+b$를 구하여라.

$$f(x)=\begin{cases}x(x-2) & (|x|>2)\\ -x^2+ax+b & (|x|\le 2)\end{cases}$$

21. 다음과 같이 정의된 함수 $f(x)$가 모든 점에서 연속이 되는 a와 b의 값을 구하여라.

$$f(x)=\begin{cases} \dfrac{x^2+2ax+b}{x+1} & (x\neq -1) \\ 2 & (x=-1) \end{cases}$$

22. 사이값 정리를 이용하여, 방정식 $x^5+2x^2-2=0$은 -1과 1사이에서 적어도 하나의 실근을 가짐을 보여라.

2.6 초월함수의 극한

23. 다음의 극한을 구하여라.

(1) $\displaystyle\lim_{x\to\infty}\frac{2^x+5^x}{3\cdot 2^x-5^{x-1}}$　　(2) $\displaystyle\lim_{x\to -2^+}\log_3\frac{x^2+7x+10}{x+2}$

24. 다음의 극한을 구하여라.

(1) $\displaystyle\lim_{x\to\infty}\left(1+\frac{5}{3x}\right)^x$　　(2) $\displaystyle\lim_{x\to 0}\frac{\ln(1+2x)}{3x}$

25. 다음의 극한을 구하여라.

(1) $\displaystyle\lim_{x\to 0}\frac{3x\cos x}{\sin 2x}$　　(2) $\displaystyle\lim_{x\to 0}\frac{4(1-\cos x)}{x\tan x}$

제3장 도형과 벡터

3.1 도형과 좌표

1. 좌표평면 위의 두 벡터 $\mathbf{a}=(2,4)$, $\mathbf{b}=(-1,1)$에 대하여, $|\mathbf{a}-t\mathbf{b}|$를 최소가 되게 하는 실수 t의 값과 그 때의 최솟값을 구하여라.

2. 벡터 $\mathbf{p}=(2,1,3)$을 xy평면, yz평면, zx평면에 정사영한 벡터를 각각 $\mathbf{a},\mathbf{b},\mathbf{c}$라 할 때, $\mathbf{p}=l\mathbf{a}+m\mathbf{b}+n\mathbf{c}$를 만족하는 실수 l,m,n의 값을 구하여라.

3.2 벡터와 연산

3. 사각형 $ABCD$에서 다음을 간단히 나타내어라.

(1) $\overrightarrow{AD}+\overrightarrow{CB}+\overrightarrow{DC}$　　(2) $\overrightarrow{AB}+\overrightarrow{BC}+\overrightarrow{DE}+\overrightarrow{CD}$

4. 사각형 $ABCD$와 점 O에 대하여 $\overrightarrow{OA}+\overrightarrow{OC}=\overrightarrow{OB}+\overrightarrow{OD}$가 성립할 때, 사각형 $ABCD$는 어떤 사각형인가?

5. $\frac{1}{3}(\mathbf{a}-9\mathbf{b})=2\left(\mathbf{b}-\frac{1}{3}\mathbf{a}\right)$를 만족하는 영벡터가 아닌 두 벡터 $\mathbf{a}, \mathbf{b}$는 서로 평행함을 보여라.

6. 평행하지 않으면서 영벡터가 아닌 두 벡터 $\mathbf{a}, \mathbf{b}$가 다음을 만족할 때, $\overrightarrow{PQ}$와 $\overrightarrow{RS}$가 평행이 되도록 m의 값을 구하여라.

$$\overrightarrow{OP}=\mathbf{a}-2\mathbf{b},\ \overrightarrow{OQ}=2\mathbf{a}+3\mathbf{b},\ \overrightarrow{OR}=m\mathbf{a}+5\mathbf{b},\ \overrightarrow{OS}=\mathbf{a}-(m+2)\mathbf{b}$$

7. 두 점 A, B의 위치벡터를 각각 $\mathbf{a}, \mathbf{b}$라 할 때, 선분 AB를 $2:3$으로 내분하는 점 P와 외분하는 점 Q의 위치벡터를 구하여라.

8. 삼각형 ABC에서 $\overrightarrow{AB}=\mathbf{a}$, $\overrightarrow{AC}=\mathbf{b}$이고, $\overrightarrow{AB}$를 $2:1$로 내분하는 점을 P, $\overrightarrow{AC}$의 중점을 Q라 할 때, $\overrightarrow{PQ}$를 $\mathbf{a}, \mathbf{b}$로 나타내어라.

9. 각 O가 직각인 직각삼각형 OAB에 대하여 $\overrightarrow{OA}=\mathbf{a}$, $\overrightarrow{OB}=\mathbf{b}$이고, $\overline{OA}=3$, $\overline{OB}=4$일 때, $\overrightarrow{AB}$와 같은 방향의 단위벡터를 구하여라.

10. $\mathbf{a}=(1,-2)$, $\mathbf{b}=(-2,3)$일 때, $\mathbf{c}=(-4,5)$를 $k\mathbf{a}+l\mathbf{b}$의 꼴로 나타내어라.

11. 두 점 $A(-3,0,2)$, $B(1,2,-1)$에 대하여, 벡터 $\overrightarrow{AB}$의 성분과 크기를 각각 구하여라.

3.3 내적과 벡터의 응용

12. $|\mathbf{a}|=3$, $|\mathbf{b}|=4$인 두 벡터 $\mathbf{a}, \mathbf{b}$가 이루는 각이 다음과 같을 때, 내적 $\mathbf{a}\cdot\mathbf{b}$의 값을 구하여라.

(1) 0 (2) $\frac{\pi}{6}$

(3) $\frac{\pi}{2}$ (4) π

13. $(\overrightarrow{AB}-\overrightarrow{BC})\cdot\overrightarrow{AC}=0$를 만족하는 삼각형 ABC는 어떤 삼각형인지 답하여라.

14. 벡터 $\mathbf{a}=(1,-2)$에 수직이면서 크기가 $3\sqrt{5}$인 벡터를 모두 구하여라.

15. 두 벡터 $\mathbf{a}=(2,4,x)$, $\mathbf{b}=(1,x,1)$이 서로 수직이 되는 실수 x의 값을 구하여라.

16. 다음 직선의 방정식을 구하여라.

(1) 점 $A(1,2,3)$을 지나고 벡터 $\mathbf{d}=(2,1,5)$에 평행한 직선의 방정식을 구하여라.

(2) 두 점 $A(1,3,2)$, $B(2,5,-1)$을 지나는 직선의 방정식을 구하여라.

(3) 점 $A(2,1,-3)$을 지나고, z축에 평행한 직선의 방정식을 구하여라.

17. 다음 평면의 방정식을 구하여라.

(1) 점 $A(-2,1,-3)$을 지나고, 평면 $2x+3y-z=0$에 평행한 평면

(2) 점 $A(1,2,-5)$를 지나고, 직선 $\dfrac{x-1}{2}=\dfrac{y+2}{3}=\dfrac{z+1}{-1}$에 수직인 평면

18. 다음의 두 직선이 이루는 예각을 구하여라.

$$g_1 : x-1=\frac{y-2}{3}=\frac{z+1}{2},\quad g_2 : \frac{x-4}{3}=\frac{y-1}{2}=\frac{z+3}{-1}$$

19. 다음의 직선 g와 평면 α가 수직일 때, 상수 a, b의 값을 각각 구하여라.

$$g : \frac{x-3}{2}=\frac{y-1}{b}=\frac{1-z}{2},\quad \alpha : ax-3y+6z-1=0$$

20. 다음의 두 평면이 이루는 예각을 θ라 할 때, $\cos\theta$의 값을 구하여라.

$$\alpha : 2x-3y-z+2=0,\quad \beta : x+2y+4z-5=0$$

제4장 미분법과 응용

4.1 미분계수와 도함수

1. 미분가능한 함수 $g(x)$에 대하여 $f(x)=\dfrac{x}{g(x)-1}$이고 $f'(0)=-\dfrac{1}{3}$일 때, $g(0)$의 값을 구하여라. (단, $g(x)\neq 1$)

2. 함수 $f(x)=\dfrac{x+3}{x^2+1}$의 그래프 위의 점 (1, 2)에서 접선의 기울기를 구하여라.

3. 점 (0, 2)에서 곡선 $y=2\ln x$에 그은 접선의 방정식을 구하여라.

4. 곡선 $y=\sin x$ 위의 점 $(t, \sin t)$에서의 접선과 x축과의 교점을 $(f(t), 0)$이라 할 때, $\lim\limits_{t\to 0}\dfrac{f(t)}{t}$의 값을 구하여라.

5. $0<x<\dfrac{\pi}{2}$에서 정의된 함수 $f(x)=\ln(\tan x)$에 대하여, 미분계수 $f'\left(\dfrac{\pi}{12}\right)$의 값을 구하여라.

6. 함수$f(x)=2(\sqrt{x}-1)^3$일 때, $\lim\limits_{x\to 0}\dfrac{f(1+x)-f(1-x)}{x}$의 값을 구하여라.

4.2 여러 가지 함수의 미분법

7. 다음의 각 함수를 미분하여라.

(1) $y=x^3-5x^2+x-1$

(2) $y=x^4-x^2+10$

(3) $y=\dfrac{2}{3}x^3-\dfrac{1}{2}x^2+x$

(4) $y=x^2-\sqrt{2}\,x-5$

8. 다음의 함수를 미분하여라.

(1) $y=(2x+3)(3x-8)$

(2) $y=(2x^2+3x)(x^3-1)$

(3) $y=\left(\dfrac{1}{4}x^2+x\right)\left(\dfrac{2}{3}x-9\right)$

(4) $y=(x+1)^2(32x-1)$

9. 다음의 각 함수를 미분하여라.

(1) $y=\dfrac{4}{x^2}$

(2) $y=\dfrac{x+3}{x^2-x-2}$

(3) $y=\dfrac{2x^2-3x}{x+3}$

(4) $y=\dfrac{1}{x^2-3x}$

10. 함수 $f(x)=(x+\sqrt{1+x^2})^2$에 대하여, $f'(1)\times f'(-1)$의 값을 구하여라.

11. 미분가능한 함수 $f(x)$에서 $f(0)=0$, $f'(0)=2$일 때, $g(x)=f(f(x))$에 대하여

$g'(0)$의 값을 구하여라.

12. 함수 $f(x)=\dfrac{x+2}{x-2}$의 역함수를 $g(x)$라 할 때, $g'(0)$의 값을 구하여라.

13. 함수 $f(x)=2x+\cos x$의 역함수를 $g(x)$라 할 때, $g'(1)$의 값을 구하여라.

14. x, y가 다음과 같이 매개변수 t에 의하여 나타내어진다.

$$x=t^3-t^2-t+1,\ \ y=2t^3-9t^2+12t$$

이때, $\displaystyle\lim_{t\to1}\frac{dy}{dx}$의 값을 구하여라.

4.3 초월함수 미분법

15. 다음의 각 함수를 미분하여라.

(1) $y=\cos^4 5x$ (2) $y=\tan(2x+5)$ (3) $y=\cot 2x$

(4) $y=\sin\sqrt{1-x^2}$ (5) $y=\ln(1-x^3)$ (6) $y=e^{-2x^2+3x}$

(7) $y=\log_3 x$ (8) $y=3^{\tan x}$ (9) $y=xe^{5x}$

16. 함수 $f(x)=(\sin x+\cos x)^2$에 대하여, 미분계수 $f'\left(\dfrac{\pi}{3}\right)$의 값을 구하여라.

4.4 도함수의 응용

17. 보기의 함수 중에서 $f(1)-f(-1)=2f'(c)$를 만족하는 c가 개구간 $(-1,\ 1)$에 존재하는 것을 모두 골라라.

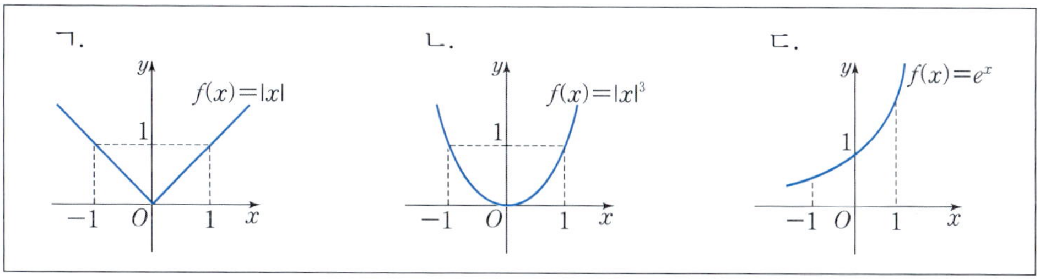

① ㄱ ② ㄴ ③ ㄷ

④ ㄱ, ㄷ ⑤ ㄴ, ㄷ

18. 함수 $y = x(\ln x)^2$의 극댓값과 극솟값을 구하여라.

19. 함수 $f(x) = \dfrac{x^2 + ax + b}{x - 1}$가 $x = 3$에서 극값 -1을 갖도록 상수 a, b의 값을 구하여라.

20. $f(x) = x^3 + 2ax^2 + ax - 1$이 극값을 갖지 않도록 하는 a의 값의 범위를 구하여라.

제5장 적분법과 응용

5.1 부정적분

1. 다음의 부정적분을 구하여라.

(1) $\displaystyle\int \frac{1}{\cos^2 x - 1}\,dx$ (2) $\displaystyle\int \cos x \cos 2x\,dx$ (3) $\displaystyle\int \frac{x - 2}{x^2 + 5x - 6}\,dx$

2. 다음 부정적분을 치환적분법으로 구하여라.

(1) $\displaystyle\int \sin 2x \cos x\,dx$ (2) $\displaystyle\int \frac{1 - \sin x}{x + \cos x}\,dx$ (3) $\displaystyle\int \frac{1}{e^x + 1}\,dx$

3. 다음 부정적분을 부분적분법으로 구하여라.

(1) $\displaystyle\int \sec^3 x\,dx$ (2) $\displaystyle\int x^2 \sin x\,dx$ (3) $\displaystyle\int \frac{(x + 1)e^{-x}}{x^2}\,dx$

4. 함수 $f(x)$의 도함수가 $f'(x) = \dfrac{1}{1 - x^2}$이고 $f(0) = 0$일 때, $f(2)$의 값을 구하여라.

5. 함수 $f(x)$의 도함수가 $f'(x) = \cos^2 x$이고 $f(0) = 0$일 때, $f(\pi)$의 값을 구하여라.

6. 함수 $f(x) = (x - \ln x)^2$의 한 부정적분을 $F(x)$라고 할 때, $\displaystyle\lim_{h \to 0} \frac{F(1 + 2h) - F(1)}{h}$의 값을 구하여라.

7. 함수 $f(x)$의 도함수가 $f'(x) = \dfrac{\ln x}{x^2}$일 때, $f(e) - f(1)$의 값을 구하여라.

5.2 정적분

8. 다음 정적분을 구하여라.

(1) $\displaystyle\int_0^2 (2x^2+1)dx + 2\int_0^2 (x-x^2)dx$

(2) $\displaystyle\int_{-1}^0 (x^3-6x)dx + \int_0^1 (y^3-6y)dy + \int_1^2 (z^3-6z)dz$

(3) $\displaystyle\int_{-1}^1 (x+1)^2 dx - \int_{-1}^1 (x-1)^2 dx$

(4) $\displaystyle\int_1^2 (2x+3)^2 dx + \int_2^1 (y-1)^2 dy$

9. 연속함수 $f(x)$에 대해 $\displaystyle\int_0^1 f(x)dx = 4$일 때, $\displaystyle\int_0^1 xf(x^2)dx$의 값을 구하여라.

10. 함수 $y=f(x)$의 그래프가 다음과 같을 때, $\displaystyle\int_0^8 f\left(\frac{x+4}{2}\right)dx$의 값을 구하여라.

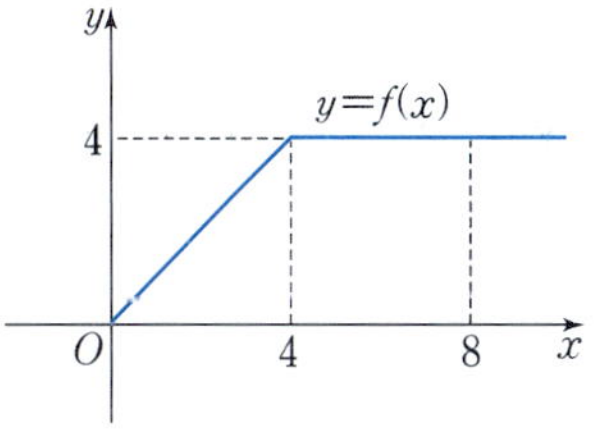

11. 연속함수 $f(x)$에 대해 $\displaystyle\int_1^2 f(x)dx = 1$일 때, $\displaystyle\int_1^4 \frac{f(\sqrt{x})}{\sqrt{x}}dx$의 값을 구하여라.

12. 함수 $f(x) = 2x\ln x$에 대해서, $\displaystyle\int_2^4 f(x)dx - \int_3^4 f(x)dx + \int_1^2 f(x)dx$의 값을 구하여라.

13. 다음의 극한을 구하여라.

(1) $\displaystyle\lim_{n\to\infty}\{\ln(n+1)^{\frac{1}{n}} + \ln(n+2)^{\frac{1}{n}} + \cdots + \ln(n+n)^{\frac{1}{n}} - \ln n\}$

(2) $\displaystyle\lim_{n\to\infty}\frac{\pi}{n^2}\left(\cos\frac{\pi}{n} + 2\cos\frac{2\pi}{n} + \cdots + n\cos\frac{n\pi}{n}\right)$

(3) $\displaystyle\lim_{n\to\infty}\left(\frac{4}{n+1} + \frac{4}{n+2} + \cdots + \frac{4}{n+n}\right)$

5.3 정적분의 응용

14. 연속함수 $y=f(x)$의 그래프는 다음과 같다. 이 곡선과 x축으로 둘러싸인 두 도형 A, B의 넓이가 각각 5와 19일 때, 정적분 $\int_0^5 f(2x)dx$의 값을 구하여라.

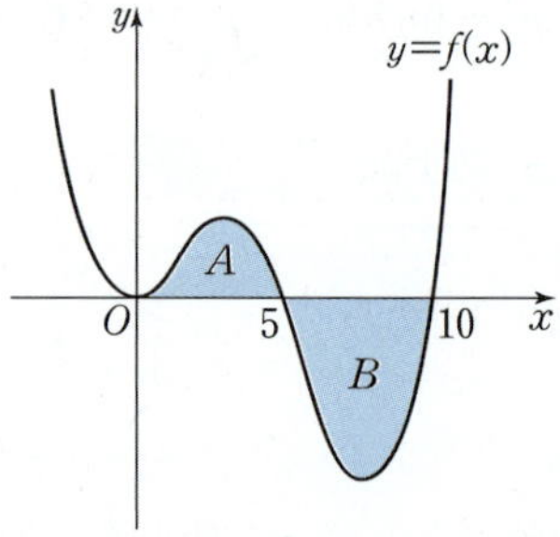

15. 구간 $[0,\ \pi]$에서 두 곡선 $y=\sin x$, $y=\sin 2x$로 둘러싸인 도형의 넓이를 구하여라.

16. 다음 그림과 같이, 구간 $[0,\ 4]$에서 곡선 $y=\sqrt{x}$과 직선 $y=ax$ 및 직선 $x=4$로 둘러싸인 두 도형 A, B의 넓이가 서로 같을 때, a의 값을 구하여라. $\left(\text{단, } a>\frac{1}{2}\right)$

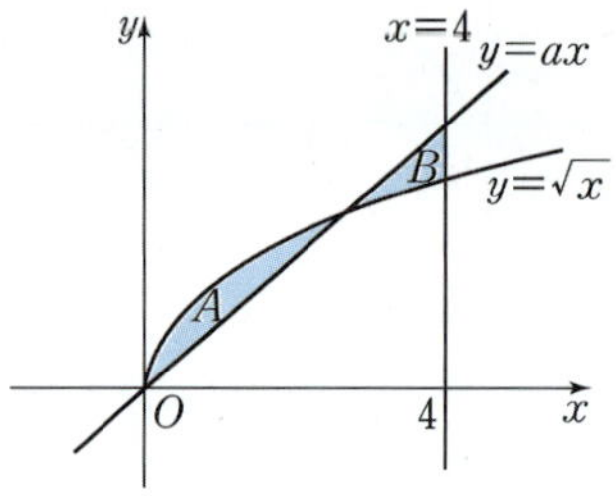

17. 다음 그림과 같이, 구간 $\left[0,\ \frac{\pi}{2}\right]$에서 곡선 $y=\sin x$와 직선 $y=a$로 둘러싸인 두 도형 A, B의 넓이가 서로 같을 때, a의 값을 구하여라. (단, $0<a<1$)

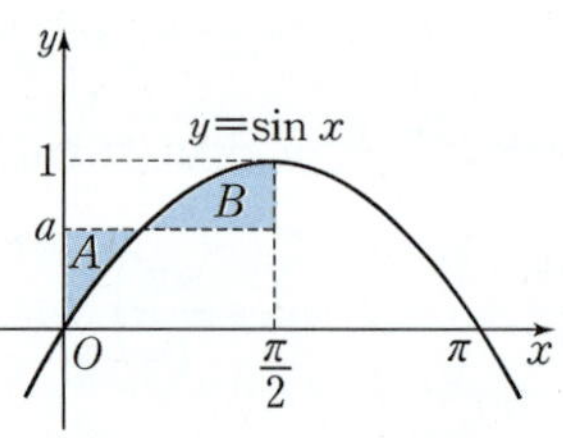

18. 두 곡선 $y = \sqrt{3}\sin x$, $y = \sin x$ $(0 \le x \le \pi)$로 둘러싸인 도형을 x축의 둘레로 회전시켜 생기는 입체의 부피를 구하여라.

19. 곡선 $y = (x^2 - 1)^2$과 x축으로 둘러싸인 도형을 y축의 둘레로 회전시켜 생기는 회전체의 부피를 구하여라.

20. 양수 a에 대하여, 두 곡선 $y = ax^3$과 $y = -\dfrac{1}{a}x^3$ 및 직선 $x = 1$로 둘러싸인 도형의 넓이의 최솟값을 구하여라.

해답

해답

제1장 집합과 수열

1.1 집합

문제 1.1.1

1. 생략

2. 생략

3. (1) $(A\cap B^c)\cup B=A\cup B$ (2) $A\cap(A\cap B)^c=A\cap(A^c\cup B^c)=A-B$

4. 생략

연습문제 1.1

1. (1) 대우를 이용하여 증명

(2) $A\cap B=U\Leftrightarrow(U\subset A)\wedge(U\subset B)\Leftrightarrow A=B=U$

(3) $A-B=A\cap B^c$이고 $B^c-A^c=B^c\cap(A^c)^c=A\cap B^c$

2. (1) $(x,y)\in A\times(B\cap C)\Leftrightarrow(x\in A)\wedge(y\in(B\cap C))$

$\Leftrightarrow(x\in A\wedge y\in B)\wedge(x\in A\wedge y\in C)\Leftrightarrow(x,y)\in(A\times B)\cap(A\times C)$

(2) $(x,y)\in A\times(B\cup C)\Leftrightarrow(x\in A)\wedge(y\in(B\cup C))$

$\Leftrightarrow(x\in A\wedge y\in B)\vee(x\in A\wedge y\in C)\Leftrightarrow(x,y)\in(A\times B)\cup(A\times C)$

3. (1) $(x,y)\in\left(\bigcap_{i\in I}A_i\right)\times\left(\bigcap_{j\in J}B_j\right)\Leftrightarrow\left(x\in\bigcap_{i\in I}A_i\right)\wedge\left(y\in\bigcap_{j\in J}B_j\right)$

$\Leftrightarrow\ \forall(i,j)\in I\times J,\ x\in A_i\ \wedge\ y\in B_j\Leftrightarrow(x,y)\in\bigcap_{(i,j)\in I\times J}(A_i\times B_j)$

1.2 명제

문제 1.2.1

1. (1)과 (3)만 명제이다.

2. (1) $P=\{3,6,9,12\}$ (2) $Q=\{2,6\}$ (3) $R=\{2,3,5,7,11\}$

3. (1) 거짓 (2) 거짓 (3) 거짓 (4) 참

문제 1.2.2

1. (1) 역: 실수 x에 대하여, $-2<x\le 5$이면 $-2\le x<3$이다. (거짓)

대우: 실수 x에 대하여, $-2<x\le 5$가 아니면 $-2\le x<3$도 아니다. (거짓)

(2) 역: 실수 x에 대하여, $x(x-4)=0$이면 $x-4=0$이다. (거짓)

대우: 실수 x에 대하여, $x(x-4)\neq 0$이면 $x-4\neq 0$이다. (참)

(3) 역: 모든 이등변삼각형은 삼각형이다. (참)
대우: 이등변삼각형이 아니면 삼각형이 아니다. (거짓)

2. 두 자연수 m, n이 짝수이면, m, n은 서로소가 아니다. 따라서 귀류법에 의해 증명된다.

3. $\frac{5}{3} \le a < 6$

4. 세 조건 p, q, r의 진리집합을 각각 P, Q, R이라 하면, $P \subset Q \subset R$이 성립한다.

연습문제 1.2

1. (1) $P=\{3, 6, 9, 12, 15\}$ (2) $Q=\{3, 4\}$ (3) $R=\{1, 2, 4, 8, 16\}$

2. (1) $x=2$ 또는 6에 대해서만 $x^2-8x+12=0$이므로 거짓
(2) $x^2-2x+6=0$을 만족하는 실수 x는 없으므로 거짓
(3) $x=2$ 또는 6에서 $x^2-8x+12=0$이므로 참

3. (1) 역: 실수 x에 대하여, $-1<x<4$이면 $0<x<3$이다. (거짓)
대우: 실수 x에 대하여, $-1<x<4$가 아니면 $0<x<3$도 아니다. (참)
(2) 역: 실수 x에 대하여, $x^2-5x=11$이면 $x^2=16$이다. (거짓)
대우: 실수 x에 대하여, $x^2-5x \neq 11$이면 $x^2 \neq 16$이다. (거짓)
(3) 역: 자연수 n이 2의 배수이면, n은 4의 배수이다. (거짓)
대우: 자연수 n이 2의 배수가 아니면, n은 4의 배수도 아니다. (참)

4. $\sim p \rightarrow q$의 대우는 $\sim q \rightarrow p$이므로, 항상 참인 명제는 ③이다.

5. $x=0$ 또는 $y=0$이면 $xy=0$이므로, 대우는 참이다. 따라서 주어진 명제도 참이다.

6. $\sqrt{3}$을 유리수라 가정하고 $\sqrt{3}=\frac{m}{n}$ (단, m, n은 서로소인 자연수)이라 두면, m, n은 모두 3의 배수가 되어 모순된다, 따라서 귀류법에 의해 증명된다.

7. ③

1.3 수열의 정의

문제 1.3.1

(1) 56 (2) $a_n=2n+2$ (3) $a_n=(-1)^{n+1}2^n$
(4) 140 (5) $a_n=n^2-2n+3$ (6) 조화수열

연습문제 1.3

1. $a=1$이고 $r=-\frac{1}{5}$이므로, 일반항은 $a_n=ar^{n-1}=1\cdot\left(-\frac{1}{5}\right)^{n-1}=\left(-\frac{1}{5}\right)^{n-1}$

2. 첫째항이 3이고 공비가 9이므로, 일반항은 $a_n=3^{2n-1}$이다.

3. $a_1=S_1=-4$이고 $n \ge 2$일 때

$$a_n=S_n-S_{n-1}=n^2-5n-\{(n-1)^2-5(n-1)\}=2n-6$$

이고 $a_1=2\cdot1-6=-4$이므로, 모든 n에 대하여 $a_n=2n-6$이다.

4. 첫째항이 $\dfrac{1}{10}$, 공비가 $\dfrac{1}{10}$이므로, 일반항은 $a_n = \dfrac{1}{10}\cdot\left(\dfrac{1}{10}\right)^{n-1} = \left(\dfrac{1}{10}\right)^n$

5. $a_1 = 1$이고 $n \geq 2$에 대하여 $a_n = 1 + \sum_{k=1}^{n-1} k = \dfrac{1}{2}(n^2 - n + 2)$이고 $a_1 = \dfrac{1}{2}(1^2 - 1 + 2) = 1$이므로, 모든 n에 대하여 $a_n = \dfrac{1}{2}(n^2 - n + 2)$이다.

6. 역수들을 나열하면 $3, 6, 9, 12, \cdots$이므로, 이는 첫째항이 3이고 공차가 3인 등차수열, 즉 주어진 수열은 조화수열이고, 역수로 이루어진 수열의 일반항 c_n은 $c_n = 3 + 3(n-1) = 3n$이다. 따라서 주어진 수열의 일반항은 $a_n = \dfrac{1}{3n}$이다.

1.4 수열의 극한

문제 1.4.1

(1) $-\dfrac{3}{4}$ (2) $\dfrac{3}{2}$ (3) $-\dfrac{3}{2}$ (4) $e^{-\frac{2}{3}}$

연습문제 1.4

1. 분모와 분자를 n^2으로 나누어 극한을 구하면, $\lim_{n\to\infty} \dfrac{3n-7}{2n^2+3n+3} = 0$

2.

$$\begin{aligned}\lim_{n\to\infty}(\sqrt{4n^2-3n} - 2n) &= \lim_{n\to\infty}\frac{(\sqrt{4n^2-3n}-2n)(\sqrt{4n^2-3n}+2n)}{\sqrt{4n^2-3n}+2n} \\ &= \lim_{n\to\infty}\frac{-3n}{\sqrt{4n^2-3n}+2n} = \lim_{n\to\infty}\frac{-3}{\sqrt{4-\frac{3}{n}}+2} = -\frac{3}{4}\end{aligned}$$

3. $$\lim_{n\to\infty}\frac{1+2+\cdots+n}{n^2} = \lim_{n\to\infty}\frac{\frac{n^2+n}{2}}{n^2} = \lim_{n\to\infty}\left(\frac{1}{2}+\frac{1}{2n}\right) = \frac{1}{2}$$

4.

$$\begin{aligned}\lim_{n\to\infty}\frac{1}{\sqrt{n^2+2n}-\sqrt{n^2-3}} &= \lim_{n\to\infty}\frac{\sqrt{n^2+2n}+\sqrt{n^2-3}}{(\sqrt{n^2+2n}-\sqrt{n^2-3})(\sqrt{n^2+2n}+\sqrt{n^2-3})} \\ &= \lim_{n\to\infty}\frac{\sqrt{n^2+2n}+\sqrt{n^2-3}}{2n+3} = 1\end{aligned}$$

5. $t = 5n$라 두면, $n = \dfrac{t}{5}$이고 $n \to \infty$이면 $t \to \infty$이다. 따라서

$$\lim_{n\to\infty}\left(1+\frac{1}{5n}\right)^{\frac{n}{2}} = \lim_{t\to\infty}\left(1+\frac{1}{t}\right)^{t\cdot\frac{1}{10}} = e^{\frac{1}{10}}$$

1.5 급수의 수렴

문제 1.5.1

(1) $\dfrac{21}{4}$ (2) $\dfrac{1}{2}$ (3) 0 (4) 6

연습문제 1.5

1. $\sum_{n=1}^{\infty} \sin\frac{n+1}{2}\pi = 0-1+0+1+0-1+0+1+\cdots$이므로, 발산

2. $\sum_{n=1}^{\infty} \frac{2^n-4^n}{5^n} = \sum_{n=1}^{\infty}\left\{\left(\frac{2}{5}\right)^n-\left(\frac{4}{5}\right)^n\right\} = \frac{\frac{2}{5}}{1-\frac{2}{5}} - \frac{\frac{4}{5}}{1-\frac{4}{5}} = -\frac{10}{3}$

3. $1+\frac{1}{3+\sqrt{7}}+\frac{1}{(3+\sqrt{7})^2}+\cdots+\frac{1}{(3+\sqrt{7})^n}+\cdots = \frac{1}{1-\frac{1}{3+\sqrt{7}}} = \frac{1+\sqrt{7}}{3}$

4. $\frac{1}{n(n+1)} = \frac{1}{n} - \frac{1}{n+1}$이므로

$$\begin{aligned}\sum_{n=1}^{\infty}\frac{1}{n(n+1)} &= \lim_{n\to\infty}\sum_{k=1}^{n}\frac{1}{k(k+1)} = \lim_{n\to\infty}\sum_{k=1}^{n}\left(\frac{1}{k}-\frac{1}{k+1}\right)\\ &= \lim_{n\to\infty}\left(1-\frac{1}{n+1}\right) = 1\end{aligned}$$

제1장 종합문제

1. $B=\{2, 4, 5, 6\}$

2. $x\in A-B \Leftrightarrow (x\in A)\wedge(x\notin B) \Leftrightarrow (x\in A)\wedge(x\in B^c) \Leftrightarrow x\in A\cap B^c$

3. $p\to q$가 참이고 대우에 의해 $q\to r$이 참이므로, 삼단논법에 의해 $p\to r$은 참이다.

4. $x\neq 0$ 또는 $y\neq 0$이면 $x^2+y^2\neq 0$이므로, 대우는 참이다. 따라서 주어진 명제는 참이다.

5. 세 자리 자연수에서 29의 배수 중에서 가장 작은 수는 116이고, 제일 큰 수는 986이므로, 구하려는 답은 $\sum_{n=4}^{34}29n=17081$이다.

6. $a_1=16,\ a_3=16\cdot r^2=4,\ a_6=16\cdot r^5=-\frac{1}{2}$에서 $r=-\frac{1}{2}$이므로

$$x=a_2=ar=-8,\ \ y=a_4=-2,\ \ z=1$$

7. $\frac{1}{9}\cdot 9+\frac{1}{9}\cdot 99+\frac{1}{9}\cdot 999+\cdots+\frac{1}{9}99\cdots 9$ (n개)

$$\begin{aligned}&=\frac{1}{9}(9+99+999+\cdots+99\cdots 9)\ (n\text{개})\\ &=\frac{1}{9}\{(10-1)+(10^2-1)+\cdots+(10^n-1)\}\\ &=\frac{1}{9}(10+10^2+\cdots+10^n-n)\\ &=\frac{1}{9}\left(\frac{10(10^n-1)}{10-1}-n\right)=\frac{1}{9}\left(\frac{10(10^n-1)}{9}-n\right)\end{aligned}$$

8. 매년 a만 원씩 갚는다고 하면, 첫해에 갚은 a만 원은 연이율 6% 복리로 원리합계를 계산하면 12년 뒤에는 $a(1.06)^{11}$만 원이 된다. 이와 같이 12년 동안 매년 a원씩 적립한 돈의 원리합계를 역순으로

나열하면 다음과 같다.

$$a,\ a(1+0.06),\ a(1+0.06)^2, \dots, a(1+0.06)^{11}$$

이들 합계는 $\dfrac{a(1.06^{12}-1)}{1.06-1} = 2{,}400(1+0.06)^{12}$만 원이어야 하므로, $a \fallingdotseq 2{,}862{,}925$원이다.

9. $\displaystyle\sum_{k=1}^{n}\frac{1}{k(k+3)} = \frac{1}{3}\sum_{k=1}^{n}\left(\frac{1}{k}-\frac{1}{k+3}\right) = \frac{1}{3}\left\{\left(1-\frac{1}{4}\right)+\left(\frac{1}{2}-\frac{1}{6}\right)+\cdots+\left(\frac{1}{n}-\frac{1}{n+3}\right)\right\}$이므로,

$$\sum_{k=1}^{\infty}\frac{1}{k(k+3)} = \frac{1}{3}\left(1+\frac{1}{2}+\frac{1}{3}\right) = \frac{11}{18}$$

10. $\displaystyle\sum_{k=1}^{25}k^3 = \left(\frac{25\times 26}{2}\right)^2 = 325^2 = 105625$

11. $(A-B)^c = (A\cap B^c)^c = A^c \cup (B^c)^c = A^c \cup B$

12. 자연수 n이 3의 배수가 아니라면, $n=3k\pm 1$ (단, k는 음이 아닌 정수)로 나타낼 수 있다. 따라서 $n^2=(3k\pm 1)^2 = 9k^2 \pm 6k+1$은 3의 배수가 아니므로, 귀류법에 의해 증명된다.

13. 일반항이 $a_n = S_n - S_{n-1} = (\alpha n^2+\beta n) - (\alpha(n-1)^2+\beta(n-1)) = 2\alpha n + (\beta-\alpha)$이므로 첫째항이 $\alpha+\beta$이고, 공차가 2α인 등차수열이다.

14. $a_n = S_n - S_{n-1} = (3^n-1)-(3^{n-1}-1) = 2\cdot 3^{n-1}$

15. $\left(\frac{1}{1}\right)\left(\frac{1}{2}, \frac{2}{2}\right), \left(\frac{1}{3}, \frac{2}{3}, \frac{3}{3}\right), \left(\frac{1}{4}, \frac{2}{4}, \frac{3}{4}, \frac{4}{4}\right), \dots$의 그룹으로 전체를 묶으면, 제1그룹의 분모는 1이고 제2그룹의 분모는 2이므로, 구하려는 $\frac{7}{30}$은 제30그룹이 7번째 항이다. 또한, 제1그룹의 항의 수는 1개, 제2그룹의 항은 2개이므로 제29그룹까지 항의 개수는 $\displaystyle\sum_{k=1}^{29}k = \frac{29\cdot 30}{2} = 435$이다. 따라서 $\frac{7}{30}$은 이 수열의 442번째 항이다.

16. $\displaystyle\lim_{n\to\infty}(\sqrt{n^2+5n}-\sqrt{n^2-1}) = \lim_{n\to\infty}\frac{5n+1}{\sqrt{n^2+5n}+\sqrt{n^2-1}} = \frac{5}{2}$

17. $\displaystyle\lim_{n\to\infty}\frac{1^2+2^2+\cdots+n^2}{n^3} = \lim_{n\to\infty}\frac{n(n+1)(2n+1)}{6n^3} = \frac{1}{3}$

18. 첫째항이 1, 공비가 $\dfrac{1}{2+\sqrt{5}}$인 등비수열의 급수이므로, 급수의 합은

$$\frac{1}{1-\dfrac{1}{2+\sqrt{5}}} = \frac{1}{3-\sqrt{5}} = \frac{3+\sqrt{5}}{4}$$

19. (1) 수렴, 1　　(2) 수렴, $\frac{1}{3}$　　(3) 발산　　(4) 수렴, 2

20. (1) 수렴, $\frac{4}{7}$　　(2) 발산　　(3) 수렴, $\frac{1}{3}$　　(4) 수렴, $-\frac{1}{3}$

제2장 함수와 연속

2.1 함수

문제 2.1.1

1. $(g \circ f)(x) = 4x^2+1$, $(f \circ g)(x) = (4x+1)^2$

2. $(g \circ f)(x) = x^2-4x$, $(f \circ g)(x) = x^2-6$, $(f \circ f)(x) = x-4$

3. $a=b$ 또는 $a+b=1$

4. (1) $h(x) = -(x+1)/2$ (2) $k(x) = -(x-7)/2$

문제 2.1.2

1. (1) 3 (2) 2 (3) $(x-2)/3$ (4) $-(x+3)/2$ (5) $-(2x+5)/3$ (6) $-(x+7)/6$

2. 주어진 두 함수는 서로 역함수이다.

3. $(g \circ f)^{-1}(x) = (x+5)/3 = f^{-1} \circ g^{-1}(x)$

4. (1) 짝함수 (2) 홀함수 (3) 짝함수도 홀함수도 아니다.

연습문제 2.1

1. $f : [-5, 10) \to R$, $f(x) = x^2$에서

(1) $f(0) = 0^2 = 0$, $f(-5) = 5^2 = 25$, $f(7) = 7^2 = 49$, $f(8) = 8^2 = 64$

(2) f의 정의역은 $[-5, 10)$이고 공역은 실수 전체의 집합 R, 치역은 $[0, 100)$이다.

(3) f는 단사도 전사도 아니다.

2. 8의 약수는 $1, 2, 4, 8$의 4개이므로 $f(8) = 4$이고, 12의 약수는 $1, 2, 3, 4, 6, 12$의 6개이므로 $f(12) = 6$이다. 따라서 $f(8) + f(12) = 4 + 6 = 10$이다.

3. 함수 $f(x)$의 값을 유리수에서는 x, 무리수에서는 $1-x$로 정의하였으므로

$$f(-1) + f(\sqrt{2}) = -1 + (1-\sqrt{2}) = -\sqrt{2}$$

4. $f(x) + f(-x) = \dfrac{1}{x+1} + \dfrac{1}{-x+1} = \dfrac{2}{-x^2+1} = 2f(-x^2)$

5. $(g \circ f)(x) = (x+a)^2 - 1 = x^2 + 2ax + a^2 - 1$과 $(f \circ g)(x) = f(x^2-1) = x^2 - 1 + a$에서 두 식이 같아야하므로, 모든 x에 대해 $x^2 + 2ax + a^2 - 1 = x^2 - 1 + a$를 만족하여야 한다. 따라서 $a = 0$이어야 한다.

6. (1) 함수 $f(x) = |x|$은 실수 a와 $-a$의 함숫값이 같으므로 단사함수가 아니다. 또한, 음의 함숫값을 갖지 않으므로 전사함수도 아니다. 따라서 역함수가 존재하지 않는다.

(2) 함수 $f(x) = -x^2$은 단사도 전사도 아니다. 따라서 역함수가 존재하지 않는다.

(3) 함수 $f(x) = -2x + 5$는 전단사함수이므로, 역함수를 갖는다.

7. (1) $f^{-1}(x) = \dfrac{1}{3}(x+6)$ (2) $f^{-1}(x) = \sqrt[3]{x-9}$ $(x \geq 9)$ (3) $f^{-1}(x) = x^2+1$

8. 전사함수가 아니면, 공역에 속하는 어떤 원소에 대해서는 정의역에서 대응하는 원소를 구할 수 없으며, 단사가 아닌 경우에는 공역에 속하는 어떤 원소에 대해서 대응하는 정의역의 원소가 두 개 이상

있을 수 있으므로, 단 하나의 원소에 대응시킬 수 없기 때문이다.

9. A의 임의의 원소 x에 대하여

$$(h \circ (g \circ f))(x) = h((g \circ f)(x)) = h(g(f(x)))$$
$$((h \circ g) \circ f)(x) = (h \circ g)(f(x)) = h(g(f(x)))$$

이므로, $h \circ (g \circ f) = (h \circ g) \circ f$이다.

2.2 지수함수와 로그함수

문제 2.2.1

1. 7자리 수

2. $x = 3{,}120$, $y = 0.0312$

문제 2.2.2

(1) $\{y \mid y > -1\}$ (2) $\{y \mid y \geq 1\}$

문제 2.2.3

(1) $y = \log_2 x$와 x축에 대칭인 그래프

(2) $y = \log_2 x$와 원점에 대칭인 그래프

(3) $y = \log_2 x$를 x축으로 -1, y축으로 4만큼 평행이동한 그래프

연습문제 2.2

1. $2^x = 27 = 3^3$에서 $2 = 3^{3/x}$이고, $18^y = 9 = 3^2$이므로 $18 = 3^{2/y}$이다. 따라서

$$3^{\frac{3}{x}} \div 3^{\frac{2}{y}} = 3^{\frac{3}{x} - \frac{2}{y}} = \frac{2}{18} = 3^{-2}$$

이므로, $3/x - 2/y = -2$

2. $a^{2x} = 3$이므로, $\dfrac{a^x - a^{-x}}{a^x + a^{-x}} = \dfrac{a^{2x} - 1}{a^{2x} + 1} = \dfrac{3-1}{3+1} = \dfrac{1}{2}$

3. $\log_2 3 = a$에서 $\log_3 2 = 1/a$이고 $\log_3 5 = b$이므로, $\log 25$는 다음과 같다.

$$\log 25 = \frac{\log_3 25}{\log_3 10} = \frac{2\log_3 5}{\log_3 2 + \log_3 5} = \frac{2ab}{1+ab}$$

4. $\log_{(x-2)}(x^2 - 5x + 4)$가 정의되기 위한 밑의 조건에서 $x - 2 > 0$, $x - 2 \neq 1$이고, 진수의 조건에서 $x^2 - 5x + 4 = (x-1)(x-4) > 0$, 즉 $x < 1$이거나 $x > 4$이어야 하므로, 이 조건들을 모두 만족하는 x의 범위는 $x > 4$이다. 따라서 정수 x의 최솟값은 5이다.

5. (1) 2^{100}에 상용로그를 취하면 $100 \log 2 = 100 \times 0.3010 = 30.10$이므로, 31자리 수이다.

(2) 3^{-20}에 상용로그를 취하면 $(-20) \log 3 = (-20) \times 0.4771 = \overline{10}.458$이므로, 소수 10째 자리에서 처음으로 0이 아닌 숫자가 나타난다.

6. 방정식 $x^{\log x} = 100x$의 양변에 상용로그를 취하면, $(\log x)^2 = \log x + 2$이므로

$$(\log x)^2 - \log x - 2 = (\log x - 2)(\log x + 1) = 0$$

이다. 따라서 $\log x = 2$ 또는 $\log x = -1$이다. 즉, 방정식을 만족하는 실근은 100과 1/10뿐이므로, 모든 실근의 곱은 10이다.

7. 함수 $y = 9 \cdot 3^{x-1} + 3 = 3^{x+1} + 3$은 $y = 3^x$의 그래프를 x축 방향으로 -1만큼, y축 방향으로 3만큼 평행이동한 것이다. 따라서 $p = -1$, $q = 3$이다.

8. $y = \log_4(x-2) + 1$은 $y = \log_4 x$의 그래프를 x축 방향으로 2만큼, y축 방향으로 1만큼 평행이동한 것이다. 정의역은 $(2, \infty)$이고, 치역은 실수 전체 집합, 점근선은 $x = 2$이다.

9. (1) 함수 $y = 3^{x+3}$의 정의역은 실수 전체 집합이고 치역은 $y > 0$이다. 주어진 함수는 이 두 집합에서 전단사이고, 밑이 3인 로그를 양변에 취하면 $x + 3 = \log_3 y$이므로, x와 y를 바꾸면 역함수는 $y = \log_3 x - 3$이다.

(2) 함수 $y = \log_2(x-1) + 1$에서 $x - 1 > 0$이어야 하므로 정의역은 $x > 1$이고, 치역은 실수 전체 집합이다. 주어진 함수는 이 두 집합에서 전단사이고, $\log_2(x-1) = y - 1$로부터 $x - 1 = 2^{y-1}$이므로, x와 y를 바꾸면 역함수는 $y = 2^{x-1} + 1$이다.

(3) 함수 $y = (3^x - 3^{-x})/2$의 정의역과 치역은 모두 실수 전체 집합이고, 주어진 함수는 전단사이다. $2y = 3^x - 3^{-x}$의 양변에 3^x을 곱하면, $3^{2x} - 2y3^x - 1 = 0$이다. 한편, $3^x > 0$이므로, 이 방정식으로부터 $3^x = y + \sqrt{y^2+1}$, 즉 $x = \log_3(y + \sqrt{y^2+1})$을 얻는다. 여기서, x와 y를 바꾸면 역함수는 $y = \log_3(x + \sqrt{x^2+1})$이다.

10. 합성함수 $y = g(f(x)) = g(x+1) = 2^{x+1}$의 정의역은 가정에서 $x > 1$이고 치역은 $y > 4$이다. 이 지수방정식의 양변에 밑이 2인 로그를 취하면 $x + 1 = \log_2 y$이므로, x와 y를 바꾸면 역함수는 $y = \log_2 x - 1$이다. 다른 방법으로는 $(g \circ f)^{-1} = f^{-1} \circ g^{-1}$를 이용한다.

2.3 삼각함수

문제 2.3.1

1. $4\sqrt{3}$

2. $24\sqrt{3}$

3. $24\sqrt{2}$

문제 2.3.2

1. $\sin\theta = -5/13$, $\tan\theta = -5/12$, $\csc\theta = -13/5$, $\sec\theta = 13/12$, $\cot\theta = -12/5$

2. (1) $(\sqrt{6} + \sqrt{2})/4$ (2) $2 + \sqrt{3}$ (3) $(\sqrt{6} + \sqrt{2})/4$

3. $\sin(\alpha+\beta) = (\sqrt{3} - 2\sqrt{2})/6$, $\cos(\alpha+\beta) = -(2\sqrt{6} + 1)/6$

4. $\pi/4$

문제 2.3.3

1. (1) $-4\sqrt{5}/9$ (2) $-1/9$ (3) $4\sqrt{5}$

2. $\sqrt{5}/\sqrt{6}$

문제 2.3.4

(1) 주기; 6π, 최솟값; -1, 최댓값; 1

(2) 주기; π, 최솟값; -2, 최댓값; 4

(3) 주기; $\pi/2$, 최솟값과 최댓값은 없다.

연습문제 2.3

1. θ가 제3사분면의 각이므로, $\sin\theta = -3/\sqrt{10}$, $\cos\theta = -1/\sqrt{10}$, $\csc\theta = -\sqrt{10}/3$, $\sec\theta = -\sqrt{10}$, $\cot\theta = 1/3$

2. (1) $\cos 105° = \cos(60° + 45°) = \cos 60° \cos 45° - \sin 60° \sin 45°$

$$= \frac{1}{2} \cdot \frac{\sqrt{2}}{2} - \frac{\sqrt{3}}{2} \cdot \frac{\sqrt{2}}{2} = \frac{\sqrt{2} - \sqrt{6}}{4}$$

(2) $\tan 105° = \tan(60° + 45°) = \dfrac{\tan 60° + \tan 45°}{1 - \tan 60° \cdot \tan 45°} = \dfrac{\sqrt{3} + 1}{1 - \sqrt{3} \cdot 1} = -2 - \sqrt{3}$

(3) $\sin 135° = \sin(90° + 45°) = \sin 90° \cos 45° + \cos 90° \sin 45°$

$$= 1 \cdot \frac{\sqrt{2}}{2} + 0 \cdot \frac{\sqrt{2}}{2} = \frac{\sqrt{2}}{2}$$

또는, $\sin 135° = \sin(90° + 45°) = \cos 45° = \sqrt{2}/2$

3. 탄젠트에 대한 덧셈정리를 이용하면, 다음을 얻는다.

$$\tan(\alpha + \beta) = \frac{\tan\alpha + \tan\beta}{1 - \tan\alpha \cdot \tan\beta} = \frac{3 + 2}{1 - 3 \cdot 2} = -1$$

$$\tan(\alpha - \beta) = \frac{\tan\alpha - \tan\beta}{1 + \tan\alpha \cdot \tan\beta} = \frac{3 - 2}{1 + 3 \cdot 2} = \frac{1}{7}$$

4. α와 β는 모두 예각이므로 $\cos\alpha = 3\sqrt{3}/14$, $\cos\beta = 5\sqrt{3}/14$이다. 덧셈정리를 이용하면

$$\sin(\alpha + \beta) = \sin\alpha\cos\beta + \cos\alpha\sin\beta = \frac{13}{14} \cdot \frac{5\sqrt{3}}{14} + \frac{3\sqrt{3}}{14} \cdot \frac{11}{14} = \frac{\sqrt{3}}{2}$$

이므로, $\alpha + \beta$는 60° 또는 120°이다. 그러나 60°는 아니므로 $\alpha + \beta = 120°$

5. (1) α가 제2사분면의 각이므로, $\cos\alpha = -\sqrt{3}/2$이다. 따라서 배각의 공식에 의해

$$\sin 2\alpha = 2\sin\alpha\cos\alpha = -\sqrt{3}/2$$

(2) 배각의 공식에 의해 $\cos 2\alpha = 2\cos^2\alpha - 1 = 1/2$

(3) $\tan\alpha = -\sqrt{3}/3$이므로, $\tan 2\alpha = 2\tan\alpha/(1 - \tan^2\alpha) = -\sqrt{3}$

6. α가 제2사분면의 각이므로, $\alpha/2$는 제1사분면의 각이다.

(1) 반각의 공식에서 $\sin^2(\alpha/2) = (1 - \cos\alpha)/2 = 2/3$이므로 $\sin(\alpha/2) = \sqrt{6}/3$

(2) $\cos^2(\alpha/2) = (1+\cos\alpha)/2 = 1/3$에서 $\cos(\alpha/2) = \sqrt{3}/3$

(3) $\tan^2(\alpha/2) = (1-\cos\alpha)/(1+\cos\alpha) = 2$에서 $\tan(\alpha/2) = \sqrt{2}$

7. (1) 삼각함수의 덧셈정리와 배각의 공식을 이용한다.

$$\begin{aligned}\sin 3\theta &= \sin(2\theta+\theta) = \sin 2\theta\cos\theta + \cos 2\theta\sin\theta \\ &= (2\sin\theta\cos\theta)\cos\theta + (1-2\sin^2\theta)\sin\theta = \sin\theta(2\cos^2\theta + 1 - 2\sin^2\theta) \\ &= \sin\theta(3-4\sin^2\theta) = 3\sin\theta - 4\sin^3\theta\end{aligned}$$

(2) $\cos 3\theta = 4\cos^3\theta - 3\cos\theta$도 유사한 방법으로 증명할 수 있다.

8. (1) 다음 $y = -2\sin\pi x + 1$의 그래프에서 주기는 2, 최솟값은 -1, 최댓값은 3이다.

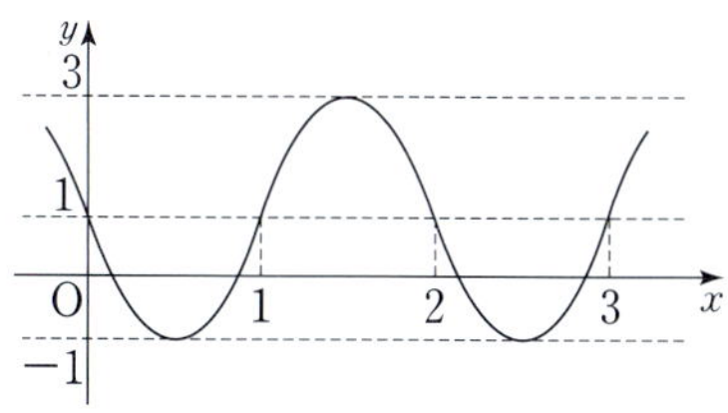

(2) $y = \cos(x/2) + 1$의 주기는 4π, 최솟값은 0, 최댓값은 2

(3) 다음 $y = |\tan x|$의 그래프에서 주기는 π, 최솟값은 0, 최댓값은 없다.

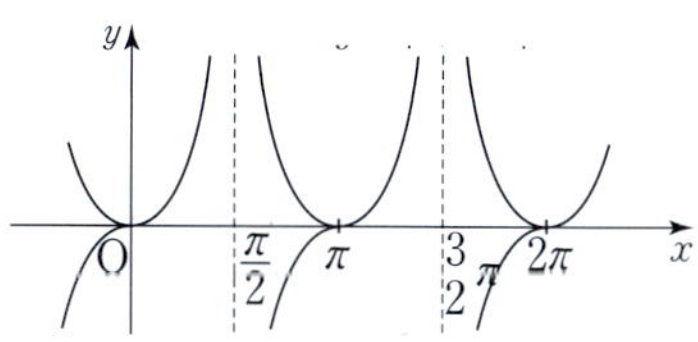

(4) $y = |\cos x| - 1$의 주기는 π, 최솟값은 -1, 최댓값은 0

9. $y = a\sin(bx-c) = a\sin\{b(x-(c/b))\}$에서 $a=2, b=2, c=2\pi/3$이므로, $abc = 8\pi/3$

2.4 함수의 극한

문제 2.4.1

1. 우극한 ; 1, 좌극한 ; -1

2. (1) $(2-\sqrt{2})/2$ (2) $1/4$ (3) 0

3. (1) $1/2$ (2) 2 (3) 1 (4) ∞(발산)

4. $a=6,\ b=-7$

연습문제 2.4

1. (1) $\displaystyle\lim_{x\to 2}\frac{x-2}{x^2-4} = \lim_{x\to 2}\frac{x-2}{(x-2)(x+2)} = \lim_{x\to 2}\frac{1}{x+2} = \frac{1}{4}$

(2) $\displaystyle\lim_{x\to\infty}\frac{2x^2+1}{3x^2+2x} = \lim_{x\to\infty}\frac{2+(1/x^2)}{3+(2/x)} = \frac{2}{3}$

(3) $\lim_{x\to\infty}(\sqrt{4x^2+3x}-2x)=\lim_{x\to\infty}\frac{(\sqrt{4x^2+3x}-2x)(\sqrt{4x^2+3x}+2x)}{\sqrt{4x^2+3x}+2x}=\frac{3}{4}$

(4) $\lim_{x\to2}\frac{\sqrt{x+2}-2}{x-2}=\lim_{x\to2}\frac{(\sqrt{x+2}-2)(\sqrt{x+2}+2)}{(x-2)(\sqrt{x+2}+2)}=\lim_{x\to2}\frac{x-2}{(x-2)(\sqrt{x+2}+2)}=\frac{1}{4}$

2. $\lim_{x\to0^+}f(x)=\lim_{x\to0^+}(2x^2+1)=1$이고 $\lim_{x\to0^-}f(x)=\lim_{x\to0^-}(-x^2-1)=-1$이므로, 극한은 존재하지 않는다.

3. $x=-1$에서 분모의 극한이 0이므로, 분자의 극한도 0이어야 한다. 즉

$$\lim_{x\to-1}(x^2+ax+b)=0$$

이다. 따라서 $1-a+b=0$, 즉 $b=a-1$이다. 이를 주어진 식에 대입하면

$$\begin{aligned}\lim_{x\to-1}\frac{x^2+ax+a-1}{x+1}&=\lim_{x\to-1}\frac{(x+1)(x-1)+a(x+1)}{x+1}\\&=\lim_{x\to-1}\frac{(x+1)(x+a-1)}{x+1}\\&=\lim_{x\to-1}(x+a-1)=a-2=1\end{aligned}$$

이어야 하므로, $a=3$, $b=2$이다.

2.5 함수의 연속

문제 2.5.1

1. (1) 최댓값; 2, 최솟값; -2　　(2) 최댓값; 2, 최솟값; -2

2. $f(x)=x^5+3x-2$라 두면, $f(x)$는 $[-1,1]$에서 연속이고 $f(-1)<0$, $f(1)>0$이므로 사이값 정리를 이용

3. $f(x)=|x^2-4|-3$라 두면, $f(x)$는 $[2,3]$에서 연속이고 $f(2)<0$, $f(3)>0$이므로 사이값 정리를 이용

연습문제 2.5

1. (1) $f(x)=x^3-2x+3$은 모든 점에서 연속

(2) $f(x)=|\cos x|$는 모든 점에서 연속

(3) $x=4$와 $x=-4$에서 분모가 0이므로, $x=\pm4$에서 불연속

2. 다항함수 $f(x)=a_0+a_1x+a_2x^2+\cdots+a_nx^n$은 연속인 단항함수들의 합이므로, 연속정리(정리 2.5.2)에 의해 연속

3. $f(x)$가 연속함수이려면 모든 점에서 $f(x)$의 함숫값과 극한이 존재하고 서로 같아야 한다. 따라서 $\lim_{x\to0}\frac{\sin x}{x}=1$에서 $f(0)=1$이어야 하므로, $k=1$

4. $f(x)$가 연속함수이려면 모든 점에서 $f(x)$의 함숫값과 극한이 존재하고 서로 같아야 한다. 따라서

$x=1$에서 $f(x)$는 2에 수렴하여야 한다. 즉

$$\lim_{x\to 1}(x^2+ax+b)=0\text{이어야 하므로, } b=-a-1$$

이다. 이를 주어진 식에 대입하면

$$\lim_{x\to 1}\frac{x^2+ax-a-1}{x-1}=\lim_{x\to 1}(x+a+1)=a+2=2$$

이어야 하므로, $a=0,\ b=-1$

5. $f(x)=\sin x$는 $x=\pi/2$에서 최댓값 1을, $x=5\pi/4$에서 최솟값 $-1/\sqrt{2}$을 갖는다.

6. $f(x)=x^3-2x^2-3x+4$라 두면, 함수 $f(x)$는 폐구간 $[2,3]$에서 연속이고

$$f(2)=-2<0,\quad f(3)=4>0$$

이므로, 사이값 정리에 의해 $f(x)=0$을 만족하는 실근이 2과 3사이에서 적어도 하나 존재한다.

2.6 초월함수의 극한

문제 2.6.1

1. (1) ∞ (발산) (2) -1 (3) 1 (4) 2

2. (1) $\sqrt{e}$ (2) e^6 (3) 3

3. (1) 0 (2) 2 (3) $1/2$

연습문제 2.6

1. (1) $\displaystyle\lim_{x\to\infty}\frac{2^x+5^{x+2}}{2^x-5^x}=\lim_{x\to\infty}\frac{\left(\frac{2}{5}\right)^x+25\cdot 1}{\left(\frac{2}{5}\right)^x-1}=-25$

(2) $\displaystyle\lim_{x\to\infty}\ln\left(e^2+\frac{1}{2x}\right)^3=3\ln e^2=6$

2. (1) $2x=t$로 치환하면, $x\to 0$일 때 $t\to 0$이므로, 극한은 다음과 같다.

$$\lim_{x\to 0}(1+2x)^{\frac{3}{x}}=\lim_{x\to 0}\left\{(1+2x)^{\frac{1}{2x}}\right\}^6=\lim_{t\to 0}\left\{(1+t)^{\frac{1}{t}}\right\}^6=e^6$$

(2) $\displaystyle\lim_{x\to\infty}\left(1+\frac{1}{2x}\right)^{4x}=\lim_{x\to\infty}\left\{\left(1+\frac{1}{2x}\right)^{2x}\right\}^2=e^2$

3. (1)
$$\begin{aligned}\lim_{x\to 0}\frac{x\sin x}{1-\cos x}&=\lim_{x\to 0}\frac{x\sin x(1+\cos x)}{(1-\cos x)(1+\cos x)}=\lim_{x\to 0}\frac{x\sin x(1+\cos x)}{\sin^2 x}\\&=\lim_{x\to 0}\frac{x(1+\cos x)}{\sin x}=\lim_{x\to 0}\frac{x}{\sin x}\cdot\lim_{x\to 0}(1+\cos x)=2\end{aligned}$$

(2)
$$\begin{aligned}\lim_{x\to 0}\frac{\sin(\sin x)}{2x}&=\lim_{x\to 0}\frac{\sin(\sin x)}{\sin x}\cdot\frac{\sin x}{x}\cdot\frac{1}{2}\\&=\frac{1}{2}\lim_{\sin x\to 0}\frac{\sin(\sin x)}{\sin x}\cdot\lim_{x\to 0}\frac{\sin x}{x}=\frac{1}{2}\cdot 1\cdot 1=\frac{1}{2}\end{aligned}$$

제2장 종합문제

1. 정의역은 $\{x \mid 1 < x < 2\}$이고, 치역은 $\{y \mid y \geq 2\}$

2. $f^{-1}(x) = x^3 - 1$이다. 따라서 역함수를 먼저 그린 후, $y = x$에 대칭시키면 주어진 함수의 그래프를 얻는다.

3. (1) $y = e^{-x}$에서 $-x = \ln y$이고, x와 y를 서로 바꾸면 역함수는 $y = -\ln x$

(2) 역함수는 $y = (a^x - a^{-x})/2$

4. $3^{-|x|} = 3^{-3}$이므로 $|x| = 3$, 즉 $x = \pm 3$

5. $\log_2 x + \log_2 (x+2) = 3 \Leftrightarrow \log_2 x(x+2) = 3 \Leftrightarrow x(x+2) = 2^3 \Leftrightarrow x^2 + 2x - 8 = 0$
$\Leftrightarrow (x-2)(x+4) = 0 \Leftrightarrow x = 2$ 또는 $x = -4$이다. 한편, 로그의 진수 $x > 0$이므로 주어진 로그방정식의 해는 $x = 2$이다.

6. 양변에 ln을 취하면 $2(3m-1)\ln 2 = (m+2)(2\ln 2 + \ln 3)$이므로, $\ln 2 = a$, $\ln 3 = b$를 대입하면 $(4a-b)m = 2(3a+b)$이다. 한편, $4a - b \neq 0$이므로 $m = 2(3a+b)/(4a-b)$

7. $\sin^2\theta + \cos^2\theta = 1$로부터 $\sin\theta = \pm 3/5$이다. θ가 제3사분면의 각이므로 $\sin\theta = -3/5$이고, $\tan\theta = \sin\theta/\cos\theta = 3/4$

8. $\frac{\sqrt{3}}{2}\sin 15° + \frac{1}{2}\cos 15° = \sin(30° + 15°) = \sin 45° = \frac{\sqrt{2}}{2}$

9. $\lim_{x \to \infty}(\sqrt{x^2+x+1} - \sqrt{x^2+5}) = \lim_{x \to \infty} \frac{x-4}{\sqrt{x^2+x+1} + \sqrt{x^2+5}} = \frac{1}{2}$

10. $\tan x = 0$ 또는 $\cos x = \pm 1$이므로, 주어진 방정식의 해는 $x = n\pi$ (n는 정수)이다.

11. 임의의 $j \in \mathbb{N}$에 대하여, $n \to j$이기 위해서는 궁극적으로 $n = j$일 때이다. 따라서 임의의 함수 f에서 $\lim_{n \to j} f(n) = f(j)$임은 자명하므로, f는 모든 점 j에서 연속이다.

12. $\lim_{x \to 2^+} f(x) = f(2)$임을 이용하면

$$2(1-c) = 4c^2 \Leftrightarrow 2c^2 + c - 1 = 0 \Leftrightarrow (c+1)(2c-1) = 0$$

이므로 $c = -1$ 또는 $1/2$이다.

13. 신문지를 n번 반복하여 접었을 때, 그 두께는 $f(n) = 0.007 \cdot 2^n$(cm)이다. $f(n) > 100$을 만족하는 n을 구하기 위하여 log를 취하면

$$n \log 2 + \log 7 - 3 > 2, \text{ 즉 } n > \frac{1}{\log 2}(5 - \log 7)$$

이다. 따라서 부등식을 만족하는 최소의 자연수 $n = 14$를 얻는다.

14. 1년에 m번 지급되므로 매번 지급되는 이자율은 i/m이고, 1년 후의 총지급액은 $P(1 + (i/m))^m$이다. 따라서 n년 후의 총지급액 S는 $S = P(1 + (i/m))^{nm}$이다. 그러므로 연속적인 복리식은

$$\lim_{m \to \infty} S = \lim_{m \to \infty} P\{(1 + (i/m))^{m/i}\}^{in} = Pe^{in}$$

15. 불연속인 점; $x = \pm 1, \pm 3, \pm 5, \ldots$

16. 점 0에서 주어진 함수 f가 연속이므로, 다음 관계식을 만족하여야 한다.

$$\lim_{x\to 0^+} f(x) = f(0) = \lim_{x\to 0^-} f(x)$$

일반성을 잃지 않고 $a \le b$라 가정하면, $x > 0$일 때는 $a^{1/x} \le b^{1/x}$이지만 $x < 0$이면 그 부등호는 반대가 된다.

(i) $x > 0$이면, 주어진 식은

$$\lim_{x\to 0^+} f(x) = \lim_{x\to 0^+} (a^{1/x} + b^{1/x})^x = b \lim_{x\to 0^+} (1 + (a/b)^{1/x})^x$$

이다. 한편, $1 \le (1+(a/b)^{1/x})^x \le 2^x$이고 $\lim\limits_{x\to 0^+} 2^x = 1$이므로, 조임정리(정리 2.4.2)를 적용하면 $\lim\limits_{x\to 0^+} (1+(a/b)^{1/x})^x = 1$을 얻는다. 이를 위의 방정식에 대입하면 $\lim\limits_{x\to 0^+} f(x) = b$이다.

(ii) $x < 0$인 경우에는 (i)과 유사한 방법으로 $\lim\limits_{x\to 0^-} f(x) = a$를 얻는다. 따라서 $a = b$이다. 더욱이, $f(0) = c$이므로 $a = b = c$이어야 한다.

17. 삼각함수의 배각공식 $\sin x = 2\sin(x/2)\cos(x/2)$를 반복적으로 적용하면

$$\begin{aligned}\sin x &= 2\sin\frac{x}{2}\cos\frac{x}{2} = 2\cdot 2\sin\frac{x}{4}\cos\frac{x}{4}\cos\frac{x}{2}\\ &\ \vdots\\ &= 2^n \cos\frac{x}{2}\cos\frac{x}{4}\cdots\cos\frac{x}{2^n}\sin\frac{x}{2^n}\end{aligned}$$

를 얻는다. 이 방정식의 양변을 x로 나누면

$$\frac{\sin x}{x} = \cos\frac{x}{2}\cos\frac{x}{4}\cdots\cos\frac{x}{2^n}\cdot\frac{\sin(x/2^n)}{(x/2^n)}$$

이다. 정리 2.6.2에 의하여, $\lim\limits_{n\to\infty}\dfrac{\sin(x/2^n)}{(x/2^n)} = 1$이므로 증명이 끝난다.

18. (1) $x_1, x_2 \in [0, 1]$이고 $f(x_1) = f(x_2)$라 하자. x_i $(i = 1, 2)$는 모두 유리수이거나 무리수인 경우만 가능하고, 어느 경우에도 $x_1 = x_2$이므로, f는 단사함수

(2) $x \in [0, 1]$가 유리수이면 $f^2(x) = x$는 자명하다. $x \in [0, 1]$가 무리수인 경우에도

$$f^2(x) = f(1-x) = 1-(1-x) = x$$

이다. 따라서 임의의 $x \in [0, 1]$에 대하여 $f^2(x) = x$

(3) $\lim\limits_{x\to 1/2} f(x) = 1/2 = f(1/2)$이므로, f는 $x = 1/2$에서 연속이다. 그러나 나머지 점에서는 모두 불연속

19. $f(x) = (x^2 + 5)/(x^7 + 3)$ $(x \subset [1, 2])$리 두면, $[1, 2]$에서 f는 연속함수이고 다음의 관계를 만족한다.

$$f(1) = \frac{3}{2} > 1 > \frac{9}{131} = f(2)$$

따라서 사이값 정리를 적용하면 $f(c) = 1$을 만족하는 $c \in [1, 2]$가 존재한다.

20. 구간 $[0,\ 1/2]$에서 $g(x) = f(x+1/2) - f(x)$라 두면, g는 구간 $[0, 1/2]$에서 연속이다. 한편, $f(0) = f(1)$이므로 $g(0) = f(1/2) - f(0) = -\{f(1) - f(1/2)\} = -g(1/2)$이다. 따라서 사이값 정리에 의하여, $g(c) = 0$을 만족하는 $c \in [0,\ 1/2]$가 존재한다.

제3장 도형과 벡터

3.1 도형과 좌표

문제 3.1.1 두 교선이 같은 평면에 있고 서로 만나지 않으므로 평행

문제 3.1.2 생략

문제 3.1.3 생략

문제 3.1.4 $\cos\theta = \dfrac{1}{3}$

문제 3.1.5

(1) $O(0, 0, 0)$, $C(0, 4, 0)$, $D(2, 0, 3)$, $E(2, 4, 3)$

(2) $A(2, 0, 0)$, $G(0, 0, 3)$ (3) $B(2, 4, 0)$, $F(0, 4, 3)$

연습문제 3.1

1. 원점에 대칭인 점은 $P(-1, -3, -2)$이고 xy평면에 대한 대칭점은 $Q(1, 3, -2)$이다. 따라서 $\overline{PQ} = \sqrt{2^2+6^2+0^2} = 2\sqrt{10}$이다.

2. 구하려는 y축 위의 점을 $(0, a, 0)$라고 두면, P와 Q와의 거리가 같으므로

$$\sqrt{2^2+(a+3)^2+5^2} = \sqrt{4^2+(a-3)^2+5^2}$$

에서 $a = 1$이다. 따라서 구하려는 점의 좌표는 $(0, 1, 0)$이다.

3. 점 A를 xy평면에 대칭이동한 점을 A'라 하면 $A' = (1, 2, -3)$이다. $\overline{AP} = \overline{A'P}$이므로 $\overline{AP} + \overline{BP} = \overline{A'P} + \overline{BP} \geq \overline{A'B}$이다. 즉, 두 점 A', B 사이의 거리가 $\overline{AP} + \overline{BP}$의 최솟값이 된다. 따라서 구하려는 최솟값은

$$\overline{A'B} = \sqrt{(4-1)^2+(6-2)^2+(2+3)^2} = 5\sqrt{2}$$

4. F의 넓이는 $20 \times \dfrac{1}{\cos 45°} = 20\sqrt{2}$이다.

5. 물의 표면의 넓이를 S라고 하자. 원기둥의 밑면과 물의 표면이 이루는 각을 α라고 할 때, $\cos\alpha = \dfrac{4}{\sqrt{80}}$이므로 $4\pi = S\cos\alpha$이고 $S = \sqrt{80}\,\pi$이다.

6. 삼각형 ABD와 삼각형 EBD가 이루는 각을 α, BD의 중점을 I라고 할 때, 삼각형 AIE에서 $\cos\alpha = \dfrac{1}{\sqrt{3}}$이다. 삼각형 ABD의 넓이는 $\dfrac{1}{2}$이므로, $\dfrac{1}{2}\cos\alpha = \dfrac{\sqrt{3}}{6}$이 정사영의 넓이다.

3.2 벡터와 연산

문제 3.2.1

(1) $\overrightarrow{AB}$, $\overrightarrow{DC}$, $\overrightarrow{EF}$, $\overrightarrow{HG}$ (2) $\overrightarrow{AG}$, $\overrightarrow{BH}$, $\overrightarrow{CE}$, $\overrightarrow{DF}$, $\overrightarrow{EC}$, $\overrightarrow{FD}$, $\overrightarrow{GA}$, $\overrightarrow{HB}$

(3) $\overrightarrow{BE}$, $\overrightarrow{CH}$ (4) $\overrightarrow{DB}$, $\overrightarrow{HF}$ (5) 2개

문제 3.2.2 생략

문제 3.2.3

1. 생략

2. (1) $\mathbf{b}$ (2) $\mathbf{a}$ (3) $3\mathbf{b}$

3. (1) $-\mathbf{a}+12\mathbf{b}$ (2) $2\mathbf{a}+5\mathbf{b}$

4. $k=1$

문제 3.2.4

1. 생략

2. $2B-A-C$

3. 예제 3.2.10을 이용

문제 3.2.5

1. 생략

2. 라

3. 생략

문제 3.2.6

1. (1) $\begin{pmatrix}1\\1\end{pmatrix}$ (2) $\begin{pmatrix}0\\-1\end{pmatrix}$ (3) $\begin{pmatrix}1\\0\end{pmatrix}$

2. (1) $\begin{pmatrix}4\\-3\end{pmatrix}$ (2) $\begin{pmatrix}1\\-2\end{pmatrix}$

문제 3.2.7

1. (1) $2\mathbf{i}+\mathbf{j}-3\mathbf{k}$ (2) $-\mathbf{i}+5\mathbf{j}$

2. (1) $\begin{pmatrix}4\\-3\\2\end{pmatrix}$ (2) $\begin{pmatrix}1\\-2\\0\end{pmatrix}$

연습문제 3.2

1. (1) $\mathbf{x}=3\mathbf{a}-2\mathbf{b}$ (2) $\mathbf{x}=-\mathbf{a}+\mathbf{b}$

2. $\overline{AB}$의 중점을 D라고 하면 $\dfrac{\overrightarrow{OA}+\overrightarrow{OB}}{2}=\overrightarrow{OD}$, $\overrightarrow{OC}=2\overrightarrow{OD}$이다. 따라서 점 O는 $\overline{CD}$의 연장선

위에 있고 $\overline{OD} = \overline{DC}$ 이므로, $\triangle OAB = \triangle ABC = 10$이다.

3. O를 원점으로 하여 위치벡터를 생각하여, $Q-A=mA+nB$ 를 만족하는 m, n 의 값을 구하면 된다. $P=\frac{1}{3}A$, $Q=\frac{1}{2}A+\frac{1}{2}B$ 이므로

$$Q-P=\frac{1}{2}A+\frac{1}{2}B-\frac{1}{3}A=\frac{1}{6}A+\frac{1}{2}B$$

따라서 $m=\frac{1}{6}$, $n=\frac{1}{2}$ 이다.

4. $2\mathbf{i}+\mathbf{j}+2\mathbf{k}$와 방향이 같은 단위벡터는 $\frac{1}{3}(2\mathbf{i}+\mathbf{j}+2\mathbf{k})$ 이므로, 구하려는 벡터는 $\frac{4}{3}(2\mathbf{i}+\mathbf{j}+2\mathbf{k})$ 이다.

5. $2\mathbf{a}-2\mathbf{b}=\mathbf{c}$ 이므로 $(4-2x,\ 8)=(-4, y)$ 따라서 $x=4$, $y=8$ 이다.

6. $2(\mathbf{a}-2\mathbf{b})+3(2\mathbf{a}-3\mathbf{c})=8\mathbf{a}-4\mathbf{b}-9\mathbf{c}$ 이므로

$$8(1,2)-4(-1,3)-9(3,5)=(-15,-41)$$

7. $\mathbf{i}$, $\mathbf{j}$, $\mathbf{k}$ 와 이루는 각이 각각 $\frac{\pi}{4}, \frac{\pi}{4}, \frac{\pi}{2}$ 인 단위벡터는

$$\mathbf{u}=\cos\frac{\pi}{4}\mathbf{i}+\cos\frac{\pi}{4}\mathbf{j}+\cos\frac{\pi}{2}\mathbf{k}=\frac{\sqrt{2}}{2}\mathbf{i}+\frac{\sqrt{2}}{2}\mathbf{j}$$

이다. 따라서 크기가 2 인 벡터 $\mathbf{x}=2\mathbf{u}=\sqrt{2}\mathbf{i}+\sqrt{2}\mathbf{j}$ 이다.

8. 좌표공간에서 벡터 $\mathbf{v}$가 x 축, y 축과 이루는 각이 각각 $60°$ 일 때, 벡터 $\mathbf{v}$가 z 축과 이루는 예각을 γ 라 하면

$$\cos^2 60°+\cos^2 60°+\cos^2\gamma=1$$

로부터 $\cos\gamma=\pm\frac{1}{\sqrt{2}}$ 이므로, $\gamma=45°$, $315°$이다. 따라서 벡터 $\mathbf{v}$가 xy 평면과 이루는 예각은 $45°$ 이다.

3.3 내적과 벡터의 응용

문제 3.3.1

1. 1

2. $50\sqrt{2}\,(\mathrm{N}\cdot\mathrm{m})$

문제 3.3.2

1. (1) 10 (2) 0

2. (1) $26t^2+14$ (2) $t=0$

3. $\frac{\pi}{3}$

문제 3.3.3

1. $|\mathbf{x}+\mathbf{y}|^2 = (\mathbf{x}+\mathbf{y}) \cdot (\mathbf{x}+\mathbf{y}) = |\mathbf{x}|^2 + 2\mathbf{x} \cdot \mathbf{y} + |\mathbf{y}|^2 = |\mathbf{x}|^2 + |\mathbf{y}|^2$

2. 생략 (예제 3.3.5 이용)

3. 생략

4. 생략

문제 3.3.4

1. $x - y + 2 = 0$

2. $\frac{1}{3}$

3. $\frac{10}{7}$

문제 3.3.5

$\frac{x-2}{4} + \frac{y+1}{-1} + \frac{z-3}{3} = 0$

문제 3.3.6

$\frac{11}{3}\pi$

연습문제 3.3

1. (1) $3\mathbf{a} \cdot \mathbf{b} - \mathbf{a} \cdot 2\mathbf{b} = 3(\mathbf{a} \cdot \mathbf{b}) - 2(\mathbf{a} \cdot \mathbf{b}) = \mathbf{a} \cdot \mathbf{b}$

(2) $(\mathbf{a}-\mathbf{b}) \cdot \mathbf{c} + \mathbf{b} \cdot (\mathbf{c}+\mathbf{a}) = \mathbf{a} \cdot \mathbf{c} - \mathbf{b} \cdot \mathbf{c} + \mathbf{b} \cdot \mathbf{c} + \mathbf{b} \cdot \mathbf{a} = \mathbf{a} \cdot \mathbf{c} + \mathbf{a} \cdot \mathbf{b} = \mathbf{a} \cdot (\mathbf{b}+\mathbf{c})$

2. (1) $3\mathbf{a} \cdot (\mathbf{b}+4\mathbf{c}) = 3(\mathbf{a} \cdot \mathbf{b}) + 12(\mathbf{a} \cdot \mathbf{c}) = -24$

(2) $(\mathbf{a}-\mathbf{b}) \cdot (2\mathbf{a}+\mathbf{b}) = 2|\mathbf{a}|^2 - (\mathbf{a} \cdot \mathbf{b}) - |\mathbf{b}|^2 = -7$

(3) $(\mathbf{a}-\mathbf{b}) \cdot \mathbf{a} + \mathbf{b} \cdot (\mathbf{b}+\mathbf{a}) = \mathbf{a} \cdot \mathbf{a} - \mathbf{b} \cdot \mathbf{a} + \mathbf{b} \cdot \mathbf{b} + \mathbf{b} \cdot \mathbf{a} = |\mathbf{a}|^2 + |\mathbf{b}|^2 = 10$

(4) $\{(\mathbf{b} \cdot \mathbf{c})\mathbf{a} - (\mathbf{a} \cdot \mathbf{c})\mathbf{b}\} \cdot \mathbf{c} = (\mathbf{a} + 2\mathbf{b}) \cdot \mathbf{c} = \mathbf{a} \cdot \mathbf{c} + 2(\mathbf{b} \cdot \mathbf{c}) = 0$

3. $|\mathbf{a}-\mathbf{b}|^2 = |\mathbf{a}|^2 - 2(\mathbf{a} \cdot \mathbf{b}) + |\mathbf{b}|^2 = 4 - 2 \cdot \left(-\frac{3}{2}\right) + 9 = 16$

4. $|\mathbf{a}+\mathbf{b}|^2 = |\mathbf{a}|^2 + 2(\mathbf{a} \cdot \mathbf{b}) + |\mathbf{b}|^2 = 121$, $|\mathbf{a}-\mathbf{b}|^2 = |\mathbf{a}|^2 - 2(\mathbf{a} \cdot \mathbf{b}) + |\mathbf{b}|^2 = 49$이므로 $4(\mathbf{a} \cdot \mathbf{b}) = 72$이고 따라서 $\mathbf{a} \cdot \mathbf{b} = 18$이다.

5. $\mathbf{a} \cdot (\mathbf{a}+\mathbf{b}) = (4, 2) \cdot (2, 2+x) = 8+4+2x = 0$이므로, $x = -6$이다. 따라서

$$\mathbf{a} \cdot \mathbf{b} = (4, 2) \cdot (-2, -6) = -20$$

6. $\mathbf{a}$와 $\mathbf{b}$가 평행이므로, $\frac{3r}{2} = \frac{6}{-1} = \frac{4s-2}{-5}$에서 $r = -4$, $s = 8$이다. 또한, $\mathbf{a}$와 $\mathbf{c}$가 수직이므로, $2(t-1) - 2 - 5(t+1) = 0$에서 $t = -3$이다. 따라서 $r+s+t = 1$이다.

7. $\mathbf{x} \cdot \mathbf{y} = (b-c) \cdot (b+c) + (c-a) \cdot (c+a) + (a-b) \cdot (a+b) = 0$이므로, a, b, c에 관계없이 항상 수직이다.

8. $|\mathbf{x}+\mathbf{y}|^2=(\mathbf{x}+\mathbf{y})\cdot(\mathbf{x}+\mathbf{y})=\mathbf{x}\cdot\mathbf{x}+\mathbf{x}\cdot\mathbf{y}+\mathbf{y}\cdot\mathbf{x}+\mathbf{y}\cdot\mathbf{y}$

$$=|\mathbf{x}|^2+2(\mathbf{x}\cdot\mathbf{y})+|\mathbf{y}|^2\le|\mathbf{x}|^2+2|\mathbf{x}||\mathbf{y}|+|\mathbf{y}|^2=(|\mathbf{x}|+|\mathbf{y}|)^2$$

이므로, $|\mathbf{x}+\mathbf{y}|\le|\mathbf{x}|+|\mathbf{y}|$이 성립한다.

9. $\overrightarrow{AB}+\overrightarrow{AE}=\overrightarrow{AD}$이고, $\triangle ACD$에서 $\overline{AD}=2$, $\overline{CD}=1$, $\overline{AC}=\sqrt{3}$, $\angle CAD=30°$ 이므로

$$\overrightarrow{AC}\cdot(\overrightarrow{AB}+\overrightarrow{AE})=\overrightarrow{AC}\cdot\overrightarrow{AD}=\sqrt{3}\cdot2\cdot\cos30°=2\sqrt{3}\times\frac{\sqrt{3}}{2}=3$$

10. 두 변 OA, OB가 이루는 각을 θ라 하면 $\cos\theta=\dfrac{1}{3}$이므로 $\sin\theta=\dfrac{2\sqrt{2}}{3}$이다.

따라서 구하려는 평행사변형의 넓이는 $|\mathbf{a}||\mathbf{b}|\sin\theta=32\sqrt{2}$이다.

11. $\angle APB=90°$이므로 $\overline{BP}=\sqrt{25-16}=3$이고, $\angle ABP=\theta$라 두면 $\cos\theta=\dfrac{3}{5}$이므로

$$\overrightarrow{BP}\cdot\overrightarrow{BA}=|\overrightarrow{BP}||\overrightarrow{BA}|\cos\theta=3\cdot5\cdot\frac{3}{5}=9$$

12. $|\overrightarrow{AB}|=4$, $|\overrightarrow{CD}|=6$이고, 두 벡터가 이루는 각은 $\dfrac{\pi}{3}$이므로

$$\overrightarrow{AB}\cdot\overrightarrow{CD}=|\overrightarrow{AB}||\overrightarrow{CD}|\cos\frac{\pi}{3}=4\cdot6\cdot\frac{1}{2}=12$$

13. 다음 그림에서

$$\overline{OH}=\frac{|-1|}{\sqrt{1^2+1^2}}=\frac{1}{\sqrt{2}},\quad \overline{AB}=2\overline{AH}=2\sqrt{4-\frac{1}{2}}=\sqrt{14}$$

이므로, $\angle AOB=\theta$라 두면 $\cos\theta=\dfrac{2^2+2^2-14}{2\cdot2\cdot2}=-\dfrac{3}{4}$이다. 따라서

$$\overrightarrow{OA}\cdot\overrightarrow{OB}=|\overrightarrow{OA}||\overrightarrow{OB}|\cos\theta=2\cdot2\cdot\left(-\frac{3}{4}\right)=-3$$

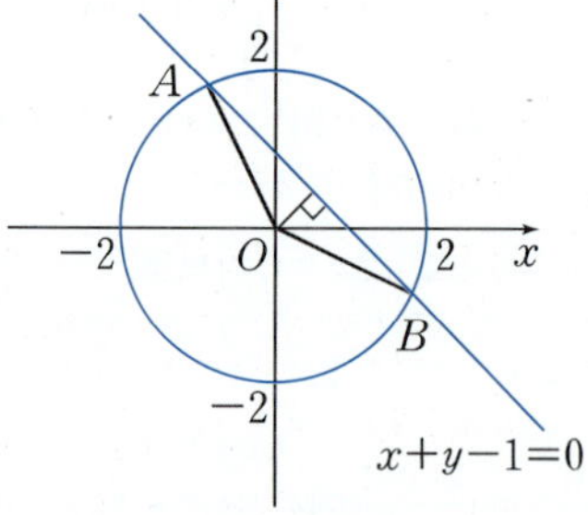

14. 평면 $2x+2y+z=2$의 법선벡터는 $(2,2,1)$이고 xy평면의 법선벡터는 $(0,0,1)$이므로, 두 평면이 이루는 각 θ에 대해 $\cos\theta=\dfrac{1}{3}$을 만족한다. 따라서 정삼각형 ABC의 넓이는 $\dfrac{1}{2}\cdot1\cdot1\cdot\dfrac{\sqrt{3}}{2}$

$=\dfrac{\sqrt{3}}{4}$ 이므로, 구하려는 넓이는

$$\frac{\sqrt{3}}{4}\cos\theta = \frac{\sqrt{3}}{4}\cdot\frac{1}{3} = \frac{\sqrt{3}}{12}$$

15. 직선 위의 점 $P_0(0, 1)$과 직선의 법선벡터 $\mathbf{n}=\begin{pmatrix}1\\-3\end{pmatrix}$ 에 대하여, 구하려는 거리 d는

$$d = \frac{|\overrightarrow{P_0Q}\cdot\mathbf{n}|}{|\mathbf{n}|} = \frac{|1\cdot 1+3\cdot(-3)|}{\sqrt{1^2+(-3)^2}} = \frac{4\sqrt{10}}{5}$$

16. 평면의 법선벡터는 $\mathbf{n}=(2, -1, a)$, 직선의 방향벡터는 $\mathbf{d}=(-1, 4, 2)$ 이고 서로 수직이므로 $\mathbf{n}\cdot\mathbf{d}=0$이다. 즉, $-2-4+2a=0$ 따라서 $a=3$이다.

17. l_1과 l_2의 방향벡터는 각각 $(k-1, k, 3)$와 $(2, -1, 4)$ 이다. 두 직선이 서로 수직이면, 두 방향벡터가 서로 수직이므로 $(k-1, k, 3)\cdot(2, -1, 4)=0$ 이고, 따라서 $k=-10$ 이다.

18. 직선 AH의 방향벡터는 $(2, -1, 2)$ 이므로, 직선 AH의 방정식은

$$\frac{x-1}{2} = \frac{y+1}{-1} = \frac{z}{2}$$

이다. 또한, 직선 AH 위의 점 $(2t+1, -t-1, 2t)$ 가 평면 위의 점이면

$$2(2t+1)-(-t-1)+2(2t)+3=0$$

를 만족하여야 하므로, $t=-\dfrac{2}{3}$ 이다. 따라서 점 H의 좌표는 $\left(-\dfrac{1}{3}, -\dfrac{1}{3}, -\dfrac{4}{3}\right)$ 이다.

19. 점 $P(x, y, z)$ 라고 하면 $\overrightarrow{OA}\cdot\overrightarrow{OP}=12$ 로부터 P의 자취는 평면 $2x-y-2z=12$이다. 따라서 $B(-5, 4, 5)$와 P 사이의 거리의 최솟값은

$$d = \frac{|-10-4-10-12|}{\sqrt{2^2+(-1)^2+(-2)^2}} = 12$$

20. 직선 $3(x+1)=2(y-2)=3-z$ 의 방향벡터를 $\mathbf{u}$ 라 하면, $\mathbf{u}=\left(\dfrac{1}{3}, \dfrac{1}{2}, -1\right)$ 이다. 이때, 평면의 법선벡터 (a, b, c) 는 $\mathbf{u}$ 와 수직이므로

$$\frac{1}{3}a+\frac{1}{2}b-c=0$$

를 만족한다. 또 평면의 방정식은 $a(x+2)+b(y-1)+c(z-3)=0$이고, 점 $(-1, 2, 3)$는 평면의 점이므로 $a+b=0$이다. 따라서 $a=-6t, b=6t, c=t$ 이므로, 구하려는 방정식은

$$-6(x+2)+6(y-1)+(z-3)=0$$

21. 점 $A(12, 2, 11)$에서 평면 $3x+4y+5z+1=0$에 내린 수선의 방정식은

$$\frac{x-12}{3} = \frac{y-2}{4} = \frac{z-11}{5}$$

이고, 이 직선의 매개변수방정식은

$$x = 3t + 12,\ y = 4t + 2,\ z = 5t + 11$$

이다. 이 직선의 점 $P(x, y, z)$는 구면의 점이므로

$$(3t+12)^2 + (4t+2)^2 + (5t+11)^2 = 11^2$$

을 만족하여야 하므로, $t = -1$ 또는 $t = -\dfrac{74}{25}$이다. $t = -\dfrac{74}{25}$이면 $z = -\dfrac{74}{5} + 11 < 0$에서 xy 평면 위쪽의 점이 아니다. 따라서 $t = -1$이므로, $P(9, -2, 6)$이다.

제3장 종합문제

1. $|\overrightarrow{AB}| = \sqrt{(3+2)^2 + (1-2)^2 + (4-1)^2} = \sqrt{35}$
2. $3(\mathbf{x} - 2\mathbf{a}) + 2(\mathbf{b} - 2\mathbf{x}) = 3\mathbf{b}$에서 $3\mathbf{x} - 6\mathbf{a} + 2\mathbf{b} - 4\mathbf{x} = 3\mathbf{b}$이므로, $\mathbf{x} = -6\mathbf{a} - \mathbf{b}$이다.
3. $3\mathbf{j} + 2\mathbf{k}$와 같은 방향의 단위벡터는 $\dfrac{1}{\sqrt{13}}(3\mathbf{j} + 2\mathbf{k})$이므로, 크기가 2인 벡터는 $\dfrac{2}{\sqrt{13}}(3\mathbf{j} + 2\mathbf{k})$ 이다.
4. 구하려는 벡터 $\mathbf{x}$가 y축과 이루는 각을 β라 하면

$$\cos^2\frac{\pi}{3} + \cos^2\beta + \cos^2\frac{\pi}{6} = \frac{1}{4} + \cos^2\beta + \frac{3}{4} = 1$$

이므로, $\cos^2\beta = 0$이다. 따라서 $\mathbf{x}$와 같은 방향의 단위벡터는

$$\mathbf{u} = \cos\frac{\pi}{3}\mathbf{i} + \cos\beta\mathbf{j} + \cos\frac{\pi}{6}\mathbf{k} = \frac{1}{2}\mathbf{i} + \frac{\sqrt{3}}{2}\mathbf{k}$$

이므로, $\mathbf{x} = 3\mathbf{u} = \dfrac{3}{2}\mathbf{i} + \dfrac{3\sqrt{3}}{2}\mathbf{k}$이다.

5. 두 벡터가 수직이면, 내적이 0이므로

$$(3\mathbf{i} - \alpha\mathbf{j} + \mathbf{k}) \cdot (\mathbf{i} + 2\mathbf{j}) = 3 \cdot 1 + 2 \cdot (-\alpha) + 1 \cdot 0 = 3 - 2\alpha = 0$$

에서 $\alpha = \dfrac{3}{2}$이다.

6. $\mathbf{x} \cdot \mathbf{y} = 2\alpha^2 - 11\alpha + 15 = 0$이어야 하므로, $\alpha = 3$ 또는 $\alpha = \dfrac{5}{2}$이다.
7. $\mathbf{a}, \mathbf{b}$는 단위벡터이고 $\mathbf{a} \cdot \mathbf{b} = |\mathbf{a}||\mathbf{b}|\cos\dfrac{\pi}{3} = \dfrac{1}{2}$이므로

$$(\mathbf{a}+\mathbf{b}) \cdot (-\mathbf{a}+2\mathbf{b}) = \frac{3}{2}$$

$$|\mathbf{a}+\mathbf{b}| = \sqrt{(\mathbf{a}+\mathbf{b}) \cdot (\mathbf{a}+\mathbf{b})} = \sqrt{|\mathbf{a}|^2 + 2(\mathbf{a} \cdot \mathbf{b}) + |\mathbf{b}|^2} = \sqrt{3}$$

$$|-\mathbf{a}+2\mathbf{b}| = \sqrt{(-\mathbf{a}+2\mathbf{b}) \cdot (-\mathbf{a}+2\mathbf{b})} = \sqrt{|\mathbf{a}|^2 - 4(\mathbf{a} \cdot \mathbf{b}) + 4|\mathbf{b}|^2} = \sqrt{3}$$

이다. 따라서 $\cos\theta = \dfrac{(\mathbf{a}+\mathbf{b}) \cdot (-\mathbf{a}+2\mathbf{b})}{|\mathbf{a}+\mathbf{b}||-\mathbf{a}+2\mathbf{b}|} = \dfrac{1}{2}$이고 $\theta = \dfrac{\pi}{3}$이다.

8. $|\mathbf{a}| = 2|\mathbf{b}|$이므로, $\mathbf{a} \cdot \mathbf{a} = 4(\mathbf{b} \cdot \mathbf{b})$이다. 또한, $\mathbf{a} + \mathbf{b}$와 $2\mathbf{a} - 5\mathbf{b}$가 수직이므로

$$(\mathbf{a}+\mathbf{b}) \cdot (2\mathbf{a} - 5\mathbf{b}) = 2(\mathbf{a} \cdot \mathbf{a}) - 3(\mathbf{a} \cdot \mathbf{b}) - 5(\mathbf{b} \cdot \mathbf{b}) = 0$$

이고, 따라서 $\mathbf{a} \cdot \mathbf{b} = \mathbf{b} \cdot \mathbf{b}$이다. 여기서, $\mathbf{a}, \mathbf{b}$가 이루는 각을 θ라 하면

$$\cos\theta = \frac{\mathbf{a} \cdot \mathbf{b}}{|\mathbf{a}||\mathbf{b}|} = \frac{\mathbf{a} \cdot \mathbf{b}}{2|\mathbf{b}|^2} = \frac{\mathbf{b} \cdot \mathbf{b}}{2(\mathbf{b} \cdot \mathbf{b})} = \frac{1}{2}$$

이므로 $\theta = \frac{\pi}{3}$이다.

9. 두 벡터가 이루는 각을 θ라 두면, 정리 2.2.5에 의하여 $\cos\theta = \frac{\mathbf{a} \cdot \mathbf{b}}{|\mathbf{a}||\mathbf{b}|}$이므로, $\mathbf{a} \cdot \mathbf{b} = 7$, $|\mathbf{a}| = \sqrt{14}$, $|\mathbf{b}| = \sqrt{14}$로부터 $\cos\theta = \frac{7}{\sqrt{14}\sqrt{14}} = \frac{1}{2}$이고, 따라서 $\theta = \frac{\pi}{3}$이다.

10. 두 직선 l, m의 방향벡터를 각각 $\mathbf{a}, \mathbf{b}$라 하면

$$\mathbf{a} = \begin{pmatrix} a+1 \\ -3 \\ 3 \end{pmatrix}, \quad \mathbf{b} = \begin{pmatrix} 6 \\ 4 \\ a-1 \end{pmatrix}$$

이고, 가정에서 $\mathbf{a}, \mathbf{b}$는 수직이므로 $\mathbf{a} \cdot \mathbf{b} = 9a - 9 = 0$이다. 따라서 $a = 1$이다.

11. 생략

12. 위치벡터를 써서 나타내면 $A + C = B + D$이므로, $A - B = D - C$이고 $A - D = B - C$이다. 즉, $\overrightarrow{BA} = \overrightarrow{CD}$이고 $\overrightarrow{DA} = \overrightarrow{CB}$이므로 평행사변형이다.

13. 세 점 $(1, 0, 0)$, $(0, 1, 0)$, $(0, 0, 1)$를 지나는 평면의 방정식은 $x + y + z = 1$으로 벡터 $\begin{pmatrix} 1 \\ 1 \\ 1 \end{pmatrix}$과 수직이고, xy평면은 벡터 $\begin{pmatrix} 0 \\ 0 \\ 1 \end{pmatrix}$에 수직이므로

$$\cos\theta = \frac{1 \cdot 0 + 1 \cdot 0 + 1 \cdot 1}{\sqrt{3} \cdot 1} = \frac{1}{\sqrt{3}}$$

14. (1) $P(x, y, z) \in \pi_2$라 두면, $P - P_0 = \begin{pmatrix} x-2 \\ y-1 \\ z-1 \end{pmatrix}$과 π_1의 법선벡터 $\mathbf{n} = \begin{pmatrix} 3 \\ -2 \\ 5 \end{pmatrix}$는 수직이므로, $\begin{pmatrix} x-2 \\ y-1 \\ z-1 \end{pmatrix} \cdot \begin{pmatrix} 3 \\ -2 \\ 5 \end{pmatrix} = 0$이다. 따라서 구하려는 평면의 방정식은

$$3(x-2) - 2(y-1) + 5(z-1) = 0, \text{ 즉 } 3x - 2y + 5z = 9$$

(2) π_1과 π_2 사이의 거리는 π_1과 $P_0(2, 1, 1)$ 사이의 최단거리와 같다. 평면 π_1의 법선벡터는 $\mathbf{n} = \begin{pmatrix} 3 \\ -2 \\ 5 \end{pmatrix}$이고, 평면 π_1은 점 $Q(0, -1, 0)$를 지난다. 점 P_0에서 평면까지의 거리 d는 단위법선벡터 $\frac{1}{\|\mathbf{n}\|}\mathbf{n}$과 벡터 $Q - P_0$의 내적의 절댓값이므로

$$d = \left| \frac{\langle Q - P_0, \mathbf{n} \rangle}{|\mathbf{n}|} \right| = \frac{7}{\sqrt{38}}$$

15. 두 평면의 법선벡터를 각각 $\mathbf{n}_1, \mathbf{n}_2$라 두면, $\mathbf{n}_1 = \begin{pmatrix} 2 \\ -1 \\ 1 \end{pmatrix}$, $\mathbf{n}_2 = \begin{pmatrix} a-1 \\ 1 \\ -a-1 \end{pmatrix}$이다. 이들은 서로 수직이므로, $\mathbf{n}_1 \cdot \mathbf{n}_2 = 2(a-1) - 1 - (a+1) = 0$이고 따라서 $a = 4$이다.

16. 평면 π 에 관한 점 $P(-3,4,5)$ 의 대칭점을 $T(a,b,c)$ 라 두고, P와 T를 잇는 직선 l과 평면 π의 교점을 H라 하자. 먼저, 직선 l은 평면 π의 법선벡터 $\mathbf{n}=(2,-3,-1)$과 평행이므로, 직선 l의 방정식은

$$\frac{x+3}{2}=\frac{y-4}{-3}=\frac{z-5}{-1}$$

이다. 또한, 이 직선의 매개변수방정식은

$$x=2t-3,\ y=-3t+4,\ z=-t+5$$

이므로, 수선의 발 H의 좌표는 $(2t-3, -3t+4, -t+5)$ 이다. 그리고 점 H는 직선 l이 평면 π와 만나는 점이므로

$$2(2t-3)-3(-3t+4)-(-t+5)+9=0$$

를 만족한다. 따라서 $t=1$이고 H의 좌표는 $(-1, 1, 4)$이다. $P(-3,4,5)$와 $T(a,b,c)$의 중점 H의 좌표는

$$(-1,1,4)=\left(\frac{-3+a}{2}, \frac{4+b}{2}, \frac{5+c}{2}\right)$$

이다. 한편, $a=1,\ b=-2,\ c=3$이므로, 대칭점은 $T(1,-2,3)$ 이다.

17. $\overrightarrow{BC}+\overrightarrow{CD}=\overrightarrow{BD},\ \overrightarrow{DE}+\overrightarrow{EF}=\overrightarrow{DF}$ 이고 $\triangle BDF$는 정삼각형이므로, $\overline{BD}=\overline{DF}$ 이고 두 벡터 $\overrightarrow{BD}$, $\overrightarrow{DF}$가 이루는 각은 $120°$이다. 그리고 $\triangle BCD$는 $\overline{BC}=\overline{CD}=1,\ \angle CBD=30°$ 인 이등변 삼각형이므로,

$$\frac{1}{2}\overline{BD}=\cos 30°=\frac{\sqrt{3}}{2}$$

즉, $\overline{BD}=\overline{DF}=\sqrt{3}$ 이므로, 구하려는 내적은

$$\begin{aligned}\overrightarrow{BD}\cdot\overrightarrow{DF}&=|\overrightarrow{BD}||\overrightarrow{DF}|\cos 120°\\&=\sqrt{3}\cdot\sqrt{3}\cdot\left(-\frac{1}{2}\right)=-\frac{3}{2}\end{aligned}$$

18. $$\begin{aligned}|\overrightarrow{OR}|^2&=(\overrightarrow{OP}+\overrightarrow{OQ})\cdot(\overrightarrow{OP}+\overrightarrow{OQ})=|\overrightarrow{OP}|^2+2(\overrightarrow{OP}\cdot\overrightarrow{OQ})+|\overrightarrow{OQ}|^2\\&=|\overrightarrow{OP}|^2+2|\overrightarrow{OP}||\overrightarrow{OQ}|\cos 60°+|\overrightarrow{OQ}|^2\\&=2^2+2\cdot2\cdot3\cos 60°+3^2=19\end{aligned}$$

이므로, $|\overrightarrow{OR}|=\sqrt{19}$ 이다.

19. $\mathbf{a}+\mathbf{b}+\mathbf{c}=\mathbf{0}$ 이므로 $\mathbf{c}=-\mathbf{a}-\mathbf{b}$에서 $|\mathbf{c}|^2=|\mathbf{a}+\mathbf{b}|^2$ 이다. 따라서

$$|\mathbf{c}|^2=|\mathbf{a}|^2+2(\mathbf{a}\cdot\mathbf{b})+|\mathbf{b}|^2,\ \text{즉}\ 14^2=6^2+2(\mathbf{a}\cdot\mathbf{b})+10^2$$

이므로, $\mathbf{a}\cdot\mathbf{b}=30$ 이고 $\cos\theta=\frac{1}{2}$ 이다. 그러므로 $\theta=\frac{\pi}{3}$ 이다.

20. 그림과 같이 $\overrightarrow{OA}$, $\overrightarrow{OB}$, $\overrightarrow{OC}$ 방향의 단위벡터를 각각 $\mathbf{a}$, $\mathbf{b}$, $\mathbf{c}$라 하면

$$\overrightarrow{OA}=3\mathbf{a},\ \ \overrightarrow{OB}=3\mathbf{b},\ \ \overrightarrow{OD}=4\mathbf{c}$$

또한, $\mathbf{a}\perp\mathbf{c}$, $\mathbf{b}\perp\mathbf{c}$이므로 $\mathbf{a}\cdot\mathbf{c}=\mathbf{b}\cdot\mathbf{c}=0$이고, 정삼각형 OAB에서

$$\mathbf{a}\cdot\mathbf{b}=|\mathbf{a}||\mathbf{b}|\cos 60°=\frac{1}{2}$$

이므로

$$\begin{aligned}|\overrightarrow{OA}+\overrightarrow{DB}|^2 &=|\overrightarrow{OA}+\overrightarrow{OB}-\overrightarrow{OD}|^2=|3\mathbf{a}+3\mathbf{b}-4\mathbf{c}|^2\\ &=(3\mathbf{a}+3\mathbf{b}-4\mathbf{c})\cdot(3\mathbf{a}+3\mathbf{b}-4\mathbf{c})\\ &=9|\mathbf{a}|^2+9|\mathbf{b}|^2+16|\mathbf{c}|^2+18(\mathbf{a}\cdot\mathbf{b})-24(\mathbf{a}\cdot\mathbf{c})-24(\mathbf{b}\cdot\mathbf{c})\\ &=9+9+16+9=43\end{aligned}$$

이고, 따라서 $|\overrightarrow{OA}+\overrightarrow{DB}|=\sqrt{43}$이다.

제4장 미분법과 응용

4.1 미분계수와 도함수

문제 4.1.1

1. 평균변화율; 5, $a=2$

2. (1) -4 (2) $-1/9$

3. $x=1$에서 미분가능하지 않다.

4. $a=-1$, $b=-2$

문제 4.1.2

1. (1) 2 (2) $6x$ (3) $f(x)=1/(2\sqrt{x-2})$ (4) $f(x)=-2/(2x+1)^2$

2. 접선의 방정식; $y=8x-5$, 법선의 방정식; $y=-(x-25)/8$

연습문제 4.1

1. (1) $f'(2)=\lim\limits_{h\to 0}\dfrac{\{a(2+h)^2+b(2+h)+c\}-(4a+2b+c)}{h}$

$$=\lim_{h\to 0}\frac{a(4h+h^2)+bh}{h}=\lim_{h\to 0}\{a(4+h)+b\}=4a+b$$

(2) $f'(2)=\lim\limits_{h\to 0}\dfrac{\sqrt{(2+h)^2+1}-\sqrt{2^2+1}}{h}$

$$=\lim_{h\to 0}\frac{4h+h^2}{h(\sqrt{(2+h)^2+1}+\sqrt{2^2+1})}=\frac{2}{\sqrt{5}}$$

(3) $f'(2)=\lim_{h\to 0}\frac{1}{h}\left\{\left(2+h-\frac{1}{2+h}\right)-\left(2-\frac{1}{2}\right)\right\}$

$$=\lim_{h\to 0}\frac{1}{h}\cdot\left(h+\frac{h}{2(2+h)}\right)=\lim_{h\to 0}\left(1+\frac{1}{2(2+h)}\right)=\frac{5}{4}$$

(4) $f'(2)=\lim_{h\to 0}\frac{1}{h}\left\{\frac{2}{2+h+a}-\frac{2}{2+a}\right\}=2\lim_{h\to 0}\frac{(2+a)-(2+h+a)}{h(2+a)(2+h+a)}$

$$=-2\lim_{h\to 0}\frac{1}{(2+a)(2+h+a)}=-\frac{2}{(2+a)^2}$$

2. $\lim_{x\to 1}f(x)=\lim_{x\to 1}|x^2-1|=0=f(1)$이므로, $f(x)$는 $x=1$에서 연속이다. 그러나

$$\frac{|(1+h)^2-1|-|1^2-1|}{h}=\frac{|2h+h^2|}{h}=\frac{|h|\,|2+h|}{h}$$

에서 $f'_+(1)=2$, $f'_-(1)=-2$이므로, 함수 $f(x)$는 $x=1$에서 미분가능하지 않다.

3. $\lim_{h\to 0}\frac{f(a+3h)-f(a-2h)}{h}=\lim_{h\to 0}\frac{\{f(a+3h)-f(a)\}+\{f(a)-f(a-2h)\}}{h}$

$$=\lim_{h\to 0}\frac{3\{f(a+3h)-f(a)\}}{3h}+\lim_{h\to 0}\frac{2\{f(a)-f(a-2h)\}}{2h}$$

$$=5f'(a)=5$$

4. $\lim_{x\to 1}\frac{\{f(x)\}^2-1}{x^2-1}=\lim_{x\to 1}\frac{f(x)-1}{x-1}\cdot\frac{f(x)+1}{x+1}=\lim_{x\to 1}\frac{f(x)-1}{x-1}\cdot\lim_{x\to 1}\frac{f(x)+1}{x+1}$

$$=f'(1)\cdot\frac{f(1)+1}{2}=2$$

5. (1) $f'(x)=\lim_{h\to 0}\frac{\sqrt{3(x+h)+1}-\sqrt{3x+1}}{h}$

$$=\lim_{h\to 0}\frac{\{3(x+h)+1\}-(3x+1)}{h(\sqrt{3(x+h)+1}+\sqrt{3x+1})}$$

$$=\lim_{h\to 0}\frac{3}{\sqrt{3(x+h)+1}+\sqrt{3x+1}}=\frac{3}{2\sqrt{3x+1}}$$

(2) $f'(x)=\lim_{h\to 0}\frac{\{(x+h)^2-5(x+h)-(x^2-5x)\}}{h}=\lim_{h\to 0}\frac{2xh+h^2-5h}{h}$

$$=2x-5$$

(3) $f'(x)=\lim_{h\to 0}\frac{\{1+3(x+h)-(x+h)^2\}-(1+3x-x^2)}{h}$

$$=\lim_{h\to 0}\frac{3h-(2xh+h^2)}{h}=\lim_{h\to 0}(3-2x-h)=3-2x$$

(4) $f'(x)=\lim_{h\to 0}\frac{(a(x+h)+b)^2-(ax+b)^2}{h}=\lim_{h\to 0}\frac{2ah(ax+b)+a^2h^2}{h}$

$$=2a(ax+b)$$

6. (1) $y'=-3x^2+1$이므로, 점 $(-1, 2)$에서의 접선의 기울기는 -2이다. 따라서 구하려는 접선의 방정식은 $y-2=-2(x+1)$, 즉 $y=-2x$이다. 그리고 법선의 기울기는 $1/2$이므로 법선의 방

정식은 $y-2=(x+1)/2$, 즉 $y=x/2+5/2$이다.

(2) $y'=-1/x^2$이므로, 점 $(2, 1/2)$에서의 접선의 기울기는 $-1/4$이다. 따라서 구하려는 접선의 방정식은 $y-1/2=-(x-2)/4$, 즉 $y=-x/4+1$이다. 그리고 법선의 기울기는 4이므로, 법선의 방정식은 $y-1/2=4(x-2)$, 즉 $y=4x-15/2$이다.

7. $y=-x^2+2x+3$의 도함수는 $y'=-2x+2$이다. 한편, x축의 양의 방향과 45°를 이루는 접선의 기울기는 1이므로, $-2x+2=1$에서 $x=1/2$이고 $f(1/2)=15/4$이다. 따라서 구하려는 접선의 방정식은 $y-15/4=x-1/2$, 즉 $y=x+13/4$이다.

4.2 여러 가지 함수의 미분법

문제 4.2.1

(1) $-4x^{-5}$

(2) $2(x+3)^3(3x^2+3x-2)$

(3) $-(2x^2+9x-8)/x^5$

(4) $4x^3+2x-x^{-2}+1$

(5) $(4x^2-x+10)/\sqrt{x^2+5}$

(6) $6x(1-x^2)^{-4}$

문제 4.2.2

(1) $\dfrac{3x^2-4xy}{2x^2+3y^2}$ (2) $-\dfrac{x-2}{y+1}$ (3) $\dfrac{1}{2(y-1)}$

(4) $3\sqrt[3]{(1+y)^2}$ (5) $2t$ (6) $\dfrac{t+1}{2t+1}$

연습문제 4.2

1. (1) $\dfrac{dy}{dx}=\dfrac{4}{3}x^{\frac{1}{3}}=\dfrac{4}{3}\sqrt[3]{x}$

(2) $\dfrac{dy}{dx}=3(1-x^2)-2x(2+3x)=-9x^2-4x+3$

(3) $\dfrac{dy}{dx}=\dfrac{2x(1-x^2)-(1+x^2)(-2x)}{(1-x^2)^2}=\dfrac{4x}{(1-x^2)^2}$

(4) $\dfrac{dy}{dx}=3\left(\dfrac{x}{x^2+1}\right)^2\cdot\dfrac{d}{dx}\left(\dfrac{x}{x^2+1}\right)=3\left(\dfrac{x}{x^2+1}\right)^2\cdot\dfrac{(x^2+1)-x(2x)}{(x^2+1)^2}=\dfrac{3x^2(1-x^2)}{(x^2+1)^4}$

(5) $\dfrac{dy}{dx}=4(x-2x^2+x^3)^3\cdot\dfrac{d}{dx}(x-2x^2+x^3)=4(1-4x+3x^2)(x-2x^2+x^3)^3$

(6) $\dfrac{dy}{dx}=\dfrac{dy}{du}\dfrac{du}{dx}=\dfrac{1}{(1-u)^2}\cdot\dfrac{-1}{(1+x)^2}=-\left(\dfrac{1+x}{x}\right)^2\dfrac{1}{(1+x)^2}=-\dfrac{1}{x^2}$

2. $dy/du=1/(1-u)^2$이고, $du/dx=6x$이므로 $dy/dx=dy/du\cdot du/dx=6x/(1-u)^2$이다. 따라서 $x=1$이면 $u=2$이므로, 구하려는 값은 $dy/dx|_{x=1}=6$이다.

3. (1) 다음과 같이 y를 x의 함수로 보고, 양변을 x에 관해서 미분하여 구한다.

$$2xy^3+x^2\cdot 3y^2\frac{dy}{dx}=0,\quad 즉\ \frac{dy}{dx}=-\frac{2y}{3x}\quad (x\neq 0)$$

(2) y를 x의 함수로 보고, 양변을 x에 관해서 미분하면

$$3(x+2y)^2 \cdot \left(1+2\frac{dy}{dx}\right)=1$$

이므로, $\dfrac{dy}{dx}=\dfrac{1}{6(x+2y)^2}-\dfrac{1}{2}\ (x+2y\neq 0)$이다.

(3) y를 x의 함수로 보고, 양변을 x에 관해서 미분하면

$$3x^2-3a\left\{(x)'y+x\frac{dy}{dx}\right\}+3y^2\frac{dy}{dx}=0,\ \text{즉}\ x^2-ay=(ax-y^2)\frac{dy}{dx}$$

이므로, $\dfrac{dy}{dx}=\dfrac{x^2-ay}{ax-y^2}\ (ax-y^2\neq 0)$이다.

(4) 양변에 xy를 곱하면 $y+x=x^2y$이다. 이때, y를 x의 함수로 보고, 양변을 x에 관해서 미분하면 $\dfrac{dy}{dx}+1=2xy+x^2\dfrac{dy}{dx}$이므로, $\dfrac{dy}{dx}=\dfrac{2xy-1}{1-x^2}\ (x\neq\pm 1)$이다.

4. (1) $x=y^3+4y+2$에서 $\dfrac{dx}{dy}=3y^2+4$이므로, 역함수 미분법에 의해 $\dfrac{dy}{dx}=\dfrac{1}{3y^2+4}$이다.

(2) $y=\sqrt[3]{3x-1}$에서 $y^3=3x-1$이므로, x를 y의 함수로 보고 양변을 y로 미분하면 $y^2=\dfrac{dx}{dy}$이다. 따라서 $\dfrac{dy}{dx}=\dfrac{1}{y^2}=\dfrac{1}{\sqrt[3]{(3x-1)^2}}\ \left(x\neq\dfrac{1}{3}\right)$이다.

5. (1) $\dfrac{dx}{dt}=2$이고 $\dfrac{dy}{dt}=-12t^2$이므로, $\dfrac{dy}{dx}=\dfrac{-12t^2}{2}=-6t^2$이다.

(2) $\dfrac{dx}{dt}=\dfrac{1}{2\sqrt{t+3}}$이고 $\dfrac{dy}{dt}=6t$이므로, $\dfrac{dy}{dx}=12t\sqrt{t+3}$이다.

4.3 초월함수 미분법

문제 4.3.1

(1) $2x\cos(x^2+1)$

(2) $\cos x/(2\sqrt{1+\sin x})$

(3) $\sin x(1+\sec^2 x)$

(4) $2\sin x/(1+\cos x)^2$

문제 4.3.2

(1) $2\log_3 e/(2x+1)$

(2) $\ln x^2+2$

(3) $x^x(\ln x+1)$

(4) $(x+1)(x^2-7x+4)/(x-2)^3$

(5) $6\cdot 4^{3x-1}\ln 2$

(6) $e^x(x+1)$

(7) $e^{x\sin x}(\sin x+x\cos x)$

(8) $e^{-x}\{(1/x)-\ln x\}$

연습문제 4.3

1. (1) $y'=-5\cos^4 x\sin x$

(2) $y'=e^x\cos x-e^x\sin x=e^x(\cos x-\sin x)$

(3) $y' = \dfrac{\cos x(1+\cos x)+\sin x\sin x}{(1+\cos x)^2} = \dfrac{\cos x+1}{(1+\cos x)^2} = \dfrac{1}{1+\cos x}$

(4) $y = \dfrac{1+\sec x}{\tan x} = \dfrac{1+\cos x}{\sin x}$이므로, 도함수는 다음과 같다.

$$y' = \frac{-\sin^2 x-(1+\cos x)\cos x}{\sin^2 x} = \frac{-1-\cos x}{\sin^2 x} = \frac{1}{\cos x-1}$$

(5) 양변에 자연로그를 취하면 $\ln y = \dfrac{\ln x}{x}$이고, 양변을 x에 관해서 미분하면 $\dfrac{1}{y}y' = \dfrac{1-\ln x}{x^2}$이다. 따라서 구하려는 도함수는 다음과 같다.

$$y' = \frac{1-\ln x}{x^2}\cdot y = (1-\ln x)\,x^{\frac{1}{x}-2}$$

(6) $y' = \dfrac{(\sqrt{x^2+2x})'}{\sqrt{x^2+2x}}\log e = \dfrac{x+1}{x^2+2x}\log e$

(7) $y' = \dfrac{(\ln x)'}{\ln x} = \dfrac{1}{x\ln x}$

(8) $y' = \dfrac{(\sin x)'}{\sin x} = \cot x$

(9) $y' = 2^{x^2-1}(\ln 2)(x^2-1)' = 2^{x^2-1}\,2x(\ln 2)$

(10) 양변에 자연로그를 취하면 $\ln y = (\ln x)^2$이고, 양변을 x에 관해서 미분하면 $\dfrac{1}{y}y' = \dfrac{2\ln x}{x}$이다. 따라서 구하려는 도함수는 다음과 같다.

$$y' = \frac{2\ln x}{x}\cdot y = \frac{2\ln x}{x}\cdot x^{\ln x} = 2\ln x\cdot x^{\ln x-1}$$

2. (1) $\dfrac{dy}{dx} = \dfrac{(\cos x+\sin x)(\sin x+\cos x)-(\sin x-\cos x)(\cos x-\sin x)}{(\sin x+\cos x)^2}$

$= \dfrac{(\sin x+\cos x)^2+(\sin x-\cos x)^2}{(\sin x+\cos x)^2} = \dfrac{2}{(\sin x+\cos x)^2}$

(2) $\dfrac{dy}{dx} = \dfrac{2(1+\csc x)'}{\sqrt{1+\csc x}} = -\dfrac{2\csc x\cot x}{\sqrt{1+\csc x}}$

(3) 양변을 x에 관하여 미분하면

$$\cos x+\cos y\frac{dy}{dx} = y+x\frac{dy}{dx},\ \text{즉}\ (\cos y-x)\frac{dy}{dx} = y-\cos x$$

이므로, 구하려는 미분은 다음과 같다.

$$\frac{dy}{dx} = \frac{y-\cos x}{\cos y-x}\qquad(\cos y-x\neq 0)$$

(4) $x\cos y+y\cos x=1$의 양변을 x에 관하여 미분하면

$$\cos y - x\sin y\,\frac{dy}{dx} + \frac{dy}{dx}\cos x - y\sin x = 0$$

이므로, 구하려는 미분은 다음과 같다.

$$\frac{dy}{dx} = \frac{y\sin x - \cos y}{\cos x - x\sin y} \qquad (\cos x - x\sin y \neq 0)$$

(5) $\dfrac{dx}{dt} = a\,t\cos t$, $\dfrac{dy}{dt} = at\sin t$ 이므로, 미분은 다음과 같다.

$$\frac{dy}{dx} = \frac{at\sin t}{at\cos t} = \tan t$$

4.4 도함수의 응용

문제 4.4.1

1. $c = \ln(e-1)$

2. 3. $f(x) = e^x$라 두고, 구간 $[0, x]$에서 평균값의 정리 이용

문제 4.4.2

1. $x = 0$에서 감소상태

2. (1) $x < -1$과 $x > 1$에서는 증가하고, $-1 < x < 1$에서는 감소

(2) 증가함수

(3) $-1 < x < 0$에서는 증가하고, $0 < x < 1$에서는 감소

(4) $0 < x < 1$에서는 감소하고, $1 < x$에서는 증가

3. $f(x) = \cos x + x^2 - 1$라 두고, 증감상태 조사

문제 4.4.3

1. $f'(1) = -16 \neq 0$

2. $f'(x) \neq 0$, $(0 < x < \pi)$

3. (1) 극댓값; $f(0) = 5$, 극솟값; $f(4) = -27$

(2) 극댓값; $f(1) = 1/2$, 극솟값; $f(-3) = -1/6$

(3) 극솟값; $f(\pi) = -1$

(4) 극댓값; $f(-2) = 4e^{-2}$, 극솟값; $f(0) = 0$

4. $4(\text{cm})$

연습문제 4.4

1. 구간 $[a, b]$에서 함수 $f(x) = x^2$에 대한 평균값의 정리는 다음을 만족하는 c가 구간 (a, b)에 적어도 하나 존재함을 의미한다.

$$\frac{f(b) - f(a)}{b-a} = \frac{b^2 - a^2}{b-a} = b + a = f'(c)$$

따라서 $f'(c) = 2c = a + b$로부터 $c = (a+b)/2$이다.

2. 구간 $[-1, 1]$에서 함수 $f(x)=(e^x+e^{-x})/2$에 대한 평균값의 정리는 다음을 만족하는 c가 구간 $(-1, 1)$에 적어도 하나 존재한다는 것이다.

$$\frac{f(1)-f(-1)}{1-(-1)}=0=f'(c)$$

따라서 $f'(c)=(e^c-e^{-c})/2=0$로부터 $c=0$이다.

3. $f(x)=\ln x$라 두면 $f'(x)=1/x$이다. 구간 $[1, x]$에서 $f(x)=\ln x$에 평균값의 정리를 적용하면

$$\frac{\ln x-\ln 1}{x-1}=\frac{1}{c}$$

을 만족하는 $1<c<x$인 c가 적어도 하나 존재한다. 따라서 $\dfrac{\ln x}{x-1}>\dfrac{1}{x}$, 즉 $x>1$이면 $x-1<x\ln x$가 성립한다.

4. $x<y$일 때, 구간 $[x, y]$에서 $f(x)=\sin x$에 평균값의 정리를 적용하자. $f'(x)=\cos x$이므로, 평균값의 정리에 의하여

$$\frac{\sin y-\sin x}{y-x}=\cos c$$

를 만족하는 $x<c<y$인 c가 존재한다. 따라서 양변에 절댓값을 취하여 $|\sin x-\sin y|\le|x-y|$를 얻는다.

5. 구간 $[a, b]$에서 함수 $f(x)$에 대한 평균값의 정리는 다음을 만족하는 c가 구간 (a, b)에 적어도 하나 존재함을 의미한다.

$$\frac{f(b)-f(a)}{b-a}=f'(c)$$

따라서 $f(b)=f(a)+f'(c)(b-a)$이고 $a<c<b$이므로, 다음과 같이 나타낼 수 있다.

$$f(b)=f(a)+f'(a+\theta(b-a))(b-a) \qquad (0<\theta<1)$$

6. (1) $f'(x)=4x-4=4(x-1)$로부터, $f(x)=2x^2-4x$는 $x<1$이면 $f'(x)<0$이므로 감소하고, $x>1$이면 $f'(x)>0$이므로 증가한다.

(2) $f'(x)=1-1/(2\sqrt{x})$로부터, $f(x)=x-\sqrt{x}$는 $0<x<1/4$이면 $f'(x)<0$이므로 감소하고, $1/4<x$일 때 $f'(x)>0$이므로 증가한다.

(3) $f'(x)=1-x/\sqrt{4-x^2}$에서 $f'(\sqrt{2})=0$이다. 그러므로 함수 $f(x)=x+\sqrt{4-x^2}$는 $-2<x<\sqrt{2}$이면 $f'(x)>0$이므로 증가하고, $\sqrt{2}<x<2$이면 $f'(x)<0$이므로 감소한다.

(4) $f'(x)=\ln x+1$에서 $f'(e^{-1})=0$이다. 그러므로 함수 $f(x)=x\ln x$는 $0<x<1/e$이면 $f'(x)<0$이므로 감소하고, $1/e<x$이면 $f'(x)>0$이므로 증가한다.

7. $f(x)=\sin x-x\cos x$라 두면

$$f'(x)=\cos x-(\cos x-x\sin x)=x\sin x$$

이다. 따라서 $0<x<\pi$이면 $f'(x)>0$이므로 $f(x)=\sin x-x\cos x$는 증가하고, $f(0)=0$이므로 $f(x)=\sin x-x\cos x>0$이다. 즉, $\sin x>x\cos x$이 성립한다.

8. $f(x)=x-\ln(x^2+x)$라 두면

$$f'(x)=1-\frac{2x+1}{x^2+x}=\frac{(x-2)(x+1)+1}{x^2+x}$$

이다. $x\geq 2$이면 $f'(x)>0$이므로 $f(x)=x-\ln(x^2+x)$는 증가하고, $f(2)=2-\ln 6>0$이므로 $x\geq 2$일 때 항상 $f(x)>0$을 만족한다. 즉, $x>\ln(x^2+x)$이다.

9. (1) $f'(x)=x^2-6x+8=(x-2)(x-4)$이므로, $x=2,\ 4$에서 $f'(x)=0$이다. 이들을 중심으로 $f(x)$의 증가와 감소를 표로 나타내면 다음과 같다.

x	$x<2$	2	$2<x<4$	4	$4<x$
$f'(x)$	+	0	−	0	+
$f(x)$	↗	20/3	↘	16/3	↗

따라서 주어진 함수는 $x=2$에서 극댓값 20/3을, $x=4$에서 극솟값 16/3을 갖는다.

(2) $f'(x)=12x^3-12x^2-24x=12x(x^2-x-2)=12x(x-2)(x+1)$이므로, $x=-1,0,2$에서 $f'(x)=0$이다. 이들을 중심으로 $f(x)$의 증가와 감소를 표로 나타내면 다음과 같다.

x	$x<-1$	-1	$-1<x<$	0	$0<x<2$	2	$2<x$
$f'(x)$	−	0	+	0	−	0	+
$f(x)$	↘	10	↗	15	↘	−17	↗

따라서 함수 $f(x)=3x^4-4x^3-12x^2+15$는 $x=0$에서 극댓값 15를, $x=-1$과 $x=2$에서 각각 극솟값 10과 −17을 갖는다.

(3) $f'(x)=2x\ln x+x=x(2\ln x+1)$이므로, $x=e^{-1/2}$에서 $f'(x)=0$이다. 이를 중심으로 $f(x)$의 증가와 감소를 표로 나타내면 다음과 같다.

x	$0<x<e^{-1/2}$	$e^{-1/2}$	$e^{-1/2}<x$
$f'(x)$	−	0	+
$f(x)$	↘	$-1/(2e)$	↗

따라서 함수 $f(x)=x^2\ln x$는 $x=e^{-1/2}$에서 극솟값 $-1/(2e)$을 갖는다.

(4) $f'(x)=2xe^x+x^2e^x=x(x+2)e^x$이므로, $x=-2,0$에서 $f'(x)=0$이다. 이들을 중심으로 $f(x)$의 증가와 감소를 표로 나타내면 다음과 같다.

x	$x<-2$	-2	$-2<x<0$	0	$0<x$
$f'(x)$	+	0	−	0	+
$f(x)$	↗	$4e^{-2}$	↘	0	↗

따라서 주어진 함수는 $x=-2$에서 극댓값 $4e^{-2}$을, $x=0$에서 극솟값 0을 갖는다.

10. $f'(x)=3x^2+2ax+b$이고 $x=1$과 $x=-1$에서 극값을 가지므로

$$f'(1)=3+2a+b=0\text{와}\quad f'(-1)=3-2a+b=0$$

을 만족하여야 한다. 따라서 $a=0,\ b=-3$이다.

11. $f'(x)=a\cos x-b\sin x$ 이므로 $f(x)=a\sin x+b\cos x$가 $x=\pi/3$에서 극값을 가지려면

$$f'\left(\frac{\pi}{3}\right)=a\cos\frac{\pi}{3}-b\sin\frac{\pi}{3}=\frac{a}{2}-\frac{\sqrt{3}\,b}{2}=0$$

을 만족하여야 한다. 따라서 $a=\sqrt{3}\,b$이다.

12. 삼차함수 $f(x)$가 극값을 가지려면 $f'(x)=9x^2+2(k+2)x+k=0$가 서로 다른 실근을 가져야 하므로, $D=(k+2)^2-9k>0$을 만족하여야 한다. 따라서 $k<1$ 또는 $k>4$이어야 한다.

13. $f(x)=x^3+kx^2+kx+1$이 극값을 갖지 않으려면, $f'(x)=3x^2+2kx+k=0$가 많아야 하나의 실근을 가져야 한다. 따라서 $D=k^2-3k\le 0$, 즉 $0\le k\le 3$을 만족하여야 한다.

14. 밑면의 반지름을 $x\,\text{cm}$, 높이를 $h\,\text{cm}$라 하면 $2\pi=\pi x^2 h$, 즉 $h=2/x^2$이다. 원기둥의 겉넓이를 $f(x)\,\text{cm}^2$라 하면, $f(x)=2\pi x^2+2\pi x h=2\pi\left(x^2+(2/x)\right)$이다.

$$f'(x)=2\pi\left(2x-\frac{2}{x^2}\right)=\frac{4\pi(x-1)(x^2+x+1)}{x^2}$$

에서 $0<x<1$이면 $f'(x)<0$이고, $x>1$이면 $f'(x)>0$이다. 따라서 $f(x)$는 $x=1$에서 유일하게 극소이고 최솟값을 갖는다. 즉, 원기둥의 겉넓이는 밑면의 반지름이 $1\,\text{cm}$, 높이가 $2\,\text{cm}$일 때, 최소가 된다.

제4장 종합문제

1. (1)
$$\begin{aligned}\lim_{h\to0}\frac{f(1+2h)-f(1+h^2)}{h}&=\lim_{h\to0}\frac{\{f(1+2h)-f(1)\}+\{f(1)-f(1+h^2)\}}{h}\\&=\lim_{h\to0}\frac{2\{f(1+2h)-f(1)\}}{2h}+\lim_{h\to0}\frac{h\{f(1)-f(1+h^2)\}}{h^2}\\&=2f'(1)+0=6\end{aligned}$$

(2)
$$\begin{aligned}\lim_{x\to1}\frac{x^2f(1)-f(x^2)}{x-1}&=\lim_{x\to1}\frac{\{x^2f(1)-f(1)\}+\{f(1)-f(x^2)\}}{x-1}\\&=\lim_{x\to1}\frac{f(1)(x^2-1)}{x-1}-\lim_{x\to1}\frac{(x+1)\{f(x^2)-f(1)\}}{x^2-1}\\&=2f(1)-2f'(1)=4-6=-2\end{aligned}$$

2. $y'=2x\sqrt{f(x)}+x^2f'(x)/2\sqrt{f(x)}$ 이므로, $x=2$에서의 미분계수는 다음과 같다.
$y'|_{x=2}=4\sqrt{f(2)}+2f'(2)/\sqrt{f(2)}=8+3=11$

3. 주어진 함수의 역함수는 $x=y\sqrt{1+y}$, $(y>0)$이고 $dx/dy=(3y+2)/2\sqrt{1+y}$ 이므로, 역함수의 도함수는 다음과 같다.

$$\frac{dy}{dx}=\frac{1}{dx/dy}=\frac{2\sqrt{1+y}}{3y+2}$$

4. 함수 $f(x)=(x+\sqrt{1+x^2})^{10}$에서 $f'(x)=10(x+\sqrt{1+x^2})^9\{1+(x/\sqrt{1+x^2})\}$이므로

$$f'(1) = 10(1+\sqrt{2})^9\{1+(1/\sqrt{2})\}, \quad f'(-1) = 10(-1+\sqrt{2})^9\{1+(-1/\sqrt{2})\}$$

이다. 따라서 $f'(1)f'(-1) = 50$이다.

5. $dx/dy = -\sin y$이고 $0 < y < \pi$인 y의 범위에서는 $\sin y = \sqrt{1-\cos^2 y} = \sqrt{1-x^2}$ 이므로, 역함수 미분법에서 $dy/dx = -1/\sqrt{1-x^2}$ 이다.

6. 원점을 중심으로 $y = mx$를 $-45°$회전한 직선의 방정식을 $y = m'x$라 하고, $m = \tan\theta$라 두면

$$m' = \tan(\theta - 45°) = \frac{\tan\theta - \tan 45°}{1 + \tan\theta \tan 45°} = \frac{m-1}{m+1}$$

이다. 한편, 접점을 $(t, \ln t)$라 하면 접선의 방정식은 $y = (1/t)(x-t) + \ln t$이고, 이것이 원점을 지나므로 $t = e$이다. 따라서 $m' = 1/e$이므로, $m = (e+1)/(e-1)$이다.

7. 두 곡선 $y = a - \cos^3 x$, $y = 3\sin x$가 접하는 점에서 기울기가 서로 같아야 하므로

$$\cos^2 x \sin x = \cos x, \text{ 즉 } \cos x(\sin 2x - 2) = 0$$

을 만족하여야 한다. 따라서 접점의 좌표가 $(\pi/2, 3)$이므로, $a = 3$이다.

8. 함수 $f(x)$가 $x = 1$에서 미분가능하므로, $f'_-(1) = f'_+(1)$로부터 $a = 1/2$이다. 또한, $x = 1$에서 연속이므로, $a + 1 = \ln b$이어야 한다. 따라서 $a = 1/2$, $b = e^{3/2}$이다.

9. $\sin x < x$, $(x > 0)$이므로, 구간 $[\sin x, x]$에서 $f(x) = \sin x$에 대한 평균값의 정리를 적용하면

$$\frac{\sin x - \sin(\sin x)}{x - \sin x} = f'(c_x) \qquad (x > 0)$$

을 만족하는 $\sin x < c_x < x$가 존재한다. $x \to 0^+$이면 조임정리에 의하여 $c_x \to 0$이므로, $\lim_{x\to 0^+} f'(c_x) = \lim_{c_x \to 0^+} \cos c_x = \cos 0 = 1$이다.

10. 구간 $[x, x+1]$상에서 f의 평균값의 정리를 적용하면

$$\frac{f(x+1) - f(x)}{(x+1) - x} = f'(c_x) \qquad (x > 0)$$

을 만족하는 $x < c_x < x+1$가 존재한다. $x \to \infty$이면 조임정리에 의하여 $c_x \to \infty$이므로 $\lim_{x\to\infty} f'(c_x) = 2$이다. 따라서 $\lim_{x\to\infty}\{f(x+1) - f(x)\} = 2$이다.

11. 함수 $f(x) = x - x^2/2 - \ln(1+x)$에서 $x > -1$이면

$$f'(x) = 1 - x - \frac{1}{1+x} = -\frac{x^2}{1+x} < 0$$

이므로, $f(x)$는 $(-1, \infty)$에서 감소한다.

12. (1) $f(x) = e^{-x}(\sin x + \cos x)$를 미분하면

$$f'(x) = -e^{-x}(\sin x + \cos x) + e^{-x}(\cos x - \sin x) = -2e^{-x}\sin x$$

이므로, $f'(x) = 0 \Leftrightarrow \sin x = 0$이다. 따라서 $x > 0$인 범위에서는

$$f'(x)=0 \iff x=n\pi \qquad (n\text{은 자연수})$$

이다. 따라서 $x=2n\pi$일 때 $f(x)$는 극댓값 $f(2n\pi)=e^{-2n\pi}$, (n은 자연수)를 갖는다.

(2) $a_n=e^{-2n\pi}$이므로, 수열 $\{a_n\}$은 첫째항이 $a_1=e^{-2\pi}$이고 공비가 $e^{-2\pi}$인 등비수열이다. 또한, $0<e^{-2\pi}<1$이므로, 구하려는 급수의 합은 다음과 같다.

$$\sum_{n=1}^{\infty} a_n=\sum_{n=1}^{\infty} e^{-2n\pi}=\frac{e^{-2\pi}}{1-e^{-2\pi}}=\frac{1}{e^{2\pi}-1}$$

13. $f(x+y)=f(x)+f(y)$에서 $f(0)=f(0+0)=f(0)+f(0)$이므로, $f(0)=0$이다. 따라서

$$\begin{aligned} f'(x) &= \lim_{h\to 0}\frac{f(x+h)-f(x)}{h}=\lim_{h\to 0}\frac{f(x)+f(h)-f(x)}{h} \\ &= \lim_{h\to 0}\frac{f(0+h)-f(0)}{h}=f'(0)=2 \end{aligned}$$

이다.

14. $G'(t)=g'(f(t))f'(t)$이므로, $G'(0)=g'(3)\cdot f'(0)=(1/10)\cdot 10=1$이다.

15. $f^{-1}(x)=e^x$이므로, $(f^{-1}\circ g)(x)=e^{\sqrt{x^2+1}}$이다. 따라서 $x-1$에서의 미분계수는 $c^{\sqrt{2}}/\sqrt{2}$이다.

16. $y'=(4\cos 2x/3)+2x$이므로, 점 $(0,\ 0)$에서의 접선의 기울기는 $4/3$이다. 따라서 접선과 x축으로 이루어지는 예각을 2α라 하면 $\tan 2\alpha=4/3$, 즉 기울기는 $\tan\alpha=1/2$이다.

17. 점 $P(a,\ e^{2a})$에서의 접선의 방정식은 $y-e^{2a}=2e^{2a}(x-a)$이므로 x축과의 교점인 Q의 좌표는 $x=a-(1/2)$이고, R의 좌표는 $x=a$이다. 한편, $\triangle PQR$의 넓이가 4이므로

$$\frac{1}{2}\left\{a-\left(a-\frac{1}{2}\right)\right\}e^{2a}=4, \quad \text{즉} \quad e^{2a}=16$$

이다. 따라서 $a=\ln 4$를 얻는다.

18. 점 P에서의 접선의 기울기는 $-\sin t$이고 법선의 기울기는 $1/(\sin t)$이다. 따라서 P를 지나는 법선의 방정식은

$$y-\cos t=\frac{1}{\sin t}(x-t), \quad \text{즉} \quad y=\frac{1}{\sin t}(x-t)+\cos t$$

이다. 이로부터 법선이 y축과 만나는 점의 y좌표 $f(t)$는 $x=0$일 때이므로

$$f(t)=-\frac{t}{\sin t}+\cos t$$

임을 알 수 있다. 따라서 $\lim_{t\to 0} f(t)=-1+1=0$이다.

19. 주어진 함수 $f(x)$의 도함수는

$$f'(x)=\begin{cases} 2x\sin\dfrac{1}{x}-\cos\dfrac{1}{x} & (x\neq 0) \\ 0 & (x=0) \end{cases}$$

이다. $\lim_{x\to0}\cos(1/x)$이 존재하지 않으므로 $\lim_{x\to0}f'(x)$도 존재하지 않는다. 따라서 f'는 $x=0$에서 불연속이다.

20. $f_n'(x)=n/x-(n+1)/x^2$이므로, $f_n(x)$는 $x=(n+1)/n$에서 극솟값

$$a_n = n\ln\frac{n+1}{n} + n^2\sin^2\frac{1}{n}$$

을 갖는다. 따라서 구하려는 극한은 다음과 같다.

$$\lim_{n\to\infty}a_n = \lim_{n\to\infty}\left\{\ln\left(1+\frac{1}{n}\right)^n + \frac{\sin^2(1/n)}{(1/n)^2}\right\} = 1+1=2$$

제5장 적분법과 응용

5.1 부정적분

문제 5.1.1

(1) $\frac{2}{7}x^{7/2}+C$ (2) $2\sqrt{x}+C$ (3) $\ln|x|-\frac{2}{x}+\frac{1}{x^2}+C$

문제 5.1.2

(1) $\ln|x|-\sin x+C$ (2) $x+\sin x+C$ (3) $\tan x+C$

(4) $\frac{1}{2}x-\frac{1}{2}\sin x+C$ (5) e^x+x+C (6) $-\frac{1}{2}e^{-2x}+C$

(7) $\tan x+\frac{2^x}{\ln 2}+C$ (8) $\frac{1}{2}x^2+e^x-\frac{1}{2}x+\frac{\sin 2x}{4}+C$

문제 5.1.3

(1) $\frac{1}{2}x^2+3x+C$ (2) $\frac{1}{2}x^2-x+C$

(3) $\frac{1}{2}x^2+x+C$ (4) $x+\ln|x-3|+C$

(5) $\frac{1}{5}\ln\left|\frac{x-3}{x+2}\right|+C$ (6) $\frac{1}{3}\ln\left|\frac{x-1}{x+2}\right|+C$

(7) $\frac{1}{2}\ln\left|\frac{(x-3)^3}{x+1}\right|+C$ (8) $\frac{3}{2}\ln|x^2-9|+C$

문제 5.1.4

1. (1) $\frac{1}{16}(4x-1)^4+C$ (2) $\frac{1}{12}(x^3+1)^4+C$

(3) $\frac{1}{3}(2x-1)^{3/2}+C$ (4) $\frac{1}{5}(2x-1)^{5/2}+C$

(5) $\frac{1}{2}e^{x^2}+C$

(6) $-\frac{1}{3}\cos^3 x+C$

2. (1) $\frac{1}{2}x^2\ln x-\frac{1}{4}x^2+C$

(2) $\frac{1}{3}x^3\ln x-\frac{1}{9}x^3+C$

(3) $\sin x-\frac{1}{3}\sin^3 x+C$

(4) $\frac{1}{3}xe^{3x}-\frac{1}{9}e^{3x}+C$

(5) $\frac{1}{2}\tan^2 x+C$

(6) $\frac{1}{2}x^2(\ln x)^2-\frac{1}{2}x^2\ln x+\frac{1}{4}x^2+C$

연습문제 5.1

1. (1) $\int(5x^4-3x^2+6)\,dx=x^5-x^3+6x+C$

(2) $\int 2x(x-1)^3dx=\int(2x^4-6x^3+6x^2-2x)\,dx=\frac{2}{5}x^5-\frac{3}{2}x^4+2x^3-x^2+C$

(3) $\int(4\sin t+2\cos t)\,dt=-4\cos t+2\sin t+C$

(4) $\int\left(\frac{1}{t^2}-\cos t\right)dt=-\frac{1}{t}-\sin t+C$

(5) $\int\frac{x^5+2x^2-1}{x^4}dx=\int\left(x+\frac{2}{x^2}-\frac{1}{x^4}\right)dx=\frac{x^2}{2}-\frac{2}{x}+\frac{1}{3x^3}+C$

(6) $\int\frac{x^3-2}{x+1}dx=\int\left(x^2-x+1-\frac{3}{x+1}\right)dx=\frac{1}{3}x^3-\frac{1}{2}x^2+x-3\ln|x+1|+C$

(7) $\int\frac{2}{(x-1)(x+5)}dx=\frac{1}{3}\int\left(\frac{1}{x-1}-\frac{1}{x+5}\right)dx=\frac{1}{3}\ln\left|\frac{x-1}{x+5}\right|+C$

(8) $\int\frac{4x-5}{x^2-5x+6}dx=\int\left(\frac{7}{x-3}-\frac{3}{x-2}\right)dx=\ln\left|\frac{(x-3)^7}{(x-2)^3}\right|+C$

2. $F(x)=\int(2x-1)dx=x^2-x+C$이고 $F(0)=1$이므로, $C=1$이다.

따라서 $F(x)=x^2-x+1$이다.

3. (1) $1-2x=t$라 두면 $2dx=-dt$이므로, 구하려는 부정적분은 다음과 같다.

$$\int\sqrt{1-2x}\,dx=-\frac{1}{2}\int\sqrt{t}\,dt=-\frac{1}{2}\cdot\frac{2}{3}t^{3/2}+C=-\frac{1}{3}(1-2x)^{3/2}+C$$

(2) $1-x^3=t$라 두면 $x^3=1-t$이고 $3x^2dx=-dt$이므로

$$\begin{aligned}\int x^5\sqrt{1-x^3}\,dx&=\frac{1}{3}\int(t-1)\sqrt{t}\,dt=\frac{1}{3}\int(t^{3/2}-\sqrt{t})\,dt\\&=\frac{1}{3}\left(\frac{2}{5}t^{5/2}-\frac{2}{3}t^{3/2}\right)+C\\&=\frac{2}{15}(1-x^3)^{5/2}-\frac{2}{9}(1-x^3)^{3/2}+C\end{aligned}$$

(3) $\tan x=t$라 두면 $\sec^2dx=dt$이므로, 구하려는 부정적분은 다음과 같다.

$$\int \sqrt{\tan x}\,\sec^2 x\,dx = \int \sqrt{t}\,dt = \frac{2}{3}t^{3/2} + C = \frac{2}{3}\tan^{3/2}x + C$$

(4) $\cos x = t$ 라 두면 $\sin x\,dx = -dt$ 이므로, 구하려는 부정적분은 다음과 같다.

$$\begin{aligned}\int \frac{\sin x \cos x}{1-\cos x}\,dx &= -\int \frac{t}{1-t}\,dt = \int \frac{t}{t-1}\,dt \\ &= \int\left(1+\frac{1}{t-1}\right)dt = t+\ln|t-1|+C \\ &= \cos x + \ln|\cos x - 1| + C\end{aligned}$$

(5) $\cos x = t$ 라 두면 $\sin x\,dx = -dt$ 이므로, 구하려는 부정적분은 다음과 같다.

$$\begin{aligned}\int \frac{\sin x}{\sin^2 x - 3\cos^2 x}\,dx &= \int \frac{1}{4t^2-1}\,dt = \frac{1}{2}\int\left(\frac{1}{2t-1} - \frac{1}{2t+1}\right)dt \\ &= \frac{1}{4}\ln\left|\frac{2t-1}{2t+1}\right| + C = \frac{1}{4}\ln\left|\frac{2\cos x - 1}{2\cos x + 1}\right| + C\end{aligned}$$

(6) $\int x^3 \ln x\,dx = \int \ln x\,(x^4/4)'\,dx = \frac{x^4}{4}\ln x - \int \frac{1}{x}\cdot\frac{x^4}{4}dx = \frac{x^4}{4}\ln x - \frac{x^4}{16} + C$

(7) $$\begin{aligned}\int x^2 e^x\,dx &= \int x^2 (e^x)'\,dx = x^2e^x - 2\int xe^x\,dx \\ &= x^2e^x - 2\int x(e^x)'\,dx = x^2e^x - 2\left(xe^x - \int e^x\,dx\right) \\ &= (x^2 - 2x + 2)e^x + C\end{aligned}$$

(8) $I - \int c^{ax}\cos bx\,dx$ 리 두면, 부분적분법에 의해

$$\begin{aligned}I &= \int e^{ax}\left(\frac{1}{b}\sin bx\right)'dx = e^{ax}\left(\frac{1}{b}\sin bx\right) - \int (ae^{ax})\left(\frac{1}{b}\sin bx\right)dx \\ &= \frac{1}{b}e^{ax}\sin bx + \frac{a}{b^2}e^{ax}\cos bx - \frac{a^2}{b^2}I\end{aligned}$$

이므로

$$\left(1+\frac{a^2}{b^2}\right)I = \frac{e^{ax}}{b^2}(a\cos bx + b\sin bx)$$

이다. 따라서 구하려는 부정적분은 다음과 같다.

$$I = \frac{e^{ax}}{a^2+b^2}(a\cos bx + b\sin bx) + C$$

5.2 정적분

문제 5.2.1

(1) 2 (2) $\frac{1}{4}$

문제 5.2.2

(1) $\frac{62}{5}$ (2) 1 (3) 2 (4) $\frac{1}{2}(e+e^{-1}-2)$ (5) $e+e^{-1}-2$ (6) $\ln 2+\frac{1}{4}$

문제 5.2.3

(1) 5 (2) $\frac{1}{3}$ (3) $\frac{10}{3}$ (4) $\frac{1}{2}\ln 2$ (5) $\frac{2}{3}$ (6) $\frac{1}{2}$

문제 5.2.4

(1) 1 (2) $\frac{1}{2}(e^{\pi/2}+1)$ (3) $-2e^{-1}+1$ (4) $2\ln 2-\frac{3}{4}$ (5) $4\ln 2-\frac{15}{16}$ (6) $e-2$

문제 5.2.5

(1) $\frac{1}{4}$ (2) $\frac{7}{3}$ (3) $\frac{2}{\pi}$

연습문제 5.2

1. (1) $\int_0^1 (x+1)^4 dx = \left[\frac{(x+1)^5}{5}\right]_0^1 = \frac{31}{5}$

(2) $\int_1^2 \frac{1-2x^2}{x^3} dx = \left[-\frac{1}{2x^2}-2\ln|x|\right]_1^2 = \frac{3}{8}-2\ln 2$

(3) $\int_0^{\pi/2} (\cos^2 x-\cos x)\,dx = \int_0^{\pi/2}\left(\frac{1+\cos 2x}{2}-\cos x\right)dx$

$$= \left[\frac{x}{2}+\frac{\sin 2x}{4}-\sin x\right]_0^{\pi/2} = \frac{\pi}{4}-1$$

(4) $\int_2^3 \frac{1}{x^2-1}dx = \frac{1}{2}\int_2^3\left(\frac{1}{x-1}-\frac{1}{x+1}\right)dx = \frac{1}{2}\left[\ln\left|\frac{x-1}{x+1}\right|\right]_2^3 = \frac{1}{2}\ln\frac{3}{2}$

(5) $\int_0^{\pi/2} x^2 \sin x\, dx = \int_0^{\pi/2} x^2(-\cos x)'\, dx$

$$= [-x^2\cos x]_0^{\pi/2} - \int_0^{\pi/2} 2x\cdot(-\cos x)\,dx$$

$$= 2[x\sin x]_0^{\pi/2} - 2\int_0^{\pi/2}\sin x\, dx = \pi-2$$

(6) $\int_1^e x\ln x\, dx = \int_1^e \left(\frac{1}{2}x^2\right)'\ln x\, dx = \left[\frac{1}{2}x^2\ln x-\frac{1}{4}x^2\right]_1^e = \frac{1}{4}(e^2+1)$

(7) $\sin x = t$라 두면 $\cos x\, dx = dt$이다. 또한, $x=0$이면 $t=0$이고, $x=\pi/2$이면 $t=1$이므로, 구하려는 정적분은 다음과 같다.

$$\int_0^{\pi/2}\sin^4 x\cos x\, dx = \int_0^1 t^4 dt = \frac{1}{5}$$

(8) $\cos x = t$라 두면 $\sin x\, dx = -dt$이다. 또한, $x=0$이면 $t=1$이고, $x=\pi$이면 $t=-1$이므로,

구하려는 정적분은 다음과 같다.

$$\int_0^{\pi} \sin^3 x \cos^2 x\,dx = \int_0^{\pi}(1-\cos^2 x)\cos^2 x \sin x\,dx$$
$$= -\int_1^{-1}(1-t^2)\,t^2\,dt = 2\int_0^1 (t^2-t^4)\,dt = \frac{4}{15}$$

2. (1) $\dfrac{d}{dx}\displaystyle\int_1^x \sqrt{4+t^6}\,dt = \sqrt{4+x^6}$ (2) $\dfrac{d}{dx}\displaystyle\int_x^5 \sqrt{1+t^4}\,dt = -\sqrt{1+x^4}$

3. $f(x) = \dfrac{1}{x} + A$라 두면

$$A = \int_1^3 t\,f(t)\,dt = \int_1^3 t\left(\frac{1}{t}+A\right)dt = \int_1^3 (1+At)\,dt = 4A+2$$

이므로, $A=-2/3$이고 $f(x) = \dfrac{1}{x} - \dfrac{2}{3}$이다.

4. (1) $\displaystyle\lim_{n\to\infty}\sum_{k=1}^{n}\frac{1}{n+k} = \lim_{n\to\infty}\sum_{k=1}^{n}\frac{1}{1+\frac{k}{n}}\cdot\frac{1}{n} = \int_0^1 \frac{1}{1+x}\,dx = \ln 2$

(2) $\displaystyle\lim_{n\to\infty}\frac{1}{n}\sum_{k=1}^{n} e^{\frac{k}{n}} = \lim_{n\to 0}\sum_{k=1}^{n} e^{\frac{k}{n}}\cdot\frac{1}{n} = \int_0^1 e^x dx = e-1$

5.3 정적분의 응용

문제 5.3.1

(1) $4\sqrt{3}$ (2) $\dfrac{9}{2}$ (3) $2(e+e^{-1}-2)$ (4) $e^4 - e + \dfrac{3}{4}$

문제 5.3.2

1. (1) $\dfrac{4}{3}\pi a^3$ (2) $\dfrac{1}{3}a^2 h$

2. (1) $\dfrac{\pi^2}{2}$ (2) 24π

연습문제 5.3

1. $S = \displaystyle\int_{-1}^{2} |\ln(x+2)|\,dx = [\,(x+2)\ln(x+2) - x\,]_{-1}^{2} = 8\ln 2 - 3$

2. $x=\sqrt{y^3}$ 에서 $y = x^{2/3}$이고, $y=1$일 때 $x=1$이다. 따라서 구하려는 도형의 넓이 S는 다음과 같다.

$$S = \int_0^1 (1-x^{2/3})\,dx = \frac{2}{5}$$

3. $S = \displaystyle\int_0^{\pi/2}(e^x - \sin x)\,dx = \left[e^x + \cos x\right]_0^{\pi/2} = e^{\pi/2} - 2$

4. $V=\pi\int_0^{\pi/4}\{(\cos x)^2-(\sin x)^2\}\,dx=\pi\int_0^{\pi/4}\cos 2x\,dx=\pi\left[\frac{1}{2}\sin 2x\right]_0^{\pi/4}=\frac{\pi}{2}$

5. 곡선 $y=e^x$위의 점 $(t,\ e^t)$를 지나는 접선의 방정식은 $y-e^t=e^t(x-t)$이다. 이 직선이 원점 $(0,0)$를 지나므로, 접점의 좌표는 $(1,e)$이고 접선의 방정식은 $y=ex$이다. 따라서 구하려는 회전체의 부피 V는 다음과 같다.

$$V=\pi\left\{\int_0^e\left(\frac{1}{e}y\right)^2dy-\int_1^e(\ln y)^2dy\right\}=\pi\left(\frac{1}{3}e-e+2\right)=\frac{2}{3}\pi(3-e)$$

제5장 종합문제

1. $f'(x)=x\ln x+e^x+x+1$이고

$$\lim_{h\to0}\frac{f(1+2h)-f(1)}{h}=\lim_{h\to0}\frac{f(1+2h)-f(1)}{2h}\cdot 2=2f'(1)$$

이므로, $2f'(1)=2(e+2)$이다.

2. $f'(x)=x^{-3/2}$을 적분하여 $f(1)=0$를 이용하면, $f(x)=-2x^{-1/2}+2$을 얻는다. 이를 다시 적분하면, 구하려는 답은 $-4\sqrt{x}+2x+C$이다.

3. $\{xf(x)\}'=f(x)+xf'(x)$이므로, 문제의 조건식은 $\{xf(x)\}'=\cos x$이다. 따라서

$$xf(x)=\int\cos x\,dx=\sin x+C$$

이므로, $x=\pi$를 대입하면 $C=0$, 즉 $xf(x)=\sin x$이다. 따라서 $x\neq0$이므로

$$\lim_{x\to0}f(x)=\lim_{x\to0}\frac{\sin x}{x}=1$$

4. 조건 (i)을 부정적분하면 $\ln|f(x)|-\ln|1-f(x)|=2x+C$이므로, (iii)를 이용하여

$$\ln f(x)-\ln(1-f(x))=2x+C$$

를 얻는다. 또한, (ii)로부터 $C=0$이다. 따라서 $f(x)=\dfrac{e^{2x}}{1+e^{2x}}$이다.

5. $I_n=\int(\ln x)^n dx=\int(x)'\cdot(\ln x)^n dx=x(\ln x)^n-n\int(\ln x)^{n-1}dx$이므로

$I_n=x(\ln x)^n-nI_{n-1}$이 성립한다.

6. $a_n=3^n-1$이므로, $\displaystyle\sum_{n=0}^{\infty}\frac{1}{1+a_n}=\sum_{n=0}^{\infty}\frac{1}{3^n}=\frac{3}{2}$이다.

7. $\displaystyle\int f(x)\,dx=x^2\ln x+\frac{1}{3}x^3-\frac{5}{2}x^2+3x+C$이므로, 다음을 얻는다.

$$\int_2^4 f(x)dx-\int_3^4 f(x)dx+\int_1^2 f(x)dx=\int_1^3 f(x)dx=9\ln 3-\frac{16}{3}$$

8. 문제의 조건에서 $\displaystyle\int_{-\pi}^{\pi}(ax^2\sin x+bx\sin x+\sin x)dx=0$이고 $ax^2\sin x$와 $\sin x$는 홀함수이므

로, $\int_{-\pi}^{\pi} bx\sin x\,dx = 0$이다. 또한, $bx\sin x$는 짝함수이므로 $2\int_0^{\pi} bx\sin x\,dx = 0$이어야 한다. 따라서 $b=0$이고 $f(x) = ax^2+1$이다. 그리고 곡선 $y=ax^2+1$ $(a \neq 0)$이 직선 $y=x$에 접할 조건은 $D=1-4a=0$이므로, $a=\frac{1}{4}$이다.

9. $f(x)=f(x+2)$이므로, $f(x)$는 주기가 2인 주기함수이다. 따라서

$$f(x)=\begin{cases} x & (0 \le x \le 1) \\ -x+2 & (1 \le x \le 2) \end{cases}$$

임을 알 수 있다. 따라서 $\int_0^2 e^x f(x)\,dx = (e-1)^2$이다.

10. $f(g(x)) = f(e^x) = ae^x + b$이고

$$\int_0^x f(t)g(t)dt - xe^x + 3 = (a-1)xe^x + (-a+b)e^x + a - b + 3$$

이므로, 양변의 계수를 비교하여 $a=1$, $b=2$을 얻는다. 따라서 $f(x)=x+2$이다.

11. 두 곡선의 교점의 x좌표는 $x=0, 1$이고, $0 \le x \le 1$일 때 $\sqrt[n+1]{x} \ge \sqrt[n]{x}$이므로

$$S_n = \int_0^1 (\sqrt[n+1]{x} - \sqrt[n]{x})\,dx = \frac{n+1}{n+2} - \frac{n}{n+1}$$

이다. 따라서 $\sum_{k=1}^{n} S_k = \frac{n+1}{n+2} - \frac{1}{2}$이므로, $\sum_{n=1}^{\infty} S_n = 1 - \frac{1}{2} = \frac{1}{2}$이다.

12. $\beta = \int_p^q (\log_b x) dx = \frac{1}{\ln b}\int_p^q \ln x\,dx = \frac{1}{\ln b}(q\ln q - q - p\ln p + p)$이고

$\alpha = \int_p^q (\log_a x)\,dx - \beta = (\log_a b - 1)\beta$이므로, $\frac{\alpha}{\beta} = \log_a b - 1$이다.

13. 접선의 방정식은 $y=ex$이고 접점은 $(1, e)$이다. 따라서 도형의 넓이는

$$S = \int_{-a}^{1} e^x\,dx - \int_0^1 ex\,dx = \frac{1}{2}e - \frac{1}{e^a}$$

이므로, $\lim_{a\to\infty} S = \frac{1}{2}e$이다.

14. $A(1, 0, 0)$, $B(0, 1, 1)$, $C(0, 0, 1)$이라 하자. $\triangle ABC$를 z축의 둘레로 회전시켜 생기는 입체에서 선분 AB는 바깥쪽 곡면, 선분 AC는 안쪽 곡면이 된다. 이 회전체를 평면 $z=t$로 절단한 단면의 넓이를 $S(t)$라 하면 $S(t)=\pi t^2$이다. 따라서 구하려는 부피 V는

$$V = \int_0^1 S(t)\,dt = \frac{\pi}{3}$$

15. 입체의 부피를 V이라 하면

$$V = 2\pi\int_0^a y^2\,dx = \frac{4\pi}{3}\left(a - 1 + \frac{1}{a-1} + 2\right)$$

이다. 여기서

$$a-1+\frac{1}{a-1} \geq 2\sqrt{(a-1)\times\frac{1}{a-1}}=2$$

이고, 등호는 $a-1=\dfrac{1}{a-1}$일 때 성립하므로 $a=2$이다.

16. $x=t,\ y=\dfrac{1}{2}t^2-2$이므로 $0 \leq t \leq 2$일 때, 곡선은 $y=\dfrac{1}{2}x^2-2\ \ (0 \leq x \leq 2)$이다.

17. $F(x)=xf(x)-x^2\sin x$의 양변을 x에 관하여 미분하면, 다음을 얻는다.

$$F'(x)=f(x)+xf'(x)-2x\sin x-x^2\cos x$$

한편, $F(x)$가 $f(x)$의 부정적분, 즉 $F'(x)=f(x)$이므로 $xf'(x)=x(2\sin x+x\cos x)$이다. 따라서 $f'(x)=2\sin x+x\cos x$이고 $f(x)=x\sin x-\cos x+C$이다. 또한, $F\left(\dfrac{\pi}{2}\right)=\dfrac{\pi}{2}$로부터 $f\left(\dfrac{\pi}{2}\right)=1+\dfrac{\pi}{2}$이므로, $C=1$이다. 그러므로 $f(\pi)=2$이다.

18. $\ln x=t$라 두면 $\dfrac{1}{x}dx=dt$이고, $x=1$일 때 $t=0$, $x=e^n$일 때 $t=n$이다. 따라서

$$S_n=\int_0^n t\,dt=\frac{1}{2}n^2,\quad S_{n+1}=\frac{1}{2}(n+1)^2$$

이고 $\displaystyle\sum_{n=1}^{\infty}\frac{1}{\sqrt{S_n S_{n+1}}}=\sum_{n=1}^{\infty}\frac{2}{n(n+1)}=2\sum_{n=1}^{\infty}\left(\frac{1}{n}-\frac{1}{n+1}\right)=2\lim_{n\to\infty}\left(1-\frac{1}{n+1}\right)=2$이다.

19. $0 \leq x \leq \dfrac{\pi}{2}$에서 곡선 $y=f(x)$와 $y=g(x)$는 직선 $y=x$에 대하여 대칭이다. 따라서 구하려는 넓이 S는 다음과 같다.

$$S=\int_0^1 g(x)\,dx=\int_0^{\frac{\pi}{2}}\cos x\,dx=1$$

20. 정점 $(0, \sqrt{2})$에서 $y=x$까지의 거리가 1이므로, 다음의 그림과 같이 원 $x^2+(y-1)^2=2$와 $y \geq 0$로 둘러싸인 도형을 x축의 둘레로 회전시켜 생기는 회전체의 부피 V를 구하면 된다.

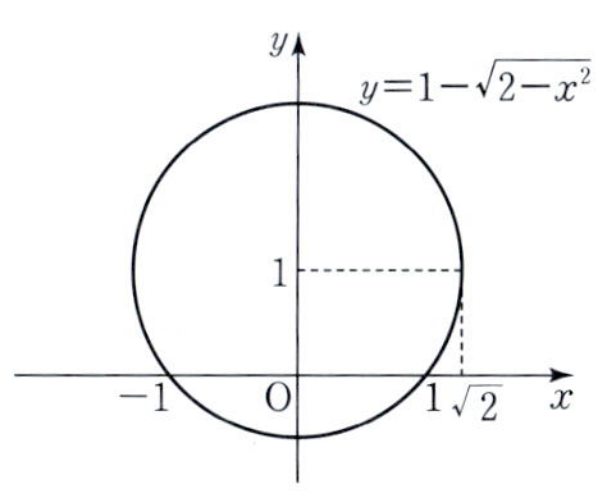

따라서 $x^2+(y-1)^2=2$에서 $y=1-\sqrt{2-x^2}$이므로, V는

$$V=\pi\int_{-1}^{1}y^2\,dx=2\pi\int_0^1\left(3-x^2-2\sqrt{2-x^2}\right)dx$$

이고

$$\begin{aligned}\int_0^1 \sqrt{2-x^2}\,dx &= \int_0^{\pi/4} 2\cos^2\theta\,d\theta \qquad (x=\sqrt{2}\sin\theta\text{로 치환})\\ &= \int_0^{\pi/4}(1+\cos 2\theta)\,d\theta\\ &= \frac{\pi}{4}+\frac{1}{2}\end{aligned}$$

이다. 그러므로 구하려는 부피는 $V=\dfrac{16}{3}\pi-4\pi\left(\dfrac{\pi}{4}+\dfrac{1}{2}\right)=\dfrac{10}{3}\pi-\pi^2$이다.

참고문헌

[1] 김원경 외 11인, 고등학교 기하와 벡터, 비상교육, 2014.
[2] 김원경 외 11인, 고등학교 미적분 I, II, 비상교육, 2014.
[3] 김원경 외 11인, 고등학교 확률과 통계, 비상교육, 2014.
[4] 부경대학교 수학교재편찬위원회, 선형대수의 기초와 응용(제3판), 보성각, 2016.
[5] 부경대학교 수학교재편찬위원회, 이공계를 위한 미분적분학(제3판), 경문사, 2016.
[6] 신항균 외 4인, 중학교 수학 3, (주)지학사, 2011.
[7] 이강섭 외 14인, 고등학교 수학 II, (주)미래엔, 2014.
[8] 정상권 외 6인, 중학교 수학 3, (주)금성출판사, 2011.
[9] 표용수 외 1인, 수학독립선언(개정판), 경문사, 2014.
[10] 황선욱 외 10인, 고등학교 미적분 I, II, 좋은책 신사고, 2014.
[11] 황선욱 외 10인, 고등학교 수학 II, 좋은책 신사고, 2014.
[12] B. Frank, *Applied Calculus for Scientist and Engineers*, Jones and Bartlett Publishers, Inc., 2005.
[13] E. Kreyszig, *Advanced Engineering Mathematics(9th ed.)*, Wiley International Edition, 2006.
[14] R. Larson, R. P. Hostetler and B. H. Edwards, *Calculus I and II(8th ed.)*, Houghton Mifflin Co., 2006.
[15] J. Stewart, *Calculus: Concepts & Contexts*(3rd ed.), Thomson Brooks/Cole, 2006.
[16] D. Varberg, E. J.Purcell and S. E. Rigdon, *Calculus(9th ed.)*, Prentice Hall, Inc., 2007.

찾아보기

ㅊ

ㅋ

ㅌ

ㅍ

ㅎ

기타

부경대학교 수학교재편찬위원회

김도상 · 김태화 · 박진한 · 서종진 · 송현종 · 신준용 · 심효섭

이규명 · 이완석 · 정진문 · 조낙은 · 조성진 · 표용수

제3판

기초수학의 이해

지은이 부경대학교 수학교재편찬위원회

펴낸이 조경희

펴낸곳 경문사

펴낸날 2010년 3월 5일 1판 1쇄

펴낸날 2024년 3월 1일 3판 5쇄

등 록 1979년 11월 9일 제313-1979-23호

주 소 04057, 서울특별시 마포구 와우산로 174

전 화 (02)332-2004 팩스 (02)336-5193

이메일 kyungmoon@kyungmoon.com

값 27,000원

ISBN 979-11-6073-025-8